工学结合的特色教材（高职高专教育）

建筑施工技术

主　编　顾昊星　张志刚

副主编　蒋伯华　陈志清

内容提要

本书是根据建筑施工岗位的实际工作需要，严格按照《建筑工程施工质量验收规范》（GB 50300—2001）的要求内容和《施工工艺指南》中的相关工艺做法编写的，以期读者通过本书的学习，达到建筑工程专业技术人员应当具备的作业能力和职业水平。

本书共分8个单元，主要内容包括：地基与基础工程施工、砌筑工程施工、钢筋混凝土工程施工、结构安装工程施工、地面和楼面工程施工、层面及防水工程施工、装饰工程施工和建筑节能施工。

本书可作为高职高专教育建筑工程专业的教材，也可作为建筑施工人员的参考书。

图书在版编目（CIP）数据

建筑施工技术 / 顾昊星，张志刚主编. —天津：天津大学出版社，2012. 1 (2015.7 重印)
工学结合的特色教材. 高职高专教育
ISBN 978-7-5618-4243-0

Ⅰ. ①建… Ⅱ. ①顾…②张… Ⅲ. 建筑工程—工程施工—施工技术—高等职业教育—教材 Ⅳ. ①TU74

中国版本图书馆 CIP 数据核字（2012）第002904号

出版发行 天津大学出版社
地　　址 天津市卫津路92号天津大学内（邮编：300072）
电　　话 发行部：022-27403647
网　　址 publish. tju. edu. cn
印　　刷 天津泰宇印务有限公司
经　　销 全国各地新华书店
开　　本 185mm×260mm
印　　张 20
字　　数 499千
版　　次 2012年2月第1版
印　　次 2015年7月第3次
定　　价 40.00元

前 言

建筑施工技术是建筑工程专业的一门核心课程，是一门综合性很强的专业技术课，它与建筑材料、房屋建筑构造、建筑测量、建筑力学、建筑结构、地基与基础、建筑施工组织、建筑施工项目管理、建筑工程计量与计价等课程有密切关系。因此，要讲授好这门课，必须要有与专业人才培养方案相匹配，符合行业发展动态的课程标准。

在秉承坚持专业理论教学与实践性教学相结合的教学宗旨上，严格按照《建筑工程施工质量验收规范》（GB 50300—2001）的要求内容，强调《施工工艺指南》中相关的工艺做法，确保施工技术水平符合高职教育岗位实际工作需要，以期通过学习达到建筑工程专业技术人员应当具备的作业能力和职业水平。由于本课程涉及的知识面广、实践性强，在学习过程中需对内容进行更加形象、具体的讲授，让读者能够应用所学施工技术知识来解决实际工程中的问题，做到学以致用。

本教材由顾昊星、张志刚任主编，蒋伯华、陈志清任副主编。参加编写的有：昌吉职业技术学院张志刚（单元一、单元三）；昌吉职业技术学院宋长安（单元二）；吐鲁番地区建设工程安全监督站高级工程师艾比布拉·艾米都拉（单元四）；新疆曦隆实业集团公司总工程师蒋伯华（单元五）；昌吉职业技术学院吴孟红（单元七）；昌吉州建设局稽查办陈志清（单元六、单元八）。本书在编写过程中得到了校外实训基地单位的大力支持，并参考了许多同类专著、教材，引用了一些施工中的实际节点、构造和实例，在此，谨向原作者表示衷心的感谢。

本教材除了对课堂讲授的基本理论、基本知识加强介绍外，还重视习题和课程设计、现场工作、生产任务、技能训练等实践环节的操作，对建筑专业学习内容和知识体系编排进行了一些尝试和探索，是否能达到预期目的，还有待广大师生和读者进行检验。此外，由于编者水平有限，书中难免有不妥之处，敬请读者批评指正。

编者

2011 年 6 月

目　录

绪　论

一、建筑施工技术课程的研究对象和任务

建筑业在国家经济发展和建设中起着举足轻重的作用。从投资来看，国家用于建筑安装工程的资金，约占基本建设投资总额的65%。建筑业的发展对其他行业起着重要的促进作用，建筑业的发展要消耗大量的钢材、水泥、地方性建筑材料和其他产品；同时建筑产品又能为人民生活和其他部门服务，为国家经济部门的扩大再生产创造必要的条件。目前，不少国家已将建筑业列为国家经济的支柱产业。在我国，建筑业的经济支柱作用同样处于重要地位。

建筑工程项目的施工是一个复杂的过程。为了使项目便于组织施工和验收，常将建筑工程的施工划分为若干分部工程、分项工程和检验批。一般建筑工程按工程部位和施工先后次序，将工程项目划分为地基与基础工程、主体结构工程、建筑屋面工程、电气工程、给排水工程和建筑装饰工程等分部工程；按施工工种不同，分土石方工程、砌筑工程、钢筋混凝土工程、结构安装工程、屋面防水工程、装饰工程等分项工程。分部工程由若干分项工程组成，分项工程由若干检验批组成。

每个工程项目可以采用不同的施工方案、施工技术和机械设备及不同的劳动组织和施工组织方法来完成。“建筑施工技术”就是以建筑工程施工中不同的施工为研究对象，根据工程项目施工的特点、建筑规模、施工地点的地质水文条件、气候条件、机械设备和材料供应等客观条件，运用科学合理的施工技术，保证工程施工质量、成本、安全和进度，做到技术、经济、质量和安全的统一，即通过对主要工种操作工艺要求和施工方法以及保证工程质量、成本、安全和进度的措施，在经济、合理的方案指导下，保证工程按施工合同完成。

二、建筑施工技术发展简史

我们的祖先在建筑施工技术上有着辉煌的成就。如殷代采用木结构建造的宫室、秦朝修筑的万里长城、唐代的五台山佛光寺大殿，都说明了当时我国的建筑施工技术已达到了很高的水平。

中华人民共和国成立60多年来，随着建设业的发展，我国的建筑施工技术也得到了不断的发展和提高。在施工技术方面，掌握了工业建筑、民用建筑、公共建筑施工的成套技术，而且在模板工程中推广应用爬模、滑模、台模、隧道模、组合钢模板、大模板、早拆模板体系；在钢筋工程施工连接中应用了电渣压力焊、钢筋气压焊、钢筋冷压连接、钢筋螺纹连接技术；在混凝土工程施工中采用了泵送混凝土、喷射混凝土、高强混凝土及混凝土制备和运输的机械化、自动化设备；在钢结构工程施工方面，采用了高层钢结构技术、空间钢结构技术、轻钢结构技术、钢—混凝土组合结构技术、高强度螺栓连接与焊接技术和钢结构防护技术；在大型结构吊装方面，随着大跨度结构与高耸结构的发展，创造了一系列整体吊装技术，如集群千斤顶的同步整体提升技术，能把数百吨甚至数千吨的重

物按预定要求平稳地整体提升安装就位；在墙体材料方面，利用各种工业废料制成了粉煤灰矿渣混凝土大板、膨胀珍珠岩混凝土大板、煤渣混凝土大板、粉煤灰陶粒混凝土大板等各种墙板，同时发展了轻质混凝土小型砌块建筑、框架轻墙建筑、外墙保温隔热技术等，使墙体材料有了新的发展；在工程测量方面，采用激光技术进行施工测设，使工程施工精度得到提高，同时又保证了工程质量。另外，电子计算机、工艺理论、装饰材料等方面，也掌握和开发了许多新的施工技术，有力地推动了我国建筑施工技术的发展。

但是，我国目前的施工技术水平与发达国家相比，还存在一定的差距，我国西北地区与沿海地区在施工技术上也存在一定差距，特别是在机械化施工水平、新材料的施工应用、施工工艺标准掌握、计算机系统的工程项目管理应用等方面。

三、建筑施工技术课程的学习要求

建筑施工技术是一门综合性很强的职业技术课。它与建筑材料、房屋建筑构造、建筑测量、建筑力学、建筑结构、地基与基础、建筑施工组织、建筑施工项目管理、建筑工程计量与计价等课程有密切的关系。它们既相互联系，又相互影响，因此，要学好建筑施工技术这门课程，还应学好上述相关课程。

学习建筑工程施工技术，要在《建筑工程施工质量验收规范》（GB 50300—2001）的要求下，认真学习《施工工艺指南》，不断提高施工技术水平，保证工程质量，降低工程成本。除了要学好上述相关课程外，还必须认真学习国家颁发的建筑工程现行的法律及法规，这些法律及法规是国家的技术标准，是我国建筑科学技术和实践经验的结晶，也是我国建筑从业人员应共同遵守的准则。

由于本学科涉及的知识面广、实践性强，而且技术发展迅速，因此学习中必须坚持理论联系实际的学习方法。除了对课堂讲授的基本理论、基本知识加强理解和掌握外，还应利用幻灯片、录像等电化教学手段来进行直观教学，并应重视习题学习、现场教学、生产实习、技能训练等实践教学环节，让学生应用所学施工技术知识来分析实际工程中的问题及其发生的原因，进而在分析原因的基础上解决实际问题，做到学以致用。

单元一 地基与基础工程施工

地基是指建筑物下面支撑基础的土体或岩体。作为建筑地基的土层分为天然地基和人工填土（加固）地基。天然地基是不需要人工加固的天然土层。人工填土（加固）地基需要人工加固处理，常见的有回填土夯实、混合灰土回填夯实、强夯、重锤夯实等地基。基础是指建筑底部与地基接触的承重结构，其作用是承受由屋盖、楼层、墙、柱等传来的全部荷载，均匀地传给地基，在传递荷载的过程中，要保证自身的强度与刚度的要求。基础是整个建筑物或构筑物施工过程中极为重要的结构之一，其施工质量的优劣将直接影响到房屋的合理使用年限、人民的生命及财产安全。

基础工程是指室内地坪 ±0.00 以下的结构工程。基础工程的施工阶段，主要由准备工作、土方工程、基础工程三大部分组成。准备工作又分开工前的技术准备和施工现场的准备工作；土方工程包括开挖、运输、回填和压实过程及排水、降水和土壁支撑等准备和辅助过程；基础工程包括垫层及基础施工。

基础工程施工阶段，按基础施工工序的先后次序（工艺逻辑关系），其工艺流程为：平整场地→土方开挖→地基验槽及处理→垫层与基础施工→室内地下管线的施工及验收→回填土→回填土的检查与评定。

项目一 开工前的技术准备工作

一、施工方案的确定

施工现场的场地平整方案通常有两种，即“先平后挖”方案和“先挖后平”方案。场地平整就是将天然地面改造成工程上所要求的设计平面，以便于施工的组织、开展。对于不同的方案，实施的主体单位不同；针对不同的工程类别，工程费用划分属性不同。

先平后挖方案的工作，一般先由建设单位进行场地平整，然后施工单位进行开挖。先平后挖方案适应于大型建筑物群或构筑物群的场地施工，根据设计规划要求、长远发展规划目标以及室外标高进行挖高填低。如有多余土方，应一次运至弃土地带，并防止土方的二次倒运。当施工对象为中小型单体工程，且现场高差不大时，亦可采用先挖后平方案，但必须做好土方挖填计划，力求土方运输量最小。不管采用何种方案，应依据场地地形，保证纵坡不小于 2% 坡度，挖好排水沟，以利于排水。

二、图纸的技术交底与会审

施工图是指导施工的依据。一套施工图，总是由建筑设计、结构设计、设备设计等几部分组成的。施工图已经过设计部门的审核、校对，并由政府指定的审图部门审查批准。但是，由于出图时间的限制、审查工作量较大，针对配套综合性难免出现差错、矛盾，再加上设计部门对施工技术水平、设备材料情况缺乏具体了解等原因，也往往可能会作出部分变更。这就要求设计人员对设计作出交底，让施工技术人员明确设计意图，同时也要求施工技术人员全面、系统、细致地核对施工图。这个过程由监理单位、施工单位独自进行，并将图纸中存在的问题一一列出。

施工图会审由建设单位组织，监理单位、施工单位参加，施工单位的技术人员提出问题，设计人员进行确定解答，同时设计人员将设计意图向施工技术人员进行交底，作为施工的一部分依据。

（一）图纸的核对内容

1. 尺寸的核对

在建筑图、结构图及水暖电照设备图上，核对定位轴线编号是否统一，标高是否一致，总尺寸、轴线尺寸、细部尺寸是否对应。发现问题应详细做好审图记录，在图纸会审时一并解决。保证施工符合设计、规范的要求。

2. 构造的核对

如构造不能满足本地使用功能，不利于施工，经济效益差，另有更为合理的建议，应当提供给监理单位的总监理工程师，由总监理工程师组织专业监理工程师审核。如果认为建议必要可行，总监理工程师将以书面形式建议业主，再由业主提供给设计人员，进行局部修改设计。

3. 查对有无遗漏项目

校对建筑图、结构施工图、设备施工图与详图有无遗漏的项目及尺寸、标高等。如有未加注明者应做好记录，施工图会审时提出，由设计人员确定。

4. 提出疑问或不明之处

针对设计交底后，如仍有部分疑问、设计意图不明确等，应向设计人员提出，在施工图会审时得到解决。

（二）图纸技术交底与会审的内容

图纸技术交底是为了让施工技术人员领会设计意图，而图纸的技术交底与会审往往一起进行，这就要求施工技术人员熟悉图纸内容、明确技术要求、清楚施工图纸存在的问题以及技术准备工作。其方法是在监理单位、施工单位校对图纸后，由建设单位组织，设计单位进行设计交底，监理单位、施工单位参加，对施工图会审提出的问题，由设计人员作出明确答复。同时形成施工图会审记录，并由参加会审的代表签字认可，加盖各单位公章，分发到各单位，作为施工图的补充文件使用并存档。

会审包括如下内容。

1）建筑结构、设备安装等设计图纸是否齐全，手续是否完备，设计是否符合国家强制性标准及有关的经济和技术要求、规范规定；图纸说明是否齐全、清楚、明确，图纸的设计尺寸有无错误或遗漏；图纸之间有无矛盾，预留孔洞、预埋件是否正确；采用标准配件图的型号、尺寸有无错误和矛盾。

2）总图的建筑物坐标位置与单位工程建筑平面图是否一致，建筑物设计标高是否可行，基础设计与实际情况是否相符，建筑物与地下已有构筑物及管线之间有无矛盾。

3）主要结构的设计在强度、刚度、稳定性等方面有无问题，主要部位的建筑构造是否合理，设计能否保证工程质量和安全施工。

4）设计是否与当地施工条件及施工能力相一致，采用新工艺、新技术时，设计单位是否有措施性建议及指导书；施工单位能否完成，所需特殊建筑材料的品种、规格、数量能否解决，专用机械设备能否保证。

5）建筑安装与土建施工的配合是否存在技术问题；安装的一些特殊要求、土建施工水平能否达到；各种管线立体交叉有无矛盾。

6）对设计图纸的合理化建议等。

三、定位放线

在基槽（坑）开挖前，必须做好房屋的定位放线工作，定位放线是施工准备的重要内容之一。

所谓定位，是指将建筑总平面图中该建筑物平面位置正确地定在地面上的测量工作。所谓放线（也称基槽放线），是指经过验线批准后，用钢尺沿各道轴线，确定出基础上口开挖宽度，并撒出灰线，以便开挖基槽（坑）土方。

定位放线就是根据房屋定位测设出来的主轴线，即定位角桩，按照基础平面图，详细标测出各道轴线延长桩的位置并且编出轴线桩号。

（一）定位放线的重要性

定位与放线是房屋开工交底必须做好的一项关键工作。定位是为了放线，放线是为了挖土方，所以施工项目总把定位与开工放线连在一起总称为定位放线。

定位放线工作直接影响着房屋平面位置和轴线尺寸的准确性，定位放线错误会引起返工、延误工程工期等后果，造成项目的经济损失。做好这项工作，对于保证工程施工质量，加快工程施工进度，提高工程投资效益起着重要作用。

（二）指导现场定位放线的内业工作

在施工单位审图的过程中，现场技术人员根据现场定位依据，对整个建筑物的定位步骤和方法进行确定，绘出建筑物定位依据与方法、仪器架设位置及先后顺序，并对反方向进行尺寸与角度检查，确定测量误差，定位的内作业用简图及文字交代清楚，保证指导现场定位的外业工作，避免在现场临时研究。现场测量定位人员，必须按定位放线记录要求的步骤进行，禁止现场作业时擅自修改。如需修改定位方法及尺寸，必须在内作业中找出依据，审查修改后实施，以保证定位放线记录的准确和完整。

（三）定位放线的外业工作

1. 明确建筑红线及坐标桩位

对城市的新建或扩建房屋及整体搬迁项目，均要由城市规划部门规划定出建筑物的边界位置线。建设单位向城市规划部门提出申请，由城市规划部门根据城市的总体规划及长期发展要求，在建设单位提出申请的建筑总平面上，画出限制建筑物边界的红色线条，称为建筑红线。而建设单位根据规划部门的红线图，向施工单位进行交底，施工单位根据红线图和建设单位的交底进行定位放线。定位放线结束后，施工单位申报放线记录，由建设单位申请规划部门对定位放线进行验收，验收合格后，方可进行下一道工序的施工。建筑红线具有法律效力，参建单位必须共同遵守。

2. 确定 ±0.00 标高的现场依据

新建房屋 ±0.00 标高的确定是建设单位对拟建房屋长期使用或建筑外观总体的要求。一般设计人员根据现场的条件进行设计，由建设单位结合设计要求进行，针对拟建项目的地理位置及环境而确定，从而确定基槽（坑）的开挖深度、基础的埋置深度。±0.00 标高一旦确定，就要以此为准测定建筑物各部分的标高。

3. 定位放线的测量准备

目前采用的经纬仪、全站仪、水准仪等测量放线工具，在使用前必须经有资质的校验单位检验，要求操作人员掌握仪器性能及使用方法，明确精度误差能否满足施工的要求；同时准备钢尺（30～50 m）一把（钢尺在使用前必须经有资质的单位标定校核，合格方可使用）、大小榔头各一把，尼龙线绳、小木桩、小铁钉、红铅笔、白灰或煤灰等，按需要确定。

项目二　土方工程施工

一、土方工程的施工特点

土方工程施工相对工期长、工程量大。建筑工程项目的土方工程量可达数万立方米以上，施工面积达数平方公里，施工条件极为复杂，再加上土方工程为露天作业，受气候、水文、地质等影响，土方工程施工不确定的因素多。因此在组织土方工程施工前，必须做好施工组织设计、选择好施工方法和机械设备，制定合理的施工调配方案，实行科学管理，以保证土方工程施工质量，取得较好的经济效益。

二、土的工程分类

土的分类方法有：根据土的颗粒级配或塑性指数分类、根据土的沉积年代分类、根据土的工程特点分类。在土方施工中，根据土的坚硬程度和开挖方法，可将土分为八类（见表1－1）。

表1－1　土的工程分类与现场鉴别方法

土的分类	土的名称	可松性系数		开挖方法及工具
		K_s	K'_s	
一类土（松软土）	砂；粉土；冲积砂土层；种植土；泥炭（淤泥）	1.08～1.17	1.01～1.03	用锹、锄头挖掘
二类土（普通土）	粉质黏土；潮湿的黄土；夹有碎石、卵石的砂；种植土；填筑土及粉土混卵（碎）石	1.14～1.28	1.02～1.05	用锹、条锄挖掘，少许用镐翻松
三类土（坚土）	中等密实黏土；重粉质黏土；粗砾石；干黄土及含碎石、卵石的黄土、粉质黏土；压实的填筑土	1.24～1.30	1.04～1.07	主要用镐，少许用锹、锄挖掘
四类土（砂砾坚土）	坚硬密实的黏性土及含碎石、卵石的黏土；粗卵石；密实的黄土；天然级配砂石；软泥灰岩及蛋白石	1.26～1.32	1.06～1.09	整个用镐、条锄挖掘，少许用撬棍挖掘
五类土（软石）	硬质黏土；中等密实的页岩、泥灰岩、白垩土，胶结不紧的砾岩；软的石灰岩	1.30～1.45	1.10～1.20	用镐或撬棍、大锤挖掘，部分用爆破方法开挖

续表

土的分类	土的名称	可松性系数		开挖方法及工具
		K_s	K'_s	
六类土（次坚石）	泥岩；砂岩；砾岩；坚实的页岩；泥灰岩；密实的石灰岩；风化花岗岩；片麻岩	1.30～1.45	1.10～1.20	用爆破方法开挖，部分用风镐
七类土（坚石）	大理岩；辉绿岩；玢岩；粗、中粒花岗岩；坚实的白云岩、砂岩、砾岩、片麻岩、石灰岩、微风化的安山岩、玄武岩	1.30～1.45	1.10～1.20	用爆破方法开挖
八类土（特坚石）	安山岩；玄武岩；花岗片麻岩、坚实的细粒花岗岩、闪长岩、石英岩、辉长岩、辉绿岩、玢岩	1.45～1.50	1.20～1.30	用爆破方法开挖

注：K_s——最初可松性系数；K'_s——最后可松性系数。

三、土的基本性质

（一）土的组成

土体由固体、液体、气体三部分组成，这三部分的比例随着周围条件的变化而变化，三者相互间比例不同，反映出的土体状态也不同，如干燥、稍湿或很湿，密实、稍密或松散。这些指标是土体基本的性质指标，用于评价土的工程性质，是土进行工程分类的依据。

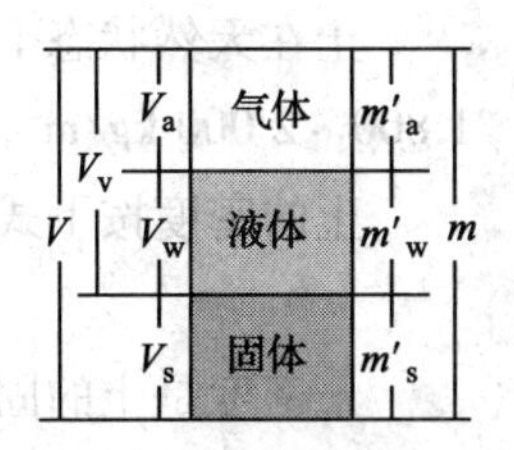

图1-1　三相图

土的三相物质为阐述方便，一般用三相图（见图1-1）表示，在三相图中，把土的固体、液体、气体各自划分。

图中符号如下：

m——土的总质量（$m=m'_s+m'_w+m'_a$）（kg）；

m'_s——土中固体颗粒的质量（kg）；

m'_w——土中水的质量（kg）；

m'_a——土中气体的质量（kg）；

V——土的总体积（$V=V_a+V_w+V_s$）（m^3）；

V_a——土中气体体积（m^3）；

V_s——土中固体颗粒体积（m^3）；

V_w——土中水所占的体积（m^3）；

V_v——土中孔隙体积（$V_v=V_a+V_w$）（m^3）。

（二）土的物理性质

1. 土的天然含水量

在天然状态下，土的液体质量与土的固体质量之比叫土的天然含水量，反映了土的干湿程度，用 W 表示，即：

$$W = m_w / m_s \times 100\%$$

式中　m_w——土中水的质量（kg）；

m_s——土中固体颗粒的质量（kg）。

2. 土的可松性与可松性系数

经过开挖（回填）后的土，其体积发生了变化，虽经过人为处理，但仍然不能恢复原样，这种现象称为土的可松性。土的可松性用可松性系数表示：

最初可松性系数　　$K_s = V_2 / V_1$

最后可松性系数　　$K'_s = V_3 / V_1$

式中　K_s、K'_s——土的最初、最后可松性系数；

V_1——土在天然状态下的体积（m^3）；

V_2——土方开挖后松散状态下的体积（m^3）；

V_3——土方回填夯实状态下的体积（m^3）。

土体在施工工程计算时，要充分考虑土的可松性影响。具体可松性系数见表1-1。

3. 土的天然密度和干密度

土在天然状态下单位体积的质量叫做土的天然密度（简称密度）。一般黏土的密度为1 800~2 000 kg/m^3，砂土为1 600~2 000 kg/m^3。

土的密度按下式计算：

$$\rho = m / V$$

干密度是土的固体颗粒质量与总体积的比值，用下式表示：

$$\rho_d = m_s / V$$

式中　ρ、ρ_d——分别为土的天然密度和干密度；

m_s——土中固体颗粒的质量（kg）；

m——土的总质量（kg）；

V——土的总体积（m^3）。

4. 土的孔隙比和孔隙率

孔隙比和孔隙率反映了土的密实程度，即说明土的干密度大小，孔隙比和孔隙率越小，土体就越密实。

孔隙比 e 是土的孔隙体积 V_v 与固体体积 V_s 的比值，用下式表示：

$$e = V_v / V_s$$

孔隙率 n 是土的孔隙体积 V_v 与总体积 V 的比值，用百分率表示：

$$n = V_v / V \times 100\%$$

5. 土的渗透系数

土的渗透系数表示单位时间内水穿透土层的能力，用 K 表示。由于土的密实程度、土的类别、土的含水量等因素，土的渗透系数是不同的。土的渗透系数对施工降水与排水有直接影响，一般土的渗透系数见表1-2。

表 1-2　土的渗透系数参考表

土的名称	渗透系数 K	土的名称	渗透系数 K
黏土	<0.005	中砂	5.00～20.00
粉质黏土	0.005～0.10	均质中砂	35～50
粉土	0.10～0.50	粗砂	20～50
黄土	0.25～0.50	圆砾石	50～100
粉砂	0.50～1.00	卵石	100～500
细砂	1.00～5.00		

四、土方施工准备与辅助工作

（一）施工准备

1. 场地清理

场地清理包括拆除房屋、古墓，拆迁或改建通信/电力线路、上下水道以及其他建筑物，迁移树木，去除耕植土及河塘淤泥等工作。

2. 排除地面水

场地内低洼地区的积水必须排除，同时应注意雨水的排除，使场地保持干燥，便于土方施工。地面水的排除一般采用排水沟、截水沟、挡水土坝等措施。应尽量利用自然地形来设置排水沟，使水直接排至场外，或流向低洼处再用水泵抽走。主排水沟最好设置在施工区域的边缘或道路的两旁，其横断面和纵向坡度应根据最大流量确定，平坦地区排水困难，其纵向坡度不应小于2‰，沼泽地区不应小于1‰，保持排水畅通，阻挡雨水流入基坑（槽）内。

3. 修筑临时设施

修筑临时道路和供水、供电及临时停机棚与修理间等临时设施。

（二）土方边坡与土壁支撑

土方开挖后，为了防止塌方，保证施工安全，在开挖深度超过土体稳定状态时，土壁应有一定斜坡，或者加以临时支撑以保持土壁的稳定。

1. 土方边坡

土方边坡的坡度是土方挖方深度 H 与底宽 B 之比，表示为：

$$土方边坡坡度 = H/B = 1/(B/H) = 1:m$$

式中：$m = B/H$，称为边坡系数。

土方边坡的大小根据边坡土质、土方开挖深度、土方开挖方法、土方边坡留置时间、边坡附近荷载的情况及基槽周围排水情况进行合理确定。当土体土质均匀且地下水位低于基坑（槽）或管沟底面标高时，挖方边坡可做成直立壁不加支撑，但深度不宜超过规范的规定。

当土方开挖深度超过规范的规定时，应考虑放坡或做成直立壁加支撑。当土体土质均匀且地下水位低于基坑（槽）或管沟底面标高时，挖方边坡可做成直立壁不加支撑，但深度在 5 m 以内不加支撑的边坡的最陡坡度应符合表 1-3 的规定。

表1-3　深度在5 m内的基坑（槽）管沟边坡的最陡坡度（不加支撑）

土的类别	边坡坡度（高:宽）		
	坡顶无荷载	坡顶有静载	坡顶有动载
中密的砂土	1:1.00	1:1.25	1:1.50
中密的碎石类土（充填物为砂土）	1:0.75	1:1.00	1:1.25
硬塑的粉土	1:0.67	1:0.75	1:1.00
中密的碎石类土（充填物为黏性土）	1:0.50	1:0.67	1:0.75
硬塑的粉质黏土、黏土	1:0.33	1:0.50	1:0.67
老黄土	1:0.10	1:0.25	1:0.33
软土	1:1.00	—	—

注：1. 静载指堆土或材料等，动载指机械挖土或汽车运输作业等。静载或动载距挖方边缘的距离应保证边坡和直立壁的稳定，堆土或材料应距挖方边缘0.8 m以外，高度不超过1.5 m。

2. 当有成熟施工经验时，可不受本表限制。

永久性挖方边坡应按设计要求放坡。临时性挖方边坡值应符合表1-4的规定。

表1-4　临时性挖方边坡值

土的类别		边坡坡度（高:宽）
砂土（不包括细砂、粉砂）		1:1.25~1:1.5
一般黏性土	坚硬	1:0.75~1:1
	硬塑	1:1~1:1.25
	软	1:1.50或更缓
碎石类土	充填坚硬、硬塑黏性土	1:0.5~1:1
	充填砂土	1:1~1:1.5

注：1. 设计有要求时，应符合设计标准。

2. 如采用降水或其他加固措施，可不受本表限制，但应计算复核。

3. 开挖深度，对软土不应超过4 m，对硬土不应超过8 m。

2. 土壁支撑

在基坑（槽）开挖时，在满足施工要求的情况下，缩小施工面、减少土方量，可设置土壁支撑的方法进行土方工程的施工。

图1-2　土壁支撑

开挖较窄地沟槽多用横撑式支撑（见图1-2）。支撑根据挡土板的不同，分为水平挡土板和垂直挡土板，水平挡土板的布置分断续式和连续式。湿度小的黏性土挖土深度小于3 m时，采用断续式水平挡土板支撑；松散、湿度大的土采用连续式水平挡土板支撑，挖土深度可达5 m。对松散、湿度很大的土可用垂直挡土板支撑，挖土深度不限。

在采用横撑式支撑时，应随挖随撑，支撑要牢固。施工中应经常检查，出现松动、变形等现象时，应及时进行加固或更换。支撑的拆除应按回填顺序依次进行，多层支撑应自下而上逐层拆除，随拆随填，切勿全部拆除后一次回填，并严格按照规范执行。

五、土方工程量计算及土方调配

在土方工程施工之前，必须计算土方的工程量。但各种土方工程的外形有时很复杂，而且不规则。一般情况下，将其划分成为一定的几何形状，采用具有一定精度而又和实际情况近似的方法进行计算。

（一）基坑（槽）土方量计算

土方量可按立体几何中的拟柱体体积公式计算（见图1-3）。即：

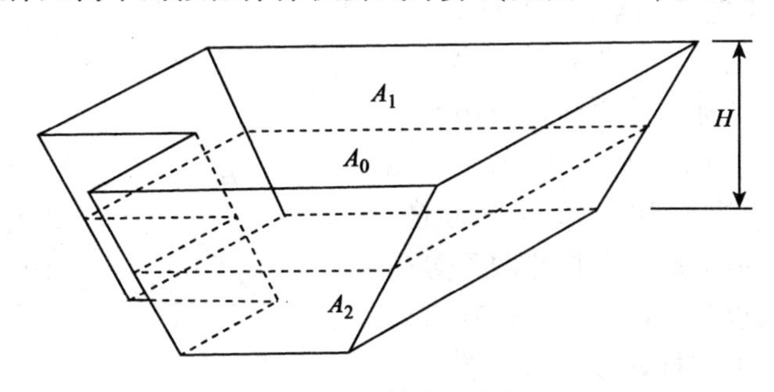

图1-3　基坑土方量

$$V = H \times [1/6 \times (A_1 + 4A_0 + A_2)]$$

式中　H——基坑深度（m）；

A_1、A_2——基坑上、下底的面积（m^2）；

A_0——基坑中截面的面积（m^2）。

土方量可以沿长度方向分段后，用同样方法计算；然后将各段土方量相加即得总土方量 $V_{总}$（见图1-4）。

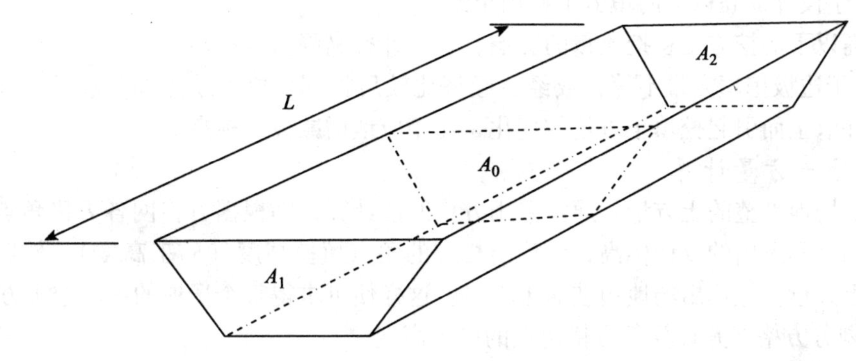

图1-4　基槽和路堤管沟土方量

$$V_i = L \times [6 \times (A_1 + 4A_0 + A_2)]$$

$$V_{总} = \sum V_i$$

式中　V_i——第 i 段的土方量（m^3）；

L——第 i 段的长度（m）。

（二）场地平整土方量计算

场地平整是将现场平整成施工所要求的设计平面。场地平整前，首先要确定场地设计标高，计算挖、填土方工程量，确定土方平衡调配方案。根据工程项目规模、土方施工工期、土的物理性质及设备条件，选择土方施工机械，拟订土方工程施工方案。

1. 场地设计标高的确定因素

① 满足建筑规划和生产工艺及运输的要求；

② 尽量利用地形，减少挖填土方数量；

③ 场地内的挖、填土方量力求平衡，使土方运输费用最少；

④ 有一定的排水坡度，满足排水要求。

（1）初步计算土方工程场地设计标高

初步计算场地设计标高的原则是使场地土方工程挖填土方平衡。如图 1－5 所示，将施工范围内地形划分为边长 10～40 m 的方格。在地形平坦时，可根据地形图上相邻两条等高线的高程，用插入法求得；在地形起伏较大或无地形图时，可利用木桩打好方格网，然后用测量的方法求得。

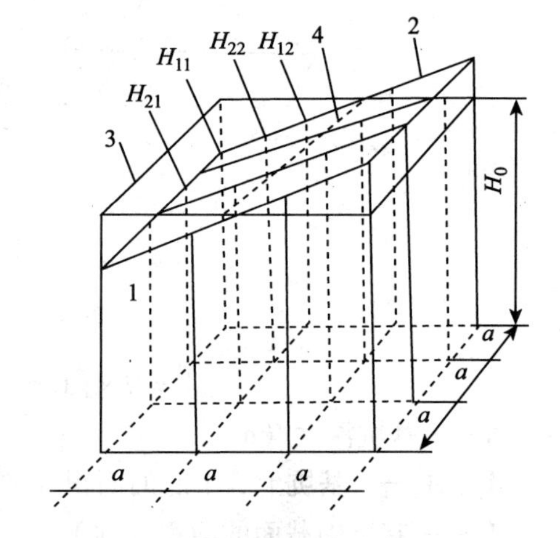

图 1－5　场地设计标高计算简图

1—等高线；2—自然地面；3—设计标高平面；4—自然地面与设计标高平面的交线（零线）

（2）土方工程场地设计标高的调整

根据土方工程在施工的过程中实际影响因素对设计标高进行调整。

1）由于土体具有可松性，按计算留置的填土将有剩余，必要时可相应地提高设计标高。

2）由于设计标高以上的填方工程用土量，或设计标高以下的挖方工程挖土量的影响，使设计标高降低或提高。

3）由于边坡挖填方量不等，或经过经济比较后将部分挖方就近弃于场外，部分填方就近从场外取土而引起挖填土方量的变化，需相应地增减设计标高。

2. 场地土方量计算

大面积场地平整的土方量，通常采用方格网法计算，即根据方格网各方格角点的自然地面标高和实际采用的设计标高，计算出相应的角点填挖高度（施工高度），然后计算每一方格的土方量，并算出场地边坡的土方量。这样便可求得整个场地的填、挖土方总量。

（1）划分方格网并计算各方格角点的施工高度

根据地形图（一般用 1/500 的地形图）划分成若干个方格网，尽量使方格网与测量的纵、横坐标网对应，方格的边长一般采用 10～40 m，将设计标高和自然地面标高分别标注在方格点的左下角和右下角。

各方格角点的施工高度按下式计算：

$$h_n = H_n - H$$

式中　h_n——角点施工高度，即填挖高度，以“＋”为填，“－”为挖；

H_n——角点的设计标高（若无泄水坡度时，即为场地的设计标高）；

H——角点的自然地面标高。

（2）计算零点位置

在一个方格网内同时有填方和挖方时，要先算出方格网边的零点位置，并标注于方格网上，连接零点就得到零线，它是填方区与挖方区的分界线。

零点的位置按下式计算：

$$x_1 = h_1/(h_1 + h_2) \qquad x_2 = h_2/(h_1 + h_2)$$

式中　x_1、x_2——角点至零点的距离（m）；

h_1、h_2——相邻两角点的施工高度（m），均用绝对值。

在实际工作中，为省略计算，常采用图解法直接求出零点，用尺在各角上标出相应比例，用尺相连，与方格相交点即为零点位置，此法比较方便，可避免计算或查表出错。

（三）土方调配

土方量计算完成后，即可着手土方的调配工作。土方调配就是对挖土的利用、推弃和填土三者之间的关系进行综合协调。好的土方调配方案应该既能使土方运输量或费用达到最少，又能方便施工。

1. 土方调配原则

1）力求使挖方与填方基本平衡和就近调配，挖方量与运距的乘积之和尽可能为最小，即土方运输量或费用最少。

2）力求调配使近期施工与后期利用相结合、分区与全场相结合、调配与大型地下建筑物的施工相结合，以避免重复挖运和场地混乱。

3）力求科学布置挖填分区线，选择土方合理的调配方向、线路，充分利用与发挥施工机械的性能。

4）力求使质量好的土方应用在要求回填质量高的场所。

5）力求调配使城市规划和农田水利相结合，将弃土一次性运到指定场所。

土方调配需根据现场情况、有关技术资料、工期要求、土方施工方法与运输要求综合考虑，经计算比较，选择经济合理的调配方案。

2. 土方调配图的编制

土方调配需编制相应的土方调配图，如图 1－6 所示。

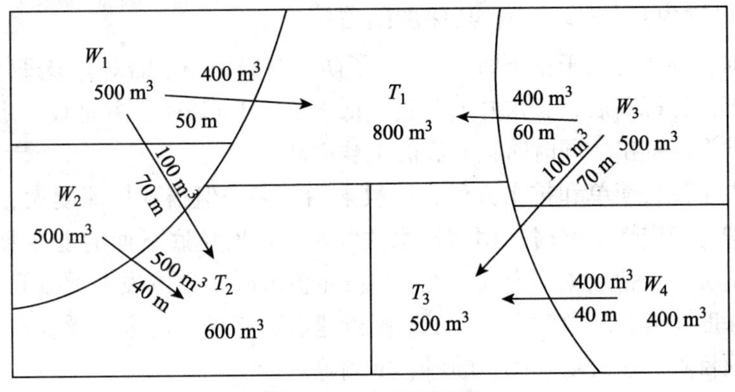

图 1－6　土方调配图

（1）划分调配区的要求

1）调配区的划分应与建筑物的位置统一考虑，要满足工程项目施工顺序和分期分批施工的要求，同时使近期施工与后期利用相结合。

2）调配区的大小使土方施工机械及运输车辆的效率能够充分发挥利用。

3）调配土方无法满足挖填方量平衡时，根据附近地形，考虑就近借土或就近弃土，而每一个借土区或弃土区均可作为一个独立的调配区。

（2）计算土方量

按照土方工程的工程量计算方法，计算各调配区的挖填方量，标写在调配图上。

（3）确定土方调配优选方案

最优调配方案的确定是以线性规划为理论基础的，常用“表上作业法”计算。

（4）绘制土方调配图、调配平衡表

根据表上作业法计算调配优选方案，在地形图上绘出土方调配量，并在调配图上标出土方调配方向及土方运距，如图 1－6 所示。

六、土方工程施工排水与降低地下水位

在开挖基坑（槽）管沟土方工程施工时，由于地下水位高于开挖的标高，使得土体含水层常被切断，地下水将会渗流于基坑（槽）坑内。

为保证土方工程施工的正常进行，防止边坡塌方和地基承载能力的下降，必须做好基坑降水工作。降水方法有明排水法和人工降低地下水位法。

（一）明排水法

在基坑（槽）开挖时，采用截、疏、抽的方法来进行排水。开挖时，沿坑底周围或中央开挖排水沟，再在沟底设集水井，使基坑内的水经排水沟流向集水井，然后用水泵抽走（见图 1－7）。

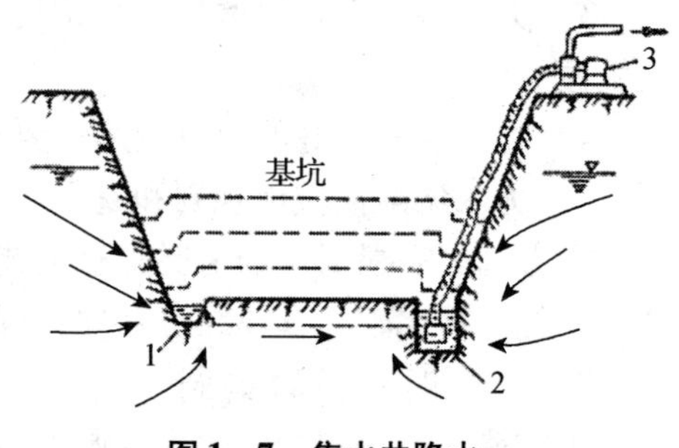

图 1－7　集水井降水

1—排水沟；2—集水坑；3—水泵

基坑四周的排水沟及集水井应设置在基础范围以外、地下水流的上游。明沟排水的纵坡宜控制在 1‰～2‰；集水井应根据地下水量、基坑平面形状及水泵抽水能力，每隔 20～40 m 设置一个。集水井的直径（宽度）设置为 0.7～0.8 m。其深度随着挖土的加深而加深，要始终低于挖土面 1 m。为了防止井壁坍塌，需对井壁进行简易加固。

在基坑挖至设计标高后，集水井的井底应低于坑底 1m 以上，并铺设一定碎石滤水层，避免在抽水时将泥沙抽出，同时防止井底的土被搅动。

明排水法由于设备简单和排水方便，一般采用较多，但当开挖深度大、地下水位高、土质的颗粒很细且稳定性不好时，用明排水法降水，有时坑底下面的土会形成流动状态，随地下水涌入基坑，这种现象称为流砂现象。发生流砂时，土体失去承载能力，土方开挖难以达到设计深度。流砂现象对土方施工和附近建筑物有很大危害，严重时会造成土体边坡坍塌及工程项目附近建筑物下沉、倾斜、倒塌等。

1. 流砂产生的原因

由于高低水位之间存在的压力差，动水压力大小与水力坡度成正比，即水位差越大，

则压力差越大；而渗透路程越长，则压力差越小；动水压力的作用方向与水流方向相同。当水流在水位差的作用下对土颗粒产生向上压力时，动水压力不但使土粒受到了水的浮力，而且还使土粒受到向上推动的压力。如果动水压力等于或大于土的浸水重度，则土粒处于悬浮状态，土的抗剪强度等于零。

2. 易产生流砂的土

实践经验表明，土体颗粒细、均匀、松散、饱和的非黏性土容易发生流砂现象，但是否出现流砂现象的重要条件是动水压力的大小和方向。在一定动水压力作用下，可能发生流砂现象的土体有以下几种。

1）土的颗粒组成中，黏粒含量小于10%，粉粒含量大于75%。

2）颗粒级配中，土的不均匀系数小于5。

3）土的天然孔隙比大于0.75。

4）土的天然含水量大于30%。

3. 流砂的防治办法

在基坑开挖中，防治流砂的原则是“治流砂必治水”，主要途径有消除、减少或平衡动水压力，具体措施如下。

（1）抢挖法

抢挖法即组织分段抢挖，使挖土速度超过冒砂速度，挖到标高后立即抛大石块以平衡动水压力，压住流砂，此法可解决轻微流砂现象。

（2）打板桩法

将板桩打入坑底下面一定深度，增加地下水从坑外流入坑内的渗流长度，以减小水力坡度，从而减小动水压力，防止流砂产生。

（3）水下挖土法

不排水施工，使坑内水压力与地下水压力平衡，消除动水压力，从而防止流砂产生。

（4）人工降低地下水位法

采用轻型井点等降水，使地下水的渗流向上，水不致渗流入坑内，又增大了土料间的压力，从而有效地防止流砂形成。

（5）地下连续墙法

此法是在基坑周围先浇筑一道混凝土或钢筋混凝土的连续墙，以支撑土壁、截水并防止流砂产生。

（二）人工降低地下水位法

人工降低地下水位是指在基坑开挖前，预先在基坑四周埋设一定数量的滤水管（井），利用抽水设备从中抽水，使地下水位降落到坑底以下，直至施工结束为止。这样，可使所挖的土始终保持干燥状态，改善施工条件，同时还使动水压力方向向下，从根本上防止流砂形成，并增加土体中有效应力，提高土的强度或密实度。因此，人工降低地下水位不仅是一种施工措施，也是一种地基加固方法。采用人工降低地下水位，可适当改陡边坡以减少挖土数量，但在降水过程中，基坑附近的地基土壤会有一定的沉降，施工时应加以注意。

人工降低地下水位的方法有轻型井点、喷射井点、电渗井点、管井井点及深井泵等。各种方法的选用，应考虑土的渗透系数、降低水位的深度、工程特点、设备及经济技术等方面。

七、土方机械化施工

在土方施工中，人工开挖只适用于小型基坑（槽）管沟及土方量少的场所，对大量土方应采用机械化施工。

土方工程的施工过程主要包括土方开挖、运输、填筑与压实等。常用的土方施工机械有推土机（见图1-8）、铲运机、单斗挖掘机（见图1-9）、装载机等。施工时应正确选用机械，加快施工进度。

图1-8　推土机

图1-9　单斗挖掘机

（一）常用土方施工机械的特点与适用范围（见表1-6）

表1-6　常用土方施工机械的特点与适用范围

<table>
<tr><th colspan="2">机械名称</th><th>作业特点</th><th>适用范围</th><th>辅助机械</th></tr>
<tr><td colspan="2">推土机</td><td>1）推平
2）运距80 m内的推土
3）助铲
4）牵引</td><td>1）找平表面、平整场地
2）短距离挖运
3）拖羊足碾</td><td>—</td></tr>
<tr><td colspan="2">铲运机</td><td>1）找平
2）运距800 m内的挖运土
3）填筑堤坝</td><td>1）场地平整
2）运距100～800 m
3）运距最小10 m</td><td>开挖坚土时，需要推土机作助铲</td></tr>
<tr><td rowspan="2">单斗挖掘机</td><td>正铲挖掘机</td><td>1）开挖上掌子面
2）挖方高度1.5 m以上
3）装车外运</td><td>1）大型管沟基槽
2）数千方以上挖土</td><td>1）外运配备自卸汽车
2）工作面有推土机配合</td></tr>
<tr><td>反铲挖掘机</td><td>1）开挖下掌子面
2）挖土深度随装置决定
3）可装车和甩土两用</td><td>1）管沟和基槽
2）大型独立基坑</td><td>同上</td></tr>
</table>

续表

机械名称		作业特点	适用范围	辅助机械
单斗挖掘机	拉铲挖掘机	1）开挖停机面以下的土方 2）开挖断面误差较大 3）可装车和甩土两用	1）大型管沟、基槽 2）开挖湿土 3）大量的外运土方	1）外运按运距配自卸汽车 2）配推土机创造施工条件
	抓铲挖掘机	1）开挖直井或深井的土方 2）可以装车，也可甩土 3）钢丝绳牵引，工效不高 4）液压式的深度有限	1）基坑、基槽 2）水下挖土	外运按运距配自卸汽车
装载机		1）开挖停机面以上的土方 2）轮胎式能装松散土方 3）要装车运走	1）外运多于土方 2）改换挖斗可用开挖	1）按运距配自卸汽车 2）常用推土机平整
多斗挖沟机		1）连续开挖管沟 2）一次挖成不放坡 3）可外运或堆在沟边	一定宽度和深度的管沟	1）按运距配自卸汽车 2）作业道路要平坦坚实

（二）挖土机与自卸汽车的配套计算

土方机械配套计算时，应先确定主导施工机械，其他机械应按主导机械的性能进行配套选用。当用挖土机挖土、汽车运土时，应以挖土机为主导机械。

1. 挖土机数量的确定

挖土机的数量应根据所选用机械的台班生产率、工程量的大小和施工工期的要求进行计算，首先要计算机械的台班产量，然后根据台班产量和工期要求确定挖土机械的数量。

2. 运输车辆的确定

运输车辆的大小和数量应根据挖土机械数量进行配套选用。运输车辆的载重量为挖土机铲斗土重的整倍数，一般为3~5倍。运输车辆的数量确定要合理，过多会使车辆窝工，道路堵塞；过少又会使挖土机械等车辆停挖。在保证都能正常工作的情况下，运输车辆数量按每装卸一次循环作业的时间计算确定。

（三）土方机械施工注意事项

1）根据土方量平衡的原则，留存的回填土应堆在距坑边6 m以外。

2）挖土时，挖土机械和汽车不得碰轧定位桩。

3）平面图中的地下电缆或管道应作出醒目的标志。

4）机械挖土时，为预防超挖，必须派专人控制标高。

八、土方的填筑与压实

在土方填筑前，应清除基底上的垃圾、树根等杂物，抽除坑穴中的水、淤泥。在建筑物和构筑物地面下的填方或厚度小于0.5 m的填方，应清除基底上的草皮、垃圾和软弱土层。

（一）填筑的要求

在保证填方工程强度和稳定性的前提下，必须正确选择填土的种类和填筑方法。

填方土料应符合设计要求。碎石类土、砂土和爆破石渣可用做表层以下的填料。当填方土料为黏土时，填筑前应检查其含水量是否在控制范围内。含水量大的黏土不宜作为填土用。含有大量有机质的土，吸水后容易变形，承载能力会降低；含水溶性硫酸盐大于5%的土，在地下水的作用下，硫酸盐会逐渐溶解消失，形成孔洞，影响土的密实性。这两种土以及淤泥、冻土、膨胀土等均不应作为填土。填土应分层进行，并尽量采用同类土填筑。如采用不同土填筑时，应将透水性较大的土层置于透水性较小的土层之下，不能将各种土混杂在一起使用，以免填方内形成水囊。碎石类土或爆破石渣作填料时，其最大粒径不得超过每层铺土厚度的2/3，使用振动碾时，不得超过每层铺土厚度的3/4。铺填时，大块料不应集中，且不得填在分段接头或填方与山坡连接处。

（二）填土压实方法

填土的压实方法一般有碾压法、夯实法和振动压实法。

1. 碾压法

碾压法是利用机械滚轮的压力压实土壤，使之达到所需的密实度，此法多用于大面积填土工程。碾压机械有光面碾（压路机）、羊足碾和气胎碾。光面碾对砂土、黏性土匀可压实；羊足碾需要较大的牵引力，且只宜压实黏性土，因在砂土中使用羊足碾会使土颗粒受到“羊足”较大的单位压力后向四周移动，从而使土的结构遭到破坏；气胎碾在工作时是弹性体，其压力均匀，填土压实质量较好。还可利用运土机械进行碾压，也是较经济合理的压实方案，施工时使运土机械行驶路线能大体均匀地分布在填土面积上，并达到一定的重复行驶遍数，使其满足填土压实质量的要求。

碾压机械压实填方时，行驶速度不宜过快。一般平碾控制在 2 km/h，羊足碾控制在 3 km/h，否则会影响压实效果。

2. 夯实法

夯实法是利用夯锤自由下落的冲击力来夯实土壤，主要用于小面积回填。夯实法分人工夯实和机械夯实两种。

夯实机械有夯锤、内燃夯土机和蛙式打夯机，人工夯土用的工具有木夯、石夯等。夯锤是借助起重机悬挂一重锤进行夯土的夯实机械，适用于夯实砂性土、湿陷性黄土、杂填土以及含有石块的填土。

3. 振动压实法

振动压实法是将振动压实机放在土层表面，借助振动机械使压实机械振动，土颗粒在振动力的作用下发生相对位移而达到紧密状态。这种方法用于压实非黏性土效果较好。

如使用振动碾进行碾压，可使土受振动和碾压两种作用，碾压效率高，适用于大面积填方工程。

（三）填土压实的影响因素

影响填土压实的因素较多，主要有压实功、土的含水量以及每层铺土厚度。

1. 压实功的影响

填土压实后的密度与压实机械在其上所施加的功有一定的关系。当土的含水量一定，在开始压实时，土的密度急剧增加，待到接近土的最大密度时，压实功虽然增加许多，而土的密度则变化甚小。实际施工中，对于砂土只需碾压或夯击 2 ~ 3 遍，对粉土只需碾压或夯击3~4遍，对粉质黏土或黏土只需碾压或夯击5~6遍。此外，松土不宜用重型碾压机械直接滚压，否则土层会有强烈起伏现象，效率不高。如果先用轻碾压实，再用重碾压实就会取得较好的效果。

2. 含水量的影响

在同一压实功条件下，填土的含水量对压实质量有直接影响。较为干燥的土颗粒之间的摩擦阻力较大，因而不易压实。当含水量超过一定限度时，土颗粒之间孔隙水呈饱和状态，也不能压实。当土的含水量适当时，水起了润滑作用，土颗粒之间的摩擦阻力减少，压实效果好。每种土都有其最佳含水量，土在这种含水量的条件下，使用同样的压实功进行压实，所得到的密度最大。

各种土的最佳含水量和最大干密度可参考表1-7。施工项目简单检验土含水量的方法一般是以手握成团落地开花为适宜。为了保证填土在压实过程中处于最佳含水量状态，当土过湿时，应予以翻松晾干，也可掺入同类干土或吸水性土料；当土过干时，则应预先洒水润湿。

表1-7　土的最佳含水量和最大干密度参考

项次	土的种类	变动范围	
		最佳含水率（%）	最大干密度（g/cm^3）
1	砂土	8~12	1.80~1.88
2	亚砂土	9~15	1.85~2.08
3	粉土	16~22	1.61~1.80
4	亚粉土	12~20	1.67~1.95
5	黏土	15~25及以上	1.58~1.70

注：1. 表中土的最大干密度应根据现场实际达到的数字为准。

2. 一般性的回填土可不作此项测定。

3. 铺土厚度的影响

土在压实功的作用下，其应力随深度增加而逐渐减小，其影响深度与压实机械、土的性质和含水量有关。铺土厚度应小于压实机械压土时的作用深度，但其中还有最优土层厚度问题：铺得过厚，要压很多遍才能达到规定的密实度；铺得过薄，则也要增加机械的总压实遍数。最优的铺土厚度应能使土方压实而机械的功耗费最少，可按照表1-8选用。在表1-8中规定压实遍数范围内，轻型压实机械取大值，重型压实机械取小值。

表1-8　填方每层的铺土厚度和压实遍数

压实机具	每层铺土厚度（mm）	每层压实遍数（遍）
平碾	250~300	6~8
振动压实机	250~350	3~4
柴油打夯机	200~250	3~4
人工打夯	<200	3~4

注：人工打夯时，土块粒径不应大于50 mm。

上述三方面因素是互相影响的。在保证压实质量、提高压实机械生产率的前提下，重要工程应根据土质和所选用的压实机械在施工现场进行压实试验，以确定达到规定密实度所需的压实遍数、铺土厚度及最优含水量。

九、基坑（槽）施工

基坑（槽）的施工，应进行房屋定位和标高引测，根据基础的底面尺寸、埋置深度、土质好坏、地下水位的高低及季节性变化等不同情况，结合工程施工需要，确定是否需要留工作面、放坡、增加排水设施和设置支撑，从而定出挖土边线和进行放线工作，即确定土方工程施工的专项施工方案。

（一）放线

1. 基槽放线

根据房屋主轴线控制点，将外墙轴线的交点用木桩测设在地面上，并在桩顶钉上铁钉作为标志。房屋外墙轴线测定以后，再根据建筑物平面图，将内部开间所有轴线都一一测出。最后根据边坡系数计算的开挖宽度在中心轴线两侧用石灰在地面上撒出基槽开挖边线。同时在房屋四周设置控制桩，便于基础施工时复核轴线位置。

2. 基坑放线

在基坑开挖前，从设计图上查对基础的纵横轴线编号和基础施工详图，根据柱子的纵横轴线，用经纬仪在矩形控制网上测定基坑中心线，同时在每个柱基中心线上，测定基坑定位桩，每个基坑的中心线上设置四个定位木桩，其桩位离基坑开挖线的距离为 1 m 以上。若基坑之间的距离不大，可每隔 1 ~ 2 个或几个基坑打定位桩，两个定位桩的间距应不超过 20 m，以便拉线恢复中间柱基的中线。桩顶上钉一钉子，标明中心线的位置。然后按施工图上柱基的尺寸和按边坡系数确定的挖土边线的尺寸，放出基坑上口挖土灰线，标出挖土范围。大基坑开挖，根据房屋的控制点用经纬仪放出基坑四周的挖土边线。

（二）基坑（槽）开挖

土方开挖应遵循“开槽支撑，先撑后挖，分层开挖，严禁超挖”的原则。

开挖基坑（槽）按规定的尺寸合理确定土方开挖顺序和分层开挖深度，连续进行施工。土方开挖至施工要求的标高，开挖的断面要准确，同时要求土体有足够的强度和稳定性，避免土方开挖施工过程中土方坍塌。挖出的土根据计算预留回填土外，应把多余的土运到弃土地区，预留的土不得在场地内任意堆放，避免影响施工。为防止坑壁滑坡坍塌，根据土质情况及坑（槽）深度，在坑顶两边一定距离（一般为 1. 0 m）内不得堆放弃土，在此距离外堆土高度不得超过 1. 5 m，否则，应验算边坡的稳定性。在桩基周围、墙基或围墙一侧，不得堆土过高。在坑边放置有动载的机械设备时，也应根据验算结果，离开坑边较远距离，如地质条件不好，还应采取加固措施。为了防止基底土（特别是软土）受到浸水或其他原因的扰动，基坑（槽）挖好后，应立即做垫层或浇筑基础，否则，挖土时应在基底标高以上保留 150 ~ 300 mm 厚的土层，待基础施工时再行挖去。如用机械挖土，为防止基底土被扰动，结构被破坏，不应直接挖到坑（槽）底，应根据机械种类，在基底标高以上留出 200 ~ 300 mm，待基础施工前用人工铲平修整。挖土不得挖至基坑（槽）的设计标高以下，如个别处超挖，应用与基土相同的土料填补，并夯实到要求的密实度。如用原土填补不能达到要求的密实度，应用碎石类土填补，并仔细夯实。重要部位如被超挖时，应采用低强度等级的混凝土填补。

基坑（槽）开挖分人工开挖和机械开挖，对于大型基坑应优先考虑选用机械化施工，以加快施工进度。

深基坑应采用“分层开挖，先撑后挖”的开挖方法。

图1－10为某深基坑分层开挖的示意图。在基坑正式开挖之前，首先按照施工要求组织专家对深基坑开挖进行开挖论证，在确定好施工方案后进行土方开挖。在进行分层开挖时先将第一层地表土挖运出去，开挖第二层时应做好工作面等准备工作，以保证土方工程施工的安全性。依此类推，开挖深基坑第三层土、第四层土……一直挖到基坑的标高。

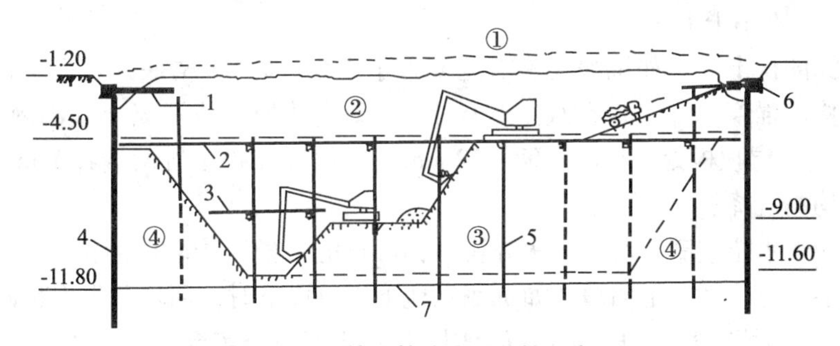

图1－10　某深基坑分层开挖示意图

1—第一道支撑；2—第二道支撑；3—第三道支撑；
4—支护桩；5—主柱；6—锁口圈梁；7—坑底

深基坑开挖过程中，随着土的挖除，下层土因逐渐卸载而有可能回弹，尤其在基坑挖至设计标高后，如搁置时间过久，回弹更为显著。如弹性隆起在基坑开挖和基础工程初期发展很快，它将加大建筑物的后期沉降。因此，对深基坑开挖后的土体回弹，应有适当的估计，如在勘察阶段，土样的压缩试验中应补充卸荷弹性试验等。还可以采取结构措施，在基底设置桩基等，或事先对结构下部土质进行深层地基加固。施工中减少基坑弹性隆起的一个有效方法是把土体中有效应力的改变降低到最少。具体方法有加速建造主体结构，或逐步利用基础的重量来代替被挖去土体的重量。

十、地基的处理方法

任何建筑物都必须有可靠的地基。建筑物的全部荷载最终通过基础传给地基，所以，对某些地基的处理及加固就成为基础工程施工中的一项重要内容。在施工过程中如发现地基土质过软或过硬，不符合设计要求时，为了使建筑物各部位沉降尽量保持一致，以减小地基不均匀沉降的原则对地基进行处理。

在软弱地基上进行建造建筑物或构筑物，利用天然地基时，不能满足设计要求，需要对地基进行人工加固处理，以满足结构对地基的要求，常用的人工地基处理方法有换土地基、重锤夯实、强夯、振冲、砂桩挤密、深层搅拌、堆载预压、化学加固等。

（一）地基局部处理

1. 松土坑（填土、墓穴、淤泥等）的处理

若坑的范围较小（在基槽范围内），可将坑中松软土挖除，使坑底及四壁均见天然土为止，回填与天然土压缩性相近的材料。若天然土为砂土，用砂或级配砂石回填；若天然土为较密实的黏性土，则采用3:7灰土分层回填夯实；如为中密可塑的黏性土或新近沉积黏性土，可采用中密可塑的黏性土或戈壁土分层回填夯实，每层厚度不大于20 mm。

当坑的范围较大（超过基槽边沿）或因条件限制，槽壁挖不到天然土层时，则应将该范围内的基槽适当加宽，加宽部分的宽度可按下述条件确定：当用砂土或砂石回填时，基槽

每边均应按1:1坡度放宽；当采用中密可塑的黏性土或戈壁土分层回填夯实时，按0.5:1坡度放宽；当采用3:7灰土回填时，如坑的长度≤2 m，基槽可不放宽，但灰土与槽壁接触处应夯实。

如坑在槽内所占的范围较大（长度在5 m以上），且坑底土质与一般槽底天然土质相同，可将此部分基础加深，做1:2踏步与两端相接，踏步多少根据坑深而定，但每步高不大于0.5 m，长不小于1 m。

对于较深的松土坑（如坑深大于槽宽或大于1.5 m时），槽底处理后，还应适当考虑加强上部结构的强度，方法是在灰土基础上1~2皮砖处（或混凝土基础内）、防潮层下1~2皮砖处及首层顶板处，加配4Φ8~12 mm钢筋跨过该松土坑两端各1 m，以防产生过大的局部不均匀沉降。

如遇到地下水位较高，坑内无法夯实时，可将坑（槽）中软弱的松土挖去后，再用砂土、碎石或混凝土代替灰土回填。如坑底在地下水位以下时，回填前先用粗砂与碎石（比例为1:3）分层回填夯实；地下水位以上用3:7灰土回填夯实至要求高度。

2. *砖井、土井或墓坑的处理*

当砖井或土井在室外，距基础边缘5 m以内时，应先用素土分层夯实，回填到室外地坪以下1.5 m处，将井壁四周砖圈拆除或松软部分挖去，然后用素土分层回填并夯实。

如井在室内基础附近，可将水位降低到可能的最低限度，用中、粗砂及块石、卵石或碎砖等回填到地下水位以上0.5 m。砖井应将四周砖圈拆至坑（槽）底以下1 m或更深些，然后再用素土分层回填并夯实。如井已回填，但不密实或有软土，可用大块石将下面软土挤紧，再分层回填素土夯实。

当井在基础下时，应先用素土分层回填夯实至基础底下2 m处，将井壁四周松软部分挖去，有砖井圈时，将井圈拆至槽底以下1~1.5 m。若井内有水，应用中、粗砂及块石、卵石或碎砖回填至水位以上0.5 m，然后再按上述方法处理；当井内已填有土，但不密实，且挖除困难时，可在部分拆除后的砖石井圈上加钢筋混凝土盖封口，上面用素土分层回填、夯实至槽底。

若井在房屋转角处，且基础部分或全部压在井上，除用以上办法回填处理外，还应对基础加强处理。当基础压在井上部分较少，可采用从基础中挑梁的办法解决。当基础压在井上部分较多，用挑梁的方法较困难或不经济时，则可将基础沿墙长方向向外延长出去，使延长部分落在天然土上。落在天然土上的基础总面积应等于或稍大于井圈范围内原有基础的面积，并在墙内配筋或用钢筋混凝土梁来加强。

当井已淤填，但不密实时，可用大块石将下面软土挤密，再用上述办法回填处理。如井内不能夯填密实，上部荷载又较大，可在井内设灰土挤密桩或石灰桩处理；如土井在大体积混凝土基础下，可在井圈上加钢筋混凝土盖板封口，上部再用素土回填密实的办法处理，使基土内附加应力传布范围比较均匀，但要求盖板至基底的高差大于井径。

3. *局部软硬土的处理*

当基础下局部遇基岩、旧墙基、大孤石、老灰土、化粪池、大树根、砖窑底等，均应尽可能挖除，以防建筑物由于局部落于较硬物上造成不均匀沉降，而使上部建筑物开裂。

若基础一部分落于基岩或硬土层上，一部分落于软弱土层上，基岩表面坡度较大，则应在软土层上采用现场钻孔灌注桩至基岩；或在软土部位作混凝土或砌块石支撑墙（或支墩）至基岩；或将基础以下基岩凿去0.3～0.5 m，填以中粗砂或土砂混合物作软性褥垫，使之能调整岩土交界部位地基的相对变形，避免应力集中出现裂缝；或采取加强基础和上部结构的刚度，来克服软硬地基的不均匀变形。

如基础一部分落于原土层上，另一部分落于回填土地基上时，可在填土部位用现场钻孔灌注桩或钻孔爆扩桩直至原土层，使该部位上部荷载直接传至原土层，以避免地基的不均匀沉降。

4. 管道的处理

如在基槽底以上或以下发现有水下管道时，应采取防止漏水的措施，以免漏水浸湿地基，造成不均匀沉陷。管道最好拆迁，无法拆迁时，可在管道周围浇筑混凝土或采用新型高强度材料的管道代替。此外，在管道穿过基础或基础墙时，必须在基础或基础墙上管道的周围，特别是上部，留出足够的空隙，使建筑物产生沉降后不致引起管道的变形或损坏。当管道穿过基础大放脚部位时，可将这部分基础局部适当落深，并按照上述要求，留出足够的空隙。

5. “橡皮土”的处理

当地基为黏性土，且含水量很大，趋于饱和时，夯拍后会使地基土变成踩上去有一种颤动感觉的“橡皮土”。出现这种现象时，不要继续夯拍，可采用晾槽或掺白灰末的方法，以降低土的含水量，然后再根据具体情况选择施工方法及基础类型。如果地基上已发生了颤动，则应采取措施，利用碎石或卵石将淤泥挤紧，或将淤泥全部挖出，填以砂土或级配砂石。

以上的各类地基处理方法，必须在征得设计单位的同意和认可后方可进行施工。

（二）地基的加固

当地基土的压缩性很大或强度不足，不能满足设计要求时，可针对不同情况对地基进行加固处理。处理的目的是增加地基的强度和稳定性，减少地基的变形。

常用的地基加固按做法和性质不同，可分为：换土、重锤夯实、振冲、砂桩、水泥土搅拌桩、预压和注浆地基等。选择地基加固处理方案，必须根据工程和地基的具体情况而定，并考虑施工速度、加固的设备条件，对各种加固方案要进行综合比较，做到经济合理、技术可靠。

1. 换土地基

当建筑物基础下的持力层比较软弱，不能满足上部荷载对地基的要求时，常采用换土地基来处理软弱地基。这时先将基础下一定范围内承载力低的软土层挖去，然后回填强度较大的砂、碎石、戈壁土及灰土等，并夯至密实。换土地基可以有效地处理地基承受荷载不大的建筑物地基问题，如3～6层房屋建筑、路堤、油罐和水闸等工程地基。换土地基按其回填的材料可分为砂地基和砂石地基、灰土地基等。

（1）砂地基和砂石地基

砂地基和砂石地基（见图1－11）是将基础下一定范围内的土层挖去，然后用强度较大的砂或碎石等回填，并经分层夯实至密实，以起到提高地基承载力、减少沉降、加速软弱土层的排水固结、防止冻胀和消除膨胀土的胀缩等作用。该地基具有施工工艺简单、工期短、造价低等优点。适用于处理透水性强的软弱黏性土地基，但不宜用于湿陷性黄土地基和不透水的黏性土地基，以免聚水而引起地基下沉和降低承载力。

图 1－11　砂地基和砂石地基

1）构造要求。

砂地基和砂石地基的厚度一般根据地基底面处土的自重应力与附加应力之和不大于同一标高处软弱土层的容许承载力确定。地基厚度一般不宜大于3 m，也不宜小于0.5 m。地基宽度除要满足应力扩散的要求外，还要根据地基侧面土的容许承载力来确定，以防止地基向两边挤出。关于宽度的计算，目前还缺乏可靠的理论方法，在实践中常常按照当地某些经验数据（考虑地基两侧土的性质）或按经验方法确定。一般情况下，地基的宽度应沿基础两边各放出200～300 mm，如果侧面地基土的土质较差，还要适当增加。

2）材料要求。

砂和砂石地基所用的材料，宜采用颗粒级配良好、质地坚硬的中砂、粗砂、砾砂、碎（卵）石、石屑或其他工业废粒料。在缺少中、粗砂和砾砂的地区可采用细砂，但宜同时掺入一定数量的碎（卵）石，其掺入量应符合地基材料含石量不大于50%的要求。所用砂石料，不得含有草根、垃圾等有机杂物，含泥量不应超过5%；兼作排水地基时，含泥量不宜超过3%，碎石或卵石最大粒径不宜大于50 mm。

3）施工要点。

① 铺筑地基前应验槽，先将基底表面浮土、淤泥等杂物清除干净，边坡必须稳定，防止塌方。基坑（槽）两侧附近如有低于地基的孔洞、沟、井和墓穴等，应在未做换土地基前加以处理。

② 砂和砂石地基底面宜铺设在同一标高上，如深度不同时，施工应按先深后浅的程序进行。土面应挖成踏步或斜坡搭接，搭接处应夯压密实。分层铺筑时，接头应做成斜坡或阶梯形搭接，每层错0.5～1 m，并注意充分捣实。

③ 人工级配的砂、石材料，应按级配拌和均匀，再铺填捣实。

④ 换土地基应分层铺筑，分层夯（压）实，每层的铺筑厚度不宜超过表1－9规定的数值，分层厚度可用样桩控制。施工时对下层的密实度检验合格后，方可进行上层施工。

表 1-9　砂和砂石地基每层铺筑厚度及最佳含水量

压实方法	每层铺筑厚度/mm	施工时最优含水量（%）	施工说明	备注
平振法	200～250	15～20	用平板式振捣器往复振捣	不宜使用干细砂或含泥量较大的砂铺筑的砂地基
插振法	振捣器插入深度	饱和	1）用插入式振捣器 2）插入间距可根据机械振幅大小决定 3）不应插至下层黏性土层 4）插入振捣完毕后所留的孔洞，应用砂填实	不宜使用细砂或含泥量较大的砂铺筑的砂地基
夯实法	150～200	8～12	1）用木夯或机械夯 2）木夯重 40 kg，落距 400～500 mm 3）一夯压半夯，全面夯实	
碾压法	150～350	8～12	6～2 t 压路机往复碾压	适用于大面积施工的砂和砂石地基

注：在地下水位以下的地基，其最下层的铺筑厚度可比表 1-9 增加 50 mm。

⑤ 在地下水位高于基坑（槽）底面施工时，应采取排水或降低地下水位的措施，使基坑（槽）保持无积水状态。如用水撼法或插入振动法施工时，应有控制地注水和排水。

⑥ 冬期施工时，不得采用夹有冰块的砂石作地基，并应采取措施防止砂石内水分冻结。

4）质量检查。

① 环刀取样法：在捣实后的砂地基中，用容积不小于 200 cm^3 的环刀取样，测定其干密度，以不小于通过试验所确定的该砂料在中密状态时的干密度数值为合格。若为砂石地基，可在地基中设置纯砂检查点，在同样施工条件下取样检查。

② 贯入测定法：检查时先将表面的砂刮去 30 mm 左右，用直径为 20 mm、长 1 250 mm 的平头钢筋举离砂层面 700 mm 自由下落，或用水撼法使用的钢叉举离砂层面 500 mm 自由下落。以上钢筋或钢叉的插入深度，可根据砂的控制干密度预先进行小型试验确定。

（2）灰土地基

灰土地基是将基础底面下一定范围内的软弱土层挖去，用按一定体积比配合的石灰和黏性土拌和均匀，在最优含水量情况下分层回填夯实或压实而成。该地基具有一定的强度、水稳定性和抗渗性，施工工艺简单，取材容易，费用较低。适用于处理 1～4 m 厚的软弱土层。

1）构造要求。

灰土地基厚度确定原则同砂地基。地基宽度一般为灰土顶面基础砌体宽度加 2.5 倍灰土厚度之和。

2）材料要求。

灰土的土料宜采用就地挖出的黏性土及塑性指数大于4的粉土，但不得含有有机杂质或使用耕植土。使用前，土料应过筛，其粒径不得大于15 mm。

用做灰土的熟石灰应过筛，粒径不得大于5 mm，并不得夹有未熟化的生石灰块，也不得含有过多的水分。

灰土的配合比一般为2:8或3:7（石灰:土）。

3）施工要点。

① 施工前应先验槽，清除松土，如发现局部有软弱土层或孔洞，应及时挖除后用灰土分层回填夯实。

② 施工时，应将灰土拌和均匀，颜色一致，并适当控制其含水量。现场检验方法是：用手将灰土紧握成团，两指轻捏能碎为宜。如土料水分过多或不足时，应晾干或洒水润湿。灰土拌好后及时铺好夯实，不得隔日夯打。

③ 铺灰应分段分层夯筑，每层虚铺厚度应按所用夯实机具参照表1－10选用。每层灰土的夯打遍数，应根据设计要求的干密度在现场试验确定。

表1－10　灰土最大虚铺厚度

夯实机具种类	重量/t	厚度/mm	备注
石夯、木夯	0.04～0.08	200～250	人力送夯，落距400～500 mm，每夯搭接半夯
轻型夯实机械	0.12～0.4	200～250	蛙式打夯机或柴油打夯机
压路机	6～10	200～300	双轮

④ 灰土分段施工时，不得在墙角、柱基及承重窗间墙下接缝。上下两层灰土的接缝距离不得小于500 mm，接缝处的灰土应注意夯实。

⑤ 在地下水位以下的基坑（槽）内施工时，应采取排水措施。夯实后的灰土，在3天内不得受水浸泡。灰土地基打完后，应及时进行基础施工和回填土，否则要做临时遮盖，防止日晒雨淋。夯打完毕或尚未夯实的灰土，如遭受雨淋浸泡，则应将积水及松软灰土除去并补填夯实，受浸湿的灰土，应晾干后再夯打密实。

⑥ 冬期施工时，不得采用冻土或夹有冻土的土料，并应采取有效的防冻措施。

4）质量检查。

灰土地基的质量检查，宜用环刀取样，测定其干密度。质量标准可按压实系数鉴定，一般为0.93～0.95。压实系数为土在施工时实际达到的干密度与室内采用击实试验得到的最大干密度之比。

如无设计规定时，也可按表1－11的要求执行。如用贯入仪检查灰土质量时，应先进行现场试验以确定贯入度的具体要求。

表1－11　灰土质量标准

土料种类	黏土	粉质黏土	粉土
灰土最小干密度（t/m^3）	1.45	1.50	1.55

2. 重锤夯实地基

重锤夯实是用起重机械将夯锤提升到一定高度后，利用自由下落时的冲击能来夯实基土表面，使其形成一层较为均匀的硬壳层，从而使地基得到加固（见图 1 - 12）。该法施工简便，费用较低，但布点较密，夯击遍数多，施工期相对较长，夯击能量小，孔隙水难以消散、加固深度有限。当土的含水量稍高时，易夯成橡皮土，处理较困难。该法适用于处理地下水位以上稍湿的黏性土、砂土、湿陷性黄土、杂填土和分层填土地基。但当夯击振动对邻近的建筑物、设备以及施工中的砌筑工程或浇筑混凝土等产生有害影响时，或地下水位高于有效夯实深度以及在有效深度内存在软黏土层时，不宜采用。

图 1 - 12　重锤夯实地基

（1）机具设备

1）起重机械。

起重机械可采用配置有摩擦式卷扬机的履带式起重机、打桩机、龙门式起重机或悬臂式桅杆起重机等。其起重能力分别为：当采用自动脱钩时，应大于夯锤重量的 1.5 倍；当直接用钢丝绳悬吊夯锤时，应大于夯锤重量的 3 倍。

2）夯锤。

夯锤形状宜采用截头圆锥体，可用 C 20 钢筋混凝土制作，其底部可填充废铁并设置钢底板以使重心降低。锤重宜为 1.5 ~ 3.0 t，底直径为 1.0 ~ 1.5 m，落距一般为 2.5 ~ 4.5 m，锤底面单位静压力宜为 15 ~ 20 kPa。吊钩宜采用自制半自动脱钩器，以减少吊索的磨损和机械振动。

（2）施工要点

1）施工前应在现场进行试夯，选定夯锤重量、底面直径和落距，以便确定最后下沉量及相应的夯击遍数和总下沉量。最后下沉量是指最后两击平均每击土面的夯沉量，对黏性土和湿陷性黄土取 10 ~ 20 mm，对砂土取 5 ~ 10 mm。通过试夯可确定夯实遍数，一般试夯 6 ~ 10 遍，施工适当增加 1 ~ 2 遍。

2）采用重锤夯实分层填土地基时，每层的虚铺厚度以相当于锤底直径为宜，夯击遍数由试夯确定，试夯层数不宜少于两层。

3）基坑（槽）的夯实范围应大于基础底面，每边应比设计宽度加宽 0.3 m 以上，以便于底面边角夯打密实。基坑（槽）边坡应适当放缓。夯实前坑（槽）底面应高出设计标高，预留土层的厚度可为试夯时的总下沉量再加 50 ~ 100 mm。

4）夯实时地基土的含水量应控制在最优含水量范围以内。如土的表层含水量过大，可采用铺撒吸水材料（如干土、碎砖、生石灰等）或换土等措施；如土的含水量过低，应适当洒水，加水后待全部渗入土中，一昼夜后方可夯打。

5）在大面积基坑或条形基槽内夯击时，应按一夯挨一夯的顺序进行。在一次循环中，同一夯位应连夯两遍，下一循环的夯位应与前一循环错开 1/2 锤底直径，落锤应平稳，夯位应准确。在独立柱基基坑内夯击时，可采用先周边后中间或先外后里的跳打法进行。基坑（槽）底面的标高不同时，应按先深后浅的顺序逐层夯实。

6）夯实完后，应将基坑（槽）表面修整至设计标高。冬期施工时，必须保证地基在不冻的状态下进行夯击。否则应将冻土层挖去或将土层融化。若基坑挖好后不能立即夯实，应采取防冻措施。

（3）质量检查

重锤夯实后应检查施工记录，除应符合试夯最后下沉量规定外，还应检查基坑（槽）表面的总下沉量，以不小于试夯总下沉量的90%为合格。也可采用在地基上选点夯击检查最后下沉量。夯击检查点数：独立基础每个不少于1处，基槽每20 m不少于1处，整片地基每50 m^{2}不少于1处。检查后如质量不合格，应进行补夯，直至合格为止。

3. 振冲地基

振冲地基又称振冲桩复合地基，是以起重机吊起振冲器，启动潜水电机带动偏心块，使振冲器产生高频振动，同时开动水泵，通过喷嘴喷射高压水流成孔，然后分批填以砂石骨料形成一根根桩体，桩体与原地基构成复合地基，以提高地基的承载力、减少地基的沉降，是地基沉降差的一种快速、经济有效的加固方法（见图1－13）。该法具有技术可靠、机具设备简单、操作技术易于掌握、施工简便、节省三材（水泥、钢材、木材）、加固速度快、地基承载力高等特点。

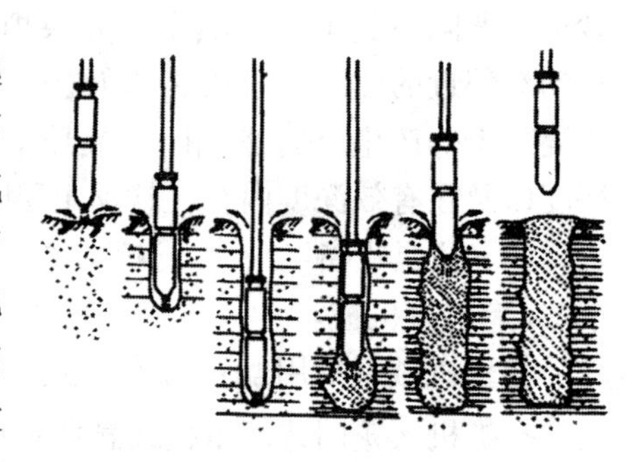

图1－13　振冲地基

振冲地基按加固机理和效果的不同，可分为振冲置换法和振冲密实法两类。前者适用于处理不排水、抗剪强度小于20 kPa的黏性土、粉土、饱和黄土及人工填土等地基；后者适用于处理砂土和粉土等地基，不加填料的振冲密实法仅适用于处理黏土粒含量小于10%的粗砂、中砂地基。

（1）机具设备

1）振冲器：宜采用带潜水电机的振冲器，其功率、振动力、振动频率等参数，可按加固的孔径大小、达到的土体密实度选用。

2）起重机械：起重能力和提升高度均应符合施工和安全要求，起重能力一般为80～150 kN。

3）水泵及供水管道：供水压力宜大于0.5 MPa，供水量宜大于20 m^3/h。

4）加料设备：可采用翻斗车、手推车或皮带运输机等，其能力须符合施工要求。

5）控制设备：控制电流操作台，附有150 A以上容量的电流表（或自动记录电流计）、500 V电压表等。

（2）施工要点

1）施工前应先在现场进行振冲试验，以确定成孔合适的水压、水量、成孔速度、填料方法、达到土体密实时的密实电流值、填料量和留振时间。

2）振冲前，应按设计图定出冲孔中心位置并编号。

3）启动水泵和振冲器，水压可用400～600 kPa，水量可用200～400 L/min，使振冲器以1～2 m/min的速度徐徐沉入土中。每沉入0.5～1.0 m，宜留振5～10 s进行扩孔，待孔内泥浆溢出时再继续沉入。当下沉达到设计深度时，振冲器应在孔底适当停留并减小射水压力，以便排除泥浆进行清孔。成孔也可采用将振冲器以1～2 m/min的速度连续沉至设计深度以上 0.3 ~0.5 m 时，将振冲器往上提到孔口，再同法沉至孔底。如此往复 1 ~2 次，使孔内泥浆变稀，排泥清孔 1 ~2 min 后，将振冲器提出孔口。

4）填料和振密方法，一般采取成孔后，将振冲器提出孔口，从孔口往下填料，然后再下降振冲器至填料中进行振密，待密实电流达到规定的数值，将振冲器提出孔口。如此自下而上反复进行直至孔口，成桩操作即告完成。

5）振冲桩施工时桩顶部约 1 m 范围内的桩体密实度难以保证，一般应予挖除，另做地基，或用振动碾压使之压实。

6）冬期施工应将表层冻土破碎后成孔。每班施工完毕后应将供水管和振冲器水管内积水排净，以免冻结影响施工。

（3）质量检查

振冲成孔中心与设计定位中心偏差不得大于 100 mm，完成后的桩位偏差不得大于 0.2 倍桩孔直径。

振冲效果应在砂土地基完工半个月或黏性土地基完工一个月后方可检验。检验方法可采用载荷试验、标准贯入、静力触探等方法来检验桩的承载力，以不小于设计要求的数值为合格。如在地震区进行抗液化加固地基，应进行现场孔隙水压力试验。

4. 砂桩地基

砂桩地基（见图 1 －14）是采用类似沉管灌注桩的机械和方法，通过冲击和振动，把砂挤入土中而成的。这种方法经济、简单且有效。对于砂土地基，可通过振动或冲击的挤密作用，使地基达到密实，从而增加地基承载力，降低孔隙比，减少建筑物沉降，提高砂基抵抗震动液化的能力。对于黏性土地基，可起到置换和排水砂井的作用，加速土的固结，形成置换桩与固结后软黏土的复合地基，显著地提高地基抗剪强度。这种桩适用于挤密松散砂土、素填土和杂填土等地基。对于饱和软黏土地基，由于其渗透性较小，抗剪强度较低，灵敏度又较大，要使砂桩本身挤密并使地基土密实往往较困难，相反地，却破坏了土的天然结构，使抗剪强度降低，因而对这类工程要慎重对待。

图 1 －14　砂桩地基

5. 水泥土搅拌桩地基

水泥土搅拌桩地基（见图 1 －15）是利用水泥、石灰等材料作为固化剂，通过特制的深层搅拌机械，在地基深处就地将软土和固化剂（浆液或粉体）强制搅拌，利用固化剂和软土之间所产生的一系列物理、化学反应，使软土硬结成具有一定强

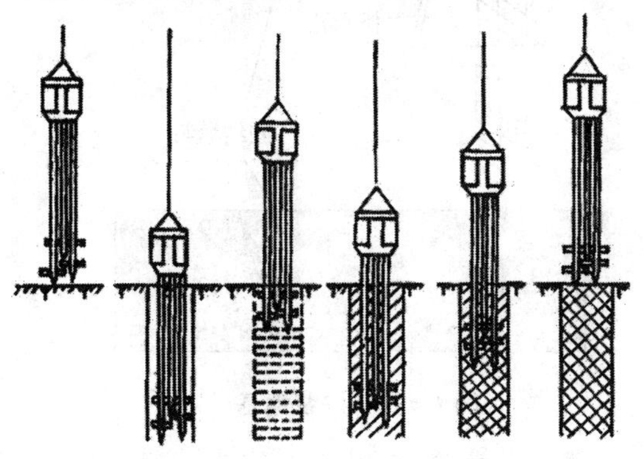

图 1 －15　水泥土搅拌桩地基

度的优质地基。本法具有无振动、无噪声、无污染、无侧向挤压，对邻近建筑物影响很小，且施工期较短、造价低廉、效益显著等特点，适用于加固较深较厚的淤泥、淤泥质土、粉土和含水量较高且地基承载力不大于120 kPa 的黏性土地基，对超软土效果更为显著。多用于墙下条形基础、大面积堆料厂房地基，在深基开挖时用于防止坑壁及边坡塌滑、坑底隆起以及做地下防渗墙等工程上。

6. 预压地基

预压地基是在建筑物施工前，在地基表面分级堆土或其他荷重，使地基土压密、沉降、固结，从而提高地基强度和减少建筑物建成后的沉降量。待达到预定标准后再卸载，建造建筑物。例如，真空预压地基如图1－16所示。本法具有使用材料、机具方法简单直接，施工操作方便，但堆载预压需要一定的时间，对深厚的饱和软土，排水固结所需的时间很长，同时需要大量堆载材料等特点。

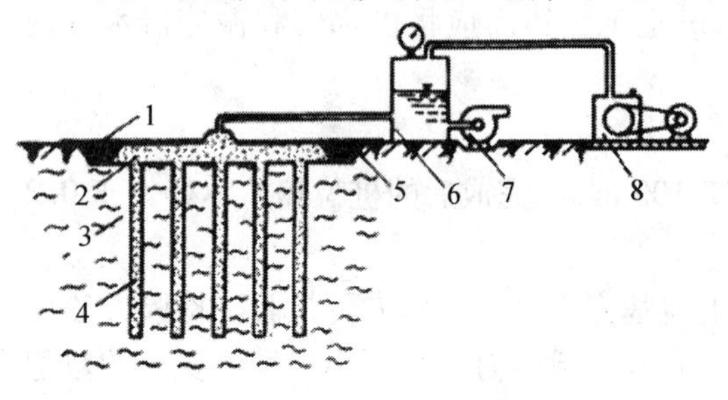

图1－16　真空预压地基

1—橡皮布；2—砂垫布；3—淤泥；4—砂井；5—黏土；6—集水罐；7—抽水泵；8—真空泵

此法适用于各类软弱地基，包括天然沉积土层或冲填土层，较广泛用于冷藏库、油罐、机场跑道、集装箱码头、桥台等沉降要求较低的地基。实践证明，利用堆载预压法能取得一定的效果，但能否满足工程要求的实际效果，则取决于地基土层的固结特性、土层的厚度、预压荷载的大小和预压时间的长短等因素。因此在使用上受到一定的限制。

7. 注浆地基

注浆地基是指利用化学溶液或胶结剂，通过压力灌注或搅拌混合等措施，而将土粒胶结起来的地基处理方法（见图1－17）。本法具有设备工艺简单、加固效果好，可提高地基强度、消除土的湿陷性、降低压缩性等特点。

此法适用于局部加固新建或已建的建（构）筑物基础、稳定边坡以及防渗帷幕等，也适用于湿陷性黄土地基，对于黏性土、素填土、地下水位以下的黄土地基，经试验有效时也可应用，但长期受酸性污水浸蚀的地基不宜采用。化学加固能否获得预期的效果，主要决定于能否根据具体的土质条件，选择适当的化学浆液（溶液和胶结剂）和采用有效的施工工艺。

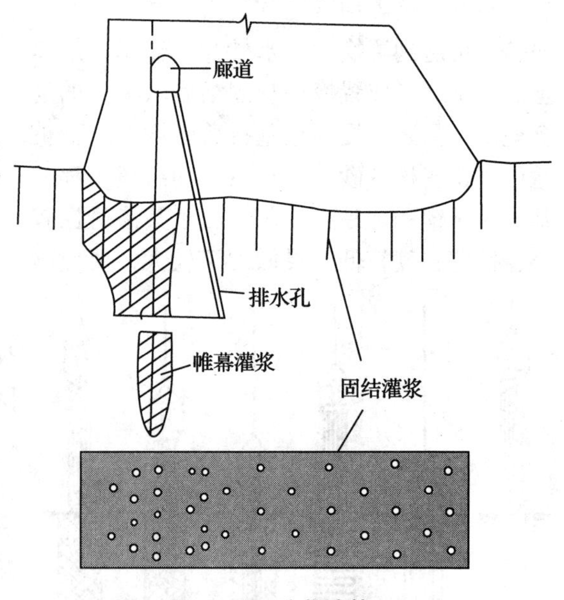

图1－17　注浆地基

项目三　垫层施工

为了使基础与地基有较好的接触面，把基础承受的荷载均匀地传给地基，常常在基础底部设置垫层。垫层指的是设于基层以下的结构层，其主要作用是隔水、排水、防冻，以改善基层和土基的工作条件，其材料可以是砂、陶粒、砂浆、混凝土等。

按地区不同，目前常用的垫层材料有砂砾戈壁土、灰土、卵石、三合土、砂或砂石以及低强度等级的混凝土等。

针对基槽（坑）的土方开挖完成以后，应尽快进行垫层的施工，以免基槽（坑）开挖后受雨水浸泡或暴晒，影响地基的承载力。垫层施工以前，应再次检查基槽（坑）的位置、尺寸、标高是否符合设计要求，槽（坑）的土壁是否稳定，槽（坑）底部如被水浸湿时，还必须将浸软的土层挖去或进行夯实，然后才能进行垫层的施工。

一、砂砾戈壁素土垫层

挖去基槽内软弱的土层，回填砂砾戈壁土，要求分层夯实，此种垫层一般适用于湿陷性黄土或杂填土地基（见图 1－18）。对于砂砾戈壁土的厚度，在软弱地基上，厚度在 3 m 以内。湿陷性黄土地基上，若为非自重湿陷性黄土，独立基础垫层厚度为基底宽度的 0.8～1.0 倍；若为自重湿陷性黄土地基，则应全部处理湿陷性土层。条形基础垫层厚度为基底宽度的 1.0～1.5 倍。垫层的宽度应大于基础底部宽度且大于 300 mm。若用素土垫层，必须经设计部门同意后方可进行施工。

图 1－18　垫层施工

二、灰土垫层

灰土垫层是用石灰和黏土搅均匀，然后分层夯实而成。灰土的体积配合比是 3:7 或 2:8，常用 3:7，故称“三七灰土”。三七灰土垫层具有就地取材、造价低廉、施工简便等优点，一般适用于地下水位较低，基槽经常处于干燥状态的基础。

灰土的土料应尽量采用原土，或用有机质含量不大的黏性土，不宜采用表面耕植土。土料应先过筛，粒径≤15 mm。灰土的生石灰必须在使用前一天用清水充分粉化过筛，其粒径≤5 mm，不得夹有未熟化的生石灰，也不得含有过多的水分。

灰土拌和一般就在基槽附近进行，按照配合比用计量器具进行配合，搅拌 2～3 次，使灰土均匀、颜色一致。灰土应有一定的含水量，便于进行夯实。一般的含水量以用手紧握成团，两指轻捏即碎为宜。

灰土拌和后即可分层铺灰、夯实，每层的夯实厚度及虚铺厚度见表 1－12，铺平后用脚先踩一遍，然后进行夯实。夯打遍数应根据设计要求的干容重在现场试验确定。灰土垫层若分段施工时，接缝要避开墙角、柱墩及承重墙下。层与层的接槎应错开，间距不小于

500 mm，接槎处的灰土应充分夯实。

表1-12　灰土虚铺厚度

夯实机具种类	重量/t	厚度/mm	备注
石夯、木夯	0.04~0.08	200~250	人力送夯，落距400~500 mm，每夯搭接半夯
轻型夯实机械	0.12~0.4	200~250	蛙式打夯机或柴油打夯机
压路机	6~10	200~300	双轮

灰土垫层施工完毕后，应及时进行基础施工，并迅速回填土。如暂不进行基础施工，应用砂将已施工完毕的垫层遮盖好。天气干燥时应洒水养护，以保证砂层湿润，防止日晒干裂，避免雨淋水浸。

三、砂垫层和砂石垫层

砂垫层和砂石垫层材料，宜采用颗粒级配良好，质地坚硬的中砂、粗砂、砾砂、卵石和碎石，也可以采用细砂，但宜掺入一定数量的卵石和碎石，其掺量按设计规定。此外，如石屑、工业废料经过试验合格后亦可作为垫层的材料。所用砂石材料都不应含有草根、垃圾等杂质，含泥量要<3%，石子最大粒径≤5 cm。砂石垫层应注意级配良好，拌和均匀后，方可铺填捣实。垫层底面宜铺设在同一标高上，如深度不同，基土面应挖成踏步（或斜坡）搭接，施工时，应先深后浅，搭接处注意捣实。分段施工接头也应做成斜坡，每层错开0.5~1.0 m，并充分捣实。砂石捣实方法根据条件的不同，可用振实、夯实或压实的方法进行。（见表1-13）

表1-13　砂垫层与砂石垫层铺设厚度及方法

施工方法	铺设厚度/mm	最佳含水量（%）	说明
平板振动法	200~250	15~20	平板振动器
插入振动法	相当于插入深度	饱和	插入式振动器
水撼法	250	饱和	注水高于每层10~20 mm
夯实法	150~200	8~12	跳夯或蛙式夯
碾压法	150~200	8~12	6~10 t压路机

砂垫层和砂石垫层的质量检查方法有两种：一种是测定其干容重，以不小于通过试验所确定的该砂料在中密状态下的干容重数值（一般为16 kN/m^3）为合格，如是砂石垫层，可在垫层中设置纯砂检查点，在同样施工条件下取样检定；另一种方法是用贯入仪或钢筋等测定，以贯入度大小来检查砂垫层的密实度，检查时以不大于通过试验所确定的贯入度数值为合格。

四、卵石垫层

新疆地区戈壁沙滩遍布，卵石材料可就地取材，因此常采用卵石垫层。卵石垫层也可用于室内地坪垫层、散水垫层、室外踏步垫层。卵石垫层在铺设前，应进行验槽和基底找平，并夯打一遍，然后铺设一层卵石。卵石铺设时要求大面向下，放平放稳，直径以15~30 cm为宜，不要相差过大，互相挤紧靠实，尽量使缝隙最小，再用CM 2.5砂浆灌缝。如缝隙较大，可用小碎石塞填密实，最后用砂浆找平。

五、混凝土垫层

混凝土垫层（见图1－19）常常用做室内地面垫层和基础垫层，承载力大，一般用于重要的部位。混凝土骨料可就地取材，水泥采用325以上强度等级，因为混凝土垫层的强度低，水泥的用量较少，故要求采用机械拌和、机械振捣，以满足混凝土的均匀性和密实性要求。一般采用C15强度等级的混凝土。

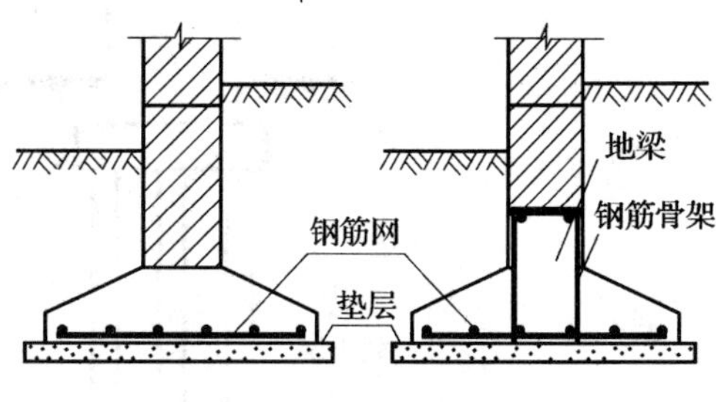

图1－19　混凝土垫层

项目四　桩基础工程施工

一般建筑物充分利用地基土层的承载能力，尽量采用浅基础。但若浅层土质不良，无法满足建筑物对地基变形和强度方面的要求时，同时要求利用地基下部坚实持力层时，就必须采取有效施工方法来建造深基础。

深基础主要有桩基础、墩基础、沉井和地下连续墙等几种类型，其中以桩基础最为常用。

一、桩基础的作用和分类

1. 作用

桩基础一般由设置于土中的桩和承接上部结构的承台组成。桩的作用在于将上部建筑物的荷载传递到深处承载力较大的土层上，或使软弱土层挤压，以提高土壤的承载力和密实度，保证建筑物的稳定性和减少地基沉降。

大多数桩基础的桩数不止一根，而将各根桩在上端（桩顶）通过承台联成一体。根据承台与地面的相对位置不同，一般有低承台与高承台桩基础之分。前者的承台底面位于地面以下，而后者则高出地面以上。一般说来，采用高承台主要是为了减少水下施工作业和节省基础材料，常用于桥梁和港口工程中。而低承台桩基础承受荷载的条件比高承台好，特别在水平荷载作用下，承台周围的土体可以发挥一定的作用。在一般房屋建筑物中，多使用低承台桩基础。

2. 分类

（1）按承载性质分

1）摩擦型桩。摩擦型桩又可分为摩擦桩和端承摩擦桩。摩擦桩是指在极限承载力状态下，桩顶荷载由桩侧阻力承受的桩；端承摩擦桩是指在极限承载力状态下，桩顶荷载主要由桩侧阻力承受的桩（见图1－20）。

2）端承型桩。端承型桩又可分为端承桩和摩擦端承桩。端承桩是指在极限承载力状态下，桩顶荷载由桩端阻力承受的桩；摩擦端承桩是指在极限承载力状态下，桩顶荷载主要由桩端阻力承受的桩。

（2）按桩的使用功能分

按使用功能的不同，桩可分为竖向抗压桩、竖向抗拔桩、水平受荷载桩、复合受荷载桩。

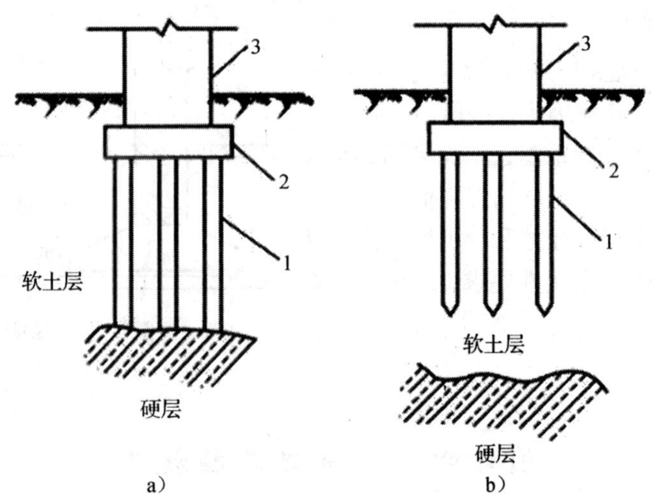

图1－20　端承摩擦桩与摩擦桩

a）端承摩擦桩；　b）摩擦桩

1—桩；2—承台；3—上部结构

（3）按桩身材料分

按材料不同，桩可分为混凝土桩、钢桩、组合材料桩。

（4）按成桩方法分

按成桩方法不同，桩可分为非挤土桩（如干作业法桩、泥浆护壁法桩、套筒护壁法桩）、部分挤土桩（如部分挤土灌注桩、预钻孔打入式预制桩等）、挤土桩（如挤土灌注桩、挤土预制桩等）。

（5）按桩制作工艺分

按制作工艺不同，桩可分为预制桩和现场灌注桩。

二、钢筋混凝土预制桩施工工艺

（一）钢筋混凝土预制桩的制作

1. 制作程序

预制桩可在工厂或施工现场预制。一般较短的桩多在预制厂生产，较长的桩则在打桩现场或附近就地预制。现场制作预制桩可采用重叠法。

预制桩制作程序为：现场布置→场地地基处理、整平→场地地坪浇筑混凝土→支模→绑扎钢筋、安设吊环→浇筑混凝土→养护至30%强度拆模→支间隔端头模板、刷隔离剂、绑钢筋→浇筑间隔桩混凝土→同法间隔重叠制作第二层桩→养护至70%强度起吊→达100%强度后运输、打桩。

2. 制作方法

现场预制多采用工具式木模板或钢模板，支在坚实平整的地坪上，模板应平整、尺寸准确。可用间隔重叠法生产，但重叠层数一般不宜超过4层。长桩可分节制作，一般桩长不得大于桩断面的边长或外直径的50倍。桩的钢筋骨架，可采用点焊或绑扎。骨架主筋则宜用对焊，主筋的接头位置应相互错开。桩尖一般用粗钢筋或钢板制作，在绑扎钢筋骨架时将其焊好。桩混凝土强度等级不应低于C 30，浇筑时应由桩顶向桩尖连续进行，严禁中断，以提高桩的抗冲击能力。浇筑完毕应覆盖洒水养护不少于7天，如用蒸汽养护，在蒸养后，尚应适当自然养护30天方可使用。

3. 质量要求

桩制作的质量除应符合有关规范的允许偏差规定外，还应符合下列要求。

1）桩的表面应平整、密实，掉角的深度不应超过10 mm，且局部蜂窝和掉角的缺损总面积不得超过该桩表面全部面积的0.5%，并不得过分集中。

2）混凝土收缩产生的裂缝深度不得大于20 mm，宽度不得大于0.25 mm；横向裂缝长度不得超过边长的一半（圆桩或多角形桩不得超过直径或对角线的1/2）。

3）桩顶和桩尖处不得有蜂窝、麻面、裂缝和掉角。

（二）预制桩的起吊、运输和堆放

1. 起吊

当桩的混凝土强度达到起吊设计强度标准后方可起吊，吊点应系于设计规定之处，起吊应平稳提升，采取措施保护桩身质量，防止撞击和受振动。

2. 运输

桩运输时的强度应达到设计强度标准值的100%，桩的运输应做到平稳并不得损坏。

3. 堆放

预制桩堆放场地应平整、坚实，不得产生不均匀沉陷。垫木与吊点的位置应相同并保持在同一平面上，各层垫木应上下对齐，最下层垫木应适当加宽，以减少堆桩场地的地基应力，堆放层数不宜超过4层。

（三）预制桩打桩施工

1. 打桩前的准备工作

（1）清除障碍物

打桩施工前应认真清除现场妨碍施工的高空、地上和地下的障碍物。

（2）平整场地

在建筑物基线以外4～6 m范围内的整个区域，或桩机进出场地及移动路线上，应作适当平整压实（地面坡度不大于10%），并保证场地排水良好。

（3）进行打桩试验

施工前应作数量不少于2根桩的打桩工艺试验，用以了解桩的沉入时间、最终沉入度、持力层的强度、桩的承载力以及施工过程中可能出现的各种问题和反常情况等，以便检验所选的打桩设备和施工工艺，确定是否符合设计要求。

（4）抄平放线

在打桩现场或附近区域，应设置数量不少于2个的水准点，以作为平场地标高和检查桩的入土深度之用。根据建筑物的轴线控制桩，按设计图纸要求定出桩基础轴线和每个桩位。

（5）定桩位

定桩位的方法是在地面上用小木桩或撒白灰点标出桩位，或用设置龙门板拉线法定出桩位。其中龙门板拉线法可避免因沉桩挤动土层而使小木桩移动，故能保证定位准确。同时也可作为在正式打桩前，对桩的轴线和桩位复核之用。

（6）确定打桩顺序

打桩顺序是否合理，直接影响打桩工程的速度和桩基质量。打桩顺序一般有逐排打设、从中间向四周打设、分段打设等几种。打入时还应根据基础的设计标高和桩的规格，宜采取先深后浅、先大后小、先长后短的施工顺序。

2. 预制桩的沉桩

预制桩按打桩设备和打桩方法，可分为锤击沉桩、振动沉桩等。

（1）锤击沉桩

打桩用的设备主要包括桩锤、桩架及动力装置三部分。

1）桩锤。常用的桩锤有落锤、蒸汽锤、柴油锤和液压锤等。

落锤用钢铸成，一般锤重为 5～20 kN。工作时利用人力或卷扬机，将锤提升至一定高度，然后使锤自由下落到桩头上而产生冲击力，将桩逐渐击入土中。落锤适用于黏土和含砂、砾石较多的土层中打桩，但锤击速度慢，贯入能力低，效率不高且对桩的损伤较大，只在使用其他类型的桩锤不经济时，或在小型工程中才被使用。

蒸汽锤是利用蒸汽的动力进行锤击，其效率与土质软、硬的关系不大，常用在较软弱的土层中打桩。按其工作原理可分单动汽锤和双动汽锤两种，这两种汽锤都须配一套锅炉设备。单动汽锤落距小、击力较大，可以打各种桩；双动汽锤冲击次数多、冲击力大、效率高，适用于打各种桩，并可以用于打斜桩、拔桩和水下打桩。

柴油锤是以柴油为燃料，利用柴油燃烧膨胀产生的压力，将桩锤抬起，然后自由落下冲击桩顶。如此反复循环运动，把桩打入土中。它具有工效高、构造简单、移动灵活、使用方便、不需沉重的辅助设备、不必从外部供给能源等优点；其缺点是施工噪声大、排出的废气污染环境等。柴油锤不适于在过硬或过软的土层中打桩。

液压锤是由一外壳封闭起来的冲击体所组成，利用液压油来提升和降落冲击缸体。冲击缸体下部充满氮气，当冲击缸体下落时，首先是冲击头对桩施加压力，接着是通过可压缩的氮气对桩施加压力，使冲击缸体对桩施加压力的过程延长，因此每一击能获得更大的贯入度。液压锤不排出任何废气、无噪声、冲击频率高，并适合水下打桩，是理想的冲击式打桩设备，但其构造复杂、造价高。

2）桩架。桩架的作用是吊桩就位、悬吊桩锤和支撑桩身，并在打桩过程中引导锤和桩的方向，保证桩锤能沿着所要求的方向冲击桩体。桩架的形式多种多样，常用的通用桩架有两种基本形式：一种是沿轨道行驶的多能桩架；另一种是装在履带底盘上的履带式桩架。

多能桩架由定柱、斜撑、回转工作台、底盘及传动机构组成。它的机动性和适应性很强，在水平方向可作360°回转，立柱可前后倾斜，底盘下装有铁轮，可在轨道上行走。这种桩架可适应各种预制桩及灌注桩施工。其缺点是机构较庞大，现场组装和拆迁比较麻烦。

履带式桩架以履带式起重机为底盘，增加立柱和斜撑用以打桩。其性能较多能桩架灵活、移动方便，可适应各种预制桩及灌注桩施工。履带式桩架目前应用最多。

3）动力装置。动力装置的配置取决于所选用的桩锤。当选用蒸汽锤时，则需配备蒸汽锅炉和卷扬机。

4）桩锤和桩架的选用。桩锤的类型应根据施工现场情况、机具设备条件及工作方式和工作效率等条件来选择。类型选定后，还要确定桩锤的重量，宜选择重锤低击。若选锤不当，将造成打不下或损坏桩的现象。锤重与桩重的比例关系，一般是根据土质的沉桩难易度来确定，可参照表 1－15 选用。

表 1－15　锤重与桩重比值

桩类别	锤类别			
	单动汽锤	双动汽锤	柴油锤	落锤
	比值			
钢筋混凝土预制桩	0.4～1.4	0.6～1.6	1.0～1.5	0.35～1.5
木桩	2.0～3.0	1.5～2.5	2.5～3.5	2.0～4.0
钢板桩	0.7～2.0	1.5～2.5	2.0～2.5	1.0～2.0

注：1. 锤重系指锤体总重，桩重包括桩帽重量。

2. 桩的长度一般不超过 20 m。

3. 土质较松软时可采用下限值，较坚硬时采用上限值。

桩架的选用，应考虑桩锤的类型、桩的长度和施工条件等因素。桩架的高度由桩的长度、桩锤高度、桩帽厚度及所用滑轮组的高度来决定。此外，还应留 1～2 m 的高度作为桩锤的伸缩余地，即桩架高度＝桩长＋桩锤高度＋桩帽高度＋滑轮组高度＋1～2 m 的起锤工作余地的高度。

5）打桩工艺。打桩工艺包括吊桩就位、打桩、接桩等。

① 吊桩就位：按既定的打桩顺序，先将桩架移动至桩位处并用缆风绳拉牢，然后将桩运至桩架下，利用桩架上的滑轮组，由卷扬机提升桩。当桩提升至直立状态后，即可将桩送入桩架的龙门导管内，同时把桩尖准确地安放到桩位上，并与桩架导管相连接，以保证打桩过程中不发生倾斜或移动。桩就位后，在桩顶放上弹性地基，如草袋、废麻袋等，放下桩帽套入桩顶，桩帽上再放上垫木，降下桩锤压在桩帽上，在锤的重力作用下，桩会入土一定深度。然后进行检查，使桩身、桩帽和桩锤在同一轴线上即可开始打桩。

② 打桩：初打时地层软、沉降量较大。宜低锤轻打，随着沉桩加深、速度减慢，再酌情增加起锤高度，要控制锤击应力。打桩时应观察桩锤回弹情况，如经常回弹较大时则说明锤太轻，不能使桩下沉，应及时更换。打桩时要随时注意贯入度变化情况，当贯入度骤减，桩锤有较大回弹时，表示桩尖遇到障碍，此时应减小桩锤落距，加快锤击。如上述情况仍存在，则应停止锤击，查明原因再行处理。

在打桩过程中，如突然出现桩锤回弹、贯入度突增、锤击时桩弯曲、倾斜、颤动、桩顶破坏加剧等情况，则表明桩身可能已破坏。

打桩最后阶段，沉降太小时，要避免硬打，如难沉下，要检查桩垫、桩帽是否适宜，需要时可更换或补充软垫。

③ 接桩：预制桩施工中，由于受到场地、运输及桩机设备等的限制，而将长桩分为多节进行制作。目前预制桩的接桩工艺主要有硫磺胶泥浆锚法、电焊接桩和法兰螺栓接桩三种。前一种适用于软弱土层，后两种适用于各类土层。

（2）振动沉桩

振动沉桩与锤击沉桩的施工方法基本相同，其不同之处是用振动桩机代替锤打桩机施工。振动桩机主要由桩架、振动锤、卷扬机和加压装置等组成。其施工原理是利用大功率甩动振动器的振动锤或液压振动锤，减低土对桩的阻力，使桩能较快沉入土中。该法不但能将桩沉入土中，还能利用振动将桩拔出，经验证明此法对 H 形钢桩和钢板桩拔出效果良好。振动沉桩在砂土中沉桩效率较高，对黏土地区效率较差，需用功率大的振动器。

3. 预制桩在施工中的常见问题

（1）桩上涌、土隆起

在打桩过程中，桩打入土中排挤土体，使土体压缩。当土被挤到极限时，即向上涌抬高地面，对桩的承载力有一定影响。

（2）桩顶位移

在软土地基施工较密集群桩时，由于打桩引起空隙水压力把相邻的桩推向一侧，导致桩位偏移。

（3）桩头破损

在施工中如桩被锤击破坏，不仅会造成较大的经济损失，还会延误工期。一般破坏以桩头破损为最多，约占95%。桩头破损多由于混凝土强度不足、桩头钢筋设置不合理、锤击偏心、桩垫厚度不足造成，并和锤的大小、落距、桩垫厚度等有关。

4. 桩拼接的方法

钢筋混凝土预制长桩在起吊、运输时受力极为不均，因而一般先将长桩分段预制，然后在沉桩过程中接长。常用的接头连接方法有以下两种。

（1）浆锚接头

它是用硫磺水泥或环氧树脂配制成的黏结剂，把上段桩的预留插筋黏结于下段桩的预留孔内。

（2）焊接接头

在每段桩的端部预埋角钢或钢板，施工时于上下段桩身相接触，用扁钢贴焊连成整体。

三、现浇混凝土桩施工工艺

现浇混凝土桩（亦称灌注桩）是一种直接在现场桩位上使用机械或人工等方法成孔，然后在孔内安装钢筋笼、浇筑混凝土而成的桩。按其成孔方法不同，可分为钻孔灌注桩、沉管灌注桩、人工挖孔灌注桩及其他形式灌注桩等。

（一）钻孔灌注桩

钻孔灌注桩是指利用钻孔机械钻出桩孔，并在孔中浇筑混凝土（或先在孔中吊放钢筋笼）而成的桩。根据钻孔机械的钻头是否在土壤的含水层中施工，又分为泥浆护壁成孔和干作业成孔两种施工方法。

1. 泥浆护壁成孔灌注桩

泥浆护壁成孔灌注桩适用于地下水位较高的地质条件。按设备又可分为冲抓、冲击回转钻及潜水钻成孔法。前两种适用于碎石土、砂土、黏性土及风化岩地基，后一种则适用于黏性土、淤泥、淤泥质土及砂土。

（1）施工设备

主要设备有冲击机、冲抓机、回转钻机及潜水钻机等。在此主要介绍潜水钻机。

潜水钻机由防水电机、减速机构和钻头等组成。电机和减速机构装设在具有绝缘和密封装置的电钻外壳内，且与钻头紧密连接在一起，因而能共同潜入水下作业。目前使用的潜水钻机（QSZ 800型），钻孔直径400～800 mm，最大钻孔深度50 m。潜水钻机既适用于水下钻孔，也可用于地下水位较低的干土层中钻孔。

（2）施工方法

钻机钻孔前，应做好场地平整、挖设排水沟、设泥浆池制备泥浆、做试桩成孔、设置桩基轴线定位点和水准点、放线定桩位及其复核等施工准备工作。钻孔时，先安装桩架及水泵设备，桩位处挖土埋设孔口护筒，以起定位、保护孔口、存贮泥浆等作用，桩架就位后，钻机进行钻孔。钻孔时应在孔中注入泥浆，并始终保持泥浆液面高于地下水位 1.0 m 以上，以起到护壁、排渣、润滑钻头、降低钻头发热、减少钻进阻力等作用。如在黏土、亚黏土层中钻孔，可注入清水以原土造浆护壁、排渣。钻孔进尺速度应根据土层类别、孔径大小、钻孔深度和供水量确定。对于淤泥和淤泥质土不宜大于 1 m/min，其他土层以钻机不超负荷为准，风化岩或其他硬土层以钻机不产生跳动为准。

钻孔深度达到设计要求后，必须进行清孔。对以原土造浆的钻孔，可使钻机空转不进尺，同时注入清水，等孔底残余的泥块已磨浆，排出泥浆比重降至 1.1 左右（以手触泥浆无颗粒感觉），即可认为清孔已合格。对注入制备泥浆的钻孔，可采用换浆法清孔，至换出泥浆比重为 1.15 ~ 1.25 为合格。

清孔完毕后，应立即吊放钢筋笼和浇注水下混凝土。钢筋笼埋设前应在其上设置定位钢筋环，混凝土垫块或于孔中对称设置 3 ~ 4 根导向钢筋，以确保保护层厚度。水下浇注混凝土通常采用导管法施工。

（3）质量要求

1）护筒中心要求与桩中心偏差不大于 50 mm，其埋深在黏土中不小于 1 m，在砂土中不小于 1.5 m。

2）泥浆比重在黏土和亚黏土中应控制在 1.1 ~ 1.2，在较厚夹砂层应控制在 1.1 ~ 1.3，在穿过砂夹卵石层或易于坍孔的土层中，泥浆比重应控制在 1.3 ~ 1.5。

3）孔底沉渣必须设法清除，要求端承桩沉渣厚度不得大于 50 mm，摩擦桩沉渣厚度不得大于 150 mm。

4）水下浇注混凝土应连续施工，孔内泥浆用潜水泵回收到贮浆槽里沉淀，导管应始终埋入混凝土中 0.8 ~ 1.3 m，并始终保持埋入混凝土面以下 1 m。

2. 干作业成孔灌注桩

干作业成孔灌注桩适用于地下水位以上的干土层中桩基的成孔施工。

（1）施工设备

施工设备主要有螺旋钻机、钻孔扩机、机动或人工洛阳铲等。在此主要介绍螺旋钻机。

常用的螺旋钻机有履带式和步履式两种。前者一般由 W1001 履带车、支架、导杆、鹅头架滑轮、电动机头、螺旋钻杆及出土筒组成，后者的行走度盘为步履式，在施工时用步履进行移动。步履式机下装有活动轮子，施工完毕后装上轮子由机动车牵引到另一项目。

（2）施工方法

钻机钻孔前，应做好现场准备工作。钻孔场地必须平整、碾压或夯实，雨季施工时需要加白灰碾压以保证钻机行车安全。钻机按桩位就位时，钻杆要垂直对准桩位中心，放下钻机使钻头触及土面。钻孔时，开动转轴旋动钻杆钻进，先慢后快，避免钻杆摇晃，并随时检查钻孔有无偏移，有问题应及时纠正。施工中应注意钻头在穿过软硬土层交界处时，保持钻杆垂直、缓慢进尺。在含砖头、瓦块的杂填土或含水量较大的软塑黏性土层中钻进时应尽量减小钻杆晃动，以免扩大孔径及增加孔底虚土。当出现钻杆跳动、机架摇晃、钻不进等异常现象，应立即停钻检查。钻进过程中应随时清理孔口积土，遇到地下水、缩孔、坍孔等异常现象，应会同有关单位研究处理。

钻孔至要求深度后，可用钻机在原处空转清土，然后停止回转，提升钻杆卸土。如孔底虚土超过容许厚度，可用辅助掏土工具或二次投钻清底。清孔完毕后应用盖板盖好孔口。

桩孔钻成并清孔后，先吊放钢筋笼，后浇注混凝土。为防止孔壁坍塌，避免雨水冲刷，成孔经检查合格后，应及时浇注混凝土。若土层较好，没有雨水冲刷，从成孔至混凝土浇注的时间间隔，也不得超过 24 小时。灌注桩的混凝土强度等级不得低于 C15，坍落度一般采用 80 ~ 100 mm；混凝土应连续浇筑，分层捣实，每层的高度不得大于 1.5 m；当混凝土浇筑到桩顶时，应适当超过桩顶标高，以保证在凿除浮浆层后，使桩顶标高和质量能符合设计要求。

（3）质量要求

1）垂直度容许偏差 1%。

2）孔底虚土容许厚度不大于 100 mm。

3）桩位允许偏差：单桩、条形桩基沿垂直轴线方向和群桩基础边沿的偏差是 1/6 桩径；条形桩基沿顺轴方向和群桩基础中间桩的偏差为 1/4 桩径。

3. 施工中常见问题及处理

（1）孔壁坍塌

钻孔过程中，如发现排出的泥浆中不断出现气泡，或泥浆突然漏失，则表示有孔壁坍塌现象。孔壁坍塌的主要原因是土质松散、泥浆护壁不好，护筒周围未用黏土紧密填封以及护筒内水位不高。钻进时如出现孔壁坍塌，首先应保持孔内水位并加大泥浆比重以稳定钻孔的护壁；如坍塌严重，应立即回填黏土，待孔壁稳定后再钻。

（2）钻孔偏斜

钻杆不垂直，钻头导向部分压短、导向性差，土质软硬不一，或者遇上孤石等，都会引起钻孔偏斜。防止措施有：除钻头加工精确、钻杆安装垂直外，操作时还要注意经常观察。钻孔偏斜时，可提起钻头，上下反复扫钻几次，以便削去硬土。如纠正无效，应于孔中部回填黏土至偏孔处 0.5 m 以上重新钻进。

（3）孔底虚土

干作业施工中，由于钻孔机械结构所限，孔底常残存一些虚土，它来自扰动残存土，孔壁坍落土以及孔口落土。施工时，孔底虚土较规范大时必须清除，因为虚土影响承载力。目前常用的治理虚土的方法是用 20 kg 重铁饼人工辅助夯实，但效果不理想。新近研制出的一套孔底夯实机具经实践证明有较好的夯实效果。

（4）断桩

水下灌注混凝土桩的质量除混凝土本身质量外，是否断桩是鉴定其质量的关键。预防时要注意三方面问题：一是力争首批混凝土浇灌一次成功；二是分析地质情况，研究解决对策；三是要严格控制现场混凝土配合比。

（二）沉管灌注桩

沉管灌注桩是指利用锤击打桩法或振动打桩法，将带有活瓣式桩靴或预制钢筋混凝土桩尖的钢管沉入土中，然后边浇筑混凝土（或先在管内放入钢筋笼）边锤击或振动拔管而成。前者称为锤击沉管灌注桩，后者称为振动沉管灌注桩。

1. 锤击沉管灌注桩

锤击沉管灌注桩是采用落锤、蒸汽锤或柴油锤将钢套管沉入土中成孔，然后灌注混凝土或钢筋混凝土，抽出钢管而成。

（1）施工设备

锤击沉管机械设备如图1－20所示。

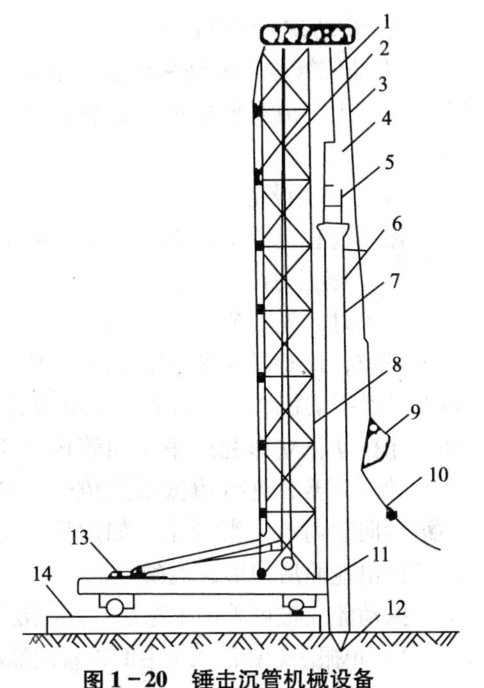

图1－20　锤击沉管机械设备

1—钢丝绳；2—滑轮组；3—吊斗钢丝绳；4—桩锤；5—桩帽；6—混凝漏斗；7—套管；8—桩架；9—混凝土吊斗；10—回绳；11—钢管；12—桩尖；13—卷扬机；14—枕木

（2）施工方法

施工时，先将桩机就位，吊起桩管，垂直套入预先埋好的预制混凝土桩尖，压入土中。桩管与桩尖接触处应垫以稻草绳或麻绳垫圈，以防地下水渗入管内。当检查桩管与桩锤、桩架等在同一垂直线上（偏差≤0.5%），即可在桩管上扣上桩帽，起锤沉管。先用低锤轻击，观察无偏移后方可进入正常施工，直至符合设计要求深度，并检查管内有无泥浆或水进入，即可灌注混凝土。桩管内混凝土应尽量灌满，然后开始拔管。拔管要均匀，第一次拔管高度控制在能容纳第二次所需灌入的混凝土量为限，不宜拔管过高。拔管时应保持连续密锤低击不停，并控制拔出速度，对一般土层，以不大于1 m/min为宜；在软弱土层及软硬土层交界处，应控制在0.8 m/min以内。桩锤冲击频率，视锤的类型而定：单动汽锤采用倒打拔管，频率不低于70次/min，自由落锤轻击不得少于50次/min。在管底未拔到桩顶设计标高之前，倒打或轻击不得中断。拔管时应注意使管内的混凝土量保持略高于地面，直到桩管全部拔出地面为止。

上面所述的这种施工工艺称为单打灌注桩的施工。为了提高桩的质量和承载能力，常采用复打扩大灌注桩。其施工方法是在第一次单打法施工完毕并拔出桩管后，清除桩管外壁上和桩孔周围地面上的污泥，立即在原桩位上再次安放桩尖，再作第二次沉管，使未凝固的混凝土向四周挤压扩大桩径，然后灌注第二次混凝土，拔管方法与第一次相同。复打施工时要注意前后两次沉管的轴线应重合，复打必须在第一次灌注的混凝土初凝之前进行。

（3）质量要求

1）锤击沉管灌注桩混凝土强度等级应不低于C20，混凝土坍落度，在有筋时宜为80～100 mm，无筋时宜为60～80 mm；碎石粒径，有筋时不大于25 mm，无筋时不大于40 mm；桩尖混凝土强度等级不得低于C30。

2）当桩的中心距为桩管外径的5倍以内或小于2 m时，均应跳打，中间空出的桩须待邻桩混凝土达到设计强度的50%以后，方可施打。

3）桩位允许偏差：群桩不大于0.5 d（d为桩管外径），对于两个桩组成的基础，在两个桩的连线方向上偏差不大于0.5 d，垂直此线的方向上则不大于1/6 d；墙基由单桩支撑的，平行墙的方向偏差不大于0.5 d，垂直墙的方向不大于1/6 d。

2. 振动沉管灌注桩

振动沉管灌注桩是采用激振器或振动冲击锤将钢套管沉入土中成孔而成的灌注桩，其沉管原理与振动沉桩完全相同。

（1）施工设备

振动沉管机械设备如图1－21所示。

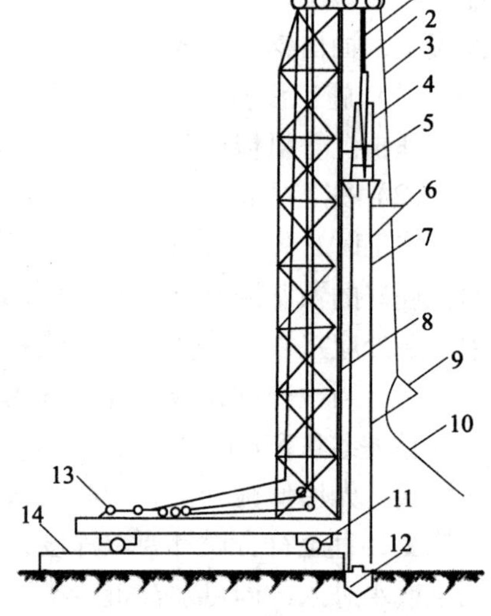

图1－21　振动沉管机械设备

1—钢丝绳；2—滑轮组；3—吊斗钢丝绳；4—桩锤；5—桩帽；6—混凝土漏斗；7—套管；8—桩架；9—混凝土吊斗；10—回绳；11—钢管；12—桩尖；13—卷扬机；14—枕木

（2）施工方法

施工时，先安装好桩机，将桩管下端活瓣合起来，对准桩位，徐徐放下桩管，压入土中，勿使偏斜，即可开动激振器沉管。当桩管下沉到设计要求的深度后，便停止振动，立即利用吊斗向管内灌满混凝土，并再次开动激振器，进行边振动边拔管，同时在拔管过程中继续向管内浇注混凝土。如此反复进行，直至桩管全部拔出地面后即形成混凝土桩身。

振动灌注桩可采用单振法、反插法或复振法施工。

1）单振法。在沉入土中的桩管内灌满混凝土，开动激振器5～10 s，开始拔管，边振边拔。每拔0.5～1.0 m，停拔振动5～10 s，如此反复，直到桩管全部拔出。在一般土层内拔管速度宜为1.2～1.5 m/min，较软弱土层中，不得大于0.8～1.0 m/min。单振法施工速度快，混凝土用量少，但桩的承载力低，适用于含水量较少的土层。

2）反插法。在桩管内灌满混凝土后，先振动再开始拔管。每次拔管高度为0.5～1.0 m，向下反插深度为0.3～0.5 m。如此反复进行并始终保持振动，直至桩管全部拔出地面。反插法能扩大桩的截面，从而提高了桩的承载力，但混凝土耗用量较大，一般适用于饱和软土层。

3）复振法。施工方法及要求与锤击沉管灌注桩的复打法相同。

（3）质量要求

1）振动沉管灌注桩的混凝土强度等级不宜低于C15；混凝土坍落度，在有筋时宜为80～100 mm，无筋时宜为60～80 mm；骨料粒径不得大于30 mm。

2）在拔管过程中，桩管内应随时保持有不少于2 m高度的混凝土，以便有足够的压力，防止混凝土在管内阻塞。

3）振动沉管灌注桩的中心距不宜小于4倍桩管外径，否则应采取跳打。相邻的桩施工时，其间隔时间不得超过混凝土的初凝时。

4）为保证桩的承载力要求，必须严格控制最后两个两分钟的沉管贯入度，其值按设计要求或根据试桩和当地长期的施工经验确定。

5）桩位允许偏差同锤击沉管灌注桩。

3. 施工中常见问题及处理

（1）断桩

断桩一般都发生在地面以下软硬土层的交接处，并多数发生在黏性土中，砂土及松土中则很少出现。产生断桩的主要原因是：桩距过小，受邻桩施打时挤压的影响；桩身混凝土终凝不久就受到振动和外力；软硬土层间传递水平力大小不同，对桩产生剪应力等。处理方法是经检查有断桩后，应将断桩段拔去，略增大桩的截面面积或加箍筋后，再重新浇注混凝土。或者在施工过程中采取预防措施，如施工中控制桩中心距不小于3.5倍桩径，采用跳打法或控制时间间隔的方法，使邻桩混凝土达设计强度等级的50%后，再施打中间桩等。

（2）瓶颈桩

瓶颈桩是指桩的某处直径缩小形似“瓶颈”，其截面面积不符合设计要求。多数发生在黏性土、土质软弱、含水率高特别是饱和的淤泥或淤泥质软土层中。产生瓶颈桩的主要原因是：在含水率较大的软弱土层中沉管时，土受挤压便产生很高的孔隙水压，拔管后便挤向新灌的混凝土，造成缩颈。拔管速度过快，混凝土量少、和易性差，混凝土出管扩散性差也会造成缩颈现象。处理方法是：施工中应保持管内混凝土略高于地面，使之有足够的扩散压力，拔管时采用复打或反插办法，并严格控制拔管速度。

（3）吊脚桩

吊脚桩是指桩的底部混凝土隔空或混进泥沙而形成松散层部分的桩。其产生的主要原因是：预制钢筋混凝土桩尖承载力或钢活瓣桩尖刚度不够，沉管时被破坏或变形，因而水或泥沙进入桩管；拔管时桩靴未脱出或活瓣未张开，混凝土未及时从管内流出等。处理方法是：应拔出桩管，填砂后重打；或者采取密振动慢拔，开始拔管时先反插几次再正常拔管等预防措施。

（4）桩尖进水进泥

桩尖进水进泥常发生在地下水位高或含水量大的淤泥和粉泥土土层中。产生的主要原因是：钢筋混凝土桩尖与桩管接合处或钢活瓣桩尖闭合不紧密；钢筋混凝土桩尖被打破或钢活瓣桩尖变形等所致。处理方法是：将桩管拔出，清除管内泥沙，修整桩尖钢活瓣变形缝隙，用黄沙回填桩孔后再重打；若地下水位较高，待沉管至地下水位时，先在桩管内灌入0.5 m厚度的水泥沙浆作封底，再灌1 m高度混凝土增压，然后再继续下沉桩管。

（三）人工挖孔灌注桩

人工挖孔灌注桩是指桩孔采用人工挖掘方法进行成孔，然后安放钢筋笼，浇注混凝土而成的桩。其施工特点是设备简单，无噪声、无振动、不污染环境，对施工现场周围原有建筑物的影响小；施工速度快，可按施工进度要求决定同时开挖桩孔的数量，必要时，各桩孔可同时施工；土层情况明确，可直接观察到地质变化，桩底沉渣能清除干净，施工质量可靠。尤其当高层建筑选用大直径的灌注桩，而施工现场又在狭窄的市区时，采用人工挖孔比机械挖孔具有更大的适应性。但其缺点是人工耗量大、开挖效率低、安全操作条件差等。

1. 施工设备

一般可根据孔径、孔深和现场具体情况加以选用，常用的有电动葫芦、提土桶、潜水泵、鼓风机和输风管、镐、锹、土筐、照明灯、对讲机及电铃等。

2. 施工工艺

施工时，为确保挖土成孔施工安全，必须考虑预防孔壁坍塌和流砂现象发生的措施。因此，施工前应根据水文地质资料，拟订出合理的护壁措施和降排水方案，护壁方法很多，可以采用现浇混凝土护壁、喷射混凝土护壁、混凝土沉井护壁、砖砌体护壁、钢套管护壁、型钢—木板桩工具式护壁等多种。下面介绍应用较广的现浇混凝土护壁时人工挖孔桩的施工工艺流程。

1）按设计图纸放线、定桩位。

2）开挖桩孔土方。采取分段开挖，每段高度取决于土壁保持直立状态而不塌方的能力，一般取0.5～1.0 m为一施工段。开挖范围为设计桩径加护壁的厚度。

3）支设护壁模板。模板高度取决于开挖土方施工段的高度，一般为1 m，由4块至8块活动钢模板组合而成，支成有锥度的内模。

4）放置操作平台。内模支设后，吊放用角钢和钢板制成的两半圆形合成的操作平台入桩孔内，置于内模顶部，以放置料具和浇筑混凝土操作之用。

5）浇筑护壁混凝土。护壁混凝土起着防止土壁塌陷与防水的双重作用，因而浇筑时要注意捣实。上下段护壁要错位搭接50～75 mm（咬口连接），以便起连接上下段之用。

6）拆除模板继续下段施工。当护壁混凝土达到1.2 MPa（常温下约经24 h）后，方可拆除模板，开挖下段的土方，再支模浇筑护壁混凝土，如此循环，直至挖到设计要求的深度。

7）排出孔底积水，浇筑桩身混凝土。当桩孔挖到设计深度，并检查孔底土质是否已达到设计要求，达到要求后，再在孔底挖成扩大头。待桩孔全部成型后，用潜水泵抽出孔底的积水，然后立即浇筑混凝土。当混凝土浇筑至钢筋笼的底面设计标高时，再吊入钢筋笼就位，并继续浇筑桩身混凝土而形成桩基。

3. 质量要求

1）必须保证桩孔的挖掘质量。桩孔挖成后应有专人下孔检验，如土质是否符合勘察报告，扩孔几何尺寸与设计是否相符，孔底虚土残渣情况要作为隐蔽验收记录归档。

2）按规程规定桩孔中心线的平面位置偏差不大于20 mm，桩的垂直度偏差不大于1%桩长，桩径不得小于设计直径。

3）钢筋骨架要保证不变形，箍筋与主筋要点焊，钢筋笼吊入孔内后，要保证其与孔壁间有足够的保护层。

4）混凝土坍落度宜在100 mm左右，用浇灌漏斗桶直落，避免离析，必须振捣密实。

4. 安全措施

人工挖孔桩的施工安全应予以特别重视。工人在桩孔内作业，应严格按安全操作规程施工，并有切实可靠的安全措施。如孔下操作人员必须戴安全帽；孔下有人时孔口必须有监护；护壁要高出地面150～200 mm，以防杂物滚入孔内；孔内设安全软梯，孔外周围设防护栏杆；孔下照明采用安全电压；潜水泵必须设有防漏电装置；应设鼓风机向井下输送洁净空气等。

（四）其他形式灌注桩

1. 爆扩灌注桩

爆扩灌注桩（简称爆扩桩）是用钻孔或爆扩法成孔，孔底放入炸药，再灌入适量的混凝土，然后引爆，使孔底形成扩大头，此时，孔内混凝土落入孔底空腔内，再放置钢筋骨架，浇筑桩身混凝土而制成的灌注桩。

爆扩桩在黏性土层中使用效果较好，但在软土及砂土中不易成型，桩长（H）一般为3～6 m，最大不超过10 m。扩大头直径（D）为2.5～3.5 d。这种桩具有成孔简单、节省劳力和成本低等优点，但质量不便检查，施工要求较严格。

2. 夯压成型灌注桩

夯压成型灌注桩又称夯扩桩，是在普通锤击沉管灌注桩的基础上加以改进发展起来的一种新型桩，由于其扩底作用增大了桩端支撑面积，能够充分发挥桩端持力层的承载潜力，具有较好的技术经济指标，十几年来已在国内许多地区得到广泛的应用和发展。

夯扩桩适用于一般黏性土、淤泥、淤泥质土、黄土、硬黏性土，亦可用于有地下水的情况，可在20层以下的高层建筑基础中应用。

3. 钻孔压浆灌注桩

钻孔压浆灌注桩是先用长臂螺旋钻孔机钻孔到预定的深度，再提起钻杆，在提杆的过程中通过设在钻头的喷嘴，向钻孔内喷注事先制备好的高压水泥浆，至浆液达到没有塌孔危险的位置为止，待起钻后钻孔内放入钢筋笼，并同时放入至少一根直至孔底的高压灌浆管，然后投放粗骨料直至孔口，最后通过高压灌浆管向孔内二次压入补浆，直至浆液达到孔口为止。桩径可达300～1 000 mm，深30 m左右，一般常用桩径为400～600 mm，桩长10～20 m，桩混凝土为无砂混凝土，强度等级为C20。

钻孔压浆灌注桩适用于一般黏性土、湿陷性黄土、淤泥质土、中细砂、砂卵石等地层，还可用于有地下水的流砂层，可作支撑桩、护壁桩和防水帷幕桩等。

五、桩基的检测与验收

（一）桩基的检测

桩基的质量检验有两种基本方法：一种是静载试验法（或称破损试验）；另一种是动测法（或称无破损试验）。

1. 静载试验法

（1）试验目的

静载试验的目的是采用接近于桩的实际工作条件，通过静载加压，确定单桩的极限承载力，作为设计依据，或对工程桩的承载力进行抽样检验和评价。

（2）试验方法

静载试验是根据模拟实际荷载情况，通过静载加压，得出一系列关系曲线，综合评定确定其容许承载力的一种试验方法。它能较好地反映单桩的实际承载力。荷载试验有多种，通常采用的是单桩竖向抗压静载试验、单桩竖向抗拔静载试验和单桩水平静载试验。

（3）试验要求

预制桩在桩身强度达到设计要求的前提下，对于砂类土，不应少于10天；对于粉土和黏性土，不应少于15天；对于淤泥或淤泥质土，不应少于25天，待桩身与土体的结合基本趋于稳定，才能进行试验。就地灌注桩和爆扩桩应在桩身混凝土强度达到设计等级的前提下，对砂类土不少于10天；对一般黏性土不少于20天；对淤泥或淤泥质土不少于30天，才能进行试验。对于地基基础设计等级为甲级或地质条件复杂、成桩质量可靠性低的灌注桩，应采用静载荷试验的方法进行检验，检验桩数不应少于总数的1%，且不应少于3根；当总桩数少于50根时，不应少于2根，其桩身质量检验时，抽检数量不应少于总数的30%，且不应少于20根；其他桩基工程的抽检数量不应少于总数的20%，且不应少于10根；对混凝土预制桩及地下水位以上且终孔后经过核验的灌注桩，检验数量不应少于总桩数的10%，且不得少于10根。每根柱子承台下不得少于1根。

2. 动测法

1）特点。

动测法又称动力无损检测法，是检测桩基承载力及桩身质量的一项新技术，作为静载试验的补充。

一般静载试验装置较复杂笨重，装、卸操作费工费时、成本高，测试数量有限，并且易破坏桩基。而动测法的试验仪器轻便灵活，检测快速，单桩试验时间，仅为静载试验的1/50左右，可大大缩短试验时间，数量多，不破坏桩基，相对也较准确，可进行普查，费用低，单桩测试费为静载试验的1/30左右，可节省静载试验锚桩、堆载、设备运输、吊装焊接等大量人力、物力。

2）试验方法。

动测法是相对静载试验法而言的，它是对桩土体系进行适当的简化处理，建立起数学—力学模型，借助于现代电子技术与量测设备采集桩土体系在给定的动荷载作用下所产生的振动参数，结合实际桩土条件进行计算，所得结果与相应的静载试验结果进行对比，在积累一定数量的动静试验对比结果的基础上，找出两者之间的某种相关关系，并以此作为标准来确定桩基承载力。单桩承载力的动测方法种类较多，国内有代表性的方法有：动力参数法、锤击贯入法、水电效应法、共振法、机械阻抗法、波动方程法等。

3）桩身质量检验。

在桩基动态无损检测中，国内外广泛使用的方法是应力波反射法，又称低（小）应变法。其原理是根据一维杆件弹性反射理论（波动理论），采用锤击振动力法检测桩体的完整性，即以波在不同阻抗和不同约束条件下的传播特性来判别桩身质量。

4）制作桩的材料试验记录，编写成桩质量检查报告。

5）编写单桩承载力检测报告。

6）绘制基坑挖至设计标高的基桩竣工平面图及桩顶标高图。

（二）桩基的验收

1. 桩基验收规定

1）当桩顶设计标高与施工场地标高相同时，或桩基施工结束后，有可能对桩位进行检查时，桩基工程的验收应在施工结束后进行。

2）当桩顶设计标高低于施工场地标高，送桩后无法对桩位进行检查时，对打入桩可在每根桩桩顶沉至场地标高时，进行中间验收，待全部桩施工结束，承台或底板开挖到设计标高后，再做最终验收；对灌注桩可对护筒位置做中间验收。

2. 桩基验收资料

1）工程地质勘察报告、桩基施工图、图纸会审纪要、设计变更及材料代用通知单等。

2）经审定的施工组织设计、施工方案及执行中的变更情况。

3）桩位测量放线图，包括工程桩位复核签证单。

4）制作桩的材料试验记录、成桩质量检查报告。

5）单桩承载力检测报告。

6）基坑挖至设计标高的基桩竣工平面图及桩顶标高图。

3. 桩基允许偏差

（1）预制桩

打（压）入桩（预制混凝土方桩、先张法预应力管桩、钢桩）的桩位偏差，必须符合表 1-17 的规定。斜桩倾斜度的偏差不得大于倾斜角正切值的 15%（倾斜角系桩的纵向中心线与铅垂线的夹角）。

表 1-17　预制桩（钢桩）桩位的允许偏差

序号	项目	允许偏差/mm
1	盖有基础梁的桩 （1）垂直基础梁的中心线 （2）沿基础梁的中心线	$100+0.01H$ $150+0.01H$
2	桩数为 1～3 根桩基中的桩	100
3	桩数为 4～16 根桩基中的桩	1/2 桩径或边长
4	桩数大于 16 根桩基中的桩 （1）最外边的桩 （2）中间桩	1/3 桩径或边长 1/2 桩径或边长

注：H 为施工现场地面标高与桩顶设计标高的距离。

（2）灌注桩

灌注桩的桩位偏差必须符合表 1-18 的规定，桩顶标高至少要比设计标高高出 0.5 m，桩底清孔质量按不同的成桩工艺有不同的要求，应按规范要求执行。每浇注 50 m^3 必须有一组试件，小于 50 m^3 的桩，每根桩必须有一组试件。

表 1-18　灌注桩的平面位置和垂直度的允许偏差

<table>
<tr><th rowspan="2">序号</th><th rowspan="2" colspan="2">成孔方法</th><th rowspan="2">桩径允许偏差/mm</th><th rowspan="2">垂直度允许偏差（%）</th><th colspan="2">桩位允许偏差/mm</th></tr>
<tr><th>1～3 根、单排桩基垂直于中心线方向和群桩边桩</th><th>条形桩基沿中心线方向和群桩基础的中间桩</th></tr>
<tr><td rowspan="2">1</td><td rowspan="2">泥浆护壁钻孔桩</td><td>$D\leqslant 1\,000$ mm</td><td>±50</td><td rowspan="2"><1</td><td>$D/6$，且不大于 100</td><td>$D/4$，且不大于 150</td></tr>
<tr><td>$D>1\,000$ mm</td><td>±50</td><td>$100+0.01H$</td><td>$150+0.01H$</td></tr>
<tr><td rowspan="2">2</td><td rowspan="2">套管成孔灌注桩</td><td>$D\leqslant 500$ mm</td><td rowspan="2">-20</td><td rowspan="2"><1</td><td>70</td><td>150</td></tr>
<tr><td>$D>500$ mm</td><td>100</td><td>150</td></tr>
<tr><td>3</td><td colspan="2">千成孔灌注桩</td><td>-20</td><td><1</td><td>70</td><td>150</td></tr>
<tr><td rowspan="2">4</td><td rowspan="2">人工挖孔桩</td><td>混凝土护壁</td><td>+50</td><td><0.5</td><td>50</td><td>150</td></tr>
<tr><td>钢套管护壁</td><td>+50</td><td><1</td><td>100</td><td>200</td></tr>
</table>

注：1. 桩径允许偏差的负值是指个别断面。

2. 采用复打、反插法施工的桩，其桩径允许偏差不受上表限制。

3. H 为施工现场地面标高与桩顶设计标高的距离，D 为设计桩径。

（三）桩基工程的安全技术措施

1）机具进场要注意危桥、陡坡、陷地，防止碰撞电杆、房屋等，造成事故。

2）施工前应全面检查机械，发现问题要及时解决，严禁带病作业。

3）在打桩过程中遇有地坪隆起或下陷时，应随时对机架及路轨调整垫平。

4）机械司机在施工操作时要思想集中，服从指挥信号，不得随便离开岗位，并经常注意机械运转情况，发现异常情况要及时纠正。

5）打桩时桩头垫料严禁用手拨正，不要在桩锤未打到桩顶即起锤或过早刹车，以免损坏桩机设备。

6）钻孔灌注桩在已钻成的孔尚未浇筑混凝土前，必须用盖板封严；钢管桩打桩后必须及时加盖临时桩帽；预制混凝土桩送桩入土后的桩孔必须及时用砂子或其他材料填灌，以免发生人身事故。

7）冲抓锥或冲孔锤操作时不准任何人进入落锤区施工范围内，以防砸伤。

8）成孔钻机操作时，注意钻机安定平稳，以防止钻架突然倾倒或钻具突然下落而发生事故。

项目五　浅基础工程施工

一般工业与民用建筑在基础设计中多采用天然浅基础，因为它造价低、施工简便。常用的浅基础类型有条式基础、杯形基础、筏式基础、箱形基础、毛石基础、砖基础等。

一、条式基础

条式基础包括柱下钢筋混凝土独立基础（见图1－22）和墙下钢筋混凝土条形基础（见图1－23）。这种基础的抗弯和抗剪性能良好，可在竖向荷载较大、地基承载力不高以及承受水平力和力矩等荷载情况下使用。因高度不受台阶宽高比的限制，故适宜于需要“宽基浅埋”的场合下采用。

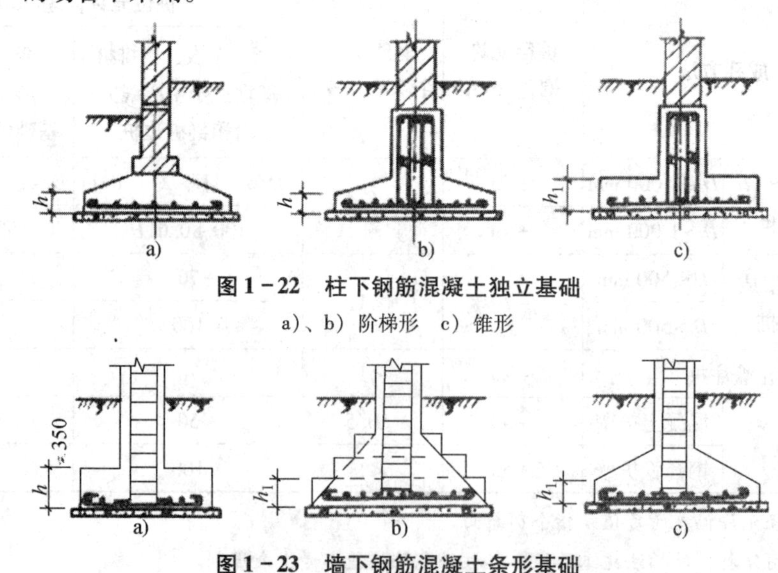

图1－22　柱下钢筋混凝土独立基础

a）、b）阶梯形　c）锥形

图1－23　墙下钢筋混凝土条形基础

a）板式　b）、c）梁、板结合式

1. 构造要求

1）锥形基础（条形基础）边缘高度 h 不宜小于200 mm；阶梯形基础的每阶高度 h 宜为300～500 mm。

2）垫层厚度一般为100 mm，混凝土强度等级为C15，基础混凝土强度等级不宜低于C20。

3）底板受力钢筋的最小直径不宜小于8 mm，间距不宜大于200 mm。当有垫层时，钢筋保护层的厚度不宜小于35 mm，无垫层时不宜小于70 mm。

4）插筋的数目与直径应与柱内纵向受力钢筋相同。插筋的锚固及柱的纵向受力钢筋的搭接长度，按国家现行《混凝土结构设计规范》的规定执行。

2. 施工要点

1）基坑（槽）应进行验槽，局部软弱土层应挖去，用灰土或砂砾分层回填夯实至基底相平。基坑（槽）内浮土、积水、淤泥、垃圾、杂物应清除干净。验槽后垫层混凝土应立即浇筑，以免地基土被扰动。

2）垫层混凝土达到一定强度后，在其上弹线、支模。铺放钢筋网片时底部用与混凝土保护层同厚度的水泥沙浆垫塞，以保证位置正确。

3）在浇筑混凝土前，应清除模板上的垃圾、泥土和钢筋上的油污等杂物，模板应浇水加以湿润。

4）基础混凝土宜分层连续浇筑完成。阶梯形基础的每一台阶高度内应整分浇捣层，每浇筑完一台阶应稍停0.5～1.0 h，待其初步获得沉实后，再浇筑上层，以防止下台阶混凝土溢出，在上台阶根部出现"烂脖子"，台阶表面应基本抹平。

5）锥形基础的斜面部分模板应随混凝土浇捣分段支设并顶压紧，以防模板上浮变形，边角处的混凝土应注意捣实。严禁斜面部分不支模，用铁锹拍实。

6）基础上有插筋时，要加以固定，保证插筋位置的正确，防止浇捣混凝土发生移位。混凝土浇筑完毕，外露表面应覆盖浇水养护。

二、杯形基础

杯形基础常用做钢筋混凝土预制柱基础，基础中预留凹槽（即杯口），然后插入预制柱，临时固定后，即在四周空隙中灌细石混凝土。其形式有一般杯口基础、双杯口基础和高杯口基础（见图1－24）。

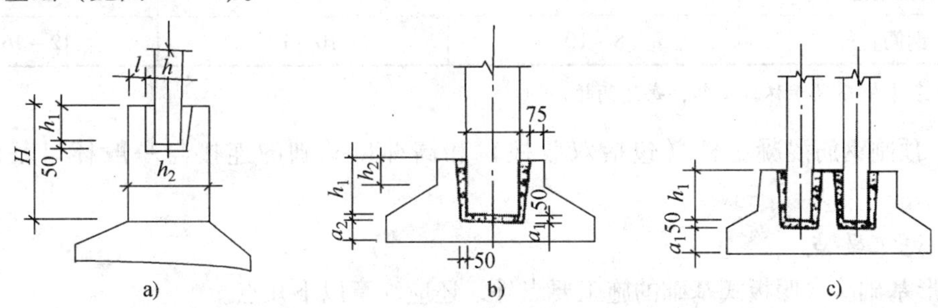

图1－24　杯形基础形式、构造示意图

a）高杯口基础　b）一般杯口基础　c）双杯口基础

1. 构造要求

1）柱的插入深度 h，可按表 1－19 选用，并应满足锚固长度的要求（一般为 20 倍纵向受力钢筋直径）和吊装时柱的稳定性（不小于吊装时柱长的 0.05 倍）的要求。

表 1－19 柱的插入深度 h（单位：mm）

矩形或工字形柱				单肢管柱	双肢柱
$h<500$	$500\leqslant h<800$	$800\leqslant h<1\,000$	$h>1\,000$		
（1～1.2）h	h	0.9 h；≥800	0.8 h；≥1 000	1.5 d≥500	（1.5～1.8）h

注：1. h 为柱截面长边尺寸；d 为管柱的外直径。

2. 柱轴心受压或小偏心受压时，h 可以适当减小。

2）基础的杯底厚度和杯壁厚度，可按表 1－20 选用。

表 1－20 基础的杯底厚度和杯壁厚度（单位：mm）

柱截面长边尺寸 h	杯底厚度 al	杯壁厚度 t
$h<500$	≥150	150～200
$500\leqslant h<800$	≥200	≥200
$800\leqslant h<1000$	≥200	≥300
$1\,000\leqslant h<1\,500$	≥250	≥350
$1\,500\leqslant h\leqslant 2\,000$	≥300	≥400

注：1. 双肢柱的 al 值，可适当加大。

2. 当有基础梁时，基础梁下的杯壁厚度应满足其支撑宽度的要求。

3. 柱子插入杯口部分的表面应尽量凿毛。柱子与杯口之间的空隙，应用细石混凝土（比基础混凝土强度等级高一级）密实充填，其强度达到基础设计强度等级的 70% 以上（或采取其他相应措施）时，方能进行上部吊装。

3）当柱为轴心或小偏心受压（见图 1－24），且 $t/h_2\geqslant 0.65$ 时，或大偏心受压且 $t/h_2\geqslant 0.75$ 时，杯壁可不配筋；当柱为轴心或小偏心受压且 $0.5\leqslant t\leqslant 0.65$ 时，杯壁可按表 1－21 构造配筋；当柱为轴心或小偏心受压且 $t/h_2<0.5$ 时，或大偏心受压 $t/h_2<0.75$ 时，按计算配筋。

表 1－21 杯壁构造配筋（单位：mm）

柱截面长边尺寸	<1 000	$1\,000\leqslant h<1\,500$	$1\,500\leqslant h\leqslant 2\,000$
钢筋直径	8～10	10～12	12～16

注：表中钢筋置于杯口顶部，每边两根。

4）预制钢筋混凝土柱（包括双肢柱）和高杯口基础的连接与一般杯口基础构造相同。

2. 施工要点

杯形基础除参照板式基础的施工要点外，还应注意以下几点。

1）混凝土应按台阶分层浇筑，对高杯口基础的高台阶部分按整段分层浇筑。

2）杯口模板可做成两半式的定型模板，中间各加一块楔形板，拆模时，先取出楔形板，然后分别将两半杯口模板取出。为便于周转，宜做成工具式的，支模时杯口模板要固定牢固并压浆。

3）浇筑杯口混凝土时，应注意四侧要对称均匀进行，避免将杯口模板挤向一侧。

4）施工时应先浇注杯底混凝土并振实，注意在杯底一般有 50 mm 厚的细石混凝土找平层，应仔细留出。待杯底混凝土沉实后，再浇筑杯口四周混凝土。基础浇捣完毕，在混凝土初凝后终凝前将杯口模板取出，并将杯口内侧表面混凝土凿毛。

5）施工高杯口基础时，可采用后安装杯口模板的方法施工，即当混凝土浇捣接近杯口底时，再安装固定杯口模板，继续浇筑杯口四周混凝土。

三、筏式基础

筏式基础由钢筋混凝土底板、梁等组成，适用于地基承载力较低而上部建筑物结构荷载很大的基础。其外形和构造上像倒置的钢筋混凝土楼盖，整体刚度较大，能有效将各柱子的沉降调整得较为均匀。筏式基础可分为梁板式和平板式两类。

1. 构造要求

1）混凝土强度等级不宜低于 C20，钢筋无特殊要求，钢筋保护层厚度不小于 35 mm。

2）基础平面布置应尽量对称，以减小基础荷载的偏心距。底板厚度不宜小于 200 mm，梁截面和板厚按计算确定，梁顶高出底板顶面不小于 300 mm，梁宽不小于 250 mm。

3）底板下一般宜设厚度为 100 mm 的 C10 混凝土地基，每边伸出基础底板不小于100 mm。

2. 施工要点

1）施工前，如地下水位较高，可采用人工降低地下水位至基坑底不少于 500 mm，以保证在无水情况下进行基坑开挖和基础施工。

2）施工时，可采用先在地基上绑扎底板、梁的钢筋和柱子锚固插筋，浇筑底板混凝土，待达到 25% 设计强度后，再在底板上支梁模板，继续浇筑完梁部分混凝土；也可采用底板和梁模板一次同时支好，混凝土一次连续浇筑完成，梁侧模板采用支架支撑并固定牢固。

3）混凝土浇筑时一般不留施工缝，必须留设时，应按施工缝要求处理，并应设置止水带。

4）基础浇筑完毕，表面应覆盖和洒水养护，并防止地基被水浸泡。

四、箱形基础

箱形基础是由钢筋混凝土底板、顶板、外墙以及一定数量的内隔墙构成封闭的箱体（见图 1－25），基础中部可在内隔墙开门洞作地下室。该基础具有整体性好，刚度大，调整不均匀沉降能力及抗震能力强，可消除因地基变形使建筑物开裂的可能性，减少基底处原有地基自重应力，降低总沉降量等特点。适用于软弱地基上的面积较小、平面形状简单、上部结构荷载大且分布不均匀的高层建筑物的基础和对沉降有严格要求的设备基础或特种构筑物基础。

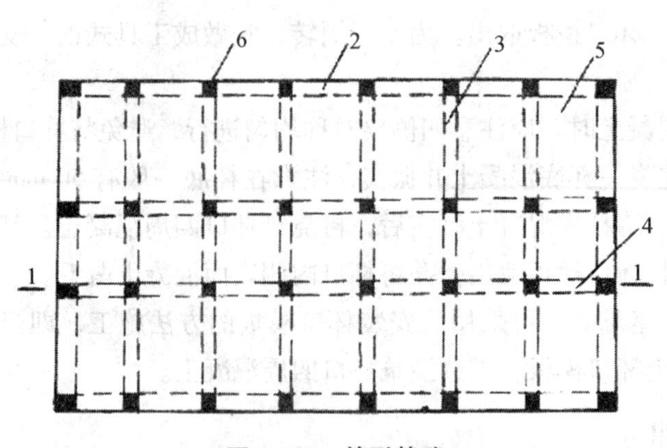

图1-25　箱形基础

1—底板；2—外墙；3—内墙隔墙；4—内纵隔墙；5—顶板；6—柱

1. 构造要求

1）箱形基础在平面布置上尽可能对称，以减少荷载的偏心距，防止基础过度倾斜。

2）混凝土强度等级不应低于C20，基础高度一般取建筑物高度的1/8～1/12，不宜小于箱形基础长度的1/16～1/18，且不小于3 m。

3）底、顶板的厚度应满足柱或墙冲切验算要求，并根据实际受力情况通过计算确定底板厚度一般取隔墙间距的1/8～1/10，为300～1 000 mm，顶板厚度为200～400 mm，内墙厚度不宜小于200 mm，外墙厚度不应小于250 mm。

4）为保证箱形基础的整体刚度，平均每平方米基础面积上墙体长度应不小于400 mm，或墙体水平截面积不得小于基础面积的1/10，其中纵墙配置量不得小于墙体总配置量的3/5。

2. 施工要点

1）基坑开挖，如地下水位较高，应采取措施降低地下水位至基坑底以下500 mm处，并尽量减少对地基土的扰动。当采用机械开挖基坑时，在基坑底面以上200～400 mm厚的土层，应用人工挖除并清理，基坑验槽后，应立即进行基础施工。

2）施工时，基础底板、内外墙和顶板的支模、钢筋绑扎和混凝土浇筑，可采取分块进行，其施工缝的留设位置和处理应符合钢筋混凝土工程施工及验收规范有关要求，外墙接缝应设止水带。

3）基础的底板、内外墙和顶板宜连续浇筑完毕。为防止出现温度收缩裂缝，一般应设置贯通后浇带，带宽不宜小于800 mm，在后浇带处钢筋应贯通，顶板浇筑后，相隔2～4周，用比设计强度提高一级的细石混凝土将后浇带填灌密实，并加强养护。

4）基础施工完毕，应立即进行回填土。停止降水时，应验算基础的抗浮稳定性，抗浮稳定系数不宜小于1.2，如不能满足时，应采取有效措施，譬如继续抽水直至上部结构荷载加上后能满足抗浮稳定系数要求为止，或在基础内采取灌水或加重物等，防止基础上浮或倾斜。

五、毛石基础

毛石基础是用爆破法开采得来的不规则石块和砂浆砌筑而成，一般在山区建筑中用得较多。毛石砌体采用乱毛石（形状不规则的石块）、平毛石（形状不规则，但有两个大致平行的片石）与黏结砂浆砌成。在新疆，片石取材普遍，在靠近山区的城市、乡村广泛采用厚度为15 mm以上的片石砌筑单层、多层混合结构的基础、石墙、现浇框架及单层工业厂房围护结构的条形基础。除片石外，大卵石也是较丰富的材料，用非爆破方法就可取得。直径在10～30 mm之间的卵石也常用于卵石基础、砌筑护坡、围墙等受力较小的工程部位。

用于砌筑基础的毛石强度和容重要满足设计要求。毛石应呈块体，风化、裂缝的石料不得使用。过长的石料或裂缝的石料要求打开后使用。石料使用前用水冲洗干净，冬期要将表面霜雪清扫干净。块体太大，运输和操作不方便；块体太小，费工费料，且影响强度。砌筑用的砂浆常用强度等级为M5水泥沙浆，也可用混合砂浆砌筑，但其强度等级不低于M2.5。砌石砂浆不能太稀，稠度为3～5 cm或以“手握成团、松手不散”为合格。当气候变化时，应适当调整。

1. 片石基础

施工时，基槽先打好底夯，裁好基础龙门板，放出基础轴线、边线，两边拉上水平准线。片石应根据龙门板上的标高水平准线分层砌筑（一般每层30 cm左右）。在砌筑第一片石时，要按拉好的基础边线，选择较方正的片石，先砌转角处的“角石”。角石的两边要与准线相齐，四角的角石要大致相同：片石砌筑采用铺浆法砌筑：随后砌里外两侧的“面石”。面石至少一个表面方正，并使方正外露；最后砌中间“腹石”。腹石要按石块形状交错放置，使石块间的缝隙最小，灰缝宽度以20～30 mm为好。

砌筑第一皮时，选择较大且平整的片石铺平，平整的大面应着地，必须与地基表面铺坐的砂浆接触紧密，保证传力均匀。这是因为第一皮的石块是建筑物的根基，砌筑是否稳固，位置是否正确，对以后的砌筑有很大的影响。砌第二批以上时，每砌一块石，应先铺好砂浆，再铺片石，水下两层石块的竖缝要相互错开，并力求顶顺交错排列，避免通缝。片石基础的临时间断处，应留阶梯形斜槎，其高度≤1.2 m。砌筑时要随时校对中心线（轴线）水平标高，检查有无偏斜现象。如发现偏差超出施工验收规范要求时，应立即纠正。

1）必须纠正只求表面平整美观、不求砌体承载力及整体稳定性的错误做法，如外侧立片石、中间堆积碎石的砌筑方法。

2）组砌方法应正确，不得有通缝。墙面每0.7 m^2内，应至少砌入拉结石一块。同皮内的拉结石水平距离≤2 m；拉结石的长度当墙厚≤40 cm，应等于墙厚；墙厚>40 cm，可用两块拉结石内外搭接，其搭接长度≥15 cm，每块长度不应小于墙厚的2/3。

3）砌体砂浆应密实饱满，砂浆平均强度不低于设计要求的强度等级，任意一组试块的最低值不得低于强度的75%。

4）砂浆应随伴随用。水泥沙浆和水泥混合砂浆，必须分别在拌成后3 h和4 h内使用完；如施工期间平均气温超过30°，必须分别在拌制后2 h和3 h内用完。

5）片石基础中的预埋件或水暖电管线等预留洞，应按设计要求的尺寸位置，在砌筑过程中留好，严禁砌后凿洞。超过30 cm宽的洞口，应砌片石平拱或设置钢筋混凝土过梁。沉降缝处要断开，中间不能夹有砂浆碎石等物。

6）片石放置不稳定时，常在片石下垫放小片石，但是小片石不得干垫，也不要叠放双片石，应按铺浆法砌筑，铺满垫平。

2. 卵石（乱毛石）基础

卵石（乱毛石）基础前，应先检查基槽尺寸、地基或垫层标高，并清除槽内杂物，垫层应洒水湿润。为运料便利，应选择几处下料口。根据龙门板上的基础边线位置拉两根垂直立线，作为挂水平线和控制基础垂直的依据。

1）用交错组砌法砌筑卵石（乱毛石）基础。

2）用垫片法和坐浆法砌筑卵石（乱毛石）基础。

卵石（乱毛石）基础施工时应注意事项如下。

1）针对卵石砌体稳定性较差这一特点，应对卵石基础的适用范围给予限定。根据新疆多年施工实践，建议在下列情况下采用卵石基础。

① 两层以上楼房的基础或地基持力层为软弱土。

② 地震烈度为6度及6度以上地区。

③ 地基土质不均匀，可能产生较大不均匀沉降的基础。

④ 偏心受压的基础。

⑤ 房屋周围附近有振动荷载。

2）基槽内的石块应分堆堆放，堆放高度≤1 m。石堆之间应留1～1.5 m的空隙作为操作活动面。在基槽拐角处、纵横交接处和沉降缝处，不得堆放石块。

3）卵石基础的间断处，应留踏步槎。每天砌筑高度不大于1.2 m。中间停砌时，应将缝隙补砌平。

4）卵石基础每砌高1 m应进行质量检查。合格后应及时回填基槽土方，注意夯实。

5）严禁满槽乱堆卵石的灌浆操作法（满槽灌法）。基础顶面要找平，设置一道地基圈梁，以增强卵石基础的整体性。

6）卵石表面的泥垢、水锈等杂物，砌筑前应冲洗、清除干净。水泥宜用矿渣水泥，砂子宜粗砂，砂浆应采用重量配比。

六、砖基础

1）砖基础是由垫层、基础砌体的扩大部分（指大放脚）和基础墙三部分组成。一般适用于土质较好、地下水位较低（在基础底面以下）的地基，不能用于软弱地基及盐碱土地基。

2）基础墙下砌成台阶形的基础砌体的扩大部分，由二皮一收的等高式和一皮一收与二皮一收相间的间隔式两种砌法。间隔式砌法用料较省，每次收进时，两边各收1/4砖长(约6 cm)。

3）施工时先在垫层上弹出墙轴线和基础砌体的扩大部分边线，然后在转角处、丁字交接处、十字交接处及高低踏步处立基础皮数杆（皮数杆上画出了砖的皮数、大放脚退台情况以及防潮层位置）。皮数杆应立在规定的标高处，因此立皮数杆时要利用水准仪进行抄平。

4）砌筑前，应先用干砖试摆，以确定排砖方法和错缝的位置。砖砌体的水平灰缝厚度和竖向灰缝厚度一般控制在 8～12 mm。

5）砌筑时，砖基础的砌筑高度是用皮数杆来控制的，如发现垫层表面水平标高有高低偏差时，可用砂浆或细石混凝土找平后再开始砌筑。如果偏差不大，也可在砌筑过程中逐步调整。砌大放脚时，先砌好转角端头；然后以两端为标准拉好线绳进行砌筑；砌筑不同深度的基础时，应先砌深处，后砌浅处，在基础高低处要砌成踏步式，踏步长度≥1 m，高度≤0.5 m。基础中若有洞口、管道等，砌筑时应及时正确按设计要求留出或预埋。

6）砖基础施工的质量要求如下。

① 砌体砂浆必须密实饱满，水平灰缝砂浆饱满度不得低于 80%。

② 砂浆试块的平均强度不得低于设计的强度等级，任意一组试块的最低值不得低于设计强度等级的 75%。

③ 组砌方法应正确，不应有通缝；转角处和交接处的斜槎和直槎应通顺密实；直槎应按规定加拉结条。

④ 预埋件、预留洞应按设计要求留置。

⑤ 砖基础的允许偏差见表 1－22。

表 1－22　砖基础的允许偏差

序号	项目	允许偏差/mm
1	基础顶面标高	±15
2	轴线位移	10
3	表面平整（2 m 内）	8
4	水平灰缝平直（10 m 内）	10

项目六　土方工程质量标准与安全技术

一、土方工程的质量标准

1）柱基、基坑、基槽和管沟基底的土质，必须符合设计要求，并严禁扰动。

2）填方的基底处理，必须符合设计要求或施工规范规定。

3）填方柱基、基坑、基槽、管沟回填的土料必须符合设计要求或施工规范规定。

4）填方的柱基、基坑、基槽、管沟的回填，必须按规定分层夯压密实。取样测定压实后土的干密度 90% 以上符合设计要求，其余 10% 的最低值与设计值的差不应大于 0.08 g/cm^3，且不应集中。土的实际干密度可用“环刀法”测定。其取样组数：柱基回填取样不少于柱基总数的 10%，且不少与 5 个；基槽管沟回填每层按长度 20～50 m 取样一组；基坑和室内填土每层按 100～500 m^2 取样一组；场地平整填土每层按 400～900 m^2 取样一组，取样部位应在每层压实后的下半部。

5）土方工程的允许偏差和质量检验标准，应符合表 1－23 和表 1－24 的规定。

表 1-23 土方开挖工程质量检验标准

项	序号	项目	允许偏差或允许值/mm					检验方法
			柱基、基坑、基槽	挖方场地平整		管沟	地（路）面基层	
				人工	机械			
主控项目	1	标高	-50	±30	±50	-50	-50	用水准仪检查
	2	长度、宽度（由设计中心线向两边量）	+200 -50	+300 -100	+500 -150	+100	—	用经纬仪和钢尺量检查
	3	边坡坡度	按设计要求					观察或用坡度尺检查
一般项目	1	表面平整度	20	20	50	20	20	用2 m靠尺和楔形塞尺检查
	2	基本土性	按设计要求					观察或土样分析

表 1-24 填土工程质量检验标准

项	序号	检查项目	允许偏差或允许值/mm					检验方法
			柱基、基坑、基槽	挖方场地平整		管沟	地（路）面基层	
				人工	机械			
主控项目	1	标高	-50	±30	±50	-50	50	用水准仪检查
	2	分层压实系数	按设计要求					按规定方法
一般项目	1	表面平整度	20	20	50	20	20	用2 m靠尺和楔形塞尺检查
	2	回填土料	按设计要求					取样检查或直观鉴别
	3	分层厚度及含水量	按设计要求					用水准仪及抽样检查

二、土方工程施工的安全技术

1）基坑开挖时，两人操作间距应大于2.5 m，多台机械开挖，挖土机间距应大于10 m。挖土应由上而下，逐层进行，严禁采用挖空底脚（挖神仙土）的施工方法。

2）基坑开挖应严格按要求放坡。操作应随时注意土壁变动情况，如发现有裂纹或部分坍塌现象，应及时进行支撑或放坡，并注意支撑的稳固和土壁的变化。

3）基坑（槽）挖土深度超过3 m以上，使用吊装设备吊土时，起吊后，坑内操作人员应立即离开吊点的垂直下方，起吊设备距坑边一般不得少于1.5 m，坑内人员应戴安全帽。

4）用手推车运土，应先铺好道路，卸土回填，不得放手让车自动翻转，用翻斗汽车运土，运输道路的坡度转弯半径应符合有关安全规定。

5）深基坑上下应先挖好阶梯或设置靠梯，或开斜坡道，采取防滑措施，严禁踩踏支撑上下，坑四周应设安全栏杆或悬挂危险标志。

6）基坑（槽）设置的支撑应经常检查是否以松动变形等不安全迹象，特别是雨后，更应加强检查。

7）坑（槽）沟边 1 m 以内不得推土、堆料和停放机具，1 m 以外推土，其高度不宜超过 1.5 m。坑（槽）沟与附近建筑物的距离不得小于 1.5 m，危险时必须加固。

复习思考题

1. 试述土的组成。
2. 试述土的可松性及其对土方施工的影响。
3. 试述土的基本工程性质、土的工程分类及其对土方施工的影响。
4. 试述基坑及基槽土方量的计算方法。
5. 试述场地平整土方量计算的步骤和方法。
6. 为什么要对场地设计标高 H_0 进行调整？
7. 土方调配应遵循哪些原则？调配区如何划分？
8. 试述土方边坡的表示方法及影响边坡的因素。
9. 分析流砂形成的原因以及防治流砂的途径和方法。
10. 试述人工降低地下水位的方法及适用范围。
11. 试述推土机、铲运机的工作特点、适用范围及提高生产率的措施。
12. 单斗挖土机有哪几种类型？试述其工作特点和适用范围。正铲、反铲挖土机的开挖方式有哪几种？如何选择？
13. 试述选择土方机械的要点。如何确定土方机械和运输工具的数量？
14. 填土压实有哪几种方法？各有什么特点？影响填土压实的主要因素有哪些？怎样检查填土压实的质量？
15. 试述土的最佳含水量的概念，土的含水量和控制干密度对填土质量有何影响？
16. 地基处理方法一般有哪几种？各有什么特点？
17. 试述换土地基的适用范围、施工要点与质量检查。
18. 浅埋式钢筋混凝土基础主要有哪几种？
19. 试述桩基的作用和分类。
20. 钢筋混凝土预制桩在制作、起吊、运输和堆放过程中各有什么要求？
21. 打桩前要做哪些准备工作？打桩设备如何选用？
22. 试述打桩过程及质量控制。
23. 静力压桩有何特点？适用范围如何？施工时应注意哪些问题？
24. 现浇混凝土桩的成孔方法有几种？各种方法的特点及适用范围如何？
25. 灌注桩常易发生哪些质量问题？如何预防和处理？
26. 试述人工挖孔灌注桩的施工工艺和施工中应注意的主要问题。
27. 桩基检测的方法有几种？验收时应准备哪些资料？
28. 已知：某基坑底长 85 m，宽 60 m，深 8 m，四边放坡，边坡坡度 1:0.5。

（1）试计算土方开挖工程量。

（2）若混凝土基础和地下室占有体积为 21 000 m^3，则应预留多少回填土（以自然状态土体积计）?

（3）若多余土方外运，外运土方（以自然状态的土体积计）为多少?

（4）如果用斗容量为 3.5 m^3 的汽车外运，需运多少车?（已知土的最初可松性系数 $K_s=1.14$，最终可松性系数 $K'_s=1.05$）。

29. 某建筑基坑底面积为 40 m×25 m，深 5.5 m。边坡系数为 1:0.5，设天然地面相对标高为 ±0.000，天然地面至 −1.000 为粉质黏土，−1.000 至 −9.5 为砂砾层，下部为黏土层（可视为不透水层）；地下水为无压水，水位在地面下 1.5 m 渗透系数 $K=25\ m/d$。现拟用轻型井点系统降低地下水位。

（1）绘制井点系统的平面和高程布置。

（2）计算涌水量、井点管数量和间距（井点管直径为 38 mm）。

单元二　砌筑工程施工

砌体工程是指在建筑工程中使用普通黏土砖、承重黏土空心砖、蒸压灰砂砖、粉煤灰砖、各种中小型砌块和石材等材料进行砌筑的工程（见图2－1）。砌体工程是一个综合的施工过程，它包括材料运输、脚手架搭设和砌体砌筑等。

早在三四千年前就已经出现了用石料加工成的块材建造的砌体结构，在两千年前又出现了由烧制的黏土砖砌筑的砌体结构。这种砖石结构虽然具有就地取材方便、保温、隔热、隔声、耐火等良好性能，能够节约钢材和水泥，不需大型施工机械，施工组织简单等优点，但是砌筑施工以手工操作为主，劳动强度大，生产效率低，而且烧制黏土砖需占用大量资源。因此，采用新型砌体材料代替传统普通黏土砖、改善砌体施工工艺就成为砌筑工程改革的重要发展方向。

图2－1　砌筑工程施工

砖砌体的施工过程有抄平、放线、摆砖、立皮数杆、挂线、砌砖等工序。砌体质量要求“横平竖直，砂浆饱满，厚薄均匀，上下错缝，内外搭砌，接槎牢固”。在具体的砖砌体施工中，砖砌体组砌方法应正确，必须：“上下错缝，内外搭砌，砖柱不得采用包心砌法”；砖砌体的灰缝应横平竖直，厚薄均匀；砖砌体尺寸和位置的允许偏差应符合 GB 50203—2002 的规定。

项目一　砌体工程施工准备

一、砌筑工程施工的材料准备

1. 砂浆准备

砌筑用的砂浆按胶结材料的种类，可分为水泥沙浆、水泥混合砂浆和非水泥沙浆三种。施工前应按设计图纸要求的种类和强度等级，由材料实验室确定砂浆的配合比。砌筑砂浆配合比采用重量比，禁止使用体积比，以备施工时使用。

砌筑砂浆是砌体工程的重要组成部分，在砌体工程中所起的作用是：将分散的砌体材料通过砌筑工艺要求，有机形成一个整体；砂浆凝结硬化产生强度后，与砌体一起均匀传递砌体及上部的荷载；砂浆填满砖的缝隙，起到保温、隔热、防风、防潮的作用。

砂浆强度等级分为 M15、M10、M7.5、M5 和 M2.5 等，各强度等级相应的抗压强度值应符合表2－1的规定。砂浆试块应在搅拌机出料口随机取样制作。每一检验批不超过 250 m^3 砌体的各种类型及强度等级的砌筑砂浆，每台搅拌机应至少抽验一次。

表 2-1　砌筑砂浆强度等级

强度等级	龄期 28 天抗压强度/MPa	
	各组平均值不小于	最小一组平均值不小于
M15.0	15	11.25
M10.0	10	7.5
M7.5	7.5	5.63
M5.0	5.0	3.75
M2.5	2.5	1.88

（1）水泥沙浆

水泥、砂子和水的混合物叫水泥沙浆。用水泥和砂拌和成的水泥沙浆具有较高的强度和耐久性。强度等级小的水泥沙浆和易性差，施工操作不方便，多用于高强度和潮湿环境的砌体中。

（2）水泥混合砂浆

在水泥沙浆中掺入一定数量的石灰膏或粉煤灰等活性材料，水泥混合砂浆具有一定耐久性、和易性和保水性，施工操作比较方便。其多用于干燥施工环境及室外墙体中。

（3）非水泥沙浆

不含有水泥的砂浆，如白灰砂浆、黏土砂浆等，强度低且耐久性差，可用于简易或临时建筑的砌体中。

（4）砂浆的配置、制作

砂浆的配合比应通过计算和试配确定。水泥沙浆的最小水泥用量不宜小于 200 kg/m^3。砂浆用砂宜采用中砂。砂中的含泥量，对于水泥沙浆和强度等级大于 M5.0 的水泥混合砂浆，不宜超 5%；对于强度等级小于 M5 的水泥混合砂浆，不应超过 10%。用生石灰熟化成石灰膏时，其熟化时间不得少于 7 天。用粉煤灰制备水泥混合砂浆，应选用经过粉煤灰厂家加工后的粉煤灰，并具有粉煤灰生产质量合格的文件。在改善砂浆在砌筑时的和易性，掺入的混合材料用量应严格执行砂浆的配合比的要求。

砂浆应采用机械拌和，自投完料算起，水泥沙浆和水泥混合砂浆的拌和时间不得少于 2 min；水泥粉煤灰砂浆和掺用外加剂的砂浆的拌和时间不得少于 3 min；掺用有机塑化剂的砂浆的拌和时间为 3～5 min。拌成后的砂浆，其稠度应符合表 2-2 规定，分层度不应大于 30 mm，颜色一致。

表 2-2　砌筑砂浆的稠度

项次	砌体种类	砂浆稠度（%）
1	烧结普通砖砌体	70～90
2	轻骨料混凝土小型砌块砌体	60～90
3	烧结多孔砖、空心砖砌体	60～80
4	烧结普通砖平拱式过梁、空斗墙、筒拱普通混凝土小型空心砖砌体加气混凝土砌块砌体	50～70
5	石砌体	30～50

砂浆拌成后应盛入贮灰器中，如砂浆出现泌水现象，应在砌筑前再次拌和。砂浆应随拌随用：水泥沙浆和水泥混合砂浆在施工期间环境温度小于30 ℃时，必须在拌成后3 h和4 h内使用完毕；若施工期间环境温度大于30 ℃时，必须分别在拌成后2 h和3 h内使用完毕。

砂浆强度等级以标准养护（温度（20 ±3)℃及湿度为90%的条件下的室内不通风处养护）龄期为28天的试块抗压强度为准。

2. 砖的准备

施工用的砖应及时进场，并按设计要求的强度等级、外观、几何尺寸等进行验收。在砌筑前1 ~2天应将砖浇水湿润，以免干砖过多地吸收砂浆中水分，造成砌筑困难，并影响砂浆的黏结力。但浇水不宜过多，否则在砌筑时会产生坠灰和砖块滑动现象。

经湿润的普通黏土砖的含水率应以10% ~15%为好，这一含水率大致相当于砖断面四周有1 ~2 cm的吸水深度。现场检查时可将整砖打断，当断砖面四周吸水深度≥1 cm时认为合格。灰砂砖、粉煤灰砖浇水湿润后，要求其含水率为8% ~12%。应尽量避免在脚手架上浇水。如砌筑时因砖块干燥操作困难，可用喷壶适当补充浇水。

二、砌筑工具和机械

1. 砌筑工具

大铲：铺灰用，也可砍砖或打砖。

瓦刀：打砖。

刨锛：打砖，当小锤用，施工操作工人使用较少。

皮数杆：用来控制门窗、过梁、楼层等水平标高，砖的皮数，砂浆厚度，层高，墙体垂直度及表面平整度等。

靠尺和线锤：检查墙面垂直度及平整度用，在砌墙过程中应随时用。

其他工具：如砌砖线、水平尺、2 ~3 m钢卷尺、铅笔、扫帚、工具袋等。

2. 备料工具

运输小车、灰浆盆或槽、砖夹子、筛子、磅秤、配合塔吊等的砖笼、砂浆料斗等。

3. 其他机具

脚手架料、砂浆搅拌机、垂直及水平运输工具等。

三、砌筑砖基础前的技术准备

工程项目的施工具有连续性，前道工序没有完成或达不到设计质量标准的要求，就会直接影响下道工序的施工。砖基础砌筑前，应先检查上道工序施工质量是否符合要求，然后清扫混凝土基础表面，将浮土及垃圾清除干净。

一般砖基础的砌筑作业条件是：完成室外及房心土的回填、安装好沟盖板或完成楼板结构施工；办完工程项目上道工序检验批隐蔽验收手续；按设计要求做好水泥沙浆防潮层；弹好轴线、墙身线及控制线，根据进入现场砖的实际规格尺寸，弹出门洞口位置线，经过技术复核程序，办完验收手续；按设计标高立好皮数杆，皮数杆的间距15 ~20 m，或每道墙的两端；有砂浆配合比通知单，准备好砂浆试模（6块为一组）。

1. 砌砖前的质量检查

在建设工程施工单位自检的基础上，依据建筑基础平面图，对已完成的混凝土基础工程会同建设单位、监理单位及相关单位，进行质量检查检验。基础平面位置及断面尺寸符合图纸设计，轴线位移满足规范规定，基础顶面水平标高与设计标高相符。

2. 引测墙身轴线和水平标高

基础施工结束后，及时将轴线延长柱、龙门板上的轴线标志，通过经纬仪或拉线引测到基础外侧，并用红色油漆作出明显标志，为砌墙放线打好基础。水平标高也应及时引测到基础外侧并作出标志。

3. 进行砌筑施工技术交底

技术交底的目的是使参加砌砖的班组人员明白所担负的工程任务特点、技术质量要求、施工操作方法、工程部位进度及定额成本要求，使每个操作工人做到心中有数，能按期优质完成任务。

现以某工程技术交底为例，供读者参考。

技术交底记录

工程名称	某某工程	施工单位	某建筑公司
交底部位	主体结构	工序名称	砌块砌筑

交底提要：

砌块砌筑工程的相关材料、机具准备、质量要求及施工工艺等。

交底内容：

一、材料准备

砌块、水泥、砂、掺和料、拉结钢筋、预埋件、木砖等。

二、施工机具

搅拌机、手推车、磅秤、外用电梯、砖笼、胶皮管、筛子、大铲、瓦刀、扁子、托线板、线坠、小白线、卷尺、铁水平尺、皮数杆、小水桶、砖夹子、扫帚等。

三、作业条件

1. 完成室外及房心回填土，基础工程结构施工完毕，并经有关单位验收合格。

2. 弹好墙身线、轴线，根据现场砌块的实际规格尺寸，再弹出门窗洞口位置线，经验线符合设计图纸的尺寸要求，办完验收手续。

3. 立皮数杆：用30 mm×40 mm木料制作，皮数杆上门窗洞口、木砖、拉接筋、圈梁、过梁的尺寸标高。按标高立好皮数杆，皮数杆的间距为15 m，转角处距墙皮或墙角50 mm设置皮数杆。皮数杆应垂直、牢固、标高一致，经复核，办理验收手续。

4. 砂浆由试验室做配合比试配，准备好试模。

四、质量要求

混凝土小型空心砌块施工质量要求应符合《砌体工程施工质量验收规范》（GB 50203—2002）的规定，如下表。

续表

砌体工程施工质量验收表

项	序	检查项目	允许偏差或允许值
主控项目	1	小砌块强度等级	设计要求 MU
	2	砂浆强度等级	设计要求 M
	3	砌筑留槎	第 6.2.3 条
	4	水平灰缝饱满度	≥90%
	5	竖向灰缝饱满度	≥80%
	6	轴线位移	≤10 mm
	7	垂直度（每层）	≤5 mm
一般项目	1	水平灰缝厚度竖向宽度	8 ~ 12 mm
	2	基础顶面和楼面标高	±15 mm
	3	表面平整度	清水：5 mm　混水：8 mm
	4	门窗洞口	±5 mm
	5	窗口位移	20 mm
	6	水平灰缝平直度	清水：7 mm　混水：10 mm

五、工艺流程

墙体放线→制备砂浆→砌块排列→铺砂浆→砌块就位→校正→砌筑镶砖→勒缝。

六、操作工艺

墙体放线：砌体施工前，应将基础面或楼层结构面按标高找平，依据砌筑图放出第一皮砌块的轴线、砌体边线和洞口线。

1. 拌制砌筑砂浆：现场采用砂浆搅拌机拌和砂浆，严格按照配合比配制。

2. 砂浆配合比用重量比，计量精度为：水泥 ±2%、砂及掺和料 ±5%。

3. 砂浆组批原则及取样规定：

（1）以同一砂浆强度等级，同一配合比，同种原材料每一楼层或 250 m^3 砌体（基础砌体可按一个楼层计）为一个取样单位，每取样单位标准养护试块的留置不得少于一组（每组 6 块）。

（2）干拌砂浆：同强度等级每 400 t 为一验收批，不足 400 t 也按一批计。每批从 20 个以上的不同部位取等量样品。总质量不少于 15 kg，分成两份，一份送试，一份备用。

（3）建筑地面用水泥沙浆，以每一层或 1 000 m^2 为一检验批，不足 1 000 m^2 也按一批计。每批砂浆至少取样一组。当改变配合比时也应相应地留置试块。

4. 搅拌机投料顺序：砂→水泥→掺和料→水。

5. 砌块排列：按砌块排列图在砌体线范围内分块定尺、画线、排列砌块的方法和要求如下。

砌块排列上、下皮应错缝搭砌，搭砌长度为砌块的 1/2，不得小于砌块高度的 1/3，也不应小于 90 mm，如果搭错缝长度满足不了规定的搭接要求，应根据砌体构造设计规定采取压砌钢筋网片的措施。外墙转角及纵横墙交接处，应将砌块分皮咬槎，交错搭砌。

6. 砌块就位与校正：普通混凝土小型砌块不宜浇水；当天气干燥炎热时，可在砌块上稍加喷水润湿。轻集料混凝土小砌块施工前可洒水．但不宜过多。龄期不足 28 天及潮湿的小砌块不得进行砌筑。应采用主规格小砌块，小砌块的强度等级应符合设计要求，并应清除砌块表面的杂物后方可吊运就位。砌筑就位应先远后近、先下后上、先外后内；每层开始时，应从转角处或定位砌块处开始；应吊砌一皮、校正一皮，墙皮拉线控制砌体标高和墙面平整度。

续表

9. 砌筑墙体要同时砌起，不得留斜槎。每天砌筑高度不超过 1.8 m。

10. 转角及交接处同时砌筑，不得留直槎，斜槎水平投影不应小于高度的2/3。

七、成品保护措施

1. 砌体材料运输、装卸过程中严禁抛掷和倾倒。进场后，要按品种、规格分别堆放整齐，做好标志，堆放高度不能超过 2 m。

2. 砌体墙上不得放脚手架排木，防止发生事故。

3. 砌体在墙上支撑圈梁模板时，防止撞动最上一皮砖。

4. 支完模板后，保持模内清洁，防止掉入砖头、石子、木屑等杂物。

5. 墙体的拉结钢筋、框架结构柱预留锚固筋及各种预埋件、各种预埋管线等，均要注意保护，严禁任意拆改或损坏。

6. 砂浆稠度要适宜，砌砖操作、浇筑过梁、构造柱混凝土时要防止砂浆流淌污染墙面。

7. 在吊放操作平台脚手架或安装模板、搬运材料时，防止碰撞已砌筑完成的墙体。

8. 预留有孔洞的墙面，要用与原墙相同规格和色泽的砖嵌砌严密，不留痕迹。

9. 垂直运输的外用电梯进料口周围，用塑料纺织布或木板等遮盖、保持墙面清洁。

10. 冬期施工收工时，要覆盖砌体，以防砌体冻结。

八、安全注意事项

1. 墙身砌体高度超过 1.2 m 以上，必须及时搭设好脚手架，不准用不稳定的工具或物体在脚手板面上垫高工作。高处操作时要系好安全带，安全带挂靠地点牢固。

2. 垂直运输的吊笼、滑车、绳索、刹车等，必须满足荷载要求，吊运时不得超荷；使用过程中要经常检查，若发现不符合规定者，要及时修理或更换。

3. 停放搅拌机械的基础要坚实平整，防止地面下沉，造成机械倾倒。

4. 进入施工现场，要正确穿戴安全防护用品。

5. 施工现场严禁吸烟，不得酒后作业。

6. 砖垛上取砌块时，先取高处后取低处，防止垛倒砸人。

九、环保措施

1. 砌筑砂浆不得遗撒，污染作业面。

2. 施工垃圾应每天清理至砌筑垃圾房（池）或堆放在指定的地点。

3. 现场的砂石料要用帆布覆盖，水泥库应维护严密，有防潮防水措施。

项目（专业） 技术负责人		交底人		接受交底人	

注：本记录一式两份，一份交底单位存，一份接受交底单位存。

项目二 砌筑工程

一、砌体的一般要求

砌体工程分为砖砌体，主要有墙和柱；砌块砌体，主要有框架结构或框剪结构民用房屋及工业厂房的墙体；石材砌体，主要有带形基础、挡土墙及某些墙体结构；配筋砌体，在砌体水平灰缝中配置钢筋网片或在砌体外部的预留槽沟内设置竖向粗钢筋的组合砌体。此外，还有在非地震区采用的实心砖砌筑的空斗墙砌体。

砌体工程应采用符合质量要求的原材料，同时必须有良好的砌筑质量，以保证砌体有很好的整体性、稳定性和受力性能。对于砖砌体要求灰缝横平竖直、砂浆饱满、厚薄均匀，砌块应上下错缝、内外搭砌、接槎牢固、墙面垂直；要预防不均匀沉降引起开裂；要注意施工中墙、柱的稳定性；冬期施工时还要采取相应的措施。

二、毛石基础与砖基础的砌筑

（一）毛石基础

1. 毛石基础构造

毛石基础采用毛石与水泥沙浆或水泥混合砂浆砌成。毛石材料应质地坚硬、无裂纹，强度等级满足设计要求，砂浆宜用水泥沙浆，强度等级应不低于 M5。

毛石基础可作墙下条形基础或柱下独立基础。按其断面形状有矩形、阶梯形和梯形等。基础顶面宽度比墙基底面宽度要大于 200 mm；基础底面宽度依设计计算而定；梯形基础坡角应大于 60 度；阶梯形基础每阶高大于 300 mm，每阶挑出宽度小于 200 mm。

2. 毛石基础施工要点

1）基础砌筑前，应由建设单位组织相关单位验槽，并将验收情况由验收人员签字，形成工程资料。

2）放出基础轴线及边线，其允许偏差应符合规范 GB 50202—2002 规定。

3）毛石基础砌筑时，第一皮石块应坐浆，并大面向下；料石基础的第一皮石块应丁砌并坐浆。砌体应分皮卧砌，上下错缝，内外搭砌，不得采用先砌外面石块后中间填心的砌筑方法。

4）石砌体的灰缝厚度：毛料石和粗料石砌体不宜大于 20 mm，细料石砌体不宜大于 5 mm。石块间较大的孔隙应先填塞砂浆后用碎石嵌实，不得采用先放碎石块后灌浆或干填碎石块的方法。

5）为增加整体性和稳定性，应按规范要求设置拉结石。

6）毛石基础的最上一皮及转角处、交接处和洞口处，应选用较大的平毛石砌筑。有高低台的毛石基础，应从低处砌起，并由高台向低台搭接，搭接长度不小于基础高度。

7）阶梯形毛石基础，上阶的石块应至少压砌下阶石块的 1/2，相邻阶梯毛石应相互错缝搭接（见图 2－2）。

8）毛石基础的转角处和交接处应同时砌筑。如不能同时砌筑又必须留槎时，应砌成斜槎。每天基础可砌高度应不超过 1.2 m。

图 2－2　毛石基础施工

（二）砖基础

1. 砖基础构造

砖基础是以砖为砌筑材料形成的建筑物基础，是我国传统的砖木结构砌筑方法，现代常与混凝土结构配合修建住宅、校舍、办公等低层建筑。

砖基础下部通常扩大，称为大放脚。大放脚有等高式和不等高式两种。等高式大放脚是两皮一收，即每砌两皮砖，两边各收进 1/4 砖长；不等高式大放脚是两皮一收与一皮一收相间隔，即砌两皮砖，收进 1/4 砖长，再砌一皮砖，收进 1/4 砖长，如此往复。在相同底宽的情况下，后者可减小基础高度，但为保证基础的强度，底层需用两皮一收砌筑。大放脚的底宽应根据计算而定，各层大放脚的宽度应为半砖长的整倍数（包括灰缝）。

在砖基础大放脚下面一般是混凝土垫层和钢筋混凝土基础。在墙基顶面应设防潮层，防潮层宜用 1∶2 水泥沙浆加适量的防水材料铺设，其厚度一般为 20 mm，位置在底层室内地面下 100 mm 处（见图 2－3）。

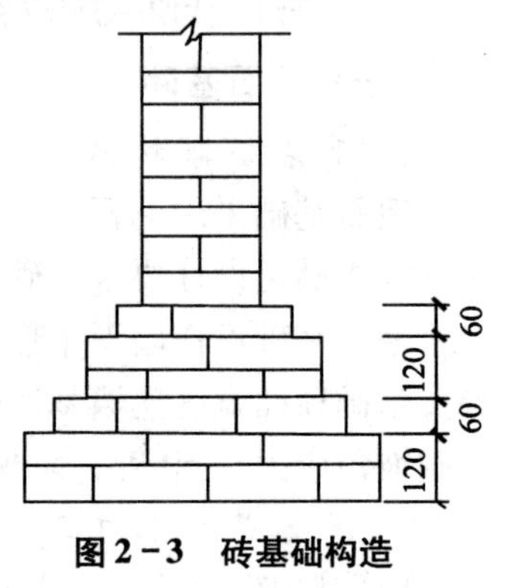

图 2－3　砖基础构造

基础与墙（柱）身使用同一种材料时以设计室内地面为界（有地下室者，以地下室室内设计地面为界），以下为基础，以上为墙（柱）身；基础与墙（柱）身使用不同材料时，位于设计室内地面 300 mm 以内时，以不同材料为分界线，以下为基础，以上为墙（柱）身；超过 ±300 mm 时，以设计室内地面为分界线。砖、石围墙，以设计室外地坪为界线，以下为基础，以上为墙身。

2. *砖基础施工要点*

1）砌筑前，应将地基表面的浮土及垃圾清除干净。

2）基础施工前，应在主要轴线部位设置引桩，以控制基础、墙身的轴线位置，并从中引出墙身轴线，而后向两边放出大放脚的底边线。在基础转角、交接及高低踏步处预先立好基础皮数杆。

3）砌筑时，可依皮数杆先在转角及交接处砌几皮砖，然后在其间拉准线砌中间部分。内外墙砖基础应同时砌起，如不能同时砌筑时应留置斜槎，斜槎长度不应小于斜槎高度的 2/3。

4）基础底标高不同时，应从低处砌起，并由高处向低处搭接。如设计无要求，搭接长度不应小于大放脚的高度。

5）大放脚部分一般采用一顺一丁砌筑形式。水平灰缝及竖向灰缝的宽度应控制在 10 mm 左右，水平灰缝的砂浆饱满度不得小于 80%，竖缝要错开。要注意丁字及十字接头处砖块的搭接，在这些交接处，纵横墙要隔皮砌通。大放脚的最下一皮及每层的最上一皮应以丁砌为主。

6）基础砌完验收合格后，应及时回填。回填土要在基础两侧同时进行，并分层夯实。

三、砖墙砌筑

（一）砌筑形式

普通砖墙的砌筑形式主要有两种，即一顺一丁和梅花丁。

1. 一顺一丁

一顺一丁指按照顺一皮砖丁一皮砖的方式交替砌筑（见图 2－4）。这种砌法最为常见，对工人的技术要求也较低。一顺一丁是一皮全部顺砖与一皮全部丁砖间隔砌成。上下皮竖缝相互错开 1/4 砖长。一层砌顺砖、一层砌丁砖，相间排列，重复组合。

图 2－4　一顺一丁

在转角部位要加设配砖（俗称七分砖），进行错缝。这种砌法的特点是搭接好、效率较高、无通缝、整体性强，因而应用较广，适用于砌一砖、一砖半及二砖墙。

2. 梅花丁

梅花丁是每皮中丁砖与顺砖相隔，上皮丁砖坐中于下皮顺砖，上下皮间竖缝相互错开1/4砖长。这种砌法内外竖缝每皮都能避开，故整体性较好，灰缝整齐，比较美观，但砌筑效率较低。适用于砌一砖及一砖半墙（见图2－5）。

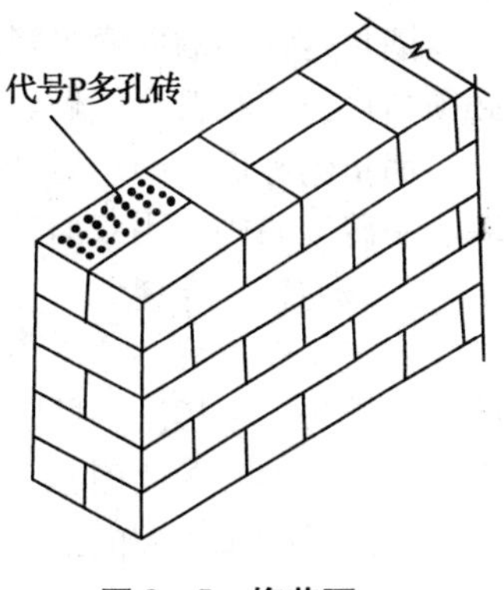

图2－5　梅花丁

墙厚为3/4砖时，平砌砖均为顺砖，上下皮平砌顺砖间竖缝相互错开1/2砖长；上下皮平砌顺砖与侧砌顺砖间竖缝相互错开1/2砖长。当墙厚为5/4砖长时，上下皮平砌顺砖与侧砌顺砖间竖缝相互错开1/2砖长；上下皮平砌丁砖与侧砌顺砖间竖缝相互错开1/4砖长。这种形式适合于砌筑3/4砖墙及5/4砖墙。

为了使砖墙的转角处各皮间竖缝相互错开，必须在外角处砌七分头砖（3/4砖长）。当采用一顺一丁组砌时，七分头的顺面方向依次砌顺砖，丁面方向依次砌丁砖。

砖墙的丁字接头处，应分皮相互砌通，内角相交处竖缝应错开1/4砖长，并在横墙端头处加砌七分头砖。

砖墙的十字接头处，应分皮相互砌通，交角处的竖缝应相互错开1/4砖长。

（二）砌筑工艺

砖墙的砌筑一般有找平、放线、摆砖、立皮数杆、盘角、挂线、砌筑、清理等工序。

1. 找平、放线

建筑底层排轴线时应先定出基准轴线，并从基准轴线开始丈量并复核其他轴线。基准轴线确定后，便以此为始端向另一端推进（如基准轴线在中间部位，则分别向两端推进），用钢尺丈量出各道轴线，并在远端外墙轴线处校核。各楼层排轴线，也应先引测出基准轴线，然后按同样的方向、顺序排出全部轴线。

楼层的轴线引测及复查，可以采用经纬仪观测、垂球吊引及铅垂仪引测的方法。在多层砖混结构施工中以垂球吊引法为多，且简单易行。当各楼层墙体轴线及墙面垂直度发生偏差，不超出质量允许值时，可按逐层分散纠偏原则处理误差。纠察结果必须符合设计及规范规定。

砌墙前先在基础防潮层或楼面上定出各层标高，并用水泥沙浆或C10细石混凝土找平，然后根据轴线，弹出墙身轴线、边线及门窗洞口位置。

2. 摆砖

摆砖又称摆脚，是指在放线的基面上按选定的组砌方式用干砖试摆。目的是为了校对所放出的墨线在门窗洞口、附墙垛等处是否符合砖的模数，以尽可能减少砍砖，并使砌体灰缝均匀，组砌得当。一般在房屋外纵墙方向摆顺砖，在山墙方向摆丁砖，摆砖由一个大角摆到另一个大角，砖与砖之间留10 mm缝隙。

3. 立皮数杆

皮数杆是指在其上画有每皮砖和灰缝厚度以及门窗洞口、过梁、楼板等高度位置的一种标杆。砌筑时用来控制墙体竖向尺寸及各部位构件的竖向标高，并保证灰缝厚度的均匀性。

皮数杆一般设置在房屋的四大角以及纵横墙的交接处，如墙面过长时，应每隔10～15 m

立一根。皮数杆需用水平仪统一竖立，使皮数杆上的±0.000与建筑物的±0.000相吻合，以后就可以向上接皮数杆。

4. 盘角、挂线

墙角是控制墙面横平竖直的主要依据，所以，一般砌筑时应先砌墙角，墙角砖层高度必须与皮数杆相符合，做到“三皮一吊，五皮一靠”。墙角必须做到双向垂直。

墙角砌好后，即可挂小线，作为砌筑中间墙体的依据，以保证墙面平整，一般一砖墙、一砖半墙则应用双面挂线。

5. 砌筑、清理

砌筑操作方法各地不一，但应保证砌筑质量要求。通常采用“三一”砌砖法，即一块砖、一铲灰、一揉压，并随手将挤出的砂浆刮去的砌筑方法。这种砌法的优点是灰缝容易饱满、黏结力好、墙面整。

清理是砌筑工程的最后一道工序，以保证施工过程的文明施工要求。

（三）施工要点

1）全部砖墙应平行砌起，砖层必须水平，砖层正确位置用皮数杆控制，基础和每楼层砌完后必须校对一次水平、轴线和标高，在允许偏差范围内，其偏差值应在基础或楼板顶面调整。

2）砖墙的水平灰缝和竖向灰缝宽度一般为10 mm，但不小于8 mm，也不应大于12 mm。水平灰缝的砂浆饱满度不得低于80%，竖向灰缝宜采用挤浆或加浆方法，使其砂浆饱满，严禁用水冲浆灌缝。

3）砖墙的转角处和交接处应同时砌筑。对不能同时砌筑而又必须留槎时，应砌成斜槎，斜槎长度不应小于高度的2/3（见图2-6）。

抗震设防及抗震设防烈度为6度、7度地区的临时间断处，当不能留斜槎时，除转角处外，可留直槎，但必须做成凸槎，并加设拉结筋。拉结筋的数量为每120 mm墙厚放置1Φ6拉结钢筋、且不得少于两根，拉结钢筋间距沿墙高不应超过500 mm，埋入长度从留槎处算起每边均不应小于500 mm，对抗震设防烈度为6度、7度的地区，不应小于1 000 mm，末端应有90°弯钩（见图2-7）。抗震设防地区不得留直槎。

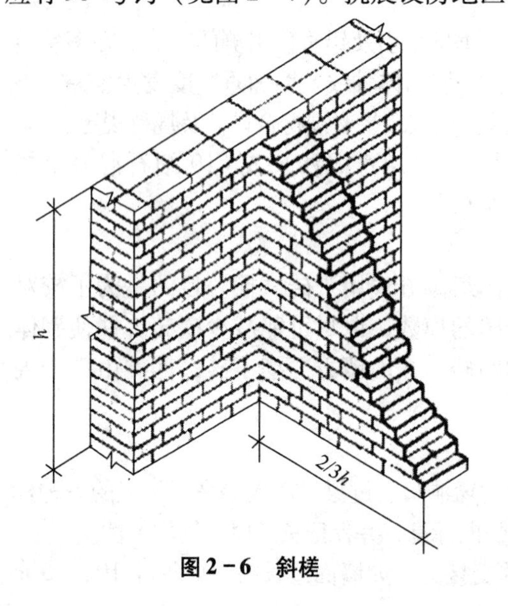

图2-6　斜槎

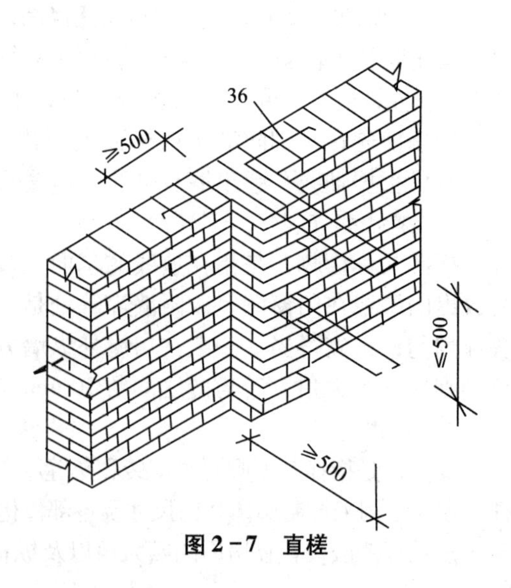

图2-7　直槎

4）隔墙与承重墙如不同时砌起而又不留成斜槎时，可于承重墙中引出阳槎，并在其灰缝中预埋拉结筋，其构造与上述相同，但每道不少于2根。抗震设防地区的隔墙，除应留阳槎外，还应设置拉结。

5）砖墙接槎时，必须将接槎处的表面清理干净，浇水润湿，并应填实砂浆，保持灰缝平直。

6）每层承重墙的最上一皮砖、梁或梁垫的下面及挑檐、腰线等处，应是整砖丁砌。填充墙砌至接近梁、板底时，应留一定空隙，待填充墙砌筑完并应至少间隔7天后，再将其补砌挤紧。

7）砖墙中留置临时施工洞口时，其侧边离交接处的墙面不应小于500 mm，洞口净宽度不应超过1 m。

8）砖墙相邻工作段的高度差，不得超过一个楼层的高度，也不宜大于4 m。工作段的分段位置应设在伸缩缝、沉降缝、防震缝或门窗洞口处。砖墙临时间断处的高度差，不得超过一步脚手架的高度。砖墙每天砌筑高度以不超过1.8 m为宜。

9）在下列墙体或部位中不得留设脚手架：

① 120 mm厚墙、料石清水墙和独立柱；

② 过梁上与过梁成60°角的三角形范围及过梁净跨度1/2的高度范围内；

③ 宽度小于1 m的窗间墙；

④ 砌体门窗洞口两侧200 mm（石砌体为300 mm）和转角处450 mm（石砌体为600 mm）范围内；

⑤ 梁或梁垫下及其左右500 mm范围内；

⑥ 设计不允许设置脚手架的部位。

四、砌块砌筑

用砌块代替烧结普通砖做墙体材料，是墙体改革的一个重要途径。近几年来，中小型砌块得到了广泛应用。常用的砌块有粉煤灰硅酸盐砌块、混凝土小型空心砌块、煤矸石砌块、陶粒硅酸盐砌块等。砌块的规格不统一，一般高度为380～940 mm，长度为高度的1.5～2.5倍，厚度为180～300 mm，每块砌块重量50～200 kg。

（一）砌块排

由于中小型砌块体积较大、较重，不宜随意搬动，多用专用设备进行吊装砌筑，且砌筑时必须使用整块，不宜随意砍打，所以，在施工前须根据工程平面图、立面图及门窗洞口的大小、楼层标高、构造要求等条件，绘制各墙的砌块排列图，以指导吊装砌筑施工。

砌块排列图按每片纵横墙分别绘制。其绘制方法是在立面上用1:50或1:30的比例绘出纵横墙，然后将过梁、平板、大梁、楼梯、孔洞等在墙面上标出，由纵墙和横墙高度计算皮数，画出水平灰缝线，并保证砌体平面尺寸和高度是块体加灰缝尺寸的倍数，再按砌块错缝搭接的构造要求和竖缝大小进行排列。对砌块进行排列时，注意尽量以主规格砌块为主，辅助规格砌块为辅，减少镶砖。小砌块墙体应对孔错缝搭砌，搭接长度不应小于90 mm。墙体的个别部位不能满足上述要求时，应在灰缝中设置拉结钢筋或钢筋网片，但竖向通缝仍不得超过两皮小砌块。墙体的水平灰缝厚度和竖向灰缝宽度宜为10 mm，但不应大于12 mm，也不应小于8 mm。砌块中水平灰缝厚度一般为10～20 mm，有配筋的水平灰缝厚度为 20 ~25 mm；竖缝的宽度为 15 ~20 mm，当竖缝宽度大于 30 mm 时，应采用细石混凝土填实，其强度等级大于 C20，当竖缝宽度≥150 mm 或楼层高不是砌块加灰缝的整数倍时，应用黏土砖镶砌。

（二）砌块施工工艺

砌块施工的主要工艺为：铺灰、砌块吊装就位、校正、灌缝和镶砖。

1. 铺灰

砌块墙体所采用的砂浆，应具有良好的和易性，其稠度以 50 ~70 mm 为宜，铺灰应平整饱满，每次铺灰长度一般不超过 5 m，炎热天气及严寒季节应适当缩短。

2. 砌块吊装就位

砌块安装应采用轻型起重机进行吊装砌筑，根据目前施工项目的具体情况，多数仍然采用人工抬或人工抱的方式进行砌块砌筑。砌块的吊装一般按施工段依次进行，其次序为先外后内、先远后近、先下后上，在相邻施工段之间留阶梯形斜槎。吊装时应从转角处或砌块定位处开始，采用摩擦式夹具，按砌块排列图将所需砌块吊装就位。

3. 校正

砌块吊装就位后，用托线板检查砌块的垂直度，拉准线检查水平度，并用撬棍、楔块调整偏差。

4. 灌缝

竖缝可用夹板在墙体内外夹住，然后灌砂浆，用竹片插或铁棒捣，使其密实。当砂浆吸水后用刮缝板把竖缝和水平缝刮齐。灌缝后，一般不应再撬动砌块，以防损坏砂浆黏结力。

5. 镶砖

当砌块间出现较大竖缝或过梁找平时，应镶砖。镶砖砌体的竖直缝和水平缝应控制在 15 ~30 mm 以内。镶砖工作应在砌块校正后即刻进行，镶砖时应注意使砖的竖缝灌密实。

（三）砌块砌体质量检查

砌块砌体质量应符合下列规定。

1）砌块砌体砌筑的基本要求与砖砌体相同，但搭接长度不应少于 150 mm。

2）外观检查应达到：墙面清洁、勾缝密实、深浅一致、交接平整。

3）经试验检查，在每一楼层或 250 m^3 砌体中，一组试块（每组三块）同强度等级的砂浆或细石混凝土的平均强度不得低于设计强度最低值，对砂浆不得低于设计强度的 75%；对于细石混凝土不得低于设计强度的 85%。

4）预埋件、预留孔洞的位置应符合设计要求。

5）砌体的允许偏差和外观质量标准应符合表 2－3 的规定。

表 2－3　砌体的允许偏差和外观质量标准

项　目	允许偏差 /mm	检查方法	抽检数量
轴线位移	10	用经纬仪和尺或其他测量仪器检查	全部承重墙、柱

续表

<table>
<tr><th colspan="3">项　目</th><th>允许偏差
/mm</th><th>检查方法</th><th>抽检数量</th></tr>
<tr><td rowspan="3">垂直度</td><td colspan="2">每　层</td><td>5</td><td>用2 m托线板检查</td><td rowspan="3">外墙全高查阳角不少于4处，每层查一处。内墙有代表性的自然间抽10%，但不少于3间，每间不少于2处，柱不少于5根</td></tr>
<tr><td rowspan="2">全高</td><td>≤10 m</td><td>10</td><td rowspan="2">用经纬仪、吊线和尺或其他测量仪器检查</td></tr>
<tr><td>>10 m</td><td>20</td></tr>
<tr><td colspan="3">基础顶面和楼面标高</td><td>±15</td><td>用水平仪和尺检查</td><td>不少于5处</td></tr>
<tr><td rowspan="2">表面平整度</td><td colspan="2">小型砌块、清水墙、柱</td><td>5</td><td rowspan="2">用2 m直尺和楔形塞尺检查</td><td rowspan="4">有代表性的自然间抽10%，但不少于3间，每间不少于2处</td></tr>
<tr><td colspan="2">小型砌块、混水墙、柱</td><td>8</td></tr>
<tr><td colspan="2" rowspan="2">水平灰缝平直度</td><td>清水墙</td><td>7</td><td rowspan="2">灰缝上口处拉10 m线和尺检查</td></tr>
<tr><td>混水墙</td><td>10</td></tr>
<tr><td colspan="3">门窗洞口高、宽（后塞框）</td><td>±15</td><td>用尺检查</td><td>检验批洞口的10%，且不应少于5处</td></tr>
<tr><td colspan="3">外墙上下窗口偏移</td><td>20</td><td>以底层窗口为准，用经纬仪吊线检查</td><td>检验批的10%，且不应少于5处</td></tr>
<tr><td colspan="3">清水墙面游丁走缝（中型砌块）</td><td>20</td><td>用吊线和尺检查，以每层第一皮砖为准</td><td>有代表性的自然间抽10%，但不少于3间，每间不少于2处</td></tr>
</table>

（四）毛石墙体的砌筑要求

毛石墙体在砌筑过程中，在砂浆没有达到强度要求时，稳定性较差。在外力作用下，可能引起墙体的倒塌。砌筑方法除参照毛石基础的砌筑要点外，尚应遵照本部分规定。

1）砌筑前应先校核基础的轴线和标高，校正无误后，在基础找平层上弹出墙体里外皮线，并在墙角与墙的适当部位立线杆（间距12 m左右）按线杆所挂水平线进行砌筑。

2）毛石墙必须设置拉结石。

3）毛石墙与砖墙相接的转角和交接处应同时砌筑，转角处应自纵墙（横墙）每隔4～6批砖高度引出≥120 mm的锯齿槎与纵墙（横墙）相接，交接处应自纵墙每隔4～6批砖高度引出≥120 mm的锯齿槎与横墙相接。

4）砌毛石墙应注意选石（三面方正的用做角石，一面较平的用做面石；所用石材应质地坚实，无风化剥落与裂纹、石材表面泥垢、水锈等杂物，砌筑前应清除）。

5）砌毛石墙要两面搭双排脚手架，脚手架的横杆不准压墙，同时脚手架不准紧靠毛石墙面，打下碎石应随时清除，以防碎石夹在墙体与脚手架的夹缝中，传力挤动墙身。

6）每砌一步架要检查一次水平标高。每皮操作要严格控制水平，砌到顶时应全面找平一次，使标高符合设计要求，最后用1:3水泥沙浆把顶面抹平。

毛石挡土墙的砌筑要求如下。

1）应按设计要求收坡或退台，并设置泄水孔。

2）每砌3～4皮毛石应找平一次。在砌上部毛石时，错缝长度不小于80 mm。

3）外露面的灰缝厚度不大于40 mm。其他同毛石基础操作要求。

五、砌筑工程质量通病及防治

（一）石砌体砌筑

1. 砌体垂直通缝

现象：片石、卵石砌体上下各层石缝连通，尤其在墙角及接槎处更多见。

危害：降低了砌体的整体性。

原因分析：

1）片石、卵石砌体多采用交错组砌方式，但因片石、卵石块体是不规则的，忽视了左右、上下、前后的交搭，砌缝未错开，尤其在墙角处未改变砌法。

2）施工间歇留槎不正确，未按规定留踏步形斜槎，而留马牙形直槎。

防治方法：加强石块的挑选工作，注意石块左右、上下、前后的交搭。必须将砌缝错开，禁止砌出任何重缝。在墙角部位，应改为丁顺叠砌或丁顺组砌，使用的石材也要改变。可在片石、卵石中选取块体较大、体形较方整、长直的，加以适当加工修整，或改用条石、块石，使其适合丁顺叠砌或组砌的需要。

2. 砌体里外两层皮

现象：剖视截面，可发现砌体里外层互不连接，自成一体。这种石砌体承载能力差，稳定性不好，受到水平推力极易倾倒。此种现象在片石砌体中尤其多见。

危害：砌体稳定性不好，极易坍塌。

原因分析：

1）选料不当。片石体形过小，每皮石块压搭过少，未设拉结石，造成横截面上下重缝。

2）砌筑方法不正确。尤其采取过桥型、填心、双合面砌法，极易造成砌体里外两层皮。此外，如翻槎面、斧刃面、铲口面等砌法，也会造成砌体稳定性的降低。

防治方法：

1）要注意大小块石料搭配使用，立缝要小，要用小块石堵塞空隙，避免只用大块石，而无小块石填空。禁止“四碰头”，即平面上四块石料形成一个十字缝。

2）每皮石料砌筑时要隔一定距离（1～1.5 m）丁砌一块拉结石，拉结石的长度应满墙，且上下皮错开，形成梅花丁（见图2－5）。如墙过厚（40 cm以上）可用两块拉结石内外搭接，搭接长度不小于15 cm，且其中一块长度应大于砌体厚的2/3。

3）要认真按照砌石操作规程操作。对于块石、料石，可采用丁顺组砌（较厚砌体）和顺叠组砌（砌体厚与石块厚度一致）。对于片石则多采用交错组砌方式。

3. 砌体黏结不牢

现象：砌体中的石块和砌筑砂浆有明显分离现象。掀开石块有砂浆饱满度不够现象，石块间有瞎缝（石块直接接触）。敲击砌体时可听到空洞声。

危害：砌体黏结不牢，造成砌体承载力不足，尤其是抗剪强度降低。

原因分析：

1）砌体灰缝过大。砂浆收缩后与石料脱离开形成空鼓。

2）石料砌筑前未洒水。尤其是在高温干燥季节，造成砂浆过早失水。影响砌体的整体作用，降低砌体强度。

3）采用不适当的砌法。如采用铺石灌浆法，致使砂浆饱满度差，或砌体的一次砌筑高度控制不严，造成一次砌筑过高、灰缝变形、石缝错动。

防治方法：

1）严格按规程操作。保证灰浆饱满，石料上下错缝搭砌，控制砌缝宽和错缝长度。片石灰缝宽小于 30 mm，块石灰缝宽少于 20 mm，粗料石灰缝宽小于 10 mm。

2）砌石作业前适当洒水润湿，严格控制砌筑砂浆的稠度。

3）控制砌体每日砌筑高度。卵石砌体每口砌筑不大于 1 m，并应大致找平；片石砌体每日砌筑不大于 1.2 m，料石砌体每天砌筑高度原则上也不宜超过一步架高。

4. 挡土墙墙体里外拉结不良

现象：采用条石与片石组合砌，两外皮用条石砌筑，中间用片石填砌或全部用片石砌筑，中间投石填满。

危害：使墙体形成三层皮，大大降低墙体的承载力。

原因分析：

1）片石规格偏小，且未合理搭配，未采取先摆四角再砌三面周边石，后砌腹石（用片石砌）的施工顺序，发生石料间搭接长度不够、砂浆不饱满的问题。

2）采取抛石砌筑法，造成砂浆不饱满、底层石被砸挤松动。

防治方法：

1）采用分层铺灰，分层砌筑法。每隔 1.0 ~ 1.5 m 丁砌一块拉结石，其长为满墙宽或 2/3 宽。

2）料石镶面时，采取同皮内丁顺相间的组合砌法，中间用片石填砌时，片石必须与料石砌平，保证了砌料石伸入片石长大于 20 cm。

5. 泄水孔不通畅，泛水坡度不够

现象：未留泄水孔，或泄水孔堵塞，或排水坡度不够。

危害：造成挡土墙内侧长期积水，酿成墙体开裂、沉陷或倒坍。

原因分析：

1）忽视挡土墙细部做法，没有认真检查，造成忘留泄水孔或未及时清理泄水孔内砂浆等杂物。

2）墙体内侧未按规定做出泛水坡度。

防治方法：

1）砌筑时严格按设计要求收坡收台，并设泄水孔。

2）加强检查，避免遗漏。

3）施工后一定做到活完脚下清，保证排水通畅。

6. 护坡卵石铺放不当

现象：单层卵石护坡砌筑时，卵石长面与坡面不垂直。

危害：造成卵石护坡不牢固，极易产生护坡滑坍破坏。

原因分析：砌单层卵石护坡时，操作人员只图方便，而错误采取平砌方法操作。这种做法的害处是：随着护坡高度的增长，荷载也加大，此时卵石容易产生水平方向的滑动，

甚至被拱出。

防治措施：应根据护坡厚度选用厚度相当的扁平状卵石。严禁采用双层叠砌，卵石表面应与坡面垂直。从护坡平面上看，同一层石块大小应一致，应采取直立或人字形咬砌方法，使石块互相镶嵌紧密。

（二）砌块、砖砌筑砌体

1. 砌缝砂浆不饱满

现象：砖层水平灰缝砂浆饱满度低于80%；竖缝内无砂浆（瞎缝）；砌筑清水墙采用大缩口铺灰；缩口缝深大于2 cm以上，影响砂浆饱满度。

危害：造成砌体的砌块间黏结不牢，砌块因砂浆不饱满而受力不匀，使墙体的抗剪强度降低。

原因分析：

1）用推尺铺灰法砌筑。有时由于铺灰过长，砌筑速度跟不上，砂浆中水分被底砖吸收，使砌上的砖层与砂浆失去黏结。

2）砌清水墙时，为了省去刮缝工序，采用了大缩口的铺灰方法，使砌体砖缝缩口深度达2～3 cm，既减少了砂浆饱满度，又增加了勾缝工作量。

3）用干砖砌墙，使砂浆早期脱水而降低标号。而干砖表面的粉屑起隔离作用，减弱了砖与砂浆层的黏结。

防治方法：

1）改善砂浆和易性是确保灰缝砂浆饱满和提高黏结强度的关键。

2）改进砌筑方法，推广“三一”砌砖法，即使用大铲，一块砖、一铲灰、一揉挤的砌筑方法。

3）严禁用干砖砌墙。冬季施工时，初冬季节白天正温时，也应将砖面适当润湿后再砌筑。

2. 清水墙面游丁走缝

现象：清水墙面的砖竖缝歪斜、宽窄不匀，丁不压中，上下竖缝在留口后发生错位、搬家。

危害：影响清水墙面的外观质量。

原因分析：

1）砖的长、宽尺寸误差较大，如砖长为正偏差，宽为负偏差，砌一顺一丁时，竖缝宽掌握不好，稍不注意产生游丁走缝。

2）开始砖墙摆砖时，未考虑开口位置对砖竖缝的影响，造成口的边线不在竖缝位置，产生上下错位。

3）里脚手架砌外清水墙，需探身穿看外墙面的竖缝垂直度，砌至一定高度后，穿看墙缝不太方便，易产生误差，稍有疏忽就会造成游丁走缝。

防治方法：

1）事先对到场砖尺寸实测，确定组砌方法和调整竖缝宽，应统一摆底层砖。

2）游丁走缝主要是丁砖游动所引起。因此砌筑中，强调丁压中，即丁砖的中线与下层条砖的中线重合。

3）沿墙面每隔一定间距，在竖缝处弹墨线，墨线用经纬仪或线坠引测。当砌至一定高度后，将墨线向上引伸，以作为控制游丁走缝的基准。

（三）砂浆问题

1. 砂浆强度不稳定

现象：常用砂浆中，砂浆强度波动较大，匀质性差。

危害：造成砌体强度不均衡。

原因分析：

1）影响砂浆强度的主要因素是计量不准。由于砂的含水量的变化和运料途中丢失，使砂浆用砂量低于规定量。

2）水泥混合砂浆中塑化材料的掺量，对砂浆强度十分敏感，塑化材料如超过规定用量一倍，砂浆强度约下降40%。但施工中为改善砂浆和易性，塑化材料掺量常常超过规定用量，因而降低了砂浆的强度。

3）砂浆搅拌不匀，使塑化材料未散开，水泥分布不均匀，影响砂浆的匀质性及和易性。

4）在水泥沙浆中掺加微沫剂，由于管理不当，微沫剂超过规定掺用量，严重地降低了砂浆的强度。

5）砂浆试块的制作、养护方法和强度取值等不标准，使测定的砂浆强度，缺乏代表性。

防治方法：

1）严格控制砂浆的配合比和从严进行计量工作。

2）塑化剂（石灰膏、电石膏及粉煤灰）一般为湿料，计量称重困难。为严格控制用量，可将塑化材料调成标准稠度，进行称重计量，再折成标准容积，定期抽查核对。

3）不得用增加微沫剂掺量等方法来改善砂浆的和易性。

4）改善砂浆搅拌方式，使其搅拌均匀，一般先用部分砂、水和全部塑化材料搅拌均匀，至不见疙瘩为止，再投入其余的砂子和全部水泥。

5）按标准进行砂浆试块的制作、养护和强度取值。

2. 砂浆和易性差、沉底结硬

现象：

1）砂浆和易性不好、保水性差，砌筑时铺摊和挤浆都较困难，影响砂浆与砖的黏结力，且易产生沉淀和泌水。

2）灰槽中砂浆沉底结硬，无法砌筑。

危害：易造成砌缝砂浆不饱满和砌体黏结强度降低。

原因分析：

1）低标号水泥沙浆由于水泥用量少，砂颗粒间摩擦力较大，砂浆和易性较差，砌砖时，挤浆压薄灰缝十分费劲，且由于没有足够胶结材料起悬浮支托作用，砂浆容易沉淀和表面泛水。

2）掺入水泥混合砂浆中的塑化剂质量差。

3）水泥标号高，砂子过细。不按施工配合比计量，搅拌时间短，拌和不均匀。

4）拌好的砂浆存放时间过久。使砂浆沉底结硬。

5）规定时间砂浆未用完，隔日加水捣碎拌和后继续使用。

防治方法：

1）低标号砂浆必须使用混合砂浆。使用混合砂浆确有困难，可掺水泥用量5%～10%的粉煤灰，达到改善砂浆和易性的目的。

2）不宜使用标号过高的水泥和过细砂拌制砂浆。严格执行施工配合比，保证搅拌时间。

3）拌制砂浆加强计划性，保证规定时间内用完，杜绝隔日砂浆不经处理继续使用的现象。

3. 勾缝砂浆黏结不牢

现象：勾缝砂浆与砌体结合不良，甚至开裂和脱落。

危害：影响砌体的外观质量。

原因分析：

1）砌筑或勾缝砂浆所用砂子含泥量过大，造成强度降低影响石（砖）和砂浆间的黏结。

2）砌体的灰缝过宽，操作时一次成活，勾缝砂浆因自重过大引起滑坠开裂。勾缝砂浆硬结后，由于雨水或湿气渗入更促使勾缝砂浆从砌体上脱落。

3）砌石（砖）过程中未及时刮缝，影响勾缝挂灰；从砌筑到勾缝，其间停留时间过长，灰缝内有积灰。勾缝前未清扫干净。

4）勾缝砂浆水泥含量过大，养护不及时，发生干裂脱落。

预防措施：

1）严格掌握勾缝砂浆配合比，禁止使用不合格材料，宜使用中砂、粗砂。

2）勾缝砂浆的流动性一般控制在4～5 cm。

3）凸缝应分两次勾成，平缝应顺石（砖）缝进行，缝与石（砖）面抹平。

4）勾缝前要进行检查，如有孔洞应填塞适量石块修补，并先洒水湿缝，刮缝深度宜大于2 cm。

（5）勾缝后早期应洒水养护，以防干裂、脱落。

项目三　砌筑工程的质量和安全要求

砖混结构在我国有着悠久的历史，是广泛采用的一种结构形式。据有关统计资料表明，目前我国的工业与民用建筑中，砖混结构占70%左右，在中小城镇及乡村建筑中所占比例更大。调查表明，在建筑工程事故中，也以砖混结构最多。影响砖砌体质量的众多因素中，有砖的质量、砂浆质量及施工质量等方面的问题，而施工质量问题约占一半。砖混结构砌筑工程中存在的几个主要质量问题如下。

一、砌筑工程的质量要求

1）砌筑质量应符合《砌体工程施工质量验验收规范》GB 50203—2002的要求。

2）砖砌体应横平竖直、砂浆饱满、上下错缝、内外搭砌、接槎牢固。

3）任意一组砂浆试块的强度不得低于设计强度的75%。

4）砖砌体的尺寸和位置的允许偏差应符合有关规范的规定。

二、砌筑工程的质量影响因素

（一）砌筑砂浆对砌体强度的影响

在砌筑过程中，砌筑砂浆的质量直接影响到砌体的强度，特别对砌体抗剪强度的影响更为明显。但是，在目前实际施工中，往往对砂浆重视不够，管理比较混乱，不能严格执行规范统一要求，而是沿用各地区的传统习惯操作，致使砂浆强度离散性很大，经常发生砂浆强度达不到设计强度等级的质量事故。砂浆试块的制作、养护和取值也执行不一。如何保证砌筑砂浆的质量，是一个非常重要的问题。

1. 砂浆试块制作中的问题

目前各地区在砂浆试块制作、养护和强度取值方面比较混乱。例如，南疆有些施工现场，在砂浆试块成型时，采用无底试模下面垫砖的方法，也有不少现场采用带底铁试模，个别施工现场更有将无底试模随意放在混凝土地坪、玻璃板上甚至木板上进行成型的情况。采用砖作底模时，砖的含水率大小不加控制，有的用干砖，有的用湿砖，也有的在现场砖堆中随取随用。另外，底砖上铺垫的纸也不一致，有的铺透水性较好的报纸，有的铺透水性极差的水泥袋。至于现场试块的养护，更不统一，有的放在室内，有的放在室外；有的覆盖草帘，有的不盖；而有的又埋在砂堆中养护。对于水泥沙浆和混合砂浆，在养护条件上也不加区别。在砂浆试块取值方面，有的取一组三块中的两块较大值的平均值，有的取三块平均值。现场试块试压时的龄期，则大大超过 28 天，而且没有养护期间的测温资料。所有这一切，都不同程度地影响到砂浆试块强度的离散性。

2. 砂浆试块养护条件的影响及规范要求

由于砂浆试块体积较小，对外界气候影响比较敏感，如果失水过多，将造成水泥硬化，使试块强度降低。当失水过多而发生脱水现象时，对试块强度的影响更严重，因此应对试块试压前的养护条件加以控制。表 2-4 是对 M5 水泥沙浆试块在几种养护条件下的强度试验对比结果。

从表 2-4 可以分析出，通风与否对砂浆试块强度的影响是很大的。

表 2-4　几种养护条件下的砂浆试块强度对比

养护条件	标准养护	砂中养护	自然养护
28 天强度（MPa）	2.51	2.35	1.08
比值	100	94	43

砂堆中养护的试块，既不通风，温度、湿度变化幅度也比较小，与标准养护室内养护箱条件基本相似。因此，试块强度也基本相同（若养护时室外平均温度为 15 ℃，可按规范中温度对砂浆强度的影响进行换算，20 ℃时，埋在室外砂堆中养护试块强度应为 5.55 MPa）。

为了适应当前许多施工现场缺乏标准养护室条件的现状，新规范规定，砂浆试块的养护分标准养护和自然养护两种情况。① 标准养护，水泥沙浆或水泥混合砂浆在温度 20 ± 3 ℃、相对湿度为 95% 的条件下养护；② 自然养护，由于自然养护没有规定具体温度，因此，要求养护期间必须做好温度记录，以便最终换算为 20 ℃时的强度。

3. 砂浆配合比计量方法的影响及规范做法

砂浆材料配合比不准确是砂浆达不到设计强度等级和砂浆强度离散性大的主要原

因。拌制砂浆时，材料用量的准确与否，是保证砂浆强度和减少离散性的重要因素。采用体积比计量方法，即使能做到量其准确，由于材料容量的变化，也难以保证配料达到要求的精确度。因此在GB 50203—2002规范中明确规定：“砂浆的配合比应采用质量比。”应该立即纠正砌筑砂浆的错误计量方法——体积比配料方法，以确保砂浆的强度和均匀性。

4. 砂浆使用时间对砂浆强度的影响及规范做法

拌和后的砂浆，随着水泥水化作用的进行逐渐失去流动性而凝结硬化。此时若再加水拌和，其强度会降低。通过许多试验说明，砂浆强度随着使用时间的延长而降低：一般4～6小时，强度下降20%～30%；10小时强度下降50%以上。上述试验大多采用水泥混合砂浆。考虑到水泥沙浆一般标号较高，水泥用量大，加上没有塑化剂，其凝结时间必然早于水泥混合砂浆。

在GB 50203—2002规范中规定：砂浆应随拌随用，水泥沙浆和水泥混合砂浆必须分别在拌成后3 h和4 h内使用完毕；如果施工期间最高气温超过30 ℃，必须分别在拌成后2小时和3 h内使用完毕，砂浆强度降低一般不超过20%，符合砌体强度指标的确定原则。

另外，影响砂浆使用时间的因素，除了砂浆品种和气温条件外，还与当地的湿度大小、施工时风力等情况有关。由于这些影响因素变化较大，只能在施工中根据具体情况加以考虑。

5. 不同品种砂浆的和易性对砌体强度的影响

不同品种砂浆的和易性差别较大，明显地影响砌体的质量。用水泥沙浆和水泥混合砂浆相比，水泥沙浆的和易性较差，使用中往往产生以下两种情况：① 在运输和贮存过程中产生泌水现象；② 砌筑时很难铺摊均匀，影响施工操作质量，降低了灰缝中放浆的饱满程度。为此规范规定：砂浆分层度≤20 mm，如砂浆出现泌水现象，须在砌筑前再次拌和，以适应施工操作和保证砌筑质量。

为了改善水泥沙浆的和易性，一般应掺入无机掺和料（石灰膏、磨细生石灰粉、粉煤灰）或微沫剂（有机塑化剂），而不应采用增加水泥用量的方法，这种做法很不经济。

粉煤灰是目前我区各地施工中应用最广泛的一种掺和剂，有着丰富的使用经验。但在新疆维吾尔自治区砌筑砂浆中，仍采用传统的方法，直接将粉煤灰拌入混合砂浆，与GB 50203—2002规范要求掺入粉煤灰做法有矛盾。近年来，新疆维吾尔自治区某些施工单位用磨细的粉煤灰来代替，因粉煤灰本身有一定的活性，可以起到节约水泥用量的效果，是一种较好的掺和剂，应该大力提倡和推广。粉煤灰具有就地取材、成本降低、和易性好等优点。目前在全国（包括新疆维吾尔自治区）普遍应用。

粉煤灰是火力发电厂排出的一种工业废料，它是我国数量最多、分布最广的工业废料之一。因此充分开发利用粉煤灰具有深远而现实的意义；同时在改善环境、减少污染等方面更具有显著的社会效益。从试验资料来看，在水泥用量相同的情况下，水泥粉煤灰砂浆的抗压强度高于水泥石灰砂浆，因而采用粉煤灰作掺和剂，还可以节约一定数量的水泥。

但是，在实际施工中，有时缺乏石灰等各种无机掺和剂，只能采用水泥沙浆代替水泥混合砂浆。遇此情况，砌体抗压强度应降低15%；砌体抗剪、抗弯和抗拉强度将降低25%。按规范规定，以水泥沙浆作砌筑砂浆时，砂浆标号一般应提高一级。为了保证砌体的质量，这一点应特别引起注意，在施工中遵照执行。

6. 不同温度下砂浆强度的提高对砂浆标号的影响

（1）《砖石工程施工验收规范》（GB 50203—2002）在施工中的机理

砂浆强度随龄期的增加而提高，在不同的温度下，其强度的增长情况也不相同，施工中根据实际情况参照应用。例如，砂浆标号是以标准养护条件下龄期为 28 天的试块抗压结果确定的，而施工现场的试块，养护温度并不一定是 20 ± 3 ℃。为了确定砂浆标号，需要按温度来进行强度换算。通过试验发现，砂浆强度的增长情况与所采用的水泥强度增长情况比较接近，至于砂浆的种类和标号则关系不大。

砂浆在不同温度下强度增长关系对实际施工的作用，至今仍有不少单位没有完全了解，从而在执行规范中往往产生误解。例如，有的地区在气温较低的季节里，采用增加砂浆水泥用量的做法来提高砂浆强度是不妥的、不科学的。因此，表 2－5 至表 2－7 在施工中具有重要的实用价值。

表 2－5　用 325 号、425 号普通硅酸盐水泥拌制的砂浆强度增长表

龄期（天）	不同温度下的砂浆强度百分率（以 20 ℃养护 28 天强度 100%）							
	1 ℃	5 ℃	10 ℃	15 ℃	20 ℃	25 ℃	30 ℃	35 ℃
7	38	46	54	62	69	73	78	82
14	50	61	71	78	78	90	94	98
28	59	71	81	92	100	104	—	—

表 2－6　用 325 号矿渣硅酸盐水泥拌制的砂浆强度增长表

龄期（天）	不同温度下的砂浆强度百分率（以 20 ℃养护 28 天强度 100%）							
	1 ℃	5 ℃	10 ℃	15 ℃	20 ℃	25 ℃	30 ℃	35 ℃
7	19	25	33	45	59	64	69	74
14	32	43	54	66	79	87	93	98
28	44	53	65	83	100	104	—	—

表 2－7　用 425 号矿渣硅酸盐水泥拌制的砂浆强度增长表

龄期（天）	不同温度下的砂浆强度百分率（以 20 ℃养护 28 天强度 100%）							
	1 ℃	5 ℃	10 ℃	15 ℃	20 ℃	25 ℃	30 ℃	35 ℃
7	28	37	45	54	61	68	73	77
14	46	55	62	72	82	87	91	95
28	55	66	75	89	100	104	—	—

1）它是施工中进行某些工序时的依据。例如，砖过梁、筒拱等拆模时，可以根据气温和龄期来推算砂浆的实际强度。

2）它是某些情况下确定砂浆是否达到标号的根据。因为砂浆标号是以标准养护条件，龄期为 28 天的试块抗压强度确定的。但施工现场缺乏标准养护条件，砂浆试块是在非标准温度条件下养护的。这样砂浆标号就需要通过实际温度来进行换算。试块自然养护的平均温度值，可近似取每天最高和最低气温的平均值。

(2) 关于砂浆标号与试块强度的理解

同样配比的砂浆在不同养护条件下，其强度不会一样，温度高者强度也高，温度低者强度也低，这是完全符合强度规律的。但是新疆维吾尔自治区有些地区的气温在低于+20 ℃的季节里，考虑到砂浆试块因养护温度较低，而达不到标准养护温度下的强度，采取了每立方米砂浆中多加两铁锹水泥（约5 kg）的措施，造成材料的浪费。这种做法是因为把砂浆标号与强度二者的概念混淆或等同了。新规范明确规定：砂浆标号应以标准养护、龄期为28天的试块抗压试验结果为准。按此规定，符合设计标号的砂浆，当其养护温度低于标准温度时，28天的砂浆试块强度自然低于标号；反之，28天砂浆试块强度又必然高于标号。所以同一标号的砂浆，其水泥用量不需要根据气温来进行调整。至于由于施工原因，而在低温条件下提前拆除砖过梁底模，增加一些水泥用量，则另当别论。

综上所述，影响砂浆质量的因素归为以下几点。

1）配合比的计量方法及准确是保证砂浆标号的主要因素。

2）用水量必须控制在稠度规定范围内，加水过量会降低砂浆强度。

3）水泥的品种及活性对砂浆强度有很大的影响。

4）水泥沙浆中掺入无机掺和料能提高砂浆的和易性，提高砌体强度；而掺入有机塑化剂（微沫剂）会降低砂浆强度。

5）砂浆的品种对砌体质量影响较大，水泥混合砂浆能够保证砌体施工质量。

6）砂子的颗粒级配和所含杂质影响砂浆强度。一般宜采用中砂，使用细砂及含泥量过多的砂子会降低砂浆的强度。

7）砂浆试块的制作方法、养护温度对砂浆标号均有影响，必须按规范做法进行。

(3) 应用案例

例1：用标号为325号的普通水泥拌制M2.5砂浆试块，采取现场自然养护，养护期间（28天）的平均温度为5 ℃，砂浆试块28天试压结果为1.79 MPa，问是否符合设计砂浆标号的要求？

解：由表2-5查得，5 ℃时养护28天的试块强度，相当于在20 ℃时养护28天强度的71%，即试块强度$\geqslant 2.5\times0.71=1.78$ MPa，现试压结果为1.79 MPa（>1.78 MPa）。

答：符合砂浆设计标号的要求。

例2：如果养护期间的平均温度为25 ℃，自然养护28天的试块试压值应达多少MPa才算达到设计标号要求？

解：由表2-5查得，应达到设计标号的104%，即$\geqslant 2.5\times1.04=2.60$ MPa。

答：若试块28天的试压强度值>2.60 MPa，即符合砂浆设计标号要求。

表2-5至表2-7中没有列出30 ℃和35 ℃条件下的28天强度百分率，施工中可取25 ℃时的百分率（104%）。即只要砂浆试块值达到标号的104%，便可被认为合格。另外，当自然养护温度介于表中所列温度值之间时，可以用插入法求取。

（二）砖的质量与砖的湿润程度对砌体质量的影响

1. 砖的质量的影响

砖的制作质量，即砖的规格、标号、吸水率、抗冻性、容重等质量指标及外观质量均应符合有关质量标准的要求，符合设计标号的要求，才能保证砖砌体的质量；否则会降低砌体质量，甚至造成质量事故。施工操作中要严格检验砖的质量，经检验不合格，无出厂合格证的砖，应该禁止使用（砖的质量要求可查有关资料）。

2. 砖的湿润程度的影响

常用的黏土砖，在砌筑前必须浇水湿润，它对于砖砌体质量和砌筑效率都产生直接影响。砖浇湿以后，一方面能使灰缝中砂浆的水分不会很快地被砖吸去，从而使砂浆强度正常地增长，并且增强了砖与砂浆的黏结。另一方面，能使砂浆保持一定的流动性，因而便于操作，并有利于保证砌体的砂浆饱满度。因此，规范规定：砌筑砖砌体时，普通黏土砖、黏土空心砖的含水率宜为10% ~15% 。砖的浇水湿润程度应按砂浆、砖的性质和施工期间的气候条件确定，并防止浇水湿润不均匀或过度湿润现象。过度湿润除造成施工困难外，由于砂浆流动性增大，还会使砂浆流淌，污染墙面，砌体容易产生滑动变形。因此必须按新规范控制砖的含水率。

（1）普通黏土砖含水率对砌体抗压强度的影响

含水率对于普通黏土砖砌体抗压强度的影响，湖南大学做过试验，表明砌体抗压强度随含水率增加而提高。以整理分析，含水率对砌体抗压强度的影响系数计算。

从表2－8中可以看出，采用含水率为5% ~10% 饱和的砖砌筑的砌体，抗压强度比含水率为0的砖砌筑的砌体，可分别提高20% 和30% 左右。

表2－8 砖含水率对砌体抗压强度的影响

砖强度（MPa）	砂浆强度（MPa）	砖含水率（%）	砌体抗压强度（MPa）	影响系数
6.91	3.88	0	1.63	0.84
6.91	4.29	4.75	1.93	1.01
6.91	2.98	10.8	2.05	1.06
6.91	3.88	20.0（饱和）	2.14	1.11

（2）黏土砖湿润程度对砖和砂浆黏结的影响

通过有关单位进行小砌体的单剪试验，其结果是砌体的抗剪强度随砖的含水率增加而提高，含水饱和的砖均为干砖的2倍。

从试验后的砌体砂浆层的破坏程度和砖面黏结情况分析，也说明含水率越大越利于砂浆与砖的黏结。含水率为0时（干砖），黏结破坏，砂浆层整个与砖面分开；含水率为5% 或10% 的砖试件，破坏情况与干砖试件相似，但大部分是折面形破坏（在上、下两个砖面上都黏结有砂浆层），而砂浆层本身未破坏；含水率为15% 的砖砌体试件，也是折面破坏，砂浆层本身稍有破坏；饱和含水率（20% 左右）的砖砌体试件，破坏后的整个砂浆层与砖面黏结很好，属砂浆本身破坏（黏度、饱满度很好时）。

砖砌体抗剪强度随砖的含水率增加而提高，但浇砖过湿，表面的水因不能渗进砖内而会形成水膜，这样势必影响砖和砂浆间的黏结，对抗剪不利。因此从砌体抗剪强度考虑，砖的含水率还是应该控制在一定范围（10% ~15% ）内为佳。

（3）黏土砖含水率的现场确定方法

为了便于在施工现场确定黏土砖含水率值，现将试验数值列于表2－9。试验证明，砖的含水率大小与吸水深度有关。在现场检查砖的含水率时，只要将砖砍断，其断面四周的吸水深度达到1.5 cm左右，即为符合规定的含水率。

表2-9　黏土砖含水率和吸水率深度的关系

湿水时间/s	含水率（%）	四周吸水深度/mm
25	6.1	11
60	9.0	14
180	15.0	24
600	17.9	基本吸透

（三）施工操作方法对砖砌体质量的影响

1. 砌体临时间断处留槎的规范做法

1）一栋房屋的内外墙，当不能同时砌筑时，一般都是先砌外墙，在内外墙接头处预留内墙槎，随后砌筑内墙时再进行接槎。由此看出，留槎的方法合理与否，直接影响到墙体的砌筑质量，影响内外墙连接的整体性。这对于抗震设防地区的建筑物，更是一个关键的问题。一般墙体破坏主要都发生在内外墙接槎处，而且这些墙施工时基本上都是留的直槎，在接槎处可以明显地看到砂浆很不饱满，甚至有的砖是悬空插入的。在调研中，发现实际工程的砖砌体临时间断处，在留槎上存在着几种错误做法：

① 留置直槎比较普遍，不按规范要求压拉结钢筋。

② 留置的直槎多为阴槎（留在外墙里面，不伸出接槎砖），接槎时又将接槎砖砍去1/3长度，使塞入墙内长度小于伸出长度。

③ 留设的斜槎不符合要求，有的只在墙身下面1 m高度范围内留设斜槎，上面仍为直槎。

④ 接槎质量马虎，有的接槎处几乎没有砂浆，接槎歪斜，不平直。

针对上述施工操作问题，建筑施工规范在GB 50203—2002作出规定："砖砌体的转角处和交接处应同时砌筑。对不能同时砌筑而又必须留置的临时间断处，应砌成斜槎。实心砖砌体的斜槎长度不应小于高度的2/3（见图2-6）；空心砖砌体的斜槎长高比应按砖的规格尺寸确定。"

2）如临时间断处留斜槎确有困难时，除转角处外，也可留直槎，但必须做成阳槎，并加设拉结筋。拉结筋的数量为每12 cm墙厚放置1根直径6 mm的钢筋；间距沿墙高不得超过500 mm；埋入长度从墙的留槎处算起，每边均≥50 cm；末端应有90°弯钩（见图2-7）。抗震设防地区建筑物的临时间断处不得留直槎。

① 拉结筋不得穿过烟道和通气孔道。如遇烟道和通气孔道时，拉结筋应分成两股沿孔道两侧平等设置。

② 隔墙与墙或柱如不同时砌筑而又不留成斜槎时，可于墙或柱中引出阳槎，或于墙或柱的灰缝中预埋拉结筋，但每道不得少于2根。

③ 抗震设防地区建筑物的隔墙，除应留阳槎外，并应设置拉结筋。

④ 砖砌体接槎时，必须将接槎处的表面清理干净，浇水湿润，并应填实砂浆，保持灰缝平直。

2. 砂浆饱满度对砌体强度的影响

砖砌体灰缝砂浆饱满度，是影响砌体强度的一个重要因素。首先从水平灰缝砂浆饱满度对砌体抗压强度来看，当砌体的砂浆不饱满时，在荷载作用时，砖将局部受压，并且同时受弯，产生附加的弯、剪应力。对砌体抗压强度产生极为不利的影响。

GB 50203—2002 施工规范规定：砖砌体水平灰缝的砂浆应饱满，实心砖砌体水平灰缝的砂浆饱满度不得低于80%。竖向灰缝宜采用挤浆或加浆方法，使其砂浆饱满，严禁用水冲浆灌缝。

1）有特殊要求的砖砌体，灰缝的砂浆饱满度应符合设计要求。

2）采用铺浆法砌筑，铺浆长度不得超过50 cm。

3）砌筑实心砖砌体宜用“三一”砌砖法。

3. 砌体的水平灰缝厚度对砌体抗压强度的影响

砌体的水平灰缝厚度对抗压强度产生明显的影响。当增大水平灰缝的厚度时，一方面能使砂浆层铺得比较均匀，可减少砌体内的局部挤压，因而提高抗压强度；但另一方面，水平灰缝厚度愈大，则砂浆层的压缩量愈大，因而可能相应增加砖的拉力，对砌体抗压强度不利。故水平灰缝厚度既不宜过大，也不宜过小。砌体的水平灰缝厚度如果合适，一方面可以使砂浆产生的受压变形不致过大。国内的试验结果可参见表2－10。

表2－10　水平灰缝厚度对实心砖砌体抗压强度的影响

砖强度/MPa	砂浆强度/MPa	灰缝厚度/mm	破坏强度平均值/MPa
13.43	3.66	8.5	6.03
		10.0	5.73
		12.0	4.36
13.43	4.01	8.5	7.60
		10.0	7.01
		12.0	4.95

从表2－10可看出，水平灰缝厚度为8.5 mm时，砌体的破坏强度平均值最高。应当考虑到，灰缝的适宜厚度与砖的表面平整情况密切相关。一般地讲，砖面越不平整，灰缝厚度也应随之加大，否则砖面不平处就不能由砂浆来完全填补，结果砌体强度反而降低。为了将砌体抗压强度降低值控制在5%以内，综合各方面因素，统一规定普通砖及普通空心砖的水平灰缝厚度上限值为12 mm。对于水平灰缝厚度下限值8.5 mm的要求，主要考虑以下因素。

1）我国现行砖标准规定的弯曲允许值为5 mm，如果灰缝厚度<8.5 mm，则会因局部砖与砖之间没有砂浆而发生应力集中现象，从而降低砌体强度。

2）砌体中配筋的直径一般为6 mm，灰缝过薄将不能使钢筋完全埋入砂浆中，无论对钢筋的保护还是锚固，都是不利的。

3）使灰缝厚度能在一定范围内选定，以便于根据层高和结构部位，通过灰缝厚度调整来合理安排砖的皮数。

在实际施工操作中，只要按进场的平均砖厚，加上10 mm灰缝来确定砖的皮数，设置砌砖的皮数杆，并按规程拉线操作，水平灰缝的厚度及砌体的横平竖直质量是能够得到保证的。

（四）组砌形式对砖砌体质量的影响

砖砌体的砌筑形式，对墙体的质量影响较大。目前由于设计上对砌筑形式一般都未作具体规定，因此，各地施工时究竟采用何种砖块排列方式，主要是根据各地区的操作习惯而定。在我国绝大部分地区，都采用一顺一丁砌法，少部分地区也采用三顺一丁和梅花丁砌式。但是经观察，对于砖墙的各接头部位处、砖的排列方法，有的没有按操作规程的统一要求去做，直接影响了墙体的抗压强度及整体稳定性。

从瓦工的砌筑劳动生产率分析，丁砌层愈多，砌筑速度愈慢。因为砍七分头及丁砌层的操作质量要求较高，砖块搭接长度短，放正放平耗用时间多。因此规范规定：实心砖砌筑宜采用一顺一丁、梅花丁或三顺一丁的砌筑形式。

关于砖柱的砌筑，较多的施工现场采用包心砌法。所谓包心砌法，即先砌四周后填心，由于一般不需要砍砖，砌筑速度较快，在实际施工中常被采用。该砌法对强度和稳定性都有一定的影响。正确的砌法可以避免中间形成竖向通缝的错误做法。

砖砌体的组砌（排砖）方法，一般要遵循内外搭接、上下错缝、交接部位压槎正确的原则。错缝长度一般≥60 mm，同时还应使砌筑方便和少砍砖。只有满足砌缝交错原则的排砖方法，才能保证砖墙的强度和稳定性。

砖墙的组砌形式有下列几种。

（1）一顺一丁（满丁满条）

一顺一丁的排砖方法，是砌一皮顺砖、砌一皮丁砖，交错进行，上下皮竖缝互相错开1/4 砖长，这种砌法已普遍采用，但当砖的规格不一致时，竖缝就难以整齐。

（2）梅花丁（沙包式、十字式）

每皮中丁砖与顺砖相隔，上皮丁砖坐中于下皮顺砖，上下皮间竖缝相互错开 1/4 砖长，这种砌法比较美观，灰缝整齐，但砌筑效率较低，宜用于砖的规格不一致时。

（3）三顺一丁

三皮砖中全部顺砖，一皮中全部丁砖间隔砌成，上下皮顺砖间竖缝错开 1/4 砖长，上下皮顺砖与丁砖间竖缝错开 1/2 砖长，这种砌法由于顺砖较多，砌筑效率较高，适用于370 mm 以上的墙。

（4）二平一侧

两皮砖平砌与一皮侧砖顺砌间隔砌成。当墙厚为 18 cm 时，平砌层均为顺砖，上下皮竖缝相互错开 1/2 砖长，平砌层与侧砌层之间的竖缝也错开 1/2 砖长，这种砌筑法比较费工，但节约用砖量，仅用于砌 180 mm 墙。

（5）全顺

全部用顺砖砌筑，上下皮间竖缝相互错开 1/2 砖长，这种砌法仅用于砌 120 mm 墙。

（6）全丁

全部用丁砖砌筑，上下皮间竖缝相互错开 1/4 砖长，这种砌法仅用于砌圆弧形砌体（水池、烟囱等）。

上述各种砌法中，每层墙的最上一皮和最下一皮，在梁或梁垫下面，墙的台阶水平面上均需用丁砖砌成。

三、砌筑工程的质量与安全技术

1. 砌砖工程质量检验

（1）施工过程的检验项目

1）检查测量放线的测量结果并进行复核。标志板、皮数杆设置位置准确牢固。

2）检查砂浆拌制的质量。砂浆配合比、和易性应符合设计及施工要求。砂浆应随拌随用，常温下水泥和水泥混合砂浆应分别在 3 h 和 4 h 内用完，温度高于 30 ℃时，应在提前 1 h。

3）检查砖的含水率，砖应提前 1 ~ 2 天浇水湿润。普通砖、多孔砖的含水率宜为 10% ~ 15%，灰砂砖、粉煤灰砖宜为 8% ~ 12%。现场可断转以水侵入砖 10 ~ 15 mm 深为宜。

4）检查砂浆的强度。应在砂浆拌制地点留置砂浆强度试块，各类型及强度等级的砌筑砂浆每一检验批不超过 250 m^3 的砌体，每台搅拌机应至少制作一组试块（每组 6 块），其标准养护 28 天的抗压强度应满足设计要求。

5）检查砌体的组砌形式。保证上、下皮砖至少错开 1/4 的砖长，避免产生通缝。

6）检查砌体的组砌方法，应采取“三一”砌筑法。

7）施工过程中应检查是否按规定挂线砌筑，随时检查墙体平整度和垂直度，并应采取“三皮一吊、五皮一靠”的检查方法，保证墙面的横平竖直。

8）检查砂浆的饱满度。水平灰缝饱满度应达到 80%，每层每轴线应检查 1 ~ 2 次，存在问题时应加大频率 2 倍以上。竖向灰缝不得出现透明缝、瞎缝和假缝。

9）检查转角处和交接处的砌筑以及接槎的质量。施工中应尽量保证墙体同时砌筑，以提高砌体结构的整体性和抗震性。检查时要注意砌体的转角处和交接处应同时砌筑，严禁无可靠措施的内、外墙分砌施工。对不能同时砌筑而又必须留置的临时间断处应砌成斜槎，斜槎水平投影长度不应小于高度的 2/3。当不能留斜槎时，除转角处外，也可留直槎（阳槎）。抗震设防区应按规定在转角和交接部位设置拉结钢筋。

10）检查预留孔洞、预埋件是否符合设计要求。检查构造柱的设置、施工是否符合设计及施工规范要求。

（2）砌砖工程质量检验标准和检验方法（见表 2 - 11）

1）主控项目。

第一项：每一生产厂家烧结砖 15 万块、多孔砖 5 万块、灰砂砖及粉煤灰砖 10 万块各为一个检验批，抽查数量为一组。

第二项：同一类型、强度等级的砂浆试块不少于 3 组。每一检验批且不超过 250 m^3 砌体的各种类型及强度等级的砌筑砂浆，每台搅拌机应至少抽检一次（一组 6 块），在搅拌机出料口随机取样（同盘砂浆只应制作一组试块）。

第三项：每检验批抽查数量不少于 5 处。

第四、五项：每检验批抽查 20% 接槎，且不应小于 5 处。

第六项：承重墙、柱全数检查。

第七项：外墙垂直度全高查阳角，不少于 4 处，每层每 20 m 查 1 处；内墙按有代表性的自然间抽查 10%，但不少于 3 间，每间不少于 2 处，柱不少于 5 根。

2）一般项目。

第一项：外墙每 20 m 抽查 1 处，每处 3 ~ 5 m，且不少于 3 处；内墙按有代表性的自然间抽查 10%，但不少于 3 间。

第二项：每步架施工的砌体，每 20 m 抽查 1 处，不少于 3 处；

第三项：不应少于 5 处。

第四项：按有代表性的自然间抽查 10%，但不少于 3 间，每间不少于 2 处。

第五项：检验批洞口的 10%，且不少于 5 处。

第六项：检验批的 10%，且不少于 5 处。

第七、八项：按有代表性的自然间抽查 10%，但不少于 3 间，每间不少于 2 处。

表 2－11　砌砖工程质量检验标准和检验方法

<table>
<tr><th>级别</th><th>序号</th><th colspan="3">检验项目</th><th>允许偏差或允许值</th><th>检查方法</th></tr>
<tr><td rowspan="9">主控项目</td><td>1</td><td colspan="3">砖规格、品种、性能、强度等级</td><td>符合设计要求和产品标准</td><td>查进场试验报告及出厂合格证</td></tr>
<tr><td>2</td><td colspan="3">砂浆材料规格、品种、性能、配合比及强度等级</td><td>符合设计要求和产品标准</td><td>查试块试验报告</td></tr>
<tr><td>3</td><td colspan="3">砂浆饱满度</td><td>≥80%</td><td>用百格网检查砖底面与砂浆黏结痕迹面积，每处 3 块，取其平均值</td></tr>
<tr><td>4</td><td colspan="3">砌体转角处和交接处</td><td>应同时砌筑，严禁无可靠措施的内、外墙分砌施工。对不能同时砌筑而又必须留置的临时间断处应砌成斜槎，斜槎水平投影长度不应小于高度的 2/3</td><td>观察</td></tr>
<tr><td>5</td><td colspan="3">临时间断处</td><td>非抗震设防及抗震设防 6.7 度地区，当不能留斜槎时，除转角外可留直槎（阳槎）并应加设拉结钢筋，按墙厚 120 mm 放 1Φ6（不少于 2 根），间距沿墙高不超过 500 mm（抗震区不少于 1 000 mm），末端应留有 90°的弯钩。合格标准：留槎正确，拉结筋设置数量、直径正确，竖向间距偏差不超过 100 mm，留置长度基本符合规定</td><td>观察及尺量</td></tr>
<tr><td>6</td><td colspan="3">轴线位置/mm</td><td>≤10</td><td>经纬仪、尺量、拉线量测</td></tr>
<tr><td rowspan="3">7</td><td rowspan="3">垂直度偏差/mm</td><td colspan="2">每层</td><td>5</td><td>2 m 靠尺检查</td></tr>
<tr><td rowspan="2">全高</td><td>≤10 m</td><td>10</td><td rowspan="2">经纬仪、吊线和尺检查</td></tr>
<tr><td>>10 m</td><td>20</td></tr>
</table>

续表

<table>
<tr><th>级别</th><th>序号</th><th colspan="2">检验项目</th><th colspan="2">允许偏差或允许值</th><th>检查方法</th></tr>
<tr><td rowspan="10">一般项目</td><td>1</td><td colspan="2">组砌方法</td><td colspan="2">正确，上下错缝，内外搭接，砖柱无包心砌法</td><td>观察</td></tr>
<tr><td>2</td><td colspan="2">水平灰缝厚度 10 mm</td><td rowspan="6">允许偏差/mm 及检验方法</td><td>±2</td><td>用尺量 10 皮砖高、2 m 长的砌体折算其灰缝厚（宽）度</td></tr>
<tr><td>3</td><td colspan="2">基础顶面和楼面标高</td><td>±15</td><td>用水平仪和尺检查，在结构板面上进行</td></tr>
<tr><td rowspan="2">4</td><td rowspan="2">表面平整度偏差</td><td>清水墙</td><td>5</td><td rowspan="2">用 2 m 靠尺和楔形塞尺检查。检查时，靠尺宜倾斜 45°放置，每片墙宜检测 1 处</td></tr>
<tr><td>混水墙</td><td>8</td></tr>
<tr><td>5</td><td colspan="2">门窗洞口高、宽（后塞口）</td><td>±5</td><td>用尺检查</td></tr>
<tr><td>6</td><td colspan="2">外墙上下窗口偏移</td><td>20</td><td>以底层窗口为准，用经纬仪或吊线检查，以中心线计算</td></tr>
<tr><td rowspan="2">7</td><td rowspan="2">水平灰缝平直度</td><td>清水墙</td><td rowspan="3"></td><td>7</td><td rowspan="2">拉 10 m 线和尺检查，不足 10 m 的墙按全墙长度</td></tr>
<tr><td>混水墙</td><td>10</td></tr>
<tr><td>8</td><td colspan="2">清水墙游丁走缝</td><td>20</td><td>吊线和尺检查，以第一层第一皮砖为准</td></tr>
</table>

四、砌筑工程的安全与防护措施

1）在砌筑操作前，必须检查施工现场各项准备工作是否符合安全要求，如道路是否畅通、机具是否完好牢固、安全设施和防护用品是否齐全，经检查符合要求后才可施工。

2）施工人员进入现场必须戴好安全帽。砌基础时，应检查和注意基坑土质的变化情况。堆放砖石材料应离开坑边 1 m 以上。砌墙高度超过地坪 1.2 m 以上时，应搭设脚手架。架上堆放材料不得超过规定荷载值，堆砖高度不得超过三皮侧砖，同一块脚手板上的操作人员不应超过 2 人。按规定搭设安全网。

3）不准站在墙顶上做划线、刮缝及清扫墙面或检查大角垂直等工作。不准用不稳固的工具或物体在脚手板上垫高操作。

4）砍砖时应面向墙面，工作完毕应将脚手板和砖墙上的碎砖、灰浆清扫干净，防止掉落伤人。正在砌筑的墙上不准走人。不准站在墙上做画线、刮缝、吊线等工作。山墙砌完后，应立即安装桁条或临时支撑，防止倒塌。

5）雨天或每日下班时，应做好防雨准备，以防雨水冲走砂浆，致使砌体倒塌。冬期施工时，脚手板上如有冰霜、积雪，应先清除后才能上架子进行操作。

6）砌石墙时不准在墙顶或架上修石材，以免振动墙体影响质量或石片掉下伤人。不准徒手移动上墙的石块，以免压破或擦伤手指。不准勉强在超过胸部的墙上进行砌筑，以免将墙体碰撞倒塌或上石时失手掉下造成安全事故。石块不得往下掷。运石上下时，脚手板要钉装牢固，并钉防滑条及扶手栏杆。

7）对有部分破裂和脱落危险的砌块，严禁起吊；起吊砌块时，严禁将砌块停留在操作人员的上空或在空中整修；砌块吊装时，不得在下一层楼面上进行其他任何工作；卸下砌块时应避免冲击，砌块堆放应尽量靠近楼板两端，不得超过楼板的承重能力；砌块吊装就位时，应待砌块放稳后，方可松开夹具。

8）凡脚手架、井架、门架搭设好后，须经专人验收合格后方准使用。

项目四　砌筑结构抗震措施

地震灾害危及全人类，科学设防与每个人都息息相关。在我国城镇化快速发展时期，房屋建造量巨大，加强抗震设防、保障人民群众生命财产安全的意义将更加重大。学习地震基础知识、地震对房屋造成的伤害、房屋抗震的基本要求、震后房屋的损坏现象、震损房屋的抗震处理及抗震新技术是普及、传播房屋建筑的抗震知识和技术，进一步增强全民抗震防灾的意识，促进我国抗震设防工作水平提高的保证。

砌体房屋是用属脆性材料的砖或砌块和砂浆砌筑而成的，其抗变形和抗震能力很差，因此，在历次破坏性地震中多层砌体房屋大量倒塌，危及人民生命和财产安全，造成极为严重的损失。国内外实际震害表明：采用钢筋混凝土构造柱和圈梁或钢拉杆加强砌体房屋的抗震能力是十分有效的。因而，用构造柱加圈梁来加固砌体房屋这一加固方法得到了广泛的应用。

多层砌体房屋设置抗震构造虽已在我国实施了多年，但在实际施工中，由于抗震构造的设置在施工上有一定的难度，再加上近年来施工队伍的劳动力流动性较大，部分施工企业和人员对抗震构造的施工规程不够重视，操作不熟练，由此造成在多层砌体房屋的施工中纵横砖墙砌筑不同步，大量留直槎且不按规定放置拉结筋等质量通病频频发生，致使砌体的整体性遭到削弱。

一、圈梁的施工

1. 圈梁的作用

设置圈梁，是增强房屋整体性、提高房屋抗震能力的有效措施。圈梁可以增加纵横墙的连接，提高楼盖的整体性，减少墙体的自由长度及震动的振幅，提高墙体的抗剪能力，限制墙面裂缝的展开，抵抗由地震引起的地基不均匀沉降对房屋的破坏作用。圈梁必须在同一水平面上封闭交圈。采用现浇钢筋混凝土圈梁，应按设计图要求组织施工。在Ⅰ、Ⅲ类地基上砌筑条形基础时，均应设置基础圈梁。

2. 圈梁施工

圈梁的特点是断面小，沿内外墙连续交圈设置，除在门窗洞口处架空支模外，均在墙上以墙为底模浇筑。

圈梁的施工工序：搭设脚手架→墙上绑扎钢筋→支圈梁侧模→抄平放线→加固模板→浇灌圈梁混凝土→养护拆模。

二、构造柱的施工

1. 构造柱的作用及构造

构造柱是提高砖混结构延伸性的有效措施，同时也增强了砖混结构抗拉性能及抗剪强度。构造柱与每层圈梁加以有效连接，形成一个封闭的构造框架。构造柱因混凝土与砖砌体黏结较牢，能和砌体共同作用，不易被破坏。构造柱一般从基础圈梁做起，直至屋盖，与各层圈梁交接成一骨架体系。施工构造柱应先砌墙，后浇混凝土，砖墙与构造柱咬槎并配拉结筋。构造柱混凝土强度等级不宜低于 C15，断面尺寸≥240×180 mm，主筋采用 4Φ12，箍筋采用 Φ4～Φ6，其间距≤250 mm。构造柱应沿墙高每 50 cm 埋设 2Φ6 水平拉结钢筋，每边深入墙内≥1 m。

柱与圈梁节点处应适当加密柱的箍筋，加密范围在圈梁上下不小于 1/6 层高或 45 cm，箍筋间距≤100 mm。构造柱的埋置深度从室地面算起，≥30 cm。当基础设有圈梁时，构造柱根部与基础圈梁连接；无基础圈梁时，可在根部增设混凝土座，其厚度≥12 cm，并将竖向主筋锚固在该座内。

2. 构造柱的施工

设有钢筋混凝土构造柱的多层砖房，应分层按下列顺序施工：绑扎柱钢筋→砌砖墙→支模→浇灌柱混凝土。

构造柱与墙体连接的构造，宜采用马牙槎连接。

构造柱施工时允许偏差尺寸限定如表 2-12 所示。

表 2-12　构造柱尺寸允许偏差

<table>
<tr><th>项次</th><th colspan="3">项目</th><th>允许偏差/mm</th><th>检查方法</th></tr>
<tr><td>1</td><td colspan="3">柱中心线位置</td><td>10</td><td>用经纬仪</td></tr>
<tr><td>2</td><td colspan="3">柱层间错位</td><td>8</td><td>用经纬仪</td></tr>
<tr><td rowspan="3">3</td><td rowspan="3">柱垂直度</td><td colspan="2">每层</td><td>10</td><td>用吊线法</td></tr>
<tr><td rowspan="2">全高</td><td><10 m</td><td>15</td><td rowspan="2">用经纬仪或吊线法</td></tr>
<tr><td>>10 m</td><td>20</td></tr>
</table>

项目五　脚手架工程施工

一、外脚手架

外脚手架沿建筑物外围搭起，既可用于外墙砌筑，又可用于外装饰施工。其主要形式有多立杆式、框式、桥式等。

（一）多立杆式脚手架

1. 基本组成和一般构造

多立杆式脚手架主要由立杆、纵向水平杆（大横杆）、横向水平杆（小横杆）、斜撑、脚手板等组成（见图 2-8）。其特点是每步架高可根据施工需要灵活布置，取材方便，钢、竹、木等均可应用。

多立杆式脚手架分双排式和单排式两种形式。

1）双排式（见图 2-8b））沿墙外侧设两排立杆，小横杆两端支撑在内外两排立杆上，多、高层房屋均可采用，当房屋高度超过 50 m 时，需专门设计。

2）单排式（见图 2-8c））沿墙外侧仅设一排立杆，其小横杆一端与大横杆连接，另一端支撑在墙上，仅适用于荷载较小，高度较低（<25 m），墙体有一定强度的多层房屋。

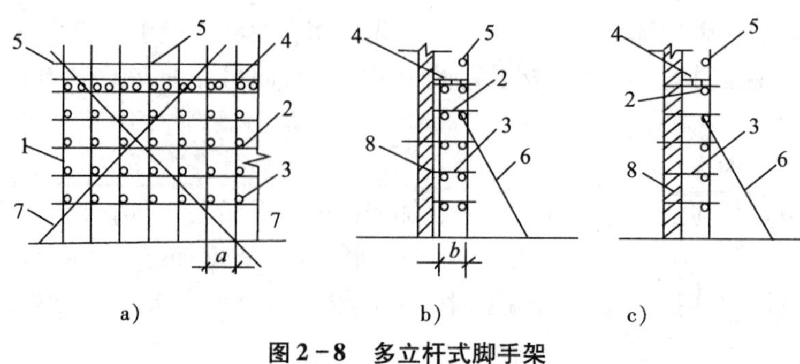

图2-8　多立杆式脚手架

a）立面　b）侧面（双排）　c）侧面（单排）

1—立柱；2—大横杆；3—小横杆；4—脚手板；5—栏杆；6—抛撑；7—斜撑；8—墙体

早期的多立杆式外脚手架主要是采用竹、木杆件搭设而成，后来逐渐采用钢管和特制的扣件来搭设。这种多立杆式钢管外脚手有扣件式和碗扣式两种。钢管扣件式多立杆脚手架由钢管（Φ8×3.5）和扣件（见图2-9）组成，采用扣件连接，既牢固又便于装拆，可以重复周转使用，因而应用广泛。这种脚手架在纵向外侧每隔一定距离需设置斜撑，以加强其纵向稳定性和整体性。另外，为了防止整片脚手架外倾和抵抗风力，整片脚手架还需均匀设置连墙杆，将脚手架与建筑物主体结构相连，依靠建筑物的刚度来加强脚手架的整体稳定性。

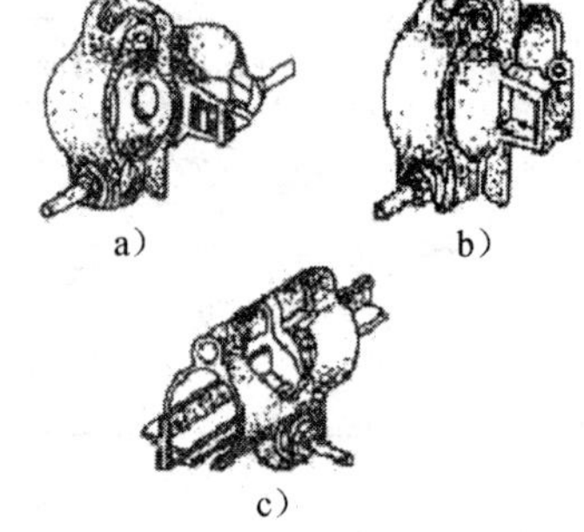

图2-9　扣件形式

a）回转扣件　b）直角扣件

c）对角扣件

2. 扣件

扣件的基本形式有三种（见图2-9）。

1）直角扣件，也叫十字扣件，用于连接、扣紧两根垂直相交的钢管。

2）回转扣件，也叫万向扣件，用于连接、扣紧两根任意角度相交的钢管。

3）对接扣件，也叫一字扣件，用于钢管的对接接长。

3. 双排脚手架与单排脚手架

图2-10　双排脚手架

双排脚手架有里外两排立杆（见图2-10），单排脚手架仅有外面一排立杆，其小横杆的一端与大横杆（或立杆）相连，另一端搁在墙上。双排架可供施工操作、堆料、运输之用，单排架仅供堆料和操作。单排脚手架比双排脚手架节约材料，但由于稳定性较差，且需墙上留置架眼，故其搭设高度和使用范围受到一定限制。

4. 脚手架构造分析

（1）承力结构

脚手架的承力结构主要指作业层、横向构架和纵向构架三部分。

作业层是直接承受施工荷载，荷载由脚手板传给小横杆，再传给大横杆和立柱。

横向构架由立杆和小横杆组成，是脚手架直接承受和传递垂直荷载的部分，它是脚手架的受力主体。

纵向构架是由各榀横向构架通过大横杆相互之间连成的一个整体。它应沿房屋的周围形成一个连续封闭的结构，所以房屋四周脚手架的大横杆在房屋转角处要相互交圈，并确保连续。实在不能交圈时，脚手架的端头应采取有效措施来加强其整体性。常用的措施是设置抗侧力构件、加强与主体结构的拉结等。

（2）支撑体系

脚手架的支撑体系包括纵向支撑（剪刀撑）、横向支撑和水平支撑。这些支撑应与脚手架这一空间构架的基本构件很好连接。

设置支撑体系的目的是使脚手架成为一个几何稳定的构架，加强其整体刚度，以增大抵抗侧向力的能力，避免出现节点的可变状态和过大的位移。

1）纵向支撑（剪刀撑）。纵向支撑是指沿脚手架纵向外侧隔一定距离由下而上连续设置的剪刀撑。

具体布置如下：

① 脚手架高度在 25 m 以下时，在脚手架两端和转角处必须设置，中间每隔 12 ~ 15 m 设 1 道，且每片架子不少于 3 道。剪刀撑宽度宜取 3 ~ 5 倍立杆纵距，斜杆与地面夹角宜在 45° ~ 60°范围内，最下面的斜杆与立杆的连接点离地面不宜大于 500 mm。

② 脚手架高度在 25 ~ 50 m 时，除沿纵向每隔 12 ~ 15 m 自下而上连续设置一道剪刀撑外，在相邻两排剪刀撑之间，尚需沿高度每隔 10 ~ 15 m 加设一道沿纵向通长的剪刀撑。

③ 对高度大于 50 m 的高层脚手架，应沿脚手架全长和全高连续设置剪刀撑。

2）横向支撑。横向支撑是指在横向构架内从底到顶沿全高呈“之”字形设置的连续的斜撑。

具体设置要求如下：

① 脚手架的纵向构架因条件限制不能形成封闭形，如“一”字形、“L”形或“凹”字形的脚手架，其两端必须设置横向支撑，并于中间每隔 6 个间距加设一道横向支撑。

② 脚手架高度超过 25 m 时，每隔 6 个间距要设置横向支撑 1 道。

3）水平支撑。水平支撑是指在设置连墙拉结杆件的所在水平面内连续设置的水平斜杆。一般可根据需要设置，如在承力较大的结构脚手架中或在承受偏心荷载较大的承托架、防护棚、悬挑水平安全网等部位设置，以加强其水平刚度。

（3）抛撑和连墙杆

脚手架由于其横向构架本身是一个高跨比相差悬殊的单跨结构，仅依靠结构本身尚难以保持结构的整体稳定，防止倾覆和抵抗风力。对于高度低于三步的脚手架，可以采用加设抛撑来防止其倾覆，抛撑的间距不超过 6 倍立杆间距，抛撑与地面的夹角为 45° ~ 60°，并应在地面支点处铺设垫板。对于高度超过三步的脚手架，防止倾斜和倒塌的主要措施是将脚手架整体依附在整体刚度很大的主体结构上，依靠房屋结构的整体刚度来加强和保证整片脚手架的稳定性。其具体做法是在脚手架上均匀地设置足够多的牢固的连墙点，连墙点的位置应设置在与立杆和大横杆相交的节点处，离节点的间距不宜大于 300 mm。

设置一定数量的连墙杆后，整片脚手架的倾覆破坏一般不会发生。但要求与连墙杆连接一端的墙体本身要有足够的刚度，所以连墙杆在水平方向应设置在框架梁或楼板附近，竖直方向应设置在框架柱或横隔墙附近。连墙杆在房屋的每层范围均需布置一排，一般竖向间距为脚手架步高的2～4倍，不宜超过4倍，且绝对值在3～4 m范围内；横向间距宜选用立杆纵距的3～4倍，不宜超过4倍，且绝对值在4.5～6.0 m范围内。

（4）搭设要求

脚手架搭设时应注意地基平整坚实，设置底座和垫板，并有可靠的排水措施，防止积水浸泡地基引起不均匀沉陷。杆件应按设计方案进行搭设，并注意搭设顺序，扣件拧紧程度应适当，一般扭力矩应在40～60 kN·m之间。禁止使用规格和质量不合格的杆配件。相邻立柱的对接扣件不得在同一高度，应随时校正杆件的垂直和水平偏差。脚手架处于顶层连墙点之上的自由高度不得大于6 m。当作业层高出其下连墙件2步或4 m以上，且其上尚无连墙件时，应采取适当的临时撑拉措施。脚手架或其他作业层铺板的铺设应符合有关规定（见表2-13）。

表2-13　多立杆式外脚手架的一般构造要求　（单位：m）

<table>
<tr><th colspan="2" rowspan="2">项目名称</th><th colspan="2">结构脚手架</th><th colspan="2">装修脚手架</th></tr>
<tr><th>单排</th><th>双排</th><th>单排</th><th>双排</th></tr>
<tr><td colspan="2">脚手架里立杆离墙面的距离</td><td>—</td><td>0.35～0.5</td><td>—</td><td>0.35～05</td></tr>
<tr><td colspan="2">小横杆里端离墙面的距离或插入墙体的长度</td><td>0.3～0.5</td><td>0.1～0.15</td><td>0.3～0.5</td><td>0.15～0.2</td></tr>
<tr><td colspan="2">小横杆外端伸出大横杆外的长度</td><td colspan="4">>0.15</td></tr>
<tr><td colspan="2">双排脚手架内外立杆横距
单排脚手架立秆与墙面距离</td><td>1.35～1.80</td><td>1.00～1.50</td><td>1.1～1.50</td><td>0.15～0.20</td></tr>
<tr><td rowspan="2">立杆纵距</td><td>单立杆</td><td colspan="4">1.00～2.00</td></tr>
<tr><td>双立杆</td><td colspan="4">1.50～2.00</td></tr>
<tr><td colspan="2">大横杆间距（步高）</td><td colspan="2">≤1.50</td><td colspan="2">≤1.80</td></tr>
<tr><td colspan="2">第一步架步高</td><td colspan="4">一般为1.60～1.80，且≯2.00</td></tr>
<tr><td colspan="2">小横杆间距</td><td colspan="2">≤1.00</td><td colspan="2">≤1.50</td></tr>
<tr><td colspan="2">15～18 m高度段内铺板层和作业层的限制</td><td colspan="4">铺板层不多于6层，作业层不超过2层</td></tr>
<tr><td colspan="2">不铺板时，小横杆的部分拆除</td><td colspan="4">每步保留、相间抽拆，上下两步错开，抽拆后的距离为：结构架子≤1.50，装修架子≤3.00</td></tr>
<tr><td colspan="2">剪刀撑</td><td colspan="4">沿脚手架纵向两端和转角处起，每隔10 m左右设一组，斜杆与地面夹角为45°～60°，并沿全高度布置</td></tr>
<tr><td colspan="2">与结构拉结（连墙杆）</td><td colspan="4">每层设置，垂直距离≤4.0，水平距离≤6.0，且在高度段的分界面上必须设置</td></tr>
<tr><td colspan="2">水平斜拉杆</td><td colspan="2">设置在与联墙杆相同的水平面上</td><td colspan="2">视需要设置</td></tr>
<tr><td colspan="2">护身栏杆和挡脚板</td><td colspan="4">设置在作业层，栏杆高1.00，挡脚板高0.40</td></tr>
<tr><td colspan="2">杆件对接或搭接位置</td><td colspan="4">上下或左右错开，设置在不同的（步架和纵向）网格内</td></tr>
</table>

（二）框式脚手架

1. 基本组成和一般构造

框式脚手架也称为门式脚手架，是当今国际上应用最普遍的脚手架之一。它不仅可作为外脚手架，而且可作为内脚手架或满堂脚手架。框式脚手架由门式框架、剪刀撑、水平梁架、螺旋基脚组成基本单元，将基本单元相互连接并增加梯子、栏杆及脚手板等即形成脚手架（见图 2－10）。

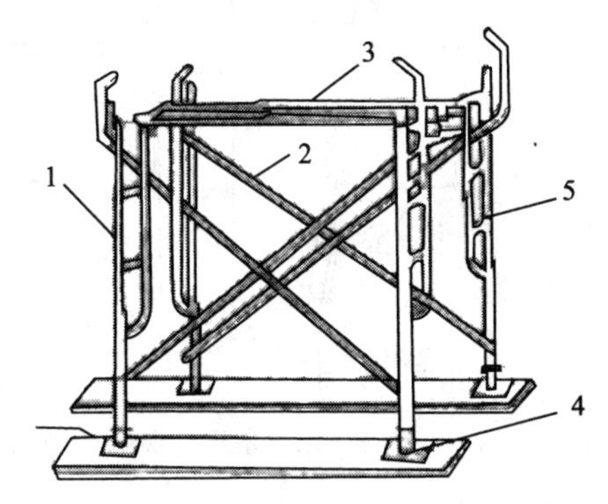

图 2－10　框式脚手架基本单元

1—门式框架；2—剪刀撑；3—水平梁架；4—螺旋基脚；5—梯子

2. 搭设要求

框式脚手架是一种工厂生产、现场搭设的脚手架，一般只要按产品目录所列的使用荷载和搭设规定进行施工，不必再进行验算。如果实际使用情况与规定有出入时，应采取相应的加固措施或进行验算。通常框式脚手架搭设高度限制在 45 m 以内，采取一定措施后达到 80 m 左右。施工荷载一般为：均布荷载 1. 8 kN/m^2，或作用于脚手架板跨中的集中荷载 2 kN。

门架式里脚手架由两片 A 形支架与门架组成。适用于砌墙和粉刷。支架间距，砌墙时不超过 2. 2 m，粉刷时不超过 2. 5 m。按照支架与门架的不同结合方式，分为套管式和承插式两种。

A 形支架有立管和套管两部分，立管常用 550 mm × 3 mm 钢管，支脚可用钢管、钢筋或角钢焊成。

图 2－11　框式脚手架

套管式的支架立管较长，由立管与门架上的销孔调节架子高度。承插式的支架立管较短，采用双承插管，在改变架设高度时，支架可不再挪动。门架用钢管或角钢与钢管焊成，承插式门架在架设第二步时，销孔要插上销钉，防止 A 形支架被撞后转动。

搭设框式脚手架时，基底必须夯实找平，并铺可调底座，以免发生塌陷和不均匀沉降（见图 2－11）。要严格控制第一步门式框架垂直度偏差不大于 2 mm，门架顶部的水平偏差不大于 5 mm。门架的顶部和底部用纵向水平杆和扫地杆固定。门架之间必需设置剪刀撑和水平梁架（或脚手板），其间连接应可靠，以确保脚手架的整体刚度。

二、里脚手架

里脚手架搭设于建筑物内部，每砌完一层墙后，即将其转移到上一层楼面，进行新的一层砌体砌筑，它可用于内外墙的砌筑和室内装饰施工。里脚手架用料少，但装拆频繁，故要求轻便灵活、装拆方便。其结构形式有折叠式、支柱式和门架式等多种。

（一）折叠式

折叠式里脚手架适用于民用建筑的内墙砌筑和内粉刷，也可用于砖围墙、砖平房的外

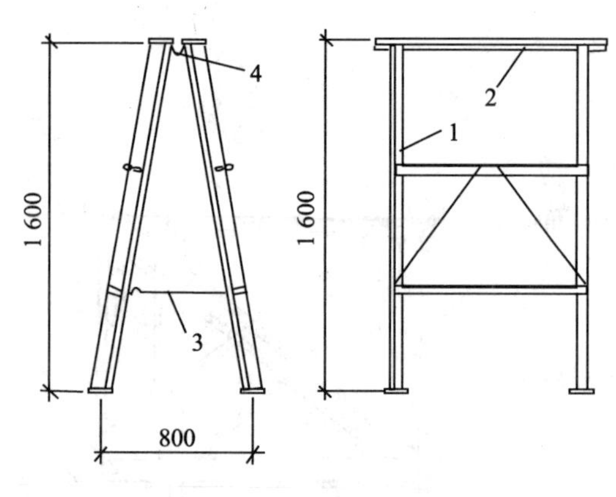

图 2-12 折叠式里脚手架

1—立柱；2—横棱；3—挂钩；4—铰链

墙砌筑和粉刷。根据材料不同，分为角钢、钢管和钢筋折叠式里脚手架。

角钢折叠式里脚手架（见图 2-12）的架设间距，砌墙时不超过 2 m，粉刷时不超过 2.5 m。可以搭设两步脚手架，第一步高约 1 m，第二步高约 1.65 m。钢管和钢筋折叠式里脚手架的架设间距，砌墙时不超过 1.8 m，粉刷时不超过 2.2 m。

（二）支柱式

支柱式里脚手架由若干个支柱和横杆组成，适用于砌墙和内粉刷。其搭设间距，砌墙时不超过 2 m，粉刷时不超过 2.5 m。

支柱式里脚手架的支柱有套管式和承插式两种形式。

套管式支柱，它是将插管插入立管中，以销孔间距调节高度，在插管顶端的凹形支托内搁置方木横杆，横杆上铺设脚手板，架设高度为 1.5 ~2.1 m。

三、满堂脚手架

满堂脚手架主要用于单层厂房、展览大厅、体育馆等层高、开间较大的建筑顶部的装饰施工（见图 2-13）。满堂脚手架由立杆、横杆、斜撑、剪刀撑等组成。

图 2-13 满堂脚手架

使用了满堂脚手架后，3.6 m 以上的内墙装饰不再另行计算装饰脚手架，而内墙的砌筑脚手架仍按里脚手架规定计算。满堂脚手架的使用视其高度而定，当天棚净高在 3.6 m 以下者，不管天棚采用何种装饰工艺，均不计算装饰脚手架。当天棚净高在 3.6 ~5.2 m 之间时，天棚的装饰脚手架按满堂脚手架本层定额计算，当天棚净高在 5.2 m 上时，天棚的装饰脚手架要计算基本层和增加层两个定额项目。

1）单层厂房、礼堂、大餐厅的平顶施工，可搭满堂脚手架，其构造参数如表 2-14 所示。

表 2-14 满堂脚手架构造参数 （单位：m）

用途	立杆纵横间距	大横杆的步距	纵向拉杆设置	小横杆的间距	靠墙立杆间距	脚手板铺设	
						架高 <4 m	架高 >4 m
一般装修用	≤2	≤1.7	两侧每步1道中间两步1道	≤1	0.5 ~0.6	板间空隙≤200 mm	满铺
承重较大时用	≤1.5	≤1.4	两侧每步1道中间两步1道	≤0.75	根据需要而定	满铺	满铺

2）立杆底部应夯实或垫板。

3）四角设抱角斜撑，四边设剪刀撑，中间每隔4排立杆沿纵长方向设一道剪刀撑，所有斜撑和剪刀撑均须由底到顶连续设置。

4）封顶用双扣绑扎，立杆大头朝上，脚手板铺好后不露杆头。

5）上料井口四角设安全护栏。

四、其他几种脚手架简介

1. 悬挑式脚手架

悬挑式脚手架（见图2－14）简称挑架，搭设在建筑物外边缘向外伸出的悬挑结构上，将脚手架荷载全部或部分传递给建筑结构。

悬挑支撑结构有用型钢焊接制作的三角桁架下撑式结构以及用钢丝绳斜拉住水平型钢挑梁的斜拉式结构两种主要形式。

在悬挑结构上搭设的双排外脚手架与落地式脚手架相同，分段悬挑脚手架的高度一般控制在25 m以内。

该形式的脚手架适用于高层建筑的施工。由于脚手架是沿建筑物高度分段搭设，故在一定条件下，当上层还在施工时，其下层即可提前交付使用；而对于有裙房的高层建筑，则可使裙房与主楼不受外脚手架的影响，同时展开施工。

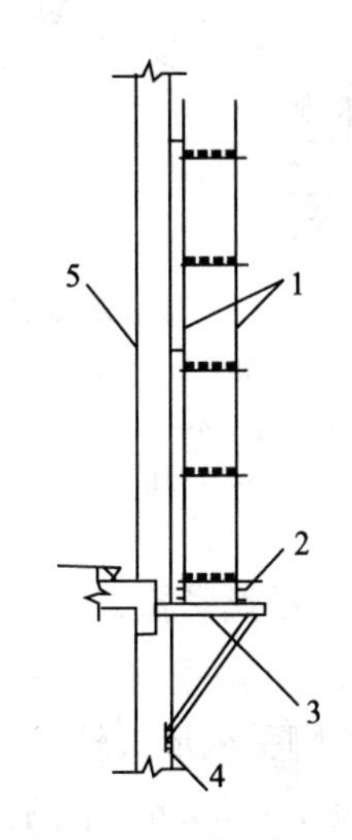

图2－14 悬挑脚手架

1—钢管脚手架；2—型钢横梁；3—三角支撑架；4—预埋件；5—钢筋混凝土柱（墙）

2. 吊挂式脚手架

吊挂式脚手架（见图2－15）在主体结构施工阶段为外挂脚手架，随主体结构逐层向上施工，用塔吊吊升，悬挂在结构上。在装饰施工阶段，该脚手架改为从屋顶吊挂，逐层下降。吊挂式脚手架的吊升单元（吊篮架子）宽度宜控制在5～6 m，每一吊升单元的自重宜在1 t以内。该形式的脚手架适用于高层框架和剪力墙结构施工。

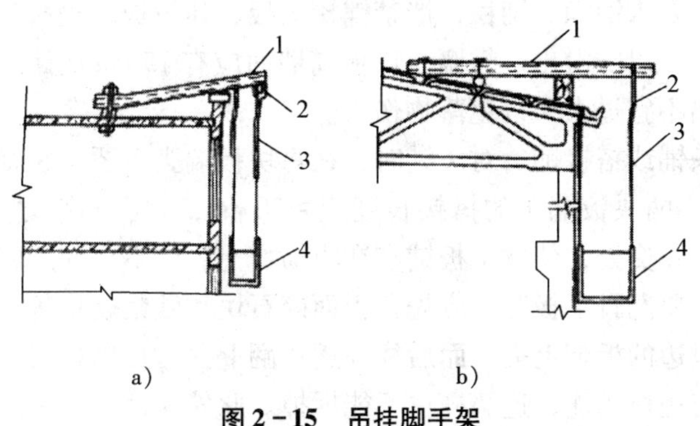

图2－15 吊挂脚手架

a）在平屋顶的安装 b）在坡屋顶的安装

1—挑梁；2—吊环；3—吊索；4—吊篮

3. 升降式脚手架

升降式脚手架（见图2－16）简称爬架。它是将自身分为两大部件，分别依附固定在建筑结构上。

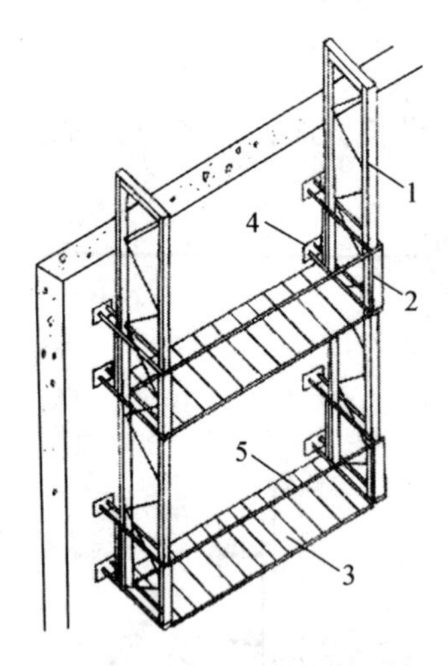

图2-16　升降式脚手架

1—内套架；2—外套架；3—外手板；4—附墙装置；5—栏杆

在主体结构施工阶段，升降式脚手架利用自身带有的升降机构和升降动力设备，使两个部件互为利用，交替松开、固定，交替爬升，其爬升原理同爬升模板。在装饰施工阶段，交替下降。

该形式的脚手架搭设高度为3～4个楼层，不占用塔吊，相对落地式外脚手架，省材料、省人工，适用于高层框架、剪力墙和筒体结构的快速施工。

五、脚手板

脚手板铺在脚手架的小横杆上，作为工人施工活动和堆放材料等用，要求有足够的强度和板面平整度。按其所用材料的不同，分为木脚手板、竹脚手板、钢脚手板及钢木脚手板等。

1. 木脚手板

木脚手板一般常用杉木或松木，凡腐朽、扭纹、破裂及大横透节的木板均不能用。板厚≥5 cm，板宽20～25 cm，板长3～6 m。为了防止使用过程中端头破裂损坏，可在距板端8 cm处，用10号铅丝紧箍2道（或用薄铁皮包箍并予钉牢）。

2. 竹脚手板

竹脚手板形式较多，常用的是竹片并列脚手板，系用螺栓将并列的竹片连接而成。螺栓直径8～10 mm，间距500～600 mm，离板端200～250 mm，其缺点是受荷后易扭动。

3. 钢脚手板

钢脚手板是用厚度2 mm的钢板冲压而成，常用的构造尺寸为厚5 cm、宽25 cm，长度为2 m、3 m、4 m等几种。脚手板的一端压有连接卡口，以便在铺设时扣住另一块板的端肋，首尾相接，使脚手板不致在横杆上滑脱。为了防滑，板面冲成梅花形布置的∅25凸包或圆孔。

脚手板铺设时，要求铺满、铺稳，严禁铺探头板、弹簧板。钢脚手板在靠墙一侧及端部必须与小横杆绑牢，以防滑出。靠墙一块板离墙面应有15 cm的距离，供砌筑过程中检查操作质量。但距离不宜过大，以免落物伤人。

木脚手板可对头铺或搭接铺。对头铺时，在每块板端头下要有小横杆，小横杆距板端≤15 cm。搭接铺时，两块板端头的搭接长度应≥20 cm，如有不平之处，要用木板垫起，垫在小横杆与大横杆相交处，使脚手板铺实在小横杆上，但不允许用碎砖块塞垫。

每砌完一步架子要翻脚手板时，应先将板面碎石块和砂浆硬块等杂物扫净，按每挡由里向外翻，即先将里边的板翻上去，而后往外逐块翻上去。板铺好后，再拆移下面的小横杆周转使用，但要与抛撑相连，连墙杆也不能拆掉。此外通道上面的脚手板要保留，以防高空坠转使用，但要与抛撑相连，连墙杆也不能拆掉。此外，通道上面的脚手板要保留，以防高空坠物伤人。

六、脚手架的安全防护措施

在房屋建筑施工过程中因脚手架出现事故的概率相当高，所以在脚手架的设计、架设、使用和拆卸中均需十分重视安全防护问题。

当外墙砌筑高度超过4 m或立体交叉作业时，除在作业面正确铺设脚手板和安装防护栏杆和挡脚板外，还必须在脚手架外侧设置安全网。架设安全网时，其伸出宽度应不小于2 m，外口要高于内口，搭接应牢固，每隔一定距离应用拉绳将斜杆与地面锚桩拉牢。

当用里脚手架施工外墙或多层、高层建筑用外脚手架时，均需设置安全网。安全网应随楼层施工进度逐步上升，高层建筑除这一道逐步上升的安全网外，尚应在下面间隔3～4层的部位设置一道安全网。施工过程中要经常对安全网进行检查和维修，每块支好的安全网应能承受不小于1.6 kN的冲击荷载。

钢脚手架不得搭设在距离35 kV以上的高压线路4.5 m以内的地区和距离1～10 kV高压线路3 m以内的地区。钢脚手架在架设和使用期间，要严防与带电体接触，需要穿过或靠近380 V以内的电力线路，距离在2 m以内时，则应断电或拆除电源，如不能拆除，应采取可靠的绝缘措施。

搭设在旷野、山坡上的钢脚手架，如在雷击区域或雷雨季节时，应设避雷装置。

七、脚手架质量要求及安全技术

1. 脚手架质量要求

脚手架的制作安装质量是保证适用、坚固、稳定、安全、节约的关键。控制质量的主要环节如下。

1）材料规格和质量必须符合要求。

2）脚手架的构造及搭设必须符合各类脚手架的技术规定。多立杆式脚手架的绑扎扣和螺栓拧紧程度要适当。

3）要有牢固的和足够的连墙杆，以保证整个脚手架的稳定性。

4）脚手架要铺满、铺稳，不得有空头板。

5）多立杆单排脚手架的架眼位置要按照规定留设。

6）垂直运输架的缆风绳应按规定拉好，锚固牢靠。顶端和中间必须拉设。

2. 脚手架安全技术要求

脚手架工程多属于高空作业，必须十分重视安全技术问题，遵守安全技术操作规程，避免发生伤亡事故。

1）必须有完善的安全防护措施，要按规定设置安全网、安全护栏、安全挡板以及吊盘的安全装置等。10 m以上的脚手架最好在操作层下面留设一步脚手架板或张设安全网或采取其他安全措施以保证安全。

2）操作人员上下架子，要有保证安全的扶梯、爬梯或斜道。

3）吊、挂式脚手架使用的挑架、桁架、吊架、吊篮、钢丝绳和其他绳索，使用前要作荷载检验，均必须满足规定的安全系数。升降设备必须有可靠的制动装置。

4）必须有良好的防电、避雷装置。钢脚手架、钢垂直运输架均应有可靠接地装置，雷雨季节高于四周建筑物的脚手架和垂直运输架应设避雷装置。

5）加强检查。在脚手架的搭设和使用过程中，必须随时进行检查，经常清除架上垃圾，注意控制架上荷载，禁止在架上过多地堆放材料或和多人挤在一起。

6）暂停工程复工和风、雨、雪后应对脚手架进行详细检查，发现有立杆沉陷、悬空、接头松动、架子歪斜、桁架或吊钩变形等问题时应及时处理。

7）六级以上大风、大雾、大雨或大雪天应暂停高空作业，雨雪后上架操作时要有防滑措施。

3. 脚手架的安全措施

（1）安全网

安全网常用9 mm的麻绳、棕绳或尼龙绳编织，一般规格为宽3 m、长6 m、网眼5 cm左右，每块织好的安全网能承受≥1 600 kN的冲击荷载。架设安全网时，其伸出宽度≥2 m，外口要高于里口。两网搭接应扎结牢固，每隔一定距离用斜杆与地面锚桩拉牢。施工过程中要经常检查和维修安全网，严禁向安全网内扔木料和其他杂物。

安全网要随楼层施工进度逐步上升（挂牢在正施工的最高楼层处）。高层建筑除这一层逐步上升的安全网外，尚应在下面每隔4层的部位增设数道安全网。安全网的搭设方法如下。

1）采用里脚手施工而墙体有窗口时，在上层窗口处安全网与栏墙杆串联绑牢。斜杆下端与下层窗口处的栏墙杆绑牢，上端与张设安全网的大横杆绑牢。安全网与大横杆串联绑牢。支设安全网的斜杆间距为3 m。

2）外脚手施工时，栏杆上要立挂安全网，栏杆高度≥1.2 m，网的下口要封严。在拱形屋面或其他坡度较大的屋面上施工时，檐口四周可利用轻型金属挂架绑安全栏杆，设安全挡板或立挂安全网。

（2）钢脚手架的防电、避雷措施

1）钢脚手架与高压线路、设备要保持一定的安全距离，当电压在35 kV以上时≥4.5 m；1～10 kV≥3 m。凡距380 V以内的电力线路2 m以内时，在架设、使用、拆除过程中，应切断电源或采取可靠绝缘措施。木脚手架原则上也应按上述规定处理。钢木脚手架应在靠近电线、设备一侧用木板遮挡，以防运输物体时触电。

2）钢脚手架、钢垂直运输架均要采取可靠的防雷措施，夜间施工照明线通过钢脚手架时，应使用电压≤12 V的低压电源。

3）吊车的电缆线应设卷筒或架空起来，以免触电。

4）超过20 m，高于四周建筑物或搭设在旷野、山坡上的脚手架，雷雨季节应设避雷装置。

复习思考题

1. 砌筑用砂浆有哪些种类？适用在什么场合？
2. 对砂浆制备和使用有什么要求？
3. 砂浆强度检验如何规定？
4. 砌筑用砖有哪些种类？其外观质量和强度指标有什么要求？
5. 砌体工程质量有哪些要求？影响其质量的因素有哪些？
6. 简述毛石基础和砖基础的构造及施工要点。
7. 砖墙砌体主要有哪几种砌筑形式？各有何特点？
8. 简述砖墙砌筑的施工工艺和施工要点。
9. 皮数杆有何作用？如何布置？
10. 何谓“三一”砌砖法？其优点是什么？

11. 如何绘制砌块排列图？简述砌块的施工工艺。
12. 砌筑工程中的安全防护措施有哪些？
13. 简述砌筑用脚手架的作用及基本要求。
14. 简述外脚手架的类型、构造。它们各有什么特点？适用范围怎样？
15. 脚手架的支撑体系包括哪些？如何设置？
16. 常用里脚手架有哪些类型？其特点怎样？
17. 脚手架的安全防护措施有哪些内容？
18. 在搭设和使用脚手架时应注意哪些问题？

单元三　钢筋混凝土工程施工

钢筋混凝土由混凝土和钢筋两种材料组成。混凝土是由水泥、粗细骨料和水经搅拌而成的混合物，以模板作为成型的工具，经过养护，混凝土达到规定的强度，拆除模板，成为钢筋混凝土结构构件。

钢筋混凝土工程的施工是由模板、钢筋和混凝土三个工序施工组成，施工要求这三个工序要紧密配合，合理地组织施工。混凝土浇灌之前，要检查模板的位置、标高、断面尺寸和模板系统的强度和稳定性；要检查钢筋品种、规格、数量和位置的正确性。在混凝土浇筑过程中，还要对模板、钢筋进行检查。只有三个工序之间紧密配合，才能保证工程质量。现浇钢筋混凝土工程施工要根据工程特点，编制施工组织设计，制定施工方案，合理组织施工，以确保工程质量、进度、成本和安全。

钢筋混凝土的原材料品种、规格较多。在施工中正确选用原材料，确定和掌握混凝土配合比，是保证配制出符合设计要求的混凝土的关键。此外，混凝土工程还有一个很重要的特点是混合搅拌好的混凝土，须经过一定时间的凝结硬化，才能达到要求的强度。而混凝土凝结硬化的速度，取决于水泥的水化作用速度，它与周围环境的湿度和温度有关。因此，要保证混凝土工程质量，必须进行养护，只有达到规定的拆模强度才能拆除模板。所以在组织施工过程中要充分考虑必需的技术间歇时间。

以下就模板工程、钢筋工程和混凝土工程施工过程中的注意事项作简单说明。

1. 模板工程

1）加工模板用方木要统一用压刨二次加工，保证方木尺寸一致。

2）加工梁、板、柱模板、竹胶板，裁锯的边要用电刨刨光，保证接缝严密。

3）在楼板上下地锚筋，以保证柱墙模板固定牢固。

4）为确保浇筑砼时不漏浆，在梁、柱、墙、板模板接缝处加密封条；楼板模板接缝必须严密；在柱、墙根部与地面交接处，先用水泥沙浆找平，安装模板时再贴密封条。

5）梁、柱、板结合处的模板安装时作为检查重点，确保几何尺寸准确、支撑牢固、接缝严密不漏浆。

6）只准许使用水性脱模剂。

2. 钢筋工程

1）箍筋加工弯钩的弯心半径控制在钢筋直径的2.5倍以内，保证弯钩弧度平滑。

2）剥肋滚压直螺纹连接的钢筋，必须用砂轮切割机截断。

3）现浇板钢筋绑扎，必须按照设计图纸要求的间距在模板上弹线，以保证钢筋位置准确无误。

4）钢筋马凳采用大于Φ12的钢筋加工，间距宜控制在500 mm左右，且不少于两道，以保证现浇板上下层钢筋及负筋高度准确。

5）采用相应规格的砂浆垫块、高强塑料卡、梯子筋等，以保证梁、柱、墙、板钢筋保护层厚度符合规范要求。柱筋采用定位卡具，一般应控制在600 mm左右，以保证钢筋间距准确无误。

6）梁、柱、板交接处钢筋稠密，采用在钢筋间加定位框、定位卡的办法，确保钢筋间距。

7）梁钢筋绑扎时，保证波纹管的位置准确、固定牢固。

8）浇筑混凝土前应做好交接检验，并实行现场“挂牌”制度，否则不得进入下道工序施工。

3. 混凝土工程

1）编写依据：施工图纸、相关规范、标准、施工组织设计、工程概况和各部位混凝土具体情况。

2）施工部署：要充分考虑到浇筑的设备和有关器具的数量，结构竖向及水平向的先后施工顺序和工期安排，同时涉及施工台班、施工缝的设置问题。

3）施工方法：主要涉及施工准备工作、主要施工措施、施工顺序及具体施工办法。

4）质量通病及预防措施：施工方案中要详细制定混凝土工程质量通病的预防措施和处理方法。

5）混凝土浇筑前，必须进行严格清理，模内不能有任何杂物。

6）对进入施工项目不合格的商品混凝土由项目技术人员退回搅拌站，并记好车号。

7）质检员检查工程施工，应严格按照施工程序进行，振捣操作人员需明确混凝土的振捣操作方法及施工质量要求。

8）混凝土的养护：当日平均气温低于 5 ℃时，不得浇水；在自然气候条件下（高于 5 ℃），对于一般塑性混凝土应在浇筑后 10 ~ 12 h 内（炎夏时可缩短至 2 ~ 3 h），对高强混凝土应在浇筑后 1 ~ 2 h 内，即用麻袋、草帘、锯末等进行覆盖，并及时浇水养护。

项目一　钢筋混凝土基本知识及过程分析

一、混凝土的特点

混凝土是抗压强度很高的人造石，由胶结料、粗细骨料、水及外加剂按一定比例拌和而成。人们对使用阶段混凝土的物理性能有各种要求，如强度要求、耐久性要求、抗渗性要求、抗冻性要求等，在施工阶段混凝土的性能还有和易性、凝固时间、早强性等的要求。

在建筑工程中大量使用的是以水泥为胶结料，以天然岩石为骨料的普通混凝土，其容重为 25 kN/m^3。水泥是混凝土中重要的组成部分。

1. 初凝时间和终凝时间是水泥和混凝土的重要技术指标

以普通硅酸盐水泥为例，当水泥颗粒遇水后，就开始了水解与水化反映，产生新的硅酸盐水化物与凝胶，同时放出热量。水泥浆体逐渐失去流动性，形成了具有很强黏滞性的冻状物——凝胶体（塑性体）。而这种从流动体到塑性体的转变称为初凝。初凝阶段混凝土的重要特点是：遇到外力会失去黏性变为流动性状态；撤去外力，又会恢复原来的塑性状态。在初凝时间之后，水泥水化进一步发展，凝胶粒子进一步形成紧密的网状结构，水泥胶凝则由塑性状态转化为固体状态。这种由塑性体到固体的转变称为终凝。终凝阶段的混凝土如果受到外力的扰动（振动、碰撞、压抹等），就会受到破坏，并且不可以恢复。

在规范中，规定初凝时间不得少于45 min，终凝时间不得少于6.5 h。混凝土的凝固时间不同于水泥的品种。经试验证明，混凝土的初凝时间为2～3 h，终凝时间为5～8 h。GB 50204—2002标准对混凝土的凝固时间作了明确规定，可参见表3－1。

表3－1　混凝土的凝结时间

混凝土强度等级	气温	
	低于25°C	高于25°C
C30及C30以下的混凝土	210 min	180 min
C30以上的混凝土	180 min	150 min

2. 混凝土的凝结硬化在终凝之后，是水泥水化作用的结果

水泥的水解水化反应向广度和深度进行，晶体结构的形成及增强，骨料黏结为一个整体，混凝土的强度从无到有，从小到大，发展先快后慢，将持续几年、几十年时间。但试验表明，完成这个过程的基本时间只需28天，普通水泥拌制的混凝土，经标准养护3天，约达到设计强度的40%，5天约50%，7天约70%，28天达到设计强度。其后的混凝土强度增长缓慢且数值很小，可以忽略不计。根据施工进展情况，要求其测定7天和28天的强度，作为施工过程中拆模、构件安装和承重的依据。

3. 混凝土在硬化阶段的强度增长，除与养护龄期有关外，还与养护环境的温度、湿度有关

时间、温度、湿度是混凝土强度增长的外部三要素。从湿度来说，混凝土的饱和水中，水泥水化最充分，混凝土的抗冻性、抗渗性指标随龄期不断提高；湿度不足，强度增长慢；在干燥刮风的情况下，混凝土中水分大量蒸发，会导致裂缝的产生、发展，混凝土脱水越早，裂缝现象越严重。从温度来说，在常温条件下，温度高则强度增长快，温度低则增长慢，温度降至0 ℃左右则基本停止；当温度低于－3 ℃，混凝土内部水结冰膨胀，会导致混凝土破坏或强度降低。

4. 混凝土强度的大小，除外部条件外，还取决于其内部因素

1）混凝土作为组合材料，其整体强度取决于各固体组分强度。为此，砂石骨料强度应高于混凝土强度等级，水泥强度等级应高于混凝土强度等级。

2）混凝土作为非密实材料，其强度取决于固体组分的密实度。按这种观点，砂石骨料粒径应由大到小进行级配，较大骨料间隙由较小骨料填充，较小骨料间隙由更小骨料填充，而水泥浆均匀填充所有间隙，覆盖骨料表面。级配越好，混凝土越密实，强度也越大。

密实度小意味着孔隙率大。混凝土的孔隙率大小取决于水灰比。当水灰比为0.44时，混凝土能到达最大密实度，只存在极少量毛细孔。但为了便于操作，在混凝土的配比设计中，水灰比都略大于此值，但不超过0.6～0.7。多余的水不参加反应，它们留在混凝土内部，蒸发后形成孔隙。

3）混凝土内部存在着大量肉眼看不见的微裂缝（孔隙就是裂缝）。混凝土的强度取决于裂缝的发展。在荷载的作用下，只要少数裂缝发展较快，超出允许值或发展为贯穿，混凝土结构构件就会被破坏。上述微裂缝主要分布于骨料表面并由此发展。改革混凝土的搅拌工艺是减少骨料表面微裂缝的有效途径。为了提高混凝土的强度，满足工程的使用要

求，混凝土的新技术、新工艺正处在进一步的研究或推广中。

二、钢筋与混凝土共同作用的特点

钢筋混凝土结构由两种不同的工程材料组成，这与单一材料的结构是不同的。钢筋和混凝土这两种不同性质的材料之所以能共同工作，主要在于以下方面。

1）两者的力学性能完全相反，结合起来能扬长避短，有利发挥各自的力学特性。混凝土抗压强度高、抗拉强度低（约为抗压强度的1/10），可以将抗拉强度高的钢筋配制在混凝土的受拉区承拉；配制在受压区也不致因长细比大而失稳。

2）硬化后的混凝土与钢筋之间产生很大的黏着力。如钢筋表面有螺旋、人字纹等凸起，又会产生高于前者的机械咬合力。黏着力与机械咬合力又称握裹力，使二者结合良好。

3）两者随温度高低而胀缩，其线胀系数几乎一致。当温度升高（或降低）1 ℃，每米混凝土约伸长（或缩短）0.01～0.014 mm，每米钢筋伸长（或缩短）0.012 mm。两者间不会产生较大的内应力。

4）混凝土握裹钢筋，可保护钢筋不锈蚀，遇到高温不致因温度很快上升而失去承载力。

项目二　钢筋工程施工

一、钢筋的种类与性能

用于钢筋混凝土结构的钢筋强度分为Ⅰ～Ⅳ级，房屋建筑工程中常用Ⅰ～Ⅲ级。

钢筋按其外形分为光圆钢筋、变形钢筋（人字纹、螺纹）；钢筋按直径大小分钢丝（直径3～5 mm）、细钢筋（直径6～10 mm）、中粗钢筋（直径12～20 mm）、粗钢筋（直径>20 mm）。为便于运输，钢丝和细钢筋卷成圆盘供应，中粗和粗钢筋一般轧成6～12 m直条供应；根据含碳量的多少又可分为低碳钢（含碳量低于0.25%）、中碳钢（含碳量0.25%～0.7%）和高碳钢（含碳量大于0.7%）；钢筋的性能主要有拉伸性能、冷弯性能和焊接性能。

钢筋按化学成分可分为碳素钢（如Ⅰ级钢）和普通低合钢筋（如Ⅱ～Ⅳ级）。普通低合钢筋是在碳素钢成分中加入了锰、钛、钒等元素，显著提高了钢的强度，使钢筋用量减少、费用降低。但普通低合钢筋一般较脆弱、易弯断、伸长率低，焊接性能也较差。合金成分越多，这种缺点越明显。尽管它们用于结构上时具有足够的安全保证，但仍应注意在弯曲钢筋时，弯心直径要符合规定；施工中发生异常现象（如弯曲处、焊接点附近出现裂缝）时，应检查材质和施工方法，焊接中注意焊接工艺，尤其是低温下焊接的保温和缓冷措施。

用于结构工程的钢筋应有出厂试验报告单。钢筋出厂时，在每捆（盘）上都挂有不少于两个的标牌，印有厂标、钢号、炉罐（批）号、尺寸等标记，并附有出厂质量证明书，不应使标牌丢失、批号混乱。进厂时应按炉罐（批）号及直径（d）分批验收。验收内容包括查对标牌、外观检查、按规定抽取试样作机械性能试验，合格后方可使用。机械性能试验包括屈服点、抗拉强度、伸长率及冷弯试验。钢筋作拉伸试验时，当拉力达到某一数值保持不变，变形却急剧增加，此时的拉力值与钢筋截面积的比值称为钢筋的屈服强度。

钢筋的屈服强度一般作为设计强度。拉伸试验中的钢筋，经过屈服点直到拉断前出现的最大拉力与钢筋截面积的比值称为钢筋的极限强度或抗拉强度。钢筋拉断时缩增加的长度与原长度的比率称为伸长率。伸长率合格的钢筋，当使用荷载引起的应力超过屈服点时，钢筋有充分的塑性变形在结构出危险时有征兆，以便及时采取加固措施。冷弯试验有助于暴露钢材的某些内在缺陷，如气孔、夹杂、裂纹、局部脆性等。如上述某一试验项目不符合标准，再取双倍数量的试样重新试验，如仍不符合标准，则判定为不合格品，不能用于结构工程。对钢筋级别不明、质量有疑问的钢筋，不能用于工程的结构部位。

二、钢筋在不同结构位置的作用分析

在结构中不同位置的钢筋，其作用也不同。

（一）板中的钢筋

1）纵向受力钢筋：板在竖向荷载下会变弯，下部受拉，上部受压。纵向受力钢筋配在板的下部，承受由弯矩引起的拉力，又称受拉主筋。对于挑檐板、雨篷板、阳台板等悬臂板，在竖向荷载下上部受拉，下部受压，纵向受力钢筋应配在板上部，施工中应防止踩倒、移位。

2）负弯矩筋（负筋、扣铁）：在竖向荷载下板的支座处出现上部局部受拉区段。负筋的作用是防止支座处上部受拉混凝土开裂。

3）分布钢筋：沿板横向布置并与纵向受力钢筋垂直，防止板因温差作用裂缝，便于绑扎、固定纵向受力筋。

（二）梁中的钢筋

1）纵向受力钢筋：沿梁的下部纵向布置，承接拉力。对于悬臂梁，纵向受力钢筋在上部。

2）弯起钢筋：一部分纵向受力钢筋向上弯起，其斜段承受梁中因剪力引起的拉伸。弯折角度一般为45°，当梁高≥800 mm 时可取60°，当梁高较小且有集中荷载时也可取30°，斜段伸出支座≥500 mm。

3）架立钢筋：沿梁上部纵向布置，可将箍筋及受力钢筋联结成骨架，在施工中保持各自的正确位置。

4）箍筋：负担梁中剪力和骨架。

5）各种构造钢筋：这类钢筋用得较少，出现在不同类型的梁中，如腰筋、鸭筋等。

（三）柱中的钢筋

1）受力钢筋：沿柱全高布置。在柱承受轴向压力或偏心压力等不同情况下，受力钢筋受拉或受压。

2）箍筋：在柱中承受剪力，并将受力筋连结成骨架。

（四）独立基础中的钢筋

1）双向受力钢筋：双向受力钢筋互相垂直布置。因注意哪一方面钢筋在上，哪一方面钢筋在下。弯钩全部向上，不要倒向一边。

2）插筋：一端向下与受力钢筋绑扎，一端向上伸出基础，在施工柱时与柱受力筋搭接绑扎。

3）箍筋：作用同柱中的箍筋。

（五）墙中的钢筋

剪力墙中布置纵横双向钢筋网。当墙厚较小时布置一层厚度≥200 mm 的墙，位于山墙及第一道内横墙、电梯间墙、高层建筑中围边有梁、柱的剪力墙，常配制双层钢筋网。

三、钢筋的加工

钢筋加工是对进厂施工项目的钢筋进行调直、除锈、切断、接长、弯曲成型等工作。

1）钢筋调直是不可缺少的工序。保证钢筋平直，无局部曲折。遇有影响钢筋质量的弯曲部分应当切除，缓弯部分可用冷拉方法调直，Ⅰ级钢筋的冷拉率≤4%；Ⅱ、Ⅲ级钢筋的冷拉率≤1%。粗钢筋还可采用锤直、扳直的方法；直径 6 ~ 14 mm 的钢筋可采用调直机进行调直。冷拔低碳钢丝经调直表面不得有明显擦伤，抗拉要求不得低于设计要求。

2）钢筋的表面要清洁，油渍、漆污以及用锤敲击时能剥落的浮皮、铁锈等，应在使用前清除干净。除锈宜在钢筋的冷拉、调直过程中进行，比较经济。钢筋加工应在常温下进行，不得加热弯曲，以免改变钢筋材质。不宜用大锤敲击或在硬角处弯折钢筋，以免造成损伤或脆断。

3）钢筋下料时应按下料长度正确切断。大量的钢筋要用切断机进行切断，可用钢筋压剪剪断 Φ12 以下的单根钢筋，也可用圆盘砂轮锯切断较粗钢筋。切断时应根据不同长度长短搭配，统一排料，先断长料，后断短料，减少损耗。

4）钢筋下料之后，按弯曲设备的特点及要求进行画线，以便准确地把钢筋加工成所规定的外包尺寸。弯曲形状复杂的可先放出实样，然后弯曲。弯曲钢筋宜采用弯曲机，Φ25 以下的钢筋可用钢筋扳手弯曲。

5）加工钢筋的允许偏差：应该严格执行 GB 50204—2002D 的规定及《2006 建筑工程施工工艺标准》的规定。

四、钢筋配料表的编制与下料计算

根据施工的结构图纸进行钢筋配料，在钢筋配料表中对各种钢筋进行编号，同时绘出各种钢筋的形状，然后分别计算钢筋下料长度和根数，填写配料单，申请加工。设计施工图中的钢筋，都具有一定的尺寸和形状要求。在钢筋加工前需根据不同的构件，编制配筋表，以指导备料加工。

在配筋表上若干计算项目中，钢筋下料长度的计算是关键。设计施工图中注明的钢筋各段尺寸，是钢筋的外轮廓尺寸，即指构件扣除保护层厚度后，从一端外皮到另一端外皮的钢筋尺寸，也称外包尺寸。钢筋加工后也按钢筋外包尺寸进行验收。钢筋在弯曲时内皮缩短，外皮伸长，中心线长度不变。钢筋的下料尺寸按照中心线尺寸确定，将小于外包尺寸并且弯折部分呈弧状而不是折角，所以钢筋每弯折一处，都会比折角的计算长度多出一个差值，称为弯曲调整值。下料长度如果简单地按钢筋各段外包尺寸总和计算，加工后的钢筋往往大于设计要求，导致保护层不足，或放不进模板之中，同时浪费钢筋。所以将设计的外包尺寸折算成实际的中心线长度，才能保证加工的正确。

下料长度是按钢筋弯曲后的中心线长度来计算的，因为弯曲后该长度不会发生变化。

钢筋下料长度的计算公式：

下料长度 = 各段外包尺寸总和 + 弯钩增加长度 − 各弯折处弯曲调整值

外包标注：简图尺寸或设计图中注明的尺寸不包括端头弯钩长度，它是根据构件尺寸、钢筋形状及保护层的厚度等按外包尺寸进行标注的。

弯钩增加长度：当使用不同的外包标注方法时，有可能外包标注的长度没有弯钩按中心线长度增加的大，这样就存在一个实际下料长度和外包标注之间的一个差值，这个差值就是下料时应按外包标注所增加的长度。

弯曲量度差：钢筋弯曲时，其外壁伸长，内壁缩短，而中心线长度并不改变，计算钢筋的下料长度是按中心线的长度计算的。显然，外包尺寸大于中心线长度，它们之间存在一个差值，称之为“量度差值”。

1. 钢筋末端弯钩增长值

1）Ⅰ级钢筋的末端需要做180°的弯钩，以增加混凝土对钢筋的握裹力。弯钩的弯心直径 D 大于钢筋直径的2.5倍，弯钩的平直部分长度大于钢筋直径的3倍。在分别满足 $D=2.5\,d$ 及平直长度 $3\,d$ 时，弯钩增加长度为 $6.25\,d$。

2）做90°直弯钩及135°斜弯钩时，若弯心直径 $D=2.5\,d$，平直长度为 $3\,d$，弯钩增加长度分别为 $3.5\,d$ 及 $4.9\,d$。

3）用Ⅰ级钢筋或冷拔低碳钢丝制作箍筋，其末端应做弯钩。弯钩的弯心直径应大于受力钢筋直径 D，且不小于箍筋直径的2.5倍。如结构抗震设计小于5度时，弯钩的形式可按90°进行加工，平直部分长度按照 $5\,d$；有抗震要求的结构，按135°形式加工，平直部分长度按照 $10\,d$。其末端弯曲增长仍可按式（3－1）、式（3－2）计算，在施工规范中有关于弯钩的平直部分长度，目的是保证有一定的锚固长度。

计算箍筋的每个弯钩增加长度，可取：

当135°时

$$0.37\pi(D+d)-(0.5D+d)+\text{平直长度} \tag{3-1}$$

当90°时

$$0.25\pi(D+d)-(0.5D+d)+\text{平直长度} \tag{3-2}$$

4）为计算简便，取量度差近似值如下；当弯30°时，取 $0.3\,d$，当弯45°时，取 $0.5\,d$；当弯60°时，取 d；当弯90°时，取 $2\,d$；当弯135°时，取 $3\,d$。

2. 钢筋下料长度计算案例

【例1】某建筑物第一层楼共有5根 L_1 梁，梁的钢筋如图3－1所示，要求制作钢筋配料单。（HRB 335级钢筋末端为90°弯钩，弯起长度250 mm）

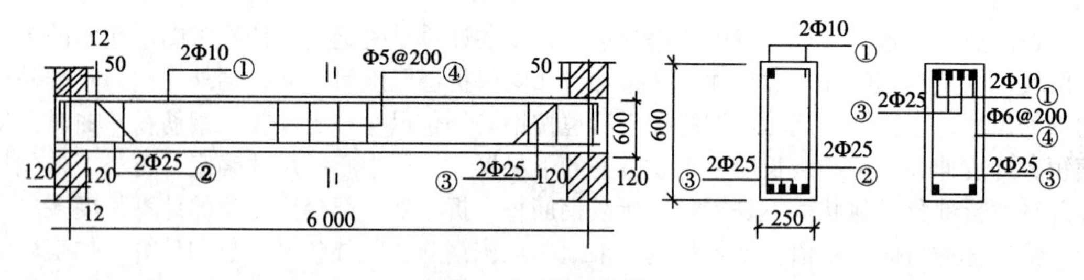

图3－1　梁的钢筋

【解】L_1 梁各钢筋下料长度计算如下：

① 号钢筋为HPB 235级钢筋，两端需做180°弯钩，端头保护层厚25 mm，则钢筋外包尺寸为：6 240－2×25＝6 190 mm。

$$\text{下料长度}=6\,190+2\times6.25\times10=6\,190+125=6\,315\text{ mm}$$

② 号钢筋为，下料长度为：

$$6\,240-2\times25+2\times250-2\times2\,d=6\,190+500-100=6\,590\ \text{mm}$$

③ 号钢筋为弯起钢筋，分段计算其长度：

$$端部平直段长=240+50-25=265\ \text{mm}$$

斜段长=（梁高-2 倍保护层厚度）×1.414=（600-2×25）×1.414=550×1.414=777 mm（1.414 是钢筋弯 45°斜长增加系数）

$$中间直段长=6\,240-2\times25-2\times265-2\times550=6\,240-1680=4\,560\ \text{mm}$$

HRB 335 级钢筋锚固长度为 250 mm，末端无弯钩。

钢筋下料长度为：$2\times(250+265+777)+4\,560-4\times0.5\,d-2\times2\,d=7\,144-150=6\,994$ mm

④ 号钢筋为箍筋，两端弯钩增加值取 100 mm。

箍筋内包尺寸为：宽度 $b=250-2\times25=200$ mm

高度 $h=600-2\times25=550$ mm

箍筋的下料长度=2×（200+550）+100=1 500+100=1 600 mm

箍筋数量=（构件长-两端保护层）÷箍筋间距+1

=（6 240-2×25） ÷200+1=6 190÷200+1

=30.95+1=31.95（取 32 根）

为了加工方便，根据钢筋配料单，每一编号钢筋都做一个钢筋加工牌，钢筋加工完毕将加工牌绑在钢筋上以便识别。钢筋加工牌中注明工程名称、构件编号、钢筋规格、总加工根别、下料长度及钢筋简图、外包尺寸等。

【例 2】已知某教学楼钢筋混凝土框架梁 KL_1 的截面尺寸与配筋（见图 3-2），共计 5 根。混凝土强度等级为 C 25。求各种钢筋下料长度。

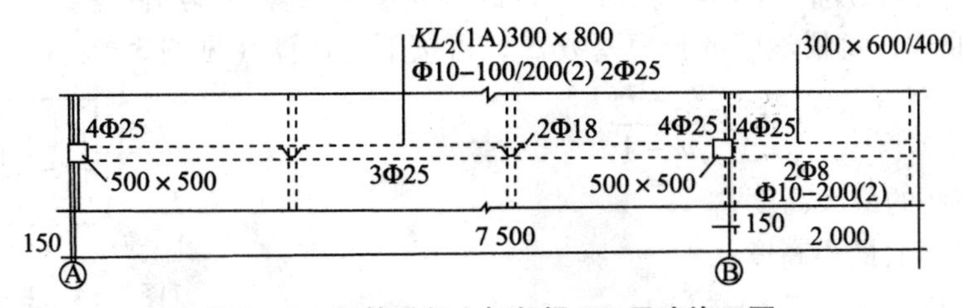

图 3-2 钢筋混凝土框架梁 KL_1 平法施工图

【解】

（1）绘制钢筋翻样图（见图 3-3）

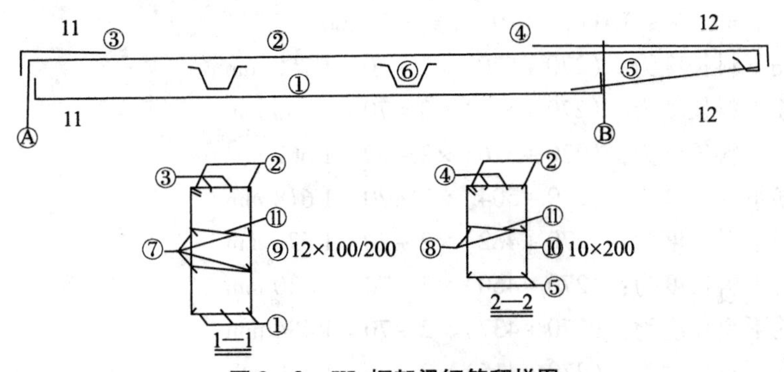

图 3-3 KL_1 框架梁钢筋翻样图

根据“配筋构造”的有关规定，得出：

1）纵向受力钢筋端头的混凝土保护层为25 mm。

2）框架梁纵向受力钢筋Φ25的锚固长度为35×25=875 mm，伸入柱内的长度可达500-25=475 mm，需要向上（下）弯400 mm。

3）悬臂梁负弯矩钢筋应有两根伸至梁端，包住边梁后斜向上伸至梁顶部。

4）吊筋底部宽度为次梁宽+（2×50 mm），按45°向上弯至梁顶部，再水平延伸20 d = 20×18=360 mm。

对照KL_1框架梁尺寸与上述构造要求，绘制单根钢筋翻样图，并将各种钢筋编号。

（2）计算钢筋下料长度

计算钢筋下料长度时，应根据单根钢筋翻样图尺寸，并考虑各项调整值。

① 号受力钢筋下料长度为：(7 800-2×25)+2×400-2×2×25=8 450 mm

② 号受力钢筋下料长度为：

(9 650-2×25)+400+350+200+500-3×2×25-0.5×25=10 887 mm

③ 号受力钢筋下料长度为：2 745+400-2×25=3 095 mm

④ 号受力钢筋下料长度为：4 617+350-2×25=4 917 mm

⑤ 号受力钢筋下料长度为：2 300 mm

⑥ 号吊筋下料长度为：350+2×(1 060+360)-4×0.5×25=3 140 mm

⑦ 号腰筋下料长度为：7 200 mm

⑧ 号腰筋下料长度为：2 050 mm

⑨ 号箍筋下料长度为：2(770+270)+70=2 150 mm

⑩ 号箍筋下料长度，由于梁高变化，因此要先按下式算出箍筋高差Δ。

根据比例原理，每根箍筋的长短差数Δ，可按下式计算（见图3-4）：

$$\Delta = \frac{l_c - l_d}{n - 1}$$

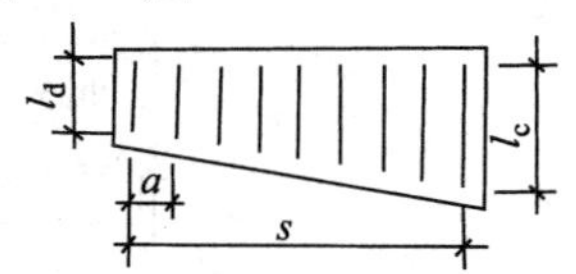

图3-4 变截面构件箍筋

式中 l_c——箍筋的最大高度；

l_d——箍筋的最小高度；

n——箍筋个数，等于$s/a+1$；

s——最长箍筋和最短箍筋之间的总距离；

a——箍筋间距。

箍筋根数 n=(1 850-100)/200+1=10

箍筋高差 Δ=(570-370)/(10-1)=22 mm

① 号箍筋下料长度为：(270+570)×2+70=1 750 mm

② 号箍筋下料长度为：(270+548)×2+70=1 706 mm

③ 号箍筋下料长度为：(270+526)×2+70=1 662 mm

④ 号箍筋下料长度为：(270+504)×2+70=1 618 mm

⑤ 号箍筋下料长度为：(270+482)×2+70=1 574 mm

⑥ 号箍筋下料长度为：(270+460)×2+70=1 530 mm

⑦ 号箍筋下料长度为：(270+437)×2+70=1 484 mm

⑧ 号箍筋下料长度为：(270+415)×2+70=1 440 mm

⑨ 号箍筋下料长度为：(270+393)×2+70=1 396 mm

⑩ 号箍筋下料长度为：(270 + 370) × 2 + 70 = 1 350 mm

⑪ 号单支箍下料长度为：266 + 3 × 8 × 2 = 314 mm

每个箍筋下料长度计算结果如表 3 - 2。

表 3 - 2　钢筋配料单

构件名称：KL_1 梁（5 根）

钢筋编号	简　图	钢　号	直径 /mm	下料长度 /mm	单位根数	合计根数	重量 /kg
①	400　7 750	Φ	25	8 450	3	15	488
②	400　9 600　500　350　200	Φ	25	10 887	2	10	419
③	400　2 745	Φ	25	3 095	2	10	119
④	4 617　350	Φ	25	4 917	2	10	189
⑤	2 300	Φ	18	2 300	2	10	46
⑥	360　1 060　350　1 060　360	Φ	18	3 140	4	20	126
⑦	7 200	Φ	14	7 200	4	20	174
⑧	2 050	Φ	14	2 050	2	10	25
⑨	270　770	ϕ	10	2 150	46	230	305
⑩$_1$	270　570	ϕ	10	1 750	1	5	
⑩$_2$	548 × 270	ϕ	10	1 706	1	5	
⑩$_3$	526 × 270	ϕ	10	1 662	1	5	
⑩$_4$	504 × 270	ϕ	10	1 618	1	5	48
⑩$_5$	482 × 270	ϕ	10	1 574	1	5	
⑩$_6$	460 × 270	ϕ	10	1 530	1	5	
⑩$_7$	437 × 270	ϕ	10	1 484	1	5	
⑩$_8$	415 × 270	ϕ	10	1 440	1	5	
⑩$_9$	393 × 270	ϕ	10	1 396	1	5	
⑩$_{10}$	370 × 270	ϕ	10	1 350	1	5	
⑪	266	ϕ	8	314	28	140	18
							总重 1 957

五、钢筋连接

（一）钢筋焊接

采用焊接代替绑扎，可改善结构受力性能，提高工效，节约钢材，降低成本。结构的有些部位，如轴心受拉和小偏心受拉构件中的钢筋接头，应焊接。普通混凝土中直径大于22 mm 的钢筋和轻骨料混凝土中直径大于 20 mm 的 HRB 335 级钢筋及直径大于 25 mm 的 HRB 335 级和 HRB 400 级钢筋，均宜采用焊接接头。

钢筋的焊接，应采用闪光对焊、电弧焊、电渣压力焊和电阻点焊。

钢筋的焊接质量与钢材的可焊性、焊接工艺有关。在相同的焊接工艺条件下，能获得良好焊接质量的钢材，称其在这种条件下的可焊性好，相反则称其在这种工艺条件下的可焊性差。钢筋的可焊性与其含碳及含合金元素的数量有关。含碳、锰数量增加，则可焊性差；加入适量的钛，可改善焊接性能。焊接参数和操作水平亦影响焊接质量，即使可焊性差的钢材，若焊接工艺适宜，亦可获得良好的焊接质量。

钢筋焊接的接头形式、焊接工艺和质量验收，应符合《钢筋焊接及验收规程》的规定。

1. 闪光对焊

闪光对焊是成本低、质量好、效率较高的一种焊接方法，适于接长直径 10 ~ 40 mm 的Ⅰ ~ Ⅲ级钢筋及直径 10 ~ 25 mm 的Ⅳ级钢筋。闪光对焊的原理是利用对焊机使两段钢筋接触，通过低电压的强电流，当钢筋加热到一定程度时加压焊合。对焊合格的接头不应有横向裂纹和明显烧伤，应有适当墩粗、毛刺均匀。焊接轴线偏移、弯折角度、抗拉强度应符合规定。

钢筋闪光对焊焊接工艺应根据具体情况选择：钢筋直径较小，可采用连续闪光焊；钢筋直径较大，端面比较平整，宜采用预热闪光焊；端面不够平整，宜采用闪光—预热—闪光焊。

（1）连续闪光焊

这种焊接工艺过程是将待焊钢筋夹紧在电极钳口上后，闭合电源，使两钢筋端面轻微接触。由于钢筋端部不平，开始只有一点或数点接触，接触面小而电流密度和接触电阻很大，接触点很快熔化并产生金属蒸气飞溅，形成闪光现象。闪光一开始，即徐徐移动钢筋，形成连续闪光过程，同时接头也被加热。待接头烧平、闪去杂质和氧化膜、白热熔化时，随即施加轴向压力迅速进行顶锻，使两根钢筋焊牢。连续闪光焊所能焊接的最大钢筋直径，应随着焊机容量的降低和钢筋级别的提高而减小。

（2）预热闪光焊

施焊时先闭合电源，然后使两钢筋端面交替地接触和分开。这时钢筋端面间隙中即发出断续的闪光，形成预热过程。当钢筋达到预热温度后进入闪光阶段，随后顶锻而成。

（3）闪光—预热—闪光焊

在预热闪光焊前加一次闪光过程。目的是使不平整的钢筋端面烧化平整。使预热均匀，然后按预热闪光焊操作。焊接大直径的钢筋（直径 25 mm 以上），多用预热闪光焊与闪光—预热—闪光焊。

采用连续闪光焊时，应合理选择调伸长度、烧化留量、顶锻留量以及变压器级数等；采用闪光—预热—闪光焊时，除上述参数外，还应包括一次烧化留量、二次烧化留量、预热留量和预热时间等参数。焊接不同直径的钢筋时，其截面比不宜超过 1.5。焊接参数按大直径的钢筋选择。负温下焊接时，由于冷却快，易产生冷脆现象，内应力也大。所以负温下焊接应减小温度梯度和冷却速度。钢筋闪光对焊后对接头进行外观检查（无裂纹和烧伤、接头弯折不大于 4°，接头轴线偏移小于 0.1 倍的钢筋直径，也不大于 2 mm），还应按 JGJ 18《钢筋焊接及验收规程》的规定进行抗拉强度和冷弯试验。

2. 电弧焊

电弧焊是利用弧焊机使焊条与焊件之间产生高温电弧，使焊条和电弧燃烧范围内的焊件熔化，待其凝固，便形成焊缝或接头。连续闪光焊钢筋上限直径见表 3－3。

表 3－3　连续闪光焊钢筋上限直径

焊机容量/kVA	钢筋级别	钢筋直径/mm
150	HPB 235 级 HRB 335 级 HRB 400 级	25 22 20
100	HPB 235 级 HRB 335 级 HRB 400 级	20 18 16
75	HPB 235 级 HRB 335 级 HRB 400 级	16 14 12

钢筋电弧焊可分帮条焊、搭接焊、坡口焊和熔槽帮条焊四种接头形式。

下面介绍帮条焊、搭接焊和坡口焊，熔槽帮条焊及其他电弧焊接方法详见《钢筋焊接及验收规程》。

（1）帮条焊接头

适用于焊接直径 10～40 mm 的各级热轧钢筋。焊接时，宜采用双面焊；不能进行双面焊时，也可采用单面焊。帮条宜采用与主筋同级别、同直径的钢筋制作，帮条长度见表 3－4。如帮条级别与主筋相同时，帮条的直径可比主筋直径小一个规格，如帮条直径与主筋相同时，帮条钢筋的级别可比主筋低一个级别。

表 3－4　钢筋帮条长度

项次	钢筋级别	焊缝型式	帮条长度 d
1	HPB 235 级	单面焊 双面焊	>8 d >4 d
2	HRB 335 级	单面焊 双面焊	>10 d >5 d

（2）搭接焊接头

搭接焊只适用于焊接直径 10～40 mm 的 HPB 235 和 HRB 335 级钢筋。焊接时，宜采用双面焊；不能进行双面焊时，也可采用单面焊。搭接长度应与帮条长度相同，见表 3－4。

钢筋帮条接头或搭接接头的焊缝厚度 h 应不小于 0.3 倍钢筋直径；焊缝宽度 b 不小于

0.7 倍钢筋直径。

（3）坡口焊接头

坡口焊有平焊和立焊两种。这种接头比上两种接头节约钢材，适用于在现场焊接装配整体式构件接头中直径为 18 ~40 mm 的各级热轧钢筋。钢筋坡口平焊时，V 形坡口角度为 60°；坡口立焊时，坡口角度为 45°；钢垫板长为 40 ~60 mm。平焊时，钢垫板宽度为钢筋直径加 10 mm；立焊时，其宽度等于钢筋直径。钢筋根部间隙，平焊时为 4 ~6 mm，立焊时为 3 ~5 mm。最大间隙均不宜超过 10 mm。

焊接电流的大小应根据钢筋直径和焊条的直径进行选择。

帮条焊、搭接焊和坡口焊的焊接接头，除应进行外观质量检查外，亦需抽样作拉力试验。如对焊接质量有怀疑或发现异常情况，还应进行非破损方式（x 射线、γ 射线、超声波探伤等）检验。

3. 电阻点焊

1）电阻点焊主要用于焊接钢筋网片、钢筋骨架等（适用于直径 6 ~ 14 mm 的 HPB 235 和 HRB 335 级钢筋和直径 3 ~5 mm 的冷拔低碳钢丝），生产效率高、节约材料、应用广泛。

2）电阻点焊的工作原理如图 3 - 5 所示，将已除锈的钢筋交叉点放在点焊机的两电极间，使钢筋通电发热至一定温度后，加压使焊点金属焊合。常用点焊机有单点点焊机、多点点焊机和悬挂式点焊机，施工现场还可采用手提式点焊机。电阻点焊的主要工艺参数为：电流强度、通电时间和电极压力。电流强度和通电时间一般均宜采用电流强度大、通电时间短的参数，电极压力则根据钢筋级别和直径选。

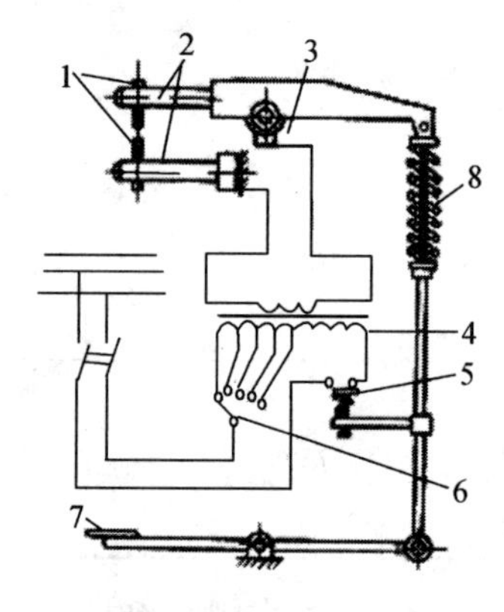

图 3 - 5　点焊机工作原理

1—电极；2—电极臂；3—变压器的次级线圈；4—变压器的初级线圈；5—断路器；6—变压器的调节开关；7—踏板；8—压紧机构

3）电阻点焊的焊点进行外观检查和强度试验，热轧钢筋的焊点应进行抗剪试验。冷处理钢筋除进行抗剪试验外，还应进行抗拉试验。

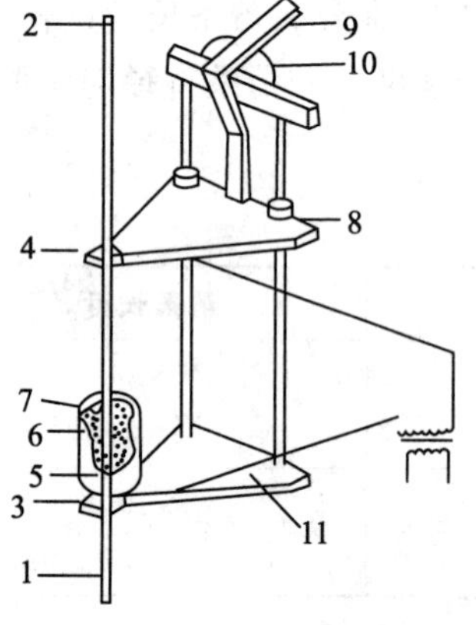

图 3 - 6　焊接夹具构造示意图

1、2—钢筋；3—固定电极；4—活动电极；5—药盒；6—导电剂；7—焊药；8—滑动架；9—手柄；10—支架；11—固定架

4. 电渣压力焊

1）现浇钢筋混凝土框架结构中竖向钢筋的连接，宜采用自动或手工电渣压力焊进行焊接（直径 14 ~40 mm 的 HPB 235 和 HRB 335 级钢筋）。与电弧焊比较，工效高、节约钢材、成本低，在高层建筑施工中得到广泛应用。

2）电渣压力焊设备包括电源、控制箱、焊接夹具、焊剂盒。自动电渣压力焊的设备还包括控制系统及操作箱。焊接夹具（见图 3 - 6）应具有一定刚度，要求坚固、灵巧、上下钳口同心，上下钢筋的轴线应尽量一致，其最大偏移不得超过 0.1 倍的钢筋直径，同时也不得大于 2 mm。焊接时，先将钢筋端部约 120 mm范围内的铁锈除尽，将夹具夹牢在下部钢筋上，并将上部钢筋扶直夹牢于活动电极中，上下钢筋间放一小块导电剂（或钢丝小球），装上药盒，装满焊药，接通电路，用手炳使电弧引燃（引弧）。然后稳弧一定时间使之形成渣池并使钢筋熔化（稳弧），随着钢筋的熔化，用手柄使上部钢筋缓缓下送。稳弧时间的长短视电流、电压和钢筋直径而定。如电流850 A、工作电压40 V左右、Φ30及Φ32钢筋的稳弧时间约50 s。当稳弧达到规定时间后，在断电的同时用手柄进行加压顶锻以排除夹渣气泡，形成接头。待冷却一定时间后即拆除药盒，回收焊药，拆除夹具和清除焊渣。引弧、稳弧、顶锻三个过程连续进行。电渣压力焊的参数为焊接电流、渣池电压和焊接通电时间，它们均根据钢筋直径选择。

3）电渣压力焊的接头，应按规范规定的方法检查外观质量和进行拉力试验。

5. 气压焊

1）气压焊接钢筋是利用乙炔—氧混合气体燃烧的高温火焰对已有初始压力的两根钢筋端面接合处加热，使钢筋端部产生塑性变形，并促使钢筋端面的金属原子互相扩散，当钢筋加热到1 250～1 350 ℃（相当于钢材熔点的0.8～0.9倍，此时钢筋加热部位呈橘黄色，有白亮闪光出现）时进行加压顶锻，使钢筋内的原子得以再结晶而焊接在一起。

2）钢筋气压焊接属于热压焊。在焊接加热过程中，加热温度为钢材熔点的0.8～0.9倍，钢材未呈熔化液态，且加热时间较短，钢筋的热输入量较少，所以不会出现钢筋材质劣化倾向。另外，它设备轻巧、使用灵活、效率高、节省电能、焊接成本低，可进行全方位（竖向、水平和斜向）焊接。

3）气压焊接设备（见图3－7）主要包括加热系统与加压系统两部分。

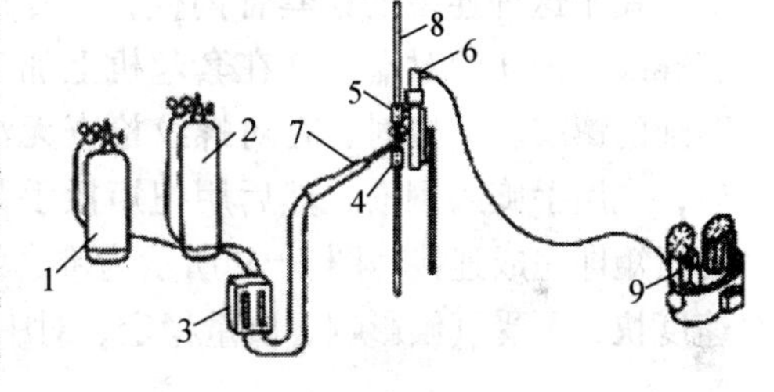

图3－7　气压焊接设备示意图

1—乙炔；2—氧气；3—流量计；4—固定卡具；5—活动卡具；6—压接器；7—加热器与焊炬；8—被焊接的钢筋；9—电动油泵

4）加热系统中的加热能源是氧和乙炔。系统中的流量计用来控制氧和乙炔的输入量，焊接不同直径的钢筋要求不同的流量。加热器用来将氧和乙炔混合后，从喷火嘴喷出火焰加热钢筋，要求火焰能均匀加热钢筋，有足够的温度和功率，并且安全可靠。

5）加压系统中的压力源为电动油泵（亦有手动油泵），使加压顶锻时压力平稳。压接器是气压焊的主要设备之一，要求它能准确、方便地将两根钢筋固定在同一轴线上，并将油泵产生的压力均匀地传递给钢筋，达到焊接的目的。施工时压接器需反复拆，要求它重量轻、构造简单和装拆方便。

6）气压焊接的钢筋要用砂轮切割机断料，不能用钢筋切断机切断，要求端面与钢筋轴线垂直。焊接前应打磨钢筋端面，清除氧化层和污物，使之现出金属光泽，并喷涂一薄层焊接活化剂保护端面不再氧化。

7）钢筋加热前先对钢筋施加30～40 MPa的初始压力，使钢筋端面贴合。当加热到缝隙密合后，上下摆动加热器适当增大钢筋加热范围，促使钢筋端面金属原子互相渗透，以便于加压顶锻。加压顶锻的压应力为34～40 MPa，使焊接部位产生塑性变形。直径小于22 mm的钢筋可以一次顶锻成型，大直径钢筋可以进行二次顶锻。

8）气压焊的接头，应按规定的方法检查外观质量和进行拉力试验。

（二）钢筋机械连接

钢筋机械连接常用挤压连接和锥螺纹套管连接两种形式。它们是近年来大直径钢筋现场连接的主要方法。

1. 钢筋挤压连接

钢筋挤压连接亦称钢筋套筒冷压连接。它是将需连接的变形钢筋插入特制钢套筒内，利用液压驱动的挤压机进行径向或轴向挤压，使钢套筒产生塑性变形，使它紧紧咬住变形钢筋实现连接（见图3－8）。它适用于竖向、横向及其他方向的较大直径变形钢筋的连接。与焊接相比，它具有节省电能、不受钢筋可焊性能的影响、不受气候影响、无明火、施工简便和接头可靠度高等特点。

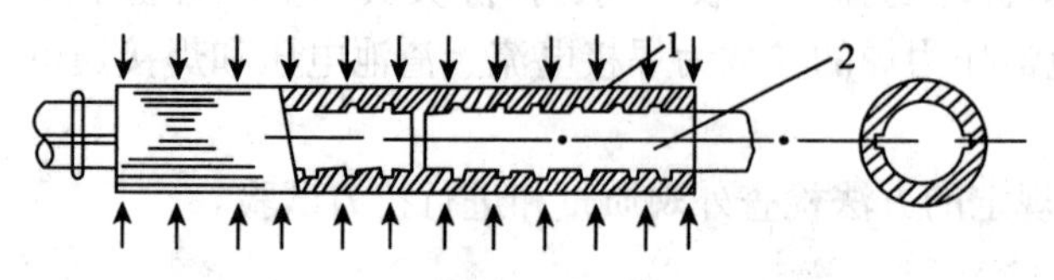

图3－8　钢筋径向挤压连接原理图

1—钢套筒；2—被连接的钢筋

钢筋挤压连接的工艺参数，主要是压接顺序、压接力和压接道数。压接顺序从中间逐道向两端压接。压接力要能保证套筒与钢筋紧密咬合，压接力和压接道数取决于钢筋直径、套筒型号和挤压机型。

2. 钢筋套管螺纹连接

钢筋套管螺纹连接分和直套管两种形式。

用于这种连接的钢套管内壁，用专用机床加工有螺纹，钢筋的对端头亦在套丝机上加工有与套管匹配的螺纹。连接时，在对螺纹检查无油污和损伤后，先用手旋入钢筋，然后用扭矩扳手紧固至规定的扭矩即完成连接。图3－9所示为锥套管，它施工速度快、不受气候影响、质量稳定、对中性好。

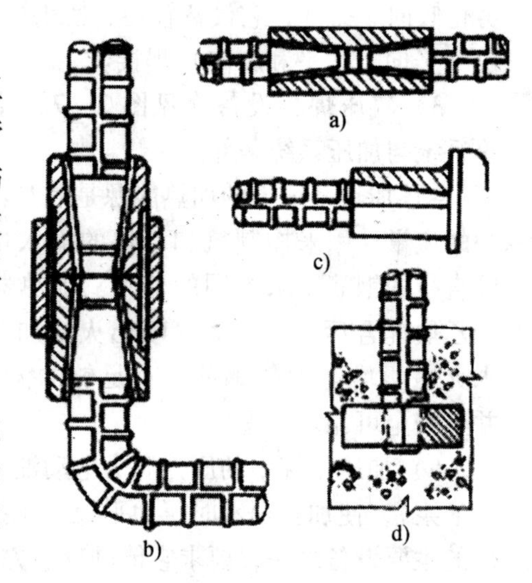

图3－9　钢筋锥套管螺纹连接

a）两根直钢筋连接

b）一根直钢筋与一根弯钢筋连接

c）在金属结构上接装钢筋

d）在混凝土构件中插接钢筋

（三）钢筋绑扎连接

绑扎目前仍为钢筋连接的主要手段之一，尤其是板筋。钢筋绑扎时，应采用铁丝扎牢；板和墙的钢筋网，除外围两行钢筋的相交点全部扎牢外，中间部分交叉点可相隔交错扎牢，保证受力钢筋位置不产生偏移；梁和柱的钢筋应与受力钢筋垂直设置。弯钩叠合处应沿受力钢筋方向错开设置。钢筋绑扎搭接接头的末端与钢筋弯起点的距离，不得小于钢筋直径的10倍，接头宜设在构件受力较小处。钢筋搭接处，应在中部和两端用铁丝扎牢。受拉钢筋和受压钢筋的搭接长度及接头位置要符合《混凝土结构工程施工质量验收标准》（GB 50204—2002）的规定。

六、钢筋代换

钢筋的级别、钢号和直径应按设计要求采用，当施工中遇到钢筋的品种或规格与设计要求不符，缺乏设计所需要的钢筋，需要代换时，应征得设计单位的同意后，按下列原则进行代换。

1）等强度代换。当构件受强度控制时，钢筋可按强度相等原则进行代换，即不同钢号的钢筋按强度相等的原则代换，代换后的钢筋强度应大于或等于代换前的钢筋强度。

如设计中所用钢筋强度为 R_g，钢筋总面积为 A_g；代换后得钢筋强度为 R'_g，钢筋总面积为 A'_g；应使 $R'_g \times A'_g \geqslant R_g \times A_g$，即 $A'_g \geqslant R_g \times A_g / R'_g$。

【例题】某主梁主筋原设计为3Φ20，现无此钢筋，拟用Ⅰ级钢筋代换，试计算后的钢筋直径和根数。

【解】：因 $A'_g \geqslant R_g / R'_g \times A_g = 340 \times 3 \times 314.2/240 = 1\,335\ \text{mm}^2$

故可选用3Φ25代换（$A_g = 3 \times 491 = 1\,473 > 1\,335$）。

2）等面积代换。当构件按最小配筋率配筋时，钢筋可按面积相等的原则进行代换，即同钢号的钢筋按钢筋面积相等的原则代换。

3）当构件受裂缝宽度或挠度控制时，代换后进行裂缝宽度或挠度验算；还应满足构造方面的要求（如钢筋间距、最小直径、最少根数、锚固长度、对称性等）及设计中提出的其他要求。

4）代换后的钢筋应满足构造要求和设计中提出的特殊要求。

七、钢筋的绑扎与安装

1）钢筋按一定的要求切断、弯曲成形后，就可按图纸要求把分散的钢筋绑扎或焊接成骨架。从节约钢材和连接牢固程度讲，最好采用焊接，这在大量施工钢筋的现场是难以做到的。绑扎是经常要进行的工作。钢筋绑扎、安装前，应先熟悉图纸。核对钢筋配料单和钢筋加工牌，研究与有关工种的配合，确定施工方法。

2）钢筋绑扎采用镀锌铁丝。绑扎直径12 mm以下钢筋宜用22号铁丝；12～25 mm直径的钢筋宜用20号；25 mm以上钢筋宜用18号。绑扎用的铁丝长度，一般以用铁丝钩拧2～3转后，铁丝头还留有10 mm左右为宜。

3）绑扎钢筋应注意：

① 板与墙内的钢筋网，在外围两行的相交点要全部绑扎；中间部分可相隔交错扎牢，但必须保证钢筋不移位。双向受力的钢筋，须全部扎牢。

② 纵向受力钢筋绑扎搭接接头面积百分率不大于25%时，其最小搭接长度应符合表3－5的规定。

表3－5　纵向受力钢筋的最小搭接长度

钢筋类型		混凝土强度等级			
		≤C15	C20～C25	C30～C35	≥C40
光圆钢筋	HPB 235级	45 d	35 d	30 d	25 d
带肋钢筋	HRB 335级	55 d	45 d	35 d	30 d
	HRB 400级、RRB 400级	—	55 d	40 d	35 d

注：两根直径不同的钢筋的搭接长度，以较细钢筋的直径计算。

③ 当纵向受拉钢筋搭接接头面积百分率大于25%，但不大于50%时，其最小搭接长

度应按表3－5中的数值乘以系数1.2取用；当接头面积百分率大于50%时，应按表3－5中的数值乘以系数1.35取用。

④ 纵向受拉钢筋的最小搭接长度根据前述②、③条确定后，在下列情况时还应进行修正：带肋钢筋的直径大于25 mm时，其最小搭接长度应按相应数值乘以系数1.1取用；对环氧树脂涂层的带肋钢筋，其最小搭接长度应按相应数值乘以系数1.25取用；当在混凝土凝固过程中受力钢筋易受扰动时（如滑模施工），其最小搭接长度应按相应数值乘以系数1.1取用；对末端采用机械锚固措施的带肋钢筋，其最小搭接长度可按相应数值乘以系数0.7取用；当带肋钢筋的混凝土保护层厚度大于搭接钢筋直径的3倍且配有箍筋时，其最小搭接长度可按相应数值乘以系数0.8取用；对有抗震设防要求的结构构件，其受力钢筋的最小搭接长度对一、二级抗震等级应按相应数值乘以系数1.15取用；对三级抗震等级应按相应数值乘以系数1.05取用。

⑤ 纵向受压钢筋搭接时，其最小搭接长度应根据②～④条的规定确定相应数值后，乘以系数0.7取用。

⑥ 在任何情况下，受拉钢筋的搭接长度不应小于300 mm，受压钢筋的搭接长度不应小于200 mm。

在梁、柱类构件的纵向受力钢筋搭接长度范围内，应按设计要求配置箍筋。

钢筋安装或现场绑扎应与模板安装相配合。柱钢筋现场绑扎时，一般在模板安装前进行，柱钢筋采用预制安装时，可先安装钢筋骨架，然后安装柱模板，或先安装三面模板，待钢筋骨架安装后，再钉第四面模板。梁的钢筋一般在梁模板安装后，再安装或绑扎；断面高度较大（>600 mm）或跨度较大、钢筋较密的大梁，可留一面侧模，待钢筋安装或绑扎完后再钉。楼板钢筋绑扎应在楼板模板安装后进行，并应按设计先画线，然后摆料、绑扎。

钢筋保护层应按设计或规范的要求正确确定。常用专用塑料垫块垫在钢筋与模板之间，以控制保护层厚度。垫块应布置成梅花形，其相互间距不大于1 m。上下双层钢筋之间的尺寸，可通过绑扎短钢筋或设置撑脚来控制。

八、钢筋工程施工质量检查验收方法

钢筋工程属于隐蔽工程，在浇筑混凝土前应对钢筋及预埋件进行隐蔽工程验收，并按规定记好隐蔽工程记录，以便查验。其内容包括：纵向受力钢筋的品种、规格、数量、位置是否正确，特别是要注意检查负筋的位置；钢筋的连接方式、接头位置、接头数量、接头面积百分率是否符合规定；箍筋、横向钢筋的品种、规格、数量、间距等；预埋件的规格、数量、位置等。检查钢筋绑扎是否牢固，有无变形、松脱和开焊。

钢筋工程的施工质量检验应按主控项目、一般项目按规定的检验方法进行检验。检验批合格质量应符合下列规定：主控项目的质量经抽样检验合格；一般项目的质量经抽样检验合格；当采用计数检验时，除有专门要求外，一般项目的合格点率应达到80%及以上，且不得有严重缺陷；具有完整的施工操作依据和质量验收记录。

（一）主控项目

1）进场的钢筋应按规定抽取试件作力学性能检验，其质量必须符合有关标准的规定。

检查数量：按进场的批次和产品的抽样检验方案确定。

检验方法：检查产品合格证、出厂检验报告和进场复检报告。

2）对有抗震设防要求的框架结构，其纵向受力钢筋的强度应满足设计要求；当设计无具体要求时，对一、二级抗震等级，检验所得的强度实测值应符合下列规定：

① 钢筋的抗拉强度实测值与屈服强度实测值的比值不应小于1.25；

② 钢筋的屈服强度实测值与强度标准值的比值不应大于1.3。

检查数量：按进场的批次和产品的抽样检查方案确定。

检验方法：检查进场复验报告。

3）受力钢筋的弯钩和弯折应符合下列规定：HPB 235级钢筋末端应作180°弯钩，其弯弧内直径不应小于钢筋直径的2.5倍，弯钩的弯后平直部分长度不应小于钢筋直径的3倍；当设计要求钢筋末端需作135°弯钩时，HRB 335级、HRB 400级钢筋的弯弧内直径不应小于钢筋直径的4倍，弯钩的弯后平直部分长度应符合设计要求；钢筋作不大于90°的弯折时，弯折处的弯弧内直径不应小于钢筋直径的5倍。除焊接封闭环式箍筋外，箍筋的末端应作弯钩，弯钩形式应符合设计要求。当设计无具体要求时，应符合下列规定：箍筋弯钩的弯弧内直径除应满足本条前述的规定外，尚应不小于受力钢筋直径；箍筋弯钩的弯折角度，对一般结构，不应小于90°，对有抗震等要求的结构，应为135°；箍筋弯后平直部分长度，对一般结构，不宜小于箍筋直径的5倍，对有抗震等要求的结构，不应小于箍筋直径的10倍。

检查数量：每工作班同一类型钢筋、同一加工设备抽查不应少于3件。

检验方法：钢尺检查。

4）纵向受力钢筋的连接方式应符合设计要求。

检查数量：全数检查。

检验方法：观察。

5）钢筋机械连接接头、焊接接头应按国家现行标准的规定抽取试件作力学性能检验，其质量应符合有关规程的规定。

检查数量：按有关规程确定。

检验方法：检查产品合格证、接头力学性能试验报告。

6）钢筋安装时，受力钢筋的品种、级别、规格和数量必须符合设计要求。

检查数量：全数检查。

检查方法：观察、钢尺检查。

（二）一般项目

1）钢筋应平直、无损伤，表面不得有裂纹、油污、颗粒状或片状老锈。

检查数量：进场时和使用前全数检查。

检验方法：观察。

2）钢筋调直宜采用机械方法；当采用冷拉方法调直钢筋时，钢筋的冷拉率应符合规范要求。

检查数量：按每工作班同一类型钢筋、同加工设备抽查不应少于3件。

检验方法：观察，钢尺检查。

3）钢筋加工的形状、尺寸应符合设计要求，其偏差应符合表3-6的规定。

表 3-6　钢筋加工的允许偏差

项目	允许偏差/mm
受力钢筋顺长度方向全长的净尺寸	±10
弯起钢筋的弯折位置	±20
箍筋内净尺寸	±5

检查数量：按每工作班同一类型钢筋、同加工设备抽查不应少于 3 件。

检验方法：钢尺检查。

4）钢筋的接头宜设置在受力较小处。同一纵向受力钢筋不宜设置两个或两个以上接头。接头末端至钢筋弯起点的距离不应小于钢筋直径的 10 倍。

检查数量：全数检查。

检验方法：观察，钢尺检查。

5）施工现场应按国家现行标准《钢筋机械连接通用技术规程》JGJ 107、《钢筋焊接及验收规程》JGJ 18 的规定对钢筋机械连接接头、焊接接头的外观进行检查，其质量应符合有关规范的规定。

检查数量：全数检查。

检验方法：观察。

6）当受力钢筋采用机械连接接头或焊接接头时，设置在同一构件内的接头宜相互错开。纵向受力钢筋机械连接接头及焊接接头连接区段的长度为 35 倍 d（d 为纵向受力钢筋的较大直径）且不小于 500 mm，凡接头中点位于该连接区段长度内的接头均属于同一连接区段。同一连接区段内，纵向受力钢筋的接头面积百分率应符合设计要求；当设计无要求时，在受拉区不宜大于 50%；接头不宜设置在有抗震设防要求的框架梁端、柱端的箍筋加密区；当无法避开时，对等强度高质量机械连接接头，不应大于 50%；直接承受动力荷载的结构构件中，不宜采用焊接接头；当采用机械连接接头时，不应大于 50%。

同一构件中相邻纵向受力钢筋的绑扎搭接接头宜相互错开。绑扎搭接接头中钢筋的横向净距不应小于钢筋直径，且不应小于 25 mm。钢筋绑扎搭接接头连接区段的长度为 $1.3L$，凡搭接接头中点位于该连接区段长度内的搭接接头均属于同一连接区段。同一连接区段内纵向钢筋搭接接头面积百分率应符合设计要求；当设计无具体要求时，对梁类、板类及墙类构件，不宜大于 25%；对柱类构件，不宜大于 50%；当工程中确有必要增大接头面积百分率时，对梁类构件不应大于 50%；对其他构件，可根据实际情况放宽。纵向受力钢筋绑扎搭接接头的最小搭接长度应符合表 3-5 的规定。

检查数量：在同一检验批内，对梁、柱和独立基础，应抽查构件数量的 10%，且不少于 3 件；对墙和板，应按有代表性的自然间抽查 10%，且不少于 3 间；对大空间结构，墙可按相邻轴线间高度 5 m 左右划分检查面，板可按纵横轴线划分检查面，抽查 10%，且均不少于 3 面。

检验方法：观察，钢尺检查。

7）在梁、柱类构件的纵向受力钢筋搭接长度范围内，应按设计要求配置箍筋。当设计无具体要求时，箍筋直径不应小于搭接钢筋较大直径的 0.25 倍；受拉搭接区段的箍筋间距不应大于搭接钢筋较小直径的 5 倍，且不应大于 100 mm；受压搭接区段的箍筋间距不应大于搭接钢筋较小直径的10倍，且不应大于200 mm；当柱中纵向受力钢筋直径大于25 mm时，应在搭接接头两个端面外100 mm范围内各设置两个箍筋，其间距宜为50 mm。

检查数量：在同一检验批内，对梁、柱和独立基础，应抽查构件数量的10%，且不少于3件；对墙和板，应按有代表性的自然间抽查10%，且不少于3间；对大空间结构，墙可按相邻轴线间高度5 m左右划分检查面，板可按纵，横轴线划分检查面，抽查10%，且均不少于3面。

检验方法：钢尺检查。

8）钢筋安装位置的偏差应符合表3－7的规定。

表3－7　钢筋安装位置的允许偏差和检验方法

<table>
<tr><th colspan="3">项目</th><th>允许偏差/mm</th><th>检验方法</th></tr>
<tr><td rowspan="2">绑扎钢筋网</td><td colspan="2">长、宽</td><td>±10</td><td>钢尺检查</td></tr>
<tr><td colspan="2">网眼尺寸</td><td>±20</td><td>钢尺量连续三档，取其最大值</td></tr>
<tr><td rowspan="2">绑扎钢筋骨架</td><td colspan="2">长</td><td>±10</td><td>钢尺检查</td></tr>
<tr><td colspan="2">宽、高</td><td>±5</td><td>钢尺检查</td></tr>
<tr><td rowspan="5">受力钢筋</td><td colspan="2">间距</td><td>±10</td><td rowspan="2">钢尺量两端、中间各一点取其最大值</td></tr>
<tr><td colspan="2">排距</td><td>±5</td></tr>
<tr><td rowspan="3">保护层厚度</td><td>基础</td><td>±10</td><td>钢尺检查</td></tr>
<tr><td>梁柱</td><td>±5</td><td>钢尺检查</td></tr>
<tr><td>墙板</td><td>±3</td><td>钢尺检查</td></tr>
<tr><td colspan="3">绑扎箍筋、横向钢筋间距</td><td>±20</td><td>钢尺量连续三档，取其最大值</td></tr>
<tr><td colspan="3">钢筋弯起点位移</td><td>20</td><td>钢尺检查</td></tr>
<tr><td rowspan="2">预埋件</td><td colspan="2">中心线位置</td><td>5</td><td>钢尺检查</td></tr>
<tr><td colspan="2">水平高差</td><td>+3，0</td><td>钢尺和塞尺检查</td></tr>
</table>

检查数量：在同一检验批内，对梁、柱和独立基础，应抽查构件数量的10%，且不少于3件；对墙和板，应按有代表性的自然间抽查10%，且不少于3间；对大空间结构，墙可按相邻轴线间高度5 m左右划分检查面，板可按纵、横轴线划分检查面，抽查10%，且均不少于3面。

项目三　模板工程施工

一、模板的体系构成

模板通常由模板系统、支架系统两部分组成，此外还有适量的连接件。可以在现场组装，也可以预先拼装好，吊运到指定位置安装使用，预先拼装模板周转方便，能加快施工进度、节省装拆人工，有利于提高模板工程的经济效益。

确定支模方案，要考虑模板承受的荷载及模板材料的性能。在建筑工程施工中，钢筋混凝土构件可分为竖向构件与水平构件，模板施工按照构造要求支设。

1. 竖向构件模板

混凝土竖向构件（如柱、墙、筒体）采用竖直方向的侧模板，其配制特点如下。

1）承受水平（侧）压力，包括新浇筑混凝土的侧压力、振捣混凝土产生的振动荷载以及从料斗或小车向模板中倾倒混凝土产生的冲击力。

2）混凝土侧压力沿模板高度分布的规律是“上小下大”。模板变形，胀模多发生在下部。若浇筑同一构件的混凝土速度过快，尤其是在较低气温下快速浇筑，这种可能性越大。

3）混凝土侧压力只在短短数小时内存在，在浇筑、振捣混凝土时达到最大值。随着混凝土的凝固迅速减小直至消失为零。

4）当混凝土达到一定强度，在不损坏其表面及棱角的情况下应尽早拆模，可利用模板周转，提高模板的经济效益。

2. 水平构件模板

混凝土水平构件包括梁、板、雨篷、挑檐、楼梯等，通常由水平（或倾斜）底模板，高度不大的侧模板及支架系统组成。水平模板的特点如下。

1）承受竖向压力，包括模板与支架自重、钢筋重量、新浇筑的混凝土重量以及施工人员、运输工具、振捣荷载等。

2）经过较长一段时间，混凝土达到一定强度后才允许拆除底模和支架，在低温条件下，底模板与支架的留置时间要长。

3）多层楼板模板支架的拆除，应符合规范要求。上层楼板支模夹注混凝土时，下层模板支架不得拆除，再下一层模板的支架，仅可拆除一部分。跨度 4 m 以上的梁下应保留支架，间距不超过 3 m。同时必须防止施工荷载的出现，如大量材料集中堆放、混凝土过量集中卸料等。

4）在竖向压力下，模板与支架连接处的压缩、支架的下陷可能引起梁构件下沉。因此，当梁的跨度大于 4 m，支模应当起拱，将梁跨中底模板升高跨度的 1/1 000 ~ 3/1 000。

重要结构的模板及支架，为确保安全，应进行设计及验算；注意因施工条件、材料、荷载及受力状态变化引起的与设计不符等因素出现。设计模板应选择最不利荷载组合。不同材料的模板构件，设计时的重点也不同。定型钢模板、梁模板、托木等主要考虑抗弯强度及挠度；支柱要注意受压后的稳定性。

二、模板的配制与安装

1. 模板的配置

1）熟悉施工图纸、设计变更等技术资料，全面考虑模板的选型制作，尽最大可能采用定型模板和工具式支模。同时，还应注意施工进度、施工层及施工段的划分，决定模板的数量。配制模板时，还应根据施工要求。定型模板、支模工具不要经常改变位置、尺寸或改作它用。模板要定型化、工具化和装配化。要支模合理、拆装方便、便于周转、节省设备材料。

2）模板放样。为便于模板的制作、安装与拆卸，对复杂的结构构件要进行模板放样。如绘出整体模板结构图、标注尺寸、相互关系及构造样式，必要时绘出节点构造详图。这样既保证模板质量，又力求省工省料。最后绘制模板放线图，该图是指导模板安装的施工图，将图纸中有关尺寸综合标在一张纸上，对于复杂的部位，就要绘制剖面图和大样图。

对模板放线图在施工操作时应注意事项如下。

① 标高：图中均注相对标高，以下一层装饰面层顶部为 ±0.000，而混凝土顶面相对标高则不包括上一层装饰面层厚度。

② 混凝土墙、柱：用粗实线表示，注明中轴线及细部尺寸。对于管网、设备安装所必须标注的墙体位置，可用虚线表示。

③ 梁：用双实线表示。在两线间依次注明梁的编号、梁宽、梁高、净长及梁底（模板顶面）的相对标高。

④ 板：注明板厚及板底标高。

⑤ 楼梯：应注明底模板两端交线的水平位置或标高。这些尺寸可通过计算或绘制1∶1～2的大样图来决定。施工时在底板位置确定并安装后，可在墙上或边板上定出首、末两极角部位置，连成斜线，再按级数等分，确定踢脚板位置。如楼梯踏步抹面层（或装饰层）厚度与楼梯抹面层厚度不同，则首、末两极踏步的高度应按两者差值增减，与其他踏步不同。

2. 模板的安装

合理选择模板安装顺序，一般是自下而上安装。安装过程中注意模板的稳定，可设临时支撑稳住模板，待安装完毕且校正无误后方可固定。上下层模板的立柱，应当在一条竖向中心线上，有利于荷载有效传递。底层支柱必须坐落在坚实的地基上，并有足够的支撑面积。

模板安装要与钢筋绑扎、水电安装密切配合，相互创造条件。如有预埋件时，先在模板相应位置画线作出标记，后将预埋件紧贴在模板上加以固定。

模板的安装应考虑拆除方便，宜在不拆梁底板及支架情况下拆除梁侧板和平板底板，可周转使用。模板安装过程应注意垂直度、中心线、标高（称两线一高）及各部尺寸正确。浇捣混凝土时，要观察模板的变形，发现位移、胀模、下沉、漏浆、支架松动、地基下沉等现象，应及时采取措施对模板进行加固处理。

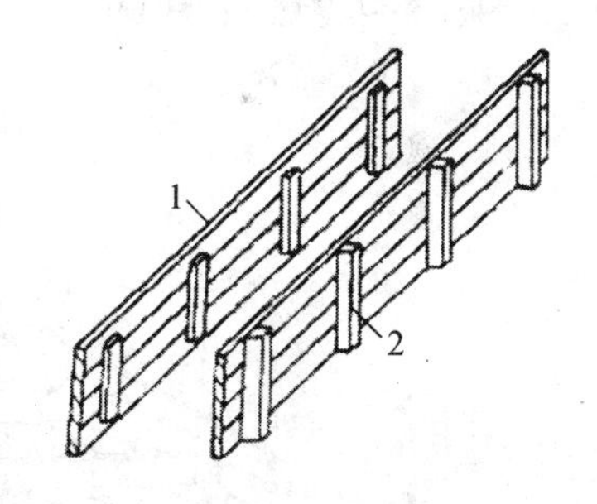

图 3－10　拼板的构图

1—板条；2—拼条

三、木模板

木模板一般是在木工车间或木工棚加工成基本组件，然后在现场进行拼装。拼板由板条用拼条钉成，如图 3－10 所示，板条厚度一般为 25～50 mm，宽度不宜超过 200 mm（工具式模板不超过 150 mm），以保证在干缩时缝隙均匀，浇水后易于密缝，受潮后不易翘曲，梁底的拼板由于承受较大的荷载要加厚至 40～50 mm。拼板的拼条根据受力情况可以平放也可以立放。拼条间距取决于所浇筑混凝土的侧压力和板条厚度，一般为 400～500 mm。

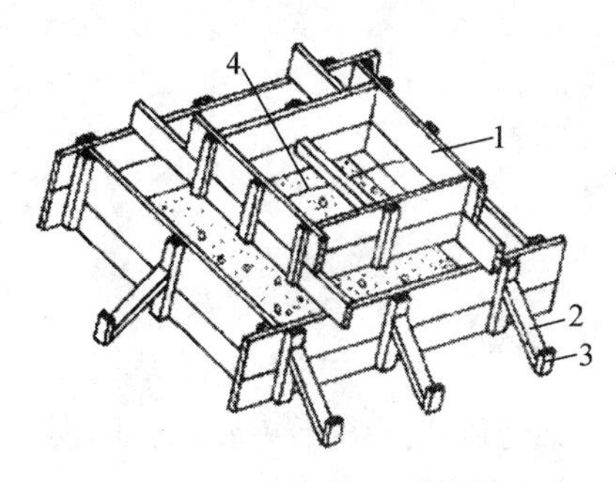

图 3－11　阶梯形基础模板

1—拼板；2—斜撑；3—木桩；4—铁丝

1. 基础模板

如土质较好，阶梯形基础模板的最下一级可不用模板进行原槽浇筑。安装时，要保证上、下模板不发生相对位移。如有杯口，还要在其中放入杯口模板。如图 3－11 所示。

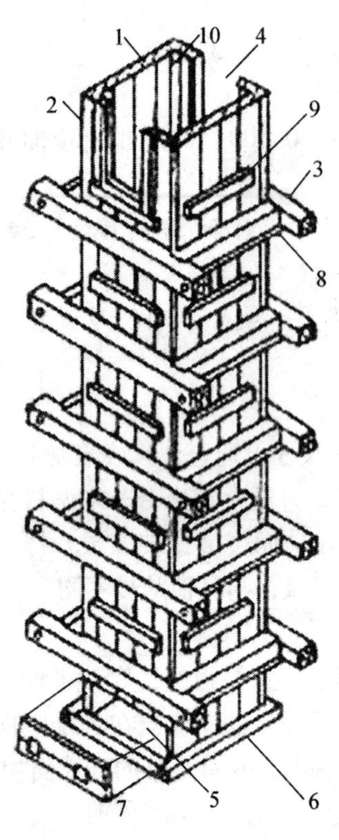

图3－12　柱子模板

1—内拼板；2—外拼板；3—柱箍；4—梁缺口；5—清理孔；6—木框；7—盖板；8—拉紧螺栓；9—拼条；10—三角板

2. 柱子模板

由两块相对的内拼板夹在两块外拼板之间拼成，亦可用短横板（门子板）代替外拼板钉在内拼板上，如图3－12所示。

由于柱子底部混凝土侧压力较大，因此柱底一般有一个钉在底部混凝土上的木框，用以固定柱模板底板的位置。柱模板底部开有清理孔，沿高度每间隔2 m开有浇筑孔。模板顶部根据需要开有与梁模板连接的缺口。为承受混凝土的侧压力和保持模板形状，拼板外面要设柱箍。柱箍间距与混凝土侧压力、拼板厚度有关。由于柱子底部混凝土侧压力较大，因而柱模板越靠近下部柱箍越密。

3. 梁模板

如图3－13所示，梁模板由底模板和侧模板等组成。梁底模板承受垂直荷载，一般较厚，下面有支架（琵琶撑）支撑。支架的立柱最好做成可以伸缩的，以便调整高度，底部应支撑在坚实的地面、楼面上或垫以木板。在多层框架结构施工中，应使上层支架的立柱对准下层支架的立柱。支架间应用水平和斜向拉杆拉牢，以增强整体稳定性，当层间高度大于5 m时，宜选桁架作模板的支架，以减少支架的数量。梁侧模板主要承受混凝土的侧压力，底部用钉把支架顶部的夹条夹住，顶部可由支撑楼板的格栅或支撑顶住。

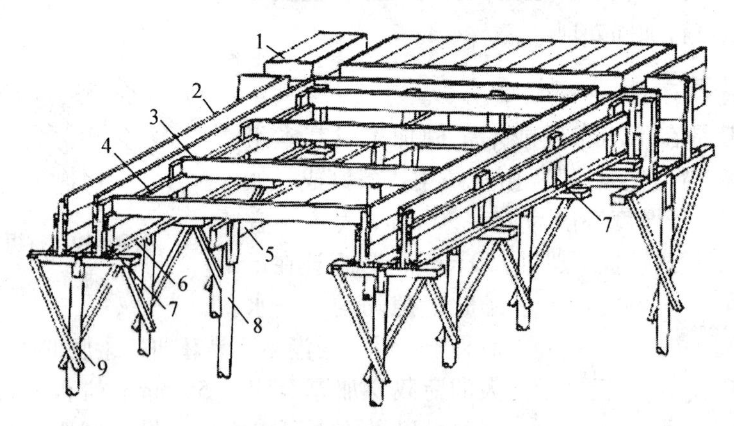

图3－13　梁及楼板模板

1—楼板模板；2—梁侧模板；3—格栅；4—横档；5—牵档；6—夹条；7—短撑；8—牵杠撑；9—支撑

高大的梁，可在侧板中上位置用铁丝或螺栓相互撑拉，梁跨度大于等于4 m时，底模应起拱，如设计无要求时，起拱高度宜为全跨长度的（1～3）/1 000。

4. 楼板模板

如图 3－13 所示，楼板模板主要承受竖向荷载，目前多用定型模板。

它支撑在搁栅上，搁栅支撑在梁侧模外的横档上，跨度大的楼板，搁栅中间可以再加支撑作为支架系统。

四、组合钢模板

组合钢模板由钢模板和配件两大部分组成，它可以拼成不同尺寸、不同形状的模板，以适应基础、柱、梁、板、墙施工的需要。组合钢模板尺寸适中、组装灵活、装拆方便，既适用于人工装拆，也可预拼成大模板、台模等，然后用起重机吊运安装。

1. 钢模板

钢模板有通用模板和专用模板两类。

通用模板包括平面模板、阴角模板、阳角模板和连接角模；专用模板包括倒棱、柔性、搭接、可调及嵌补模板等。

平面模板由面板、边框、纵横肋构成。边框与面板常用 2.5～3.0 mm 厚钢板冷轧冲压整体成形，纵横肋用 3 mm 厚扁钢与面板及边框焊成。为便于连接，边框上有连接孔，边框的长向及短向的孔距均一致，以便横竖都能拼接。平模的长度有 1 800 mm、1 500 mm、1 200 mm、900 mm、750 mm、600 mm、450 mm 7 种规格，宽度有 100～600 mm（以 50 mm 进级）11 种规格，因而可组成不同尺寸的模板。在构件接头处及一些特殊部位，可用专用模板嵌补。不足模数的空缺也可用少量木模补缺，用钉子或螺栓将方木与平模边框孔洞连接。阴、阳角模用于成型混凝土结构的阴、阳角，连接角模用做两块平模拼成 90°角的连接件。

2. 钢模配板

采用组合钢模时，同一构件的模板展开可用不同规格的钢模作多种方式的组合排列，因而形成不同的配板方案。配板方案对支模效率、工程质量和施工成本都有影响。合理的配板方案应满足：钢模块数少、木模嵌补量少，并能使支撑件布置简单、受力合理。其原则如下。

1）优先采用通用规格及大规格模板。这样模板的整体性好，又可以减少装拆工作。

2）合理排列模板。宜以其长边沿梁、板、墙的长度方向或柱的方向排列，以利使用长度规格大的钢模，并扩大钢模的支撑跨度。如结构的宽度恰好是钢模长度的整倍数量，也可将钢模的长边沿结构的短边排列。模板端头接缝宜错开布置，以提高模板的整体性，并使模板在长度方向易保持平直。

3）合理使用角模。对无特殊要求的阳角，可不用阳角模，而用连接角模代替。阴角模宜用于长度大的阴角，柱头、梁口及其他短边转角（阴角）处，可用方木嵌补。

4）便于模板支撑件（钢棱或桁架）的布置。对面积较方整的预拼装大模板及钢模端头接缝集中在一条线上，直接支撑钢模的钢棱，其间距布置要考虑接缝位置，应使每块钢模都有两道钢棱支撑。对端头错缝连接的模板，其直接支撑钢模的钢棱或桁架的间距，可不受接缝位置的限制。

3. 组合钢模板的优点

组合钢模板具有许多优点：强度高、刚度大、坚固耐用、规格齐全、装配灵活、通用性好、板面平整、拼缝严密等。

（1）坚固耐用

钢模板及配件都是工厂化生产的工具式部件，加工精细，拼焊牢固，能够周转使用百次以上。

（2）组配灵活

组合钢模规格齐全，拼装孔位置精确，可以拼成以 50 mm 为模数的各种尺寸定型模板。

（3）拼缝严密

钢模板由压轧成型，制作精度高，出厂标准能使拼缝宽度控制在 1 mm 以内。

（4）刚度大

钢模板肋条高 55 mm 相当于木模板的小棱，因此模板本身刚度大。只要再配备少量主棱木及支柱，就相当于完整的木模板结构。

（5）板面平整光滑

用组合钢模板浇出的混凝土，表面平整光滑，整齐美观，略加修整就可以在上面涂刷或黏结饰面层。

（6）有利于机械施工

利用连接件将组合模板组成有一定刚度的大模板，可用吊装机械整体拆装转运，为模板工程的机械化施工创造了条件。

4. 模板分项工程施工方案

下面以某工程项目的模板工程施工方案进行简单介绍。

某框架楼工程

模板工程施工方案

一、工程概况

1. 工程名称：建筑装饰城商业门市房工程。

2. 工程地点：×××。

3. 结构类型：本工程为二层现浇钢筋混凝土框架结构。

4. 建筑面积：本工程为两栋相同结构形式的框架楼，单个建筑面积为 3 623.48 m^2，总建筑面积为 7 246.96 m^2。

5. 结构设计：抗震设防烈度为 6 度，标准冻深 0.85 m，基础采用独立基础，以场地土层中第 3 层卵石层作为基础持力层；主体结构为全现浇钢筋混凝土框架结构，砌体隔墙做法为：0.9 m 标高以下墙体和女儿墙采用 M5 水泥沙浆、MU10 高掺量粉煤灰烧结砖砌筑，0.9 m 标高以上墙体采用 M5 混合砂浆、加气混凝土砌块砌筑。

二、编制依据

本施工方案的支撑系统以 JGJ 59—99《建筑施工安全检查标准》和 JGJ 130—2001《建筑施工扣件式钢管脚手架安全技术规范》及 JGJ80—91《建筑施工高处作业安全技术规范》的规定为编制依据。

三、模板支撑系统的材料和要求

1. 模板及支撑系统的材料选用

（1）采用 ϕ48 mm×3.2 mm Q235—A 碳素结构钢制造的焊接钢管为满堂模板支架的立柱，纵、横向扫地杆，纵、横向水平杆、剪刀斜撑的材料。

（2）采用 KTH330— 08 可锻铸铁制作的直角扣件、对接扣件、旋转扣件为支架钢管的连接和固定件。

（3）采用定型组合钢模板及胶合板作为模板主要材料。

2. 模板支撑系统的材料要求

（1）钢管：

A. 钢管必须有有效的产品质量合格证书、钢管材质检验报告、生产厂家资质证书和生产许可证。

B. 钢管两端面必须平整。

C. 钢管外观表面光滑、无裂纹、分层、压痕、划道和硬弯。

D. 钢管无锈蚀，有防锈处理。

E. 不得使用用电焊对接的钢管和中间有孔眼的钢管。

（2）扣件：

A. 扣件必须有有效的产品质量合格证书、扣件材质检验报告，生产厂家资质证书和生产许可证。

B. 扣件的机械性能不低于 KTH330—08 可锻铸铁的标准。

C. 扣件不得有裂纹、气孔；不得有缩松、砂眼和其他影响质量的铸造缺陷。

D. 扣件与钢管的贴合必须严格整形，保证与钢管扣紧时接触良好。

E. 扣件活动部位应能灵活转动，旋转扣件的两旋转面间隙应小于 1 mm。

F. 当扣件夹紧时，开口处的最小距离应不小于 5 mm。

G. 扣件螺栓拧紧扭力矩达 70 N · m 时，扣件不得破坏。

H. 扣件表面应有防锈处理。

（3）模板材料：胶合板用方木中间不得有节疤、裂纹，钢模板应表面平整、尺寸规整、无变形及生锈等。

（4）底座：梁立杆底部垫 300 mm × 300 mm × 100 mm 铁垫片。

四、模板支撑系统的构造和要求

本工程采用钢管扣件式支架，由立柱、水平杆、纵（横）向水平拉接杆、纵（横）向扫地杆和固定架体的剪刀撑、底座组成。

（1）立柱：采用单管立柱。立柱距楼板模 50 cm 处，用 2 m 长钢管、3 个旋转扣件与立柱对接，接高钢管底端必须设置纵（横）向水平杆，防止钢管滑移。立柱安装在底座上，设置时必须垂直。

（2）水平杆：搁杆的长度必须按施工要求下料，中间不得有接头，安装时，必须呈水平状态，直角扣件低于立柱顶端 3 mm。

（3）纵、横向水平拉接杆：横向水平杆应设置于纵向水平拉接杆上面，用直角扣件与立柱紧密紧固。纵、横向水平拉接杆在采用搭接接长时，搭接长度不得小于 1 m，用 3 个旋转扣件连接。

（4）纵、横向扫地杆：纵向扫地杆应设置于横向水平拉接杆下面，用直角扣件与立柱紧密紧固。纵、横向扫地杆在采用搭接接长时，搭接长度不得小于 1 m，用 3 个旋转扣件连接。

（5）剪刀撑：撑杆与地面呈 45° ~60°角，两端与中间每隔 4 排立柱设置一道纵向剪刀撑，由底至顶连续设置。高于 4 m 的支架从两端与中间每隔 4 排立柱从顶层开始向下每隔 2 步设置一道水平剪刀撑。

（6）连墙件：利用现浇混凝土柱子，用钢管设置井字形，把架体与混凝土柱子连接，增加架体的稳定性和刚性。

（7）地基与基础：本工程楼板底层立杆地基为回填基砂压实。

五、搭设与拆除

1. 施工准备

（1）本单位工程施工组织设计由项目技术负责人编制，监理单位审核同意后，上报当地安监部门备案方可执行。

（2）单位工程负责人、项目安全员，应按施工组织设计中有关模板支撑系统的要求，向搭设和使用人员进行安全技术交底。

（3）按施工组织设计要求对钢管、扣件、进行检查验收，不合格产品不得使用。

（4）搭设场地应无杂物、平整、无积水。施工现场必须平整夯实。

（5）认真检查电动工具的电源线绝缘、漏电保护装置是否齐全、灵敏有效，做好夜间准备工作，要有足够的照明保证安全施工，并做好垂直运输的施工准备工作。

（6）做好防火工作，木料必须远离火源，电气操作按安全操作规程操作。

（7）高处作业必须严格按照《高处作业安全技术规范》操作，所有工具不用时要及时放入工具袋内，不能随意将工具放在模板、架体上，以防坠落伤人。

2. 搭设

（1）按模板支架的立柱纵、横排距进行放线、定位、安放立柱垫木。梁立柱间距800 mm×1 000 mm，板立柱间距为800 mm×800 mm。

（2）架体搭设应从边跨开始：放置纵向扫地杆→立柱横向扫地杆→第一步纵向水平拉接杆→第一步横向水平拉接杆→第二排立柱→第三排立柱……→水平杆→剪刀撑→模板安装。

（3）剪刀撑设置必须随立杆、纵向和横向水平拉接杆同步搭设，各底层斜杆下端均必须支撑在垫块上，并利用地梁和基础进行卸荷。

（4）扣件规格必须与钢管外径相同，各杆端伸出扣件盖板边缘应不小于150 mm。临边杆端伸出建筑物边缘不大于300 mm。扣件螺栓拧紧力矩应不小于45 N·m，不大于60 N·m。

3. 模板支撑系统搭设检查和验收

模板支撑系统搭设完毕，项目部会同技术负责人、安全管理人员进行检查，按照JGJ 130—2001《建筑施工扣件式钢管脚架安全技术规范》、JGJ 80—91《建筑施工高处作业安全技术规范》、JGJ 59—99《建筑施工安全检查标准》进行验收，验收合格后上报监理，复查后方可投入使用。

4. 模板支撑系统的拆除

（1）支架拆除前，应全面检查作业环境，经技术负责人批准后方可实施。

（2）现浇模板及其支架拆除时的混凝土强度应符合设计要求，必须有项目部技术负责人审批签字后方可实施。

（3）单位工程负责人必须对拆除施工人员进行技术交底和班前教育。

（4）必须对支架上的杂物及地面障碍物清理干净。

（5）拆模时不要用力过猛过急，拆下来的钢管、木料要及时整理运走。

（6）拆除时，模板支架的各构配件严禁抛掷至地面。

（7）拆除顺序与搭设顺序相反，应从上到下逐步拆除，严禁上下同时作业。

（8）当模板支架拆至下部最后一步立柱时，应先在适当位置搭设临时抛撑杆加固。

（9）按规格、品种随时堆码存放，并做好清理和防锈工作。

六、安全管理和检查

（1）模板支撑系统搭设人员上岗时必须戴好安全帽、系好安全带、穿防滑鞋等。

（2）在搭设阶段，必须随时进行安全质量检查。对支架基础、立柱、纵、横向水平拉接杆进行垂直度、水平度检查和主柱间距复核。检查合格后方可进入模板安装施工。

（3）模板安装、钢筋铺设完毕后，应对支架进行全面检查。

① 地基是否积水，底座是否松动，主柱是否悬空。

② 各紧固扣件螺栓是否松动。

③ 立柱的沉降与垂直度是否符合要求。

④ 各种安全防护设施和支架加固设施是否完好无损。

（4）在浇捣混凝土时，应有专人负责对支架的不间断检查，检查人员按施工面积大小决定，且不少于3人。支架检查人员对支架安全有怀疑时有权决定继续施工或停止施工，混凝土浇捣人员必须无条件听从支架检查人员的决定。

（5）有下列情况之一必须立即停工整改。

① 当立柱基础发生下沉时。

② 当纵、横向水平拉杆和纵、横向扫地杆呈弯状时。

③ 当扣件有滑移时。

④ 当立柱垂直度超过规定时（杆长 4 m 时，允许偏差 10 mm）。

七、设计和计算

（一）梁模板计算

基本计算数据：模板支架搭设高度为首层 3.6 m、二层 3.4 m，基本尺寸为：梁截面：$B \times D$ = 250 mm × 1 150 mm、$B \times D$ = 250 mm × 600 mm、$B \times D$ = 250 mm × 500 mm、$B \times D$ = 250 mm × 450 mm、$B \times D$ = 250 mm × 400 mm 五种规格。本计算式取 $B \times D$ = 250 mm × 1 150 mm 计算；梁支撑立杆的横距（跨度方向）I = 0.80 m，立杆的步距 h = 1.50 m，梁底增加 1 道承重立杆。

采用的钢管类型为 Φ48 × 3.5。

一、模板面板计算

面板为受弯结构，需要验算其抗弯强度和刚度。模板面板按照多跨连续梁计算。作用荷载包括梁与模板自重荷载、施工活荷载等。

1. 荷载的计算

（1）钢筋混凝土梁自重（kN/m）：

$$q_1 = 25.5 \times 1.15 \times 0.25 = 7.33\ \text{kN/m}$$

（2）模板的自重线荷载（kN/m）：

$$q_2 = 0.350 \times 1.15 \times 0.25 = 0.1\ \text{kN/m}$$

（3）活荷载为施工荷载标准值与振捣混凝土时产生的荷载（kN）：

经计算得到，活荷载标准值 $P_1 = (1.0 + 2.0) \times 0.25 \times 0.4 = 0.3$ kN

均布荷载 $q = 1.2 \times 7.33 + 1.2 \times 0.1 = 8.9$ kN/m

集中荷载 $P = 1.4 \times 0.3 = 0.42$ kN

面板的截面惯性矩 I 和截面抵抗矩 W 分别为：

$$I = 40.00 \times 1.80 \times 1.80 \times 1.80/12 = 19.44\ \text{cm}^4;$$

$$W = 40.00 \times 1.80 \times 1.80/6 = 21.60\ \text{cm}^3;$$

经过计算得到从左到右各支座力分别为：

$$N_1 = 1.99\ \text{kN}$$

$$N_2 = 1.99\ \text{kN}$$

最大弯矩 $M = 0.22$ kN · m

最大变形 $V = 0.7$ mm

2. 抗弯强度计算

经计算得到面板抗弯强度计算值 $f = 0.22 \times 1\,000 \times 1\,000/21\,600 = 10.18$ N/mm²

面板的抗弯强度设计值［f］，取 15.00 N/mm²；

面板的抗弯强度验算 $f <$［f］，满足要求！

3. 抗剪计算

截面抗剪强度计算值 $T = 1\,990/250 \times 18 = 0.44$ N/mm²

截面抗剪强度设计值［T］= 1.40 N/mm²

抗剪强度验算 $T <$［T］，满足要求！

4. 挠度计算

面板最大挠度计算值 $v = 0.7$ mm

面板的最大挠度小于 400/250，满足要求！

余略。

五、模板支架荷载标准值（立杆轴力）

作用于模板支架的荷载包括静荷载、活荷载和风荷载。

（1）静荷载标准值包括以下内容：

① 脚手架的自重（kN）：

$$NG_1 = 0.129 \times 4.100 = 0.529 \text{ kN}$$

② 模板的自重（kN）：

$$NG_2 = 0.350 \times 0.800 \times 0.800 = 0.224 \text{ kN}$$

③ 钢筋混凝土楼板自重（kN）：

$$NG_3 = 14.000 \times 0.100 \times 0.800 \times 0.800 = 0.896 \text{ kN}$$

经计算得到，静荷载标准值 $NG = NG_1 + NG_2 + NG_3 = 1.649$ kN。

（2）活荷载为施工荷载标准值与振捣混凝土时产生的荷载。

经计算得到，活荷载标准值 $NQ = (1.000 + 2.000) \times 0.800 \times 0.800 = 1.920$ kN

（3）不考虑风荷载时，立杆的轴向压力设计值计算公式为：

$$N = 1.2NG + 1.4NQ$$

六、立杆的稳定性计算

余略。

模板及其支架应根据工程结构形式、荷载大小、地基土类别、施工设备和材料供应等条件进行设计。模板及其支架应具有足够的承载能力、刚度和稳定性，能可靠地承受浇筑混凝土的荷载、侧压力以及施工荷载。对重要结构的模板、特殊形式的模板、超出适用范围的一般模板，应该进行设计或验算以确保质量和施工安全，防止浪费。

五、模板拆除

现浇混凝土结构模板的拆除日期，取决于结构的性质、模板的用途和混凝土强度要求。及时拆模，可提高模板的周转，为后续工作创造条件。如过早拆模，因混凝土的强度未达到承受荷载的要求，会使结构构件产生变形甚至造成重大的质量事故。

1. 模板拆除的规定

1）非承重模板，在混凝土能保证其表面及棱角不因拆除模板而受损坏时，方可拆除。

2）承重模板应在与结构同条件养护的试块达到表 3－8 规定的强度时，方可拆除。

表 3－8　整体式结构拆模时所需的混凝土强度

项　次	结构类型	结构跨度/m	按设计混凝土强度的标准值百分率计（%）
1	板	≤2 >2，≤8 >8	50 75 100
2	梁、拱、壳	≤8 >8	75 100
3	悬臂梁构件	≤2 >2	75 100

3）在拆除模板过程中，如发现混凝土有影响结构安全的质量问题时，应暂停拆除。经过处理后，方可继续拆除。

4）已拆除模板及其支架的结构，混凝土强度达到设计强度后才允许承受全部计算荷载。当承受施工荷载大于计算荷载时，必须经过核算，加设临时支撑。

2. 拆除模板的注意事项

1）拆模时不要用力过猛，拆下来的模板要及时运走、整理、堆放，以便再用。

2）模板及其支架拆出的顺序及安全措施应按施工技术方案执行。拆模程序：后支的先拆，先拆除非承重部分，后拆除承重部分。一般是谁安谁拆。重大复杂模板的拆除，应事先制定拆模方案。

3）拆除框架结构模板的顺序，首先是柱模板，然后是楼板底板、梁侧模板，最后是梁底模板。拆除跨度较大的梁下支柱时，应先从跨中开始，分别拆向两端。

4）楼层板支柱的拆除，应按下列要求进行：上层楼板正在浇筑混凝土时，下一层楼板的模板支柱不得拆除，再下一层楼板模板的支柱仅可拆除一部分；跨度 4 m 及 4 m 以上的梁下均应保留支柱，其间距不大于 3 m。

5）拆模时，应尽量避免混凝土表面或模板受到损坏，注意整块板落下伤人。

六、模板工程质量验收

在浇筑混凝土之前，应对模板工程进行验收。模板及其支架应具有足够的承载能力、刚度和稳定性，能可靠地承受浇筑混凝土的重量、侧压力以及施工荷载。模板安装和浇筑混凝土时，应对模板及其支架进行观察和维护。发生异常情况时，应按施工技术方案及时进行处理。

模板工程的施工质量检验应按主控项目、一般项目规定的检验方法进行检验。检验批合格质量应符合下列规定：主控项目的质量经抽样检验合格；一般项目的质量经抽样检验合格；当采用计数检验时，除有专门要求外，一般项目的合格点率应达到 80% 及以上，且不得有严重缺陷；具有完整的施工操作依据和质量验收记录。

1. 主控项目

1）安装现浇结构的上层模板及其支架时，下层楼板应具有承受上层荷载的承载能力，或加设支架；上、下层支架的立柱应对准，并铺设垫板。

检查数量：全数检查。

2）在涂刷模板隔离剂时，不得沾污钢筋和混凝土接槎处。

检查数量：全数检查。

检验方法：观察。

3）底模及其支架拆除时的混凝土强度应符合规范要求。

检查数量：全数检查。

检验方法：检查同条件养护试件强度试验报告。

4）后浇带模板的拆除和支顶应按施工技术方案执行。

检查数量：全数检查。

检验方法：观察。

2. 一般项目

1）模板安装应满足下列要求。

① 模板的接缝不应漏浆；在浇筑混凝土前，木模板应浇水湿润，但模板内不应有积水。

② 模板与混凝土的接触面应清理干净并涂刷隔离剂，但不得采用影响结构性能或妨碍装饰工程施工的隔离剂。

③ 浇筑混凝土前，模板内的杂物应清理干净。

④ 对清水混凝土工程及装饰混凝土工程，应使用能达到设计效果的模板。

检查数量：全数检查。

检验方法：观察。

2）用做模板的地坪、胎模等应平整光洁，不得产生影响构件质量的下沉、裂缝、起砂或起鼓。

检查数量：全数检查。

检验方法：观察。

3）对跨度不小于 4 m 的现浇钢筋混凝土梁、板，其模板应按设计要求起拱；当设计无具体要求时，起拱高度宜为跨度的 1/1 000 ~ 3/1 000。

检查数量：在同一检验批内，对梁，应抽查构件数量的 10%，且不少于 3 件；对板，应按有代表性的自然间抽查 10%，且不少于 3 间；对大空间结构，板可按纵、横轴线划分检查面，抽查 10%，且不少于 3 面。

检验方法：水准仪或拉线、钢尺检查。

4）固定在模板上的预埋件、预留孔和预留洞均不得遗漏，且应安装牢固，其偏差应符合表 3－9 的规定。现浇结构模板安装的偏差及检查方法应符合表 3－10 的规定。

表 3－9　预埋件和预留孔洞的允许偏差

项目		允许偏差/mm
预埋钢板中心线位置		3
预埋管、预留孔中心线位置		3
插筋	中心线位置	5
	外露长度	+10，0
预埋螺栓	中心线位置	2
	外露长度	+10，0
预留孔	中心线位置	10
	尺寸	+10，0

注：检查中心线位置时，应沿纵、横两个方向量测，并取其中的较大值。

表 3－10　现浇结构模板安装的允许偏差及检验方法

项目		允许偏差/mm	检验方法
轴线位置		5	钢尺检查
底模上表面标高		±5	水准仪或拉线、钢尺检查
截面内部尺寸	基　础	±10	钢尺检查
	柱、墙、梁	+4，－5	钢尺检查
层高垂直度	≤	6	经纬仪或吊线、钢尺检查
	>	8	
相邻两板表面高低差		2	钢尺检查
表面平整度		5	2 m 靠尺和塞尺检查

检查数量：在同一检验批内，对梁、柱和独立基础，应抽查构件数量的10%，且不少于3件；对墙和板，应按有代表性的自然间抽查10%，且不少于3间；对大空间结构，墙可按相邻轴线间高度5 m左右划分检查面，板可按纵横轴线划分检查面，抽查10%，且均不少于3面。

检验方法：钢尺检查。

5）预制构件模板安装的偏差应符合表3－11的规定。

表3－11　预制构件模板安装的允许偏差及检验方法

项目		允许偏差/mm	检验方法
长度	板、梁	±5	钢尺量两角边，取其中较大值
	薄腹梁、桁架	±10	
	柱	0，－10	
	墙板	0，－5	
宽度	板、墙板	0，－5	钢尺量一端及中部，取其中较大值
	梁、薄腹梁、桁架、柱	+2，－5	
高（厚）度	板	+2，－3	钢尺量一端及中部，取其中较大值
	墙板	0，－5	
	梁、薄腹梁、桁架、柱	+2，－5	
侧向弯曲	梁、板、柱	1/1 000且≤15	拉线、钢尺量最大弯曲处
	墙板、薄腹梁、桁架	1/1 500且≤15	
板的表面平整度		3	2 m靠尺和塞尺检查
相邻两板表厩高低差		1	钢尺检查
对角线差	板	7	钢尺量两个对角线
	墙板	5	
翘曲	板、墙板	L/1500	调平尺在两端量测
设计起拱	梁、薄腹梁、桁架、柱	±3	拉线、钢尺量跨中

注：L为构件长度（mm）。

检查数量：首次使用及大修后的模板应全数检查；使用中的模板应定期检查，并根据使用情况不定期抽查。

6）侧模拆除时的混凝土强度应能保证其表面及棱角不受损伤。

7）模板拆除时，不应对楼层形成冲击荷载。拆除的模板和支架宜分散堆放并及时清运。

检查数量：全数检查。

检验方法：观察。

项目四　混凝土工程施工

一、混凝土的制备

混凝土工程包括混凝土的拌制、运输、浇筑和养护等施工过程。普通混凝土的制备应满足以下要求：保证结构设计所规定的强度等级，满足施工和易性的要求，合理使用材料、节约水泥。在特殊条件下，还应满足抗冻性、抗渗性等要求。

在施工中应做到：选择控制原材料，控制施工配合比，遵守搅拌制度，掌握基本的试验方法和试块制作方法。

（一）原材料的选择

1. 水泥

1）水泥的品种应根据工程所处的环境条件及不同部位来选用。

普通硅酸盐水泥，具有早期强度高、抗冻、抗渗、耐磨等优点，适用于北方地区一般工程的主体结构施工、冬期低温环境、水位升降遭受冰冻部位的结构施工以及地面工程施工。矿渣水泥，因其耐水、耐腐蚀、水化热低，优先用于潮湿及水位以下的混凝土基础工程，特别是大体积混凝土，也可用于早期强度要求不高的主体结构。

火山灰水泥、粉煤灰水泥适用于高温及潮湿的室内或冰冻线以下基础工程。火山灰水泥有较高的抗渗性。粉煤灰水泥水化热低，适用于大体积混凝土施工。

硅酸盐水泥优先用于高强度、耐磨、快硬等要求部位施工。

2）水泥的强度应高于混凝土强度，但不宜过高。

混凝土中最大水泥用量不宜超过500 kg/m^3。最大水灰比和最小水泥用量见表3－12。

表3－12　混凝土的最大水灰比和最小水泥用量

混凝土所处的环境条件	最大水灰比	最小水泥用量（kg/m^3）			
		普通混凝土		轻骨料混凝土	
		配筋	无筋	配筋	无筋
不受雨雪影响的混凝土	不作规定	225	200	250	225
受雨雪影响的混凝土 位于水中的混凝土 湿环境的混凝土	0.7	250	225	275	250
寒冷水中的混凝土 水压作用的混凝土	0.65	275	250	300	275
严寒水中的混凝土	0.6	300	275	325	300

3）水泥用于工程施工中，必须有质量检验报告。

水泥出厂超过3个月，应作复查试验（一般袋装水泥在干燥仓库中储存3个月，其强度损失20%左右）。发现水泥有受潮、结块、变质等现象，其出厂时间不足3个月的，也应作复查试验，并按复验后的实际强度使用。受潮和过期水泥不应用于重要结构部位，也不宜用于楼地面表面抹灰。水泥安定性不良，禁止在工程中使用。

2. 骨料

一般应选结构致密、有足够强度的优良骨料，要求骨料清洁、不含杂质，特别要防止混入白云石和石灰块。

石子按形状分为碎石和卵石。一般采用碎石，其强度高、抗裂性好；采用卵石和易性好。需视材料实际情况而定，不可千篇一律。应采用级配良好的石子，其最大粒径不得超过钢筋最小净距的3/4，同时不超过构件断面最小边长的1/4；对混凝土实心板，不超过板厚的1/3。当石子最大粒径确定后，将石子按粒径大小筛选、分堆，拌制混凝土时按重量比例掺用，称为多级级配。

3. 水

混凝土拌和水宜用饮用水。

4. 外加剂

外加剂已越来越多地用于混凝土施工，成为改善混凝土性能的重要手段和方法。采用不同的外加剂可起到延缓混凝土凝结时间、改善和易性、减小水灰比、抗冻、早期强度高、快硬等作用，方法简单、易行，在外加剂的使用过程中，应严格按照说明书使用外加剂的用量。

（二）混凝土配制强度

混凝土制备应采用符合质量要求的原材料，按规定的配合比配料，混合料应拌和均匀，以保证结构设计所规定的混凝土强度等级，满足设计提出的特殊要求（如抗冻、抗渗等）和施工和易性要求，做到合理使用并节约水泥、减轻劳动强度等。

1. 强度（$f_{cu,o}$）

混凝土配制强度应按下式计算：

$$f_{cu,o} \geqslant f_{cu,k} + 1.645\sigma$$

式中 $f_{cu,o}$——混凝土配制强度（MPa）；

$f_{cu,k}$——混凝土立方体抗压强度标准值（MPa）；

σ——混凝土强度标准差（MPa）。

混凝土强度标准差宜根据同类混凝土统计资料按下式计算确定：

$$\sigma = \sqrt{\frac{\sum_{i=1}^{n}(f_{cu,i} - f_{cu,m})^2}{n-1}} = \sqrt{\frac{\sum_{i=1}^{n}(f_{cu,i}^2 - nf_{cu,m}^2)}{n-1}}$$

式中 $f_{cu,i}$——统计周期内同一品种混凝土第 i 组试件的强度值（N/mm^2）；

$f_{cu,m}$——统计周期内同一品种混凝土 m 组强度的平均值（N/mm^2）；

n——统计周期内同一品种混凝土试件的总组数，$n \geqslant 25$。

当混凝土强度等级为C20和C25时，若强度标准差计算值小于2.5 MPa时，计算配制强度用的标准差应取不小于2.5 MPa；当混凝土强度等级等于或大于C30级，若强度标准差计算值小于3.0 MPa时，计算配制强度用的标准差应取不小于3.0 MPa。

施工单位如无近期混凝土强度统计资料时，σ 可根据混凝土设计强度等级取值：当混凝土设计强度≤C20时，取4 MPa；当C25 ~ C40时，取5 MPa；当≥C45时，取6 MPa。

2. 混凝土配合比及施工配料

（1）混凝土实验室配合比设计步骤

1）设计的基本资料如下。

① 混凝土的强度等级、施工管理水平；

② 对混凝土耐久性要求；

③ 原材料品种及其物理力学性质；

④ 混凝土的部位、结构构造情况、施工条件等。

2）初步配合比计算。

① 确定试配强度（$f_{cu,o}$）：

$$f_{cu,o}=f_{cu,k}+1.645\sigma$$

② 计算水灰比（W/C）：

$$f_{cu,o}=\alpha_a f_{ce}(C/W-\alpha_b)$$

$$\frac{W}{C}=\frac{\alpha_a\cdot f_{ce}}{f_{cu,o}+\alpha_a\cdot\alpha_b\cdot f_{ce}}$$

式中 $f_{cu,o}$——混凝土试配强度（MPa）；

f_{ce}——水泥28天的实测强度（MPa）；

α_a，α_b——回归系数，与骨料品种、水泥品种有关，其数值可通过试验求得。《普通混凝土配合比设计规程》（JGJ 55—2000）提供的 α_a、α_b 经验值为：

采用碎石：$\alpha_a=0.46$，$\alpha_b=0.07$，

采用卵石：$\alpha_a=0.48$，$\alpha_b=0.33$。

③ 选定单位用水量（m_{w0}）：

用水量根据施工要求的坍落度参考表3-13选用。

表3-13　不同种类结构的坍落度（GB 50204—1992）

结构种类	坍落度/mm
基础或地面等的垫层，无配筋的大体积结构或配筋稀疏的结构	10~30
板、梁或大型及中型截面的柱子等	30~50
配筋密列的结构（薄壁、斗仓、筒仓、细柱等）	50~70
配筋特密的结构	70~90

注　1. 本表系采用机械振捣混凝土时的坍落度，采用人工捣实其值可适当增大；

2. 需配制泵送混凝土时，应掺外加剂，坍落度宜为120~180 mm。

骨料品种规格参考表3-14选用。

表3-14　塑性混凝土的用水量（kg/cm³）（JGJ 55—2000）

拌和物稠度		卵石最大粒径/mm				碎石最大粒径/mm			
项目	指标	10	20	31.5	40	16	20	31.5	40
坍落度/mm	10~30	190	170	160	150	200	185	175	165
	30~50	200	180	170	160	210	195	185	175
	50~70	210	190	180	170	220	205	195	185
	70~90	215	195	185	175	230	215	205	195

说明：本表用水量系采用中砂时的平均取值，采用细砂时，每立方米混凝土用水量可增加5~10 kg，采用粗砂则可减少5~10 kg；掺用各种外加剂或掺和料时，用水量应相应调整。

④ 计算水泥用量（m_{co}）：

根据已确定的 W/C 和 m_{wo}，可求出1 m³ 混凝土中水泥用量 m_{co}。

$$m_{co}=\frac{m_{wo}}{W/C}$$

为保证混凝土的耐久性，由上式得出的水泥用量还应大于下表规定的最小水泥量。如算得的水泥用量小于表3－15中的规定值，应取规定的最小水泥用量值。

表3－15　混凝土的最大水灰比和最小水泥用量（JGJ 55—2000）

环境条件		结构物类别	最大水灰比			最小水泥用量/kg		
			素混凝土	钢筋混凝土	预应力混凝土	素混凝土	钢筋混凝土	预应力混凝土
干燥环境		正常的居住或办公用房屋内部件	不作规定	0.65	0.60	200	260	300
潮湿环境	无冻害	高湿度的室内部件 室外部件 在非侵蚀性土和（或）水中的部件	0.70	0.60	0.60	225	280	300
	有冻害	经受冻害的室外部件 非常侵蚀性土和（或）水中且经受冻害的部件 高湿度且经受冻害中的室内部件	0.55	0.55	0.55	250	280	300
有冻害和除冰剂的潮湿环境		经受冻害和除冰剂作用的室内和室外部件	0.50	0.50	0.50	300	300	300

注：当用活性掺和料取代部分水泥时，表中的最大水灰比及最小水泥用量即为替代前的水灰比和水泥用量。

⑤ 选择合理的砂率值（β_s）：

合理砂率可通过试验、计算或查表求得（见表3－16）。

试验是通过变化砂率检测混合物坍落度，能获得最大流动度的砂率为最佳砂率。也可根据骨料种类、规格及混凝土的水灰比，参考表3－16选用。

表3－16　混凝土砂率选用表（%）（JGJ 55—2000）

水灰比	卵石最大粒径/mm			碎石最大粒径/mm		
	10	20	40	16	20	40
0.40	26～32	25～31	24～30	30～35	29～34	27～32
0.50	30～35	29～34	28～33	33～38	32～37	30～35
0.60	33～38	32～37	31～36	36～41	35～40	33～38
0.70	36～41	35～40	34～39	39～44	38～43	36～41

⑥ 计算粗、细骨料用量：

A. 重量法（假定表观密度法）应按下式计算：

$$m_{co}+m_{go}+m_{so}+m_{wo}=m_{cp}$$

$$\beta_s = \frac{m_{so}}{m_{go} + m_{so}} \times 100\%$$

式中 m_{co}——每立方米混凝土的水泥用量（kg）；

m_{go}——每立方米混凝土的粗骨料用量（kg）；

m_{so}——每立方米混凝土的细骨料用量（kg）；

m_{wo}——每立方米混凝土的用水量（kg）；

β_s——砂率（%）；

m_{cp}——每立方米混凝土拌和物的假定重量（kg）；其值可以是2 400～2 450 kg。

B. 当采用体积法（绝对体积法）时，应按下式计算：

$$\frac{m_{co}}{\rho_c} + \frac{m_{go}}{\rho_g} + \frac{m_{so}}{\rho_s} + \frac{m_{wo}}{\rho_w} + 0.01\alpha = 1$$

$$\beta_s = \frac{m_{so}}{m_{so} + m_{go}} \times 100\%$$

式中 ρ_c——水泥密度（kg/m^3），可取2 900～3 100 kg/m^3。

ρ_g——粗骨料的表现密度（kg/m^3）；

ρ_s——细骨料的表现密度（kg/m^3）；

ρ_w——水的密度（kg/m^3），可取1 000 kg/m^3；

β_s——砂率（%）；

α——混凝土的含气量百分数，在不使用引气型外加剂时，α 可取为1。

通过以上计算，得出每立方米混凝土各种材料用量，即初步配合比计算完成。

3）配合比的调整与确定。

① 通过计算求得的各项材料用量（初步配合比），必须进行试验及检验，并调整和易性，确定基准配合比。

按初步计算配合比称取材料进行试拌。混凝土拌和物搅拌均匀后测量坍落度，并检查其黏聚性和保水性能。如实测坍落度小于或大于设计要求，可保持水灰比不变，增加或减少适量水泥浆；如出现黏聚性和保水性不良，可适当提高砂率；每次调整后再试拌，直到符合要求为止。当试拌工作完成后，记录好各种材料调整后用量，并测定混凝土拌和物的实际表观密度（$\rho_{c,t}$）。以满足和易性的配比为基准配合比。

② 检验强度和耐久性，确定试验室配合比。

基准配合比能否满足强度要求，需进行强度检验。一般采用三个不同的配合比，其中一个为基准配合比，另外两个配合比的水灰比值，应较基准配合比分别增加或减少0.05，其用水量应该与基准配合比相同，但砂率值可作适当调整并测定表观密度。采用各种配比制作两组强度试块，如有耐久性要求，应同时制作有关耐久性测试指标的试件，标准养护28天进行强度测定。

③ 配合比的确定。

A. 确定混凝土初步配合比。

根据试验得出的各水灰比及其相对应的混凝土强度关系，用作图或计算法求出与混凝土配制强度（$f_{cu,o}$）相对应的水灰比值，并按下列原则确定每立方米混凝土的材料用量：

用水量（W）——取基准配合比中的用水量，并根据制作强度试件时测得的坍落度或维勃稠度进行调整；

水泥用量（C）——取用水量乘以选定的水灰比计算而得；

粗、细骨料用量（S、G）——取基准配合比中的粗、细骨料用量，并按定出的水灰比进行调整。

至此，得出混凝土初步配合比。

B. 确定混凝土正式配合比。

在确定出初步配合比后，还应进行混凝土表观密度较正，其方法为：首先算出混凝土初步配合比的表观密度计算值（$\rho_{c,c}$），即

$$\rho_{c,c}=C+W+S+G$$

再用初步配合比进行试拌混凝土，测得其表观密度实测值（$\rho_{c,t}$），然后按下式得出校正系数δ，即

$$\delta=\frac{\rho_{c,t}}{\rho_{c,c}}$$

当混凝土表观密度实测值与计算值之差的绝对值不超过计算值的2%时，则上述得出的初步配合比即可确定为混凝土的正式配合比设计值。若二者之差超过2%时，则须将初步配合比中每项材料用量均乘以校正系数得值，即为最终定出的混凝土正式配合比设计值，通常也称实验室配合比。

（2）混凝土施工配合比换算

混凝土的配合比是在实验室根据混凝土的配制强度经过试配和调整而确定的，称为实验室配合比。实验室配合比所用砂、石都是不含水分的。而施工现场的砂、石都有一定的含水率，且含水率大小随气温等条件不断变化。为保证混凝土的质量，施工中应按砂、石实际含水率对原配合比进行修正。根据现场砂、石含水率调整后的配合比称为施工配合比。

设施工配合比1 m^3 混凝土中水泥、水、砂、石的用量分别为C'、W'、S'、G'；并设工地砂子含水率为$a\%$，石子含水率为b%。则施工配合比1 m^3 混凝土中各材料用量为：

$$C'=C$$
$$S'=S\cdot(1+a\%)$$
$$G'=G\cdot(1+b\%)$$
$$W'=W-S\cdot a\%-G\cdot b\%$$

【例题】某框架结构工程现浇钢筋混凝土梁，混凝土设计强度等级为C 30，施工要求混凝土坍落度为30～50 mm，根据施工单位历史资料统计，混凝土强度标准差$\sigma=5$ MPa。所用原材料情况如下：

水泥：42.5级普通硅酸盐水泥，水泥密度为$\rho_c=3.10$ g/cm^3，水泥强度等级标准值的富余系数为1.08。

砂：中砂，级配合格，砂子表观密度$\rho_{os}=2.60$ g/cm^3。

石：5～30 mm碎石，级配合格，石子表观密度$\rho_{og}=2.65$ g/cm^3。

试求：

① 混凝土计算配合比；

② 若经试配混凝土的和易性和强度等均符合要求，无须作调整。又知现场砂子含水

率为3%，石子含水率为1%，试计算混凝土施工配合比。

【解】：

1. 求混凝土计算配合比

(1) 确定混凝土配制强度 ($f_{cu,0}$)

$$f_{cu,0}=f_{cu,k}+1.645\sigma=30+1.645\times5=38.2\ \text{MPa}$$

(2) 确定水灰比 (W/C)

$$f_{ce}=\gamma c\times f_{ce,k}=1.08\times42.5=45.9\ \text{MPa}$$

由于框架结构混凝土梁处于干燥环境，干燥环境容许最大水灰比为0.65，故可确定水灰比为0.53。

(3) 确定用水量 (m_{w0})

查前表对于最大粒径为30 mm的碎石混凝土，当所需坍落度为30～50 mm时，1 m³混凝土的用水量可选用185 kg。

(4) 计算水泥用量 (m_{c0})

$$m_{c0}=\frac{m_{w0}}{W/C}=\frac{185}{0.53}=349\ \text{kg}$$

对于干燥环境的钢筋混凝土，最小水泥用量为260 kg，故可取 $m_{c0}=349\ \text{kg/m}^3$。

(5) 确定砂率 (β_s)

查前表对于采用最大粒径为40 mm的碎石配制的混凝土，当水灰比为0.53时，其砂率值可选取32%～37%，(采用插入法选定) 现取 $\beta_s=35\%$。

(6) 计算砂、石用量 (m_{s0}、m_{g0})

用体积法计算，将 $m_{c0}=349$ kg，$m_{w0}=185$ kg 代入方程组：

$$\frac{m_{c0}}{3.1}+\frac{m_{g0}}{2.65}+\frac{m_{s0}}{2.6}+\frac{m_{w0}}{1}+10\times1=1\,000$$

$$\frac{m_{s0}}{m_{g0}+m_{s0}}\times100\%=35\%$$

解此联立方程，则得：$m_{s0}=641$ kg，$m_{g0}=1\,192$ kg

2. 计算混凝土施工配合比

该混凝土计算配合比为：1 m³混凝土中各材料用量为：水泥349 kg，水185 kg，砂641 kg，碎石1 192 kg。

以质量比表示即为：水泥:砂:石 =1:1.84:3.42，$W/C=0.53$

由于现场砂子含水率为3%，石子含水率为1%，则施工配合比为：

水泥 $m_{c施}=m_{c0}=349$ kg

砂子 $m_{s施}=m_{s0}\times(1+3\%)=641\times(1+3\%)=660$ kg

石子 $m_{g施}=m_{g0}\times(1+1\%)=1192\times(1+1\%)=1\,204$ kg

水 $m_{w施}=m_{w0}-m_{s0}\times3\%-m_{g0}\times1\%=185-641\times3\%-1\,192\times1\%=154$ kg

在某些情况下给定实验室配合比为：水泥:砂:石 =1:x:y，水灰比 W/C，现场砂、石含水率分别为 W_x、W_y，则施工配合比为：

水泥:砂:石 =1:x $(1+W_x)$：y $(1+W_y)$，水灰比 W/C 不变，但加水量应扣除砂、石中的含水量。

施工配料是确定每拌一次需用的各种原材料量，它根据施工配合比和搅拌机的出料容量计算。

【例题】某工程混凝土实验室配合比为1:2.3:4.27，水灰比$W/C=0.6$，每立方米混凝土水泥用量为300 kg，现场砂石含水率分别为3%、1%，求施工配合比。若采用250L搅拌机，求每拌一次的材料用量。

【解】施工配合比，水泥:砂:石为：

$$1:x(1+W_x):y(1+W_y)=1:2.3(1+0.03):4.27(1+0.01)=1:2.37:4.31$$

用250L搅拌机，每拌一次材料用量（施工配料）：

水泥：$300\times0.25=75$kg

砂：$75\times2.37=177.8$kg

石：$75\times4.31=323.3$kg

水：$75\times0.6-75\times2.3\times0.03-75\times4.27\times0.01=36.6$kg

（三）混凝土搅拌机选择

1. 搅拌机的选择

混凝土搅拌是将各种组成材料拌制成质地均匀、颜色一致、具备一定流动性的混凝土拌和物。如混凝土搅拌得不均匀就不能获得密实的混凝土，影响混凝土的质量，所以搅拌是混凝土施工工艺中很重要的一道工序。由于人工搅拌混凝土质量差，消耗水泥多，而且劳动强度大，所以只有在工程量很小时才用人工搅拌。一般均采用机械搅拌。

混凝土搅拌机按其搅拌原理分为自落式和强制式两类。

自落式搅拌机的搅拌筒内壁焊有弧形叶片，当搅拌筒绕水平轴旋转时，叶片不断将物料提升到一定高度，利用重力的作用，自由落下。由于各物料颗粒下落的时间、速度、落点和滚动距离不同，从而使物料颗粒达到混合的目的。自落式搅拌机宜于搅拌塑性混凝土和低流动性混凝土。

JZ锥形反转出料搅拌机是自落式搅拌机中较好的一种，由于它的主副叶片分别与拌筒轴线成45°夹角，故搅拌时叶片使物料作轴向蹿动，所以搅拌运动强烈。它正转搅拌，反转出料，功率消耗大。这种搅拌机构造简单、重量轻、搅拌效率高、出料干净、维修保养方便。

强制式搅拌机利用运动着的叶片强迫物料颗粒朝环向、径向和竖向各个方面产生运动，使各物料均匀混合。强制式搅拌机作用比自落式搅拌机作用强烈，强制式搅拌机适用于硬性混凝土、轻骨料混凝土和强度等级C30以上的混凝土。

为了获得质量优良的混凝土拌和物，除正确选择搅拌机外，还必须正确确定搅拌制度，即搅拌时间、投料顺序和进料容量等。

2. 搅拌制度的确定

（1）搅拌时间

搅拌时间是混凝土质量及搅拌机生产率的重要因素之一。时间过短、拌和不均匀，会降低混凝土的强度及和易性；时间过长，不仅会影响搅拌机的生产率，而且会使混凝土和易性降低或产生分层离析现象。混凝土搅拌的最短时间（自全部材料装入搅拌筒中起到卸料止）以混凝土的坍落度、骨料尺寸等而定，在满足技术要求同时考虑经济效益的要求。具体搅拌时间按表3-7采用。

表 3-7　混凝土搅拌的最短时间　（单位：s）

混凝土坍落度/mm	搅拌机机型	搅拌机出料容量/L		
		<250 L	250~500 L	>500 L
≤30	自落式	90	120	150
	强制式	60	90	120
>30	自落式	90	90	120
	强制式	60	60	90

注：掺有外加剂时，搅拌时间应适当延长。

（2）投料顺序

投料顺序应从提高搅拌质量，减少叶片、衬板的磨损，减少拌和物与搅拌筒的黏结，减少水泥飞扬，改善工作条件等方面综合考虑确定。常用方法有两种。

1）一次投料法。一次投料法是指在上料斗中先装石子，再加水泥和砂，然后一次投入搅拌机。在鼓筒内先加水或在料斗提升进料的同时加水，这种上料顺序使水泥夹在石子和砂中间，上料时不致飞扬，又不致黏住斗底，且水泥和砂先进入搅拌筒形成水泥沙浆，可缩短包裹石子的时间。

2）二次投料法。二次投料法又分为预拌水泥沙浆法和预拌水泥净浆法。预拌水泥沙浆法是先将水泥、砂和水加入搅拌筒内进行充分搅拌，成为均匀的水泥沙浆，再投入石子搅拌成均匀的混凝土。预拌水泥净浆法是将水泥和水充分搅拌均匀的水泥净浆后，再加入砂和石子搅拌成混凝土。二次投料法搅拌的混凝土与一次投料法相比较，混凝土强度提高约 15%，在强度相同的情况下，可节约水泥 15%～20%。

（3）进料容量（干料容量）

进料容量是搅拌前各种材料体积的累积。进料容量 V_j 与搅拌机搅拌筒的几何容量 V_g 存在着比例关系，一般情况下，$V_j/V_g=0.22\sim0.4$，鼓筒式搅拌机可用较小值。如任意超载（进料容量超过 10% 以上），就会使材料在搅拌筒内无充分的空间进行拌和，影响混凝土拌和物的均匀性；如装料过少，则又不能充分发挥搅拌机的效率。进料容量可根据搅拌机的出料容量按混凝土的施工配合比计算。

使用搅拌机时，应该注意安全。在鼓筒正常转动之后，才能装料入筒。在运转时，不得将头、手或工具伸入筒内。在因故（如停电）停机时，要立即设法将筒内的混凝土取出，以免凝结。在搅拌工作结束时，也应立即清洗搅拌筒内外。叶片磨损面积如超过约 10%，就应按原样修补或更换。

（四）混凝土搅拌站工作制度

混凝土拌和物在搅拌站集中拌制，可以做到自动上料、自动称量、自动出料和集中操作控制，机械化、自动化程度大大提高，劳动强度大大降低，能使混凝土质量得到改善，可以取得较好的技术经济效果。施工现场可根据工程任务的大小、现场的具体条件、机具设备的情况，因地制宜地选用，如采用移动式混凝土搅拌站等。

根据建筑工程文明施工及环境保护要求，在建设工程相对集中的地方建立混凝土搅拌站。因为搅拌站的机械化及自动化水平较高，采用混凝土搅拌汽车直接供应施工现场，然后直接浇筑入模。这种供应“商品混凝土”的生产方式，在改进混凝土的供应、提高混凝土的质量以及节约水泥或骨料等方面，有很多优点。

二、混凝土的运输

混凝土运输工作分为地面运输、垂直运输和楼面运输三种情况。

对混凝土拌和物运输的要求是：运输过程中，应保持混凝土的均匀性，避免产生分层离析现象，混凝土运至浇筑地点，应符合浇筑时所规定的坍落度（见表3－18）；混凝土应以最少的中转次数、最短的时间，从搅拌地点运至浇筑地点，保证混凝土从搅拌机卸出后到浇筑完毕的延续时间应遵循表3－19的规定；运输工作应保证混凝土的浇筑工作连续进行；运送混凝土的容器应严密，其内壁应平整光洁、不吸水、不漏浆，黏附的混凝土残渣应经常清除。

表3－18　混凝土浇筑时的坍落度

项次	结构种类	坍落度/mm
1	基础或地面等的垫层、无配筋的厚大结构（挡土墙、基础或厚大的块体等）或配筋稀疏的结构	10～30
2	板、梁和大型及中型截面的柱子等	30～50
3	配筋密列的结构（薄壁、斗仓、筒仓、细柱等）	50～70
4	配筋特密的结构	70～90

注：1. 本表系指采用机械振捣的坍落度，采用人工捣实时可适当增大。
2. 需要配制大坍落度混凝土时，应掺用外加剂。
3. 曲面或斜面结构的混凝土，其坍落度值，应根据实际需要另行选定。
4. 轻骨料混凝土的坍落度，宜比表中数值减少10～20 mm。
5. 自密实混凝土的坍落度另行规定。

表3－19　混凝土从搅拌机中卸出后到浇筑完毕的延续时间　（单位：min）

混凝土强度等级	气温	
	不高于25℃	高于25℃
C30及C30以下	120	90
C30以上	90	60

注：1. 掺用外加剂或采用快硬水泥拌制混凝土时，应按试验确定。
2. 轻骨料混凝土的运输、浇筑延续时间应适当缩短。

混凝土的垂直运送，除采用塔式起重机之外，还可使用龙门架。混凝土在地面用双轮手推车运至龙门架吊篮上，然后龙门架将双轮手推车提升到楼层上，再将手推车沿铺在楼面上的跳板推到浇筑地点。另外，井架可以兼运其他材料，利用率较高。由于在浇筑混凝土时，楼面上已立好模板，扎好钢筋，因此需铺设手推车行走用的跳板。为了避免压坏钢筋，跳板可用马凳垫起。手推车的运输道路应形成回路，避免交叉和运输堵塞。

混凝土泵是一种有效的混凝土运输工具，它以泵为动力，沿管道输送混凝土，可以同时完成水平和垂直运输，将混凝土直接运送至浇筑地点，取得了较好的技术经济效果。多层和高层框架建筑、基础、水下工程和隧道等都可以采用混凝土泵输送混凝土。

泵送混凝土除应满足结构设计强度外，还要满足可泵性的要求，即混凝土在泵管内易于流动，有足够的黏聚性，不泌水、不离析，并且摩阻力小。要求泵送混凝土所采用的粗骨料应为连续级配，其针片状颗粒含量不宜大于10%；粗骨料的最大粒径与输送管径之比应符合规定；泵送混凝土宜采用中砂，其通过0.315 mm筛孔的颗粒含量不应少于15%；最好能达到20%。泵送混凝土应选用硅酸盐水泥、普通硅酸盐水泥、矿渣硅酸盐水泥和粉煤灰硅酸盐水泥，不宜采用火山灰质硅酸盐水泥。为改善混凝土工作性能、延缓凝结时间、增大坍落度和节约水泥，泵送混凝土应掺用泵送剂或减水剂；泵送混凝土宜掺用粉煤灰或其他活性矿物掺和料。掺磨细粉煤灰，可提高混凝土的稳定性、抗渗性、和易性和可泵性，既节约水泥，又使混凝土在泵管中增加润滑能力，提高了泵和泵管的使用寿命。混凝土的坍落度宜为80～180 mm；泵送混凝土的用水量与水泥和矿物掺和料的总量之比不宜大于0.60。泵送混凝土的水泥和矿物掺和料的总量不宜小于300 kg/m^3。为防止泵送混凝土经过泵管时产生阻塞，要求泵送混凝土比普通混凝土的砂率要高，其砂率宜为35%～45%；此外，砂的粒度也很重要。

混凝土泵在输送混凝土前，管道应先用水泥浆或砂浆润滑。泵送时要连续工作，如中断时间过长，混凝土将出现分层离析现象，应将管道内混凝土清除，以免堵塞，泵送完毕要立即将管道冲洗干净。

三、混凝土的浇筑

混凝土浇筑要保证混凝土的均匀性和密实性，要保证结构的整体性、尺寸准确和钢筋、预埋件的位置正确，拆模后混凝土表面要平整、光洁。

浇筑前应检查模板、支架、钢筋和预埋件的位置是否正确，并进行验收。由于混凝土工程属于隐蔽工程，因此对混凝土量大的工程、重要工程或重点部位的浇筑以及其他施工中的重大问题，均应随时填写施工记录。

（一）浇筑要求

1. 防止离析

浇筑混凝土时，混凝土拌和物由料斗、漏斗、混凝土输送管、运输车内卸出时，如自由倾落高度过大，由于粗骨料在重力作用下，克服黏着力后的下落动能大，下落速度较砂浆快，因此可能形成混凝土离析。为此，混凝土自高处倾落的自由高度不应超过2 m，在竖向结构中限制自由倾落高度不宜超过3 m，否则应沿串筒、斜宿、溜管等下料。

2. 正确留置施工缝

混凝土结构大多要求整体浇筑，如因技术或组织上的原因不能连续浇筑时，且停顿时间有可能超过混凝土的初凝时间，则应事先确定在适当位置留置施工缝。由于混凝土的抗拉强度约为其抗压强度的1/10，因此施工缝是结构中的薄弱环节，宜留在结构剪力较小的部位，同时要方便施工。

柱子宜留在基础顶面、梁或吊车梁牛腿的下面、吊车梁的上面、无梁楼盖柱帽的下面（见图3－14），和板连成整体的大截面梁应留在板底面以下20～30 mm处，当板下有梁托时，留置在梁托下部。单向板应留在平行于板短边的任何位置。有主次梁的楼盖宜顺着次梁方向浇筑，施工缝应留在次梁跨度的中间1/3长度范围内（见图3－15）。墙可留在门洞口过梁跨中1/3范围内，也可留在纵横墙的交接处。双向受力的楼板、大体积混凝土结构、拱、薄壳、多层框架等及其他复杂的结构，应按设计要求留置施工缝。

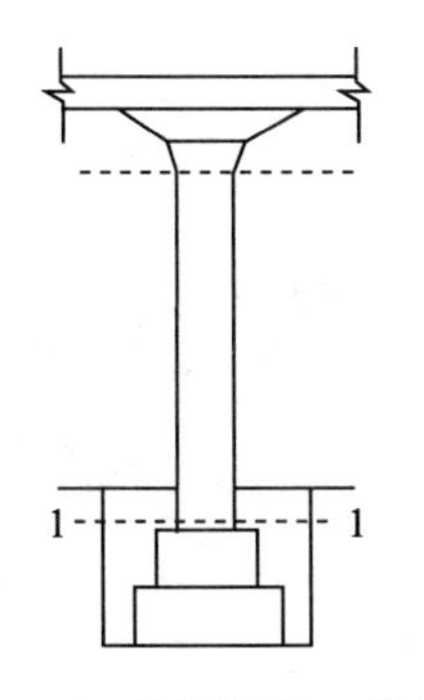

图 3-14　柱子的施工缝位置

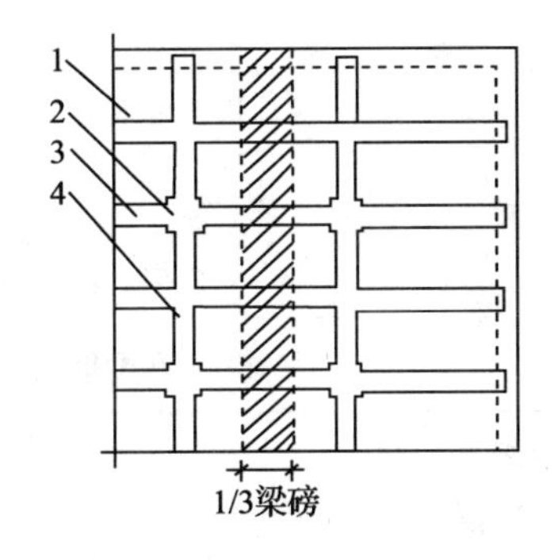

图 3-15　有主次梁楼盖的施工缝位置

1—楼板；2—柱；3—次梁；4—主梁

在施工缝处继续浇筑混凝土时，应除掉水泥浮浆和松动石子，并用水冲洗干净，待已浇筑的混凝土的强度不低于 1.2 MPa 时才允许继续浇筑，在结合面应先铺抹一层水泥浆或与混凝土砂浆成分相同的砂浆。

（二）浇筑方法

1. 现浇多层钢筋混凝土框架结构的浇筑

浇筑这种结构首先要划分施工层和施工段，施工层一般按结构层划分，而每一施工层划分施工段，则要考虑工序数量、技术要求、结构特点等。要做到木工在第一施工层安装完模板，准备转移到第二施工层的第一施工段上时，该施工段所浇筑的混凝土强度应达到允许工人在上面操作的强度（1.2 MPa）。施工层与施工段确定后，就可求出每班（每小时）应完成的工程量，据此选择施工机具和设备并计算其数量。浇筑柱子时，施工段内的每排柱子应由外向内对称地顺序浇筑，不要由一端向另一端推进，预防柱子模板因湿胀造成受推倾斜而误差积累难以纠正。截面在 400 mm×400 mm 以内、有交叉箍筋的柱子，应在柱子模板侧面开孔用斜溜槽分段浇筑，每段高度不超过 2 m。截面在 400 mm×400 mm 以上、无交叉箍筋的柱子，如柱高不超过 4.0 m，可从柱顶浇筑；如用轻骨料混凝土从柱顶浇筑，则柱高不得超过 3.5 m。柱子开始浇筑时，底部应先浇筑一层厚 50～100 mm、与所浇筑混凝土成分相同的水泥沙浆。浇筑完毕，如柱顶处有较大厚度的砂浆层，则应加以处理。柱子浇筑后，应间隔 1～1.5 h，待所浇混凝土拌和物初步沉实，再筑浇上面的梁板结构。梁板应同时浇筑，从一端向前推进。只有当梁高大于 1 m 时才允许将梁单独浇筑，此时的施工缝留在楼板板面下 20～30 mm 处。梁底与梁侧面注意振实，振动器不要直接触及钢筋和预埋件。楼板混凝土的虚铺厚度应略大于板厚，用表面振动器或内部振动器振实，用铁插尺检查混凝土厚度，振捣完后用长的木抹子抹平。为保证捣实质量，混凝土应分层浇筑，每层厚度见表 3-20。浇筑叠合式受弯构件时，应按设计要求确定是否设置支撑，且叠合面应根据设计要求预留凸凹差（当无要求时，凸凹为 6 mm），形成自然粗糙面。

表 3-20　混凝土浇筑层的厚度

项次	捣实混凝土的方法	浇筑层厚度/mm
1	插入式振动	振动器作用部分长度的 1.25 倍
2	表面振动	200

续表

项次	捣实混凝土的方法		浇筑层厚度/mm
3	人工捣固	在基础或无筋混凝土和配筋稀疏的结构中	250
		在梁、墙、板、柱结构中	200
		在配筋密集的结构中	150
4	轻骨料混凝土	插入式振动	300
		表面振动（振动时需加荷）	200

2. 大体积混凝土结构浇筑

大体积混凝土结构在工业建筑中多为设备基础，在高层建筑中多为厚大的桩基承台或基础底板等，整体性要求较高，往往不允许留施工缝，要求一次连续浇筑完毕。

（1）大体积混凝土结构浇筑方案

为保证结构的整体性，混凝土应连续浇筑，要求每一处的混凝土在初凝前就被后部分混凝土覆盖并捣实成整体，根据结构特点不同，可分为全面分层、分段分层、斜面分层等浇筑方案（见图3－16）。

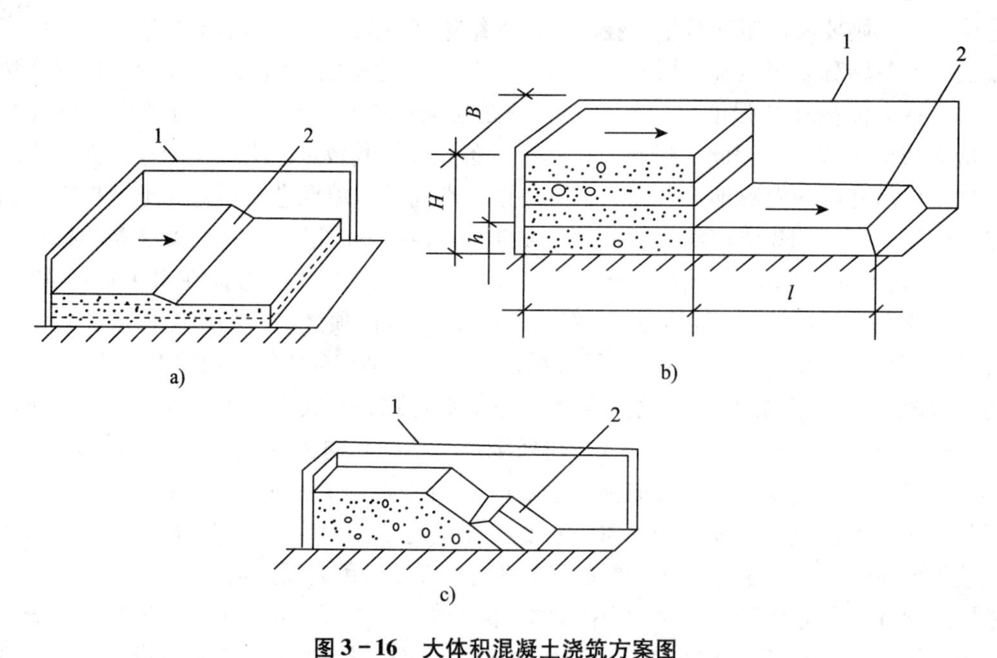

图3－16　大体积混凝土浇筑方案图

a）全面分层　b）分段分层　c）斜面分层

1—模板；2—新浇筑的混凝土

1）全面分层。当结构平面面积不大时，可将整个结构分为若干层进行浇筑，即第一层全部浇筑完毕后，再浇筑第二层，如此逐层连续浇筑，直到结束。为保证结构的整体性，要求次层混凝土在前层混凝土初凝前浇筑完毕。若结构平面面积为A（m^2），浇筑分层厚为h（m），每小时浇筑量为Q（m^3/h），混凝土从开始浇筑至初凝的延续时间为T h（一般等于混凝土初凝时间减去混凝土运输时间），为保证结构的整体性，则应满足：

$$A \cdot h \leqslant Q \cdot T,$$

故

$$A \leqslant Q \cdot T/h$$

即采用全面分层时，结构平面面积应满足上式的条件。

2）分段分层。当结构平面面积较大时，全面分层已不适应，这时可采用分段分层浇筑方案。分段分层浇筑方案是将结构分为若干段，每段又分为若干层，先浇筑第一段各层，然后浇筑第二段各层，如此逐段逐层连续浇筑，直至结束。为保证结构的整体性，要求次段混凝土应在前段混凝土初凝前浇筑并与之捣实成整体。

若结构的厚度为 H（m），宽度为 b（m），分段长度为 L（m），为保证结构的整体性，则应满足下式的条件：

$$L \leqslant (Q \cdot T)/[b(H-h)]$$

3）斜面分层。当结构的长度超过厚度的 3 倍时，可采用斜面分层的浇筑方案。这时，振捣工作应从浇筑层斜面下端开始，逐渐上移，且振动器应与斜面垂直。

（2）早期温度裂缝的预防

厚大钢筋混凝土结构由于体积大，水泥水化热聚积在内部不易散发，内部温度显著升高，外表散热快，形成较大内外温差，内部产生压应力，外表产生拉应力。如内外温差过大（25 ℃以上），则混凝土表面将产生裂缝。当混凝土内部逐渐散热冷却，产生收缩，由于受到基底或已硬化混凝土的约束，不能自由收缩，而产生拉应力。温差越大，约束程度越高，结构长度越大，则拉应力越大。控制混凝土的内外温差，使之不超过 25 ℃，以防止表面开裂；控制混凝土冷却过程中的总温差和降温速度，以防止基底开裂。

早期温度裂缝的预防方法主要有：优先采用水化热低的水泥（如矿渣硅酸盐水泥）；减少水泥用量；掺入适量的粉煤灰或在浇筑时投入适量的毛石；放慢浇筑速度和减少浇筑厚度，采用人工降温措施（拌制时，用低温水，养护时用循环水冷却）；浇筑后应及时覆盖，以控制内外温差，减缓降温速度，尤应注意寒潮的不利影响；必要时，取得设计单位同意后，可分块浇筑，块和块间留 1 m 宽后浇带，待各分块混凝土干缩后，再浇筑后浇带。分块长度可根据有关手册计算，当结构厚度在 1 m 以内时，分块长度一般为 20 ~ 30 m。

（3）泌水处理

大体积混凝土另一特点是上、下浇筑层施工间隔时间较长，各分层之间易产生泌水层，它将使混凝土强度降低，导致酥软、脱皮起砂等不良后果。采用自流方式和抽吸方法排除泌水，会带走一部分水泥浆，影响混凝土的质量。在同一结构中使用两种不同坍落度的混凝土，或在混凝土拌和物中掺减水剂，都可减少泌水现象。

（三）混凝土密实成型

混凝土浇入模板以后是较疏松的，里面含有空气与气泡。而混凝土的强度、抗冻性、抗渗性以及耐久性等，都与混凝土的密实程度有关。目前主要采用机械捣实混凝土，使混凝土密实。只有在缺乏机械、工程量不大或机械不便工作的部位采用人工捣实混凝土密实成型。机械捣实的方法主要是机械振动密实。

1. 混凝土振动密实原理

振动机械的振动一般是指由电动机、内燃机或压缩空气马达带动偏心块转动而产生的简谐振动。产生振动的机械将振动能量通过某种方式传递给混凝土拌和物使其受到强迫振动。在振动力作用下混凝土内部的黏着力和内摩擦力显著减少，使骨料犹如悬浮在液体中，在其自重作用下向新的位置沉落，紧密排列，水泥沙浆均匀分布填充空隙，气泡被排出，游离水被挤压上升，混凝土填满了模板的各个角落并形成密实体积。这样可以减少混凝土蜂窝麻面的发生，提高混凝土的强度和密实性，从而增加混凝土的耐久性。影响振动器的振动质量和生产率的因素是复杂的。当混凝土的配合比、骨料的粒径、水泥的稠度以及钢筋的疏密程度等因素确定之后，振动质量和生产率取决于“振动制度”，即振动的频率、振幅和振动时间等。

2. 振动机械的选择

振动机械可分为内部振动器、表面振动器、外部振动器和振动台（见图3－17）。内部振动器又称插入式振动器，是建筑施工项目现场应用最多的一种振动器，用于振实梁、柱、墙、厚板和基础等。其工作部分是一个棒状空心圆柱体，内部装有偏心振子，在电动机带动下高速转动而产生高频微幅的振动。根据振动棒激振的原理，内部振动器有偏心轴式和行星滚锥式（简称行星式）两种。

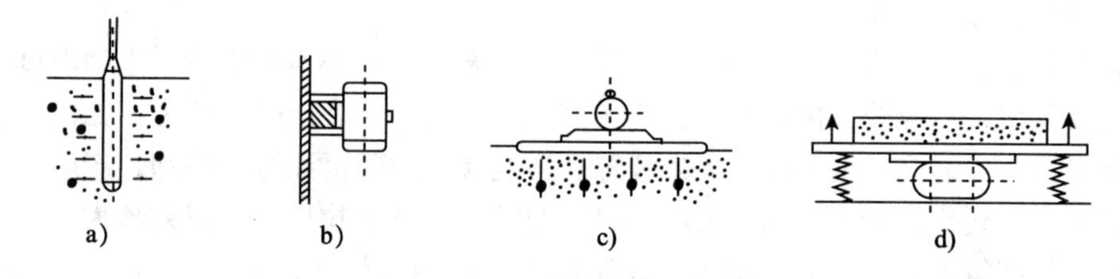

图3－17　振动机械示意图

a）内部振动器　b)外部振动器　c)表面振动器　d)振动台

1）偏心轴式内部振动器是利用振动棒中心具有偏心质量的转轴产生高频振动，其振动频率为5 000～6 000 次/min。

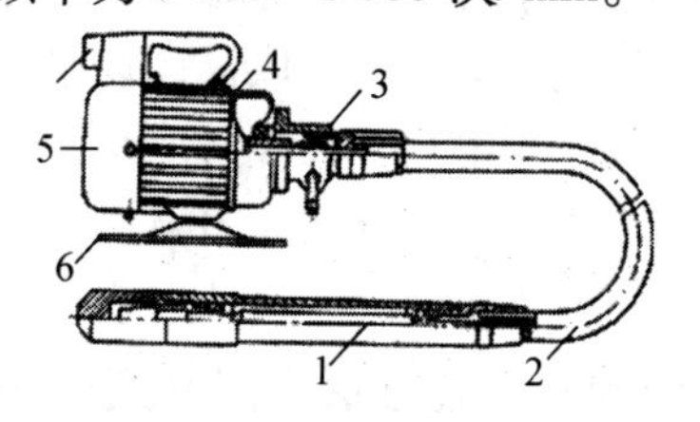

图3－18　电动软轴行星式内部振动器

1—振动棒；2—软轴；3—防逆装置；4—电动机；5—电器开关；6—支座

2）行星滚锥式内部振动器是利用振动棒中一端空悬的转轴旋转时其下垂端圆锥部分沿棒壳内圆锥面滚动，形成滚动体的行星运动而驱动棒体产生圆振动，其振动频率为12 000～15 000 次/min，振捣效果好，且构造简单，使用寿命长，是目前常用的内部振动器。其构造如图3－18所示。

用插入式振动器振动混凝土时，应垂直插入，并插入下层混凝±50 mm，以促使上下层混凝土结合成整体。每一振点的振捣延续时间，应使混凝土捣实（表面呈现浮浆和不再沉落为限）。采用插入式振动器捣实普通混凝土的移动间距，不宜大于作用半径的1.5倍。捣实轻骨料混凝土的间距，不宜大于作用半径；振动器与模板的距离不应大于振动器作用半径的1/2，并应尽量避免碰撞钢筋、模板、预埋件等。插点的分布有行列式和交错式两种。

表面振动器又称平板振动器，它是将电动机装上左右两个偏心块固定在一块平板上而成，其振动作用可直接传递到混凝土面层上。这种振动器适用于捣实楼板、地面、板形构件和薄壳等薄壁结构。在无筋或单层钢筋结构中，每次振实的厚度不大于250 mm；在双层钢筋的结构中，每次振实厚度不大于120 mm。表面振动器的移动间距，应保证振动器的平板覆盖已振实部分的边缘，以使该处的混凝土振实出浆为准；也可进行两遍振实，第一遍和第二遍的方向要互相垂直，第一遍主要使混凝土密实，第二遍则使表面平整。

外部振动器又称附着式振动器，它通过螺栓或夹钳等固定在模板外侧的横档或竖档上，偏心块旋转所产生的振动力通过模板传给混凝土，使之振实。但模板应有足够的刚度。对于小截面直立构件，插入式振动器的振动棒很难插入，可使用附着式振动器，附着式振动器的设置间距，应通过试验确定，在一般情况下，可每隔 1 ~ 1.5 m 设置一个。

振动台是混凝土制品厂中的固定生产设备，用于振实预制构件。

四、混凝土的养护与拆模

（一）混凝土的养护

混凝土浇筑捣实后，逐渐凝固硬化，这个过程主要由水泥的水化作用来实现，而水化作用必须在适当的温度和湿度条件下才能完成。为了保证混凝土有适宜的硬化条件使其强度不断增长，必须对混凝土进行养护。

混凝土养护方法分自然养护和人工养护两种。

自然养护指利用平均气温高于 5 ℃的自然条件，用保水材料或草帘等对混凝土加以覆盖后适当浇水，使混凝土在一定的时间内在湿润状态下硬化。当最高气温低于 25 ℃时，混凝土浇筑完后应在 12 h 内加以覆盖和浇水；最高气温高于 25 ℃时，应在 6 h 内开始养护。浇水养护时间的长短视水泥品种而定，硅酸盐水泥、普通硅酸盐水泥和矿渣硅酸盐水泥拌制的混凝土，不得少于 7 昼夜；火山灰质硅酸盐水泥和粉煤灰硅酸盐水泥拌制的混凝土或有抗渗性要求的混凝土，不得少于 14 昼夜。浇水次数应使混凝土保持足够的湿润状态。养护初期，水泥的水化反应较快，需水也较多，所以要特别注意在浇筑以后头几天的养护工作。此外，在气温高、湿度低时，也应增加洒水的次数。混凝土必须养护至其强度达 1.2 MPa 以后，方准在其上踩踏和安装模板及支架。也可在构件表面铺设塑料薄膜，来养护混凝土，适用于不易洒水养护的高耸构筑物和大面积混凝土结构。

人工养护就是用人工来控制混凝土的养护温度和湿度，使混凝土强度增长，如蒸汽养护、热水养护、太阳能养护等。主要用来养护预制构件，现浇构件多采用自然养护。

（二）混凝土的拆模

模板拆除日期取决于混凝土的强度、模板的用途、结构的性质及混凝土硬化时的气温。

不承重的侧模，在混凝土强度能保证其表面棱角不因拆除模板而受损坏时，即可拆除。承重模板，如梁、板等底模，应待混凝土达到规定强度后，方可拆除。

结构的类型跨度不同，其拆模强度不同，底模拆除时对混凝土强度要求也不同，如表 3－21 所示。

表 3－21　混凝土的拆模强度

构件类型 （注：在所选择构件类型的□内画“√”）					
□墙	□柱	板： □跨度≤2 m □ 2 m < 跨度≤8 m □跨度 >8M	梁： □跨度≤8 m □跨度 >8 m	□悬壁构件	□基础

续表

拆模时混凝土强度要求	龄期/天	同条件混凝土抗压强度/MPa	达到设计强度等级（%）	强度报告编号
应达到设计强度____%（或____MPa）	25	32.2	129	1

已拆除承重模板的结构，应在混凝土达到规定的强度等级后，才允许承受全部设计荷载。拆模后应由监理（建设）单位、施工单位对混凝土的外观质量和尺寸偏差进行检查，并做好记录。如发现缺陷，应进行修补。对面积小、数量不多的蜂窝或露石的混凝土，先用钢丝刷或压力水洗刷基层，然后用1:2～1:2.5的水泥沙浆抹平；对较大面积的蜂窝、露石、露筋应按其全部深度凿去薄弱的混凝土层，然后用钢丝刷或压力水冲刷，再用比原混凝土强度等级高一个级别的细石混凝土填塞，并仔细捣实。对影响结构性能的缺陷，应与设计单位研究处理。

五、混凝土工程施工质量验收与评定方法

混凝土工程的施工质量检验应按主控项目、一般项目按规定的检验方法进行检验。检验批合格质量应符合下列规定：主控项目的质量经抽样检验合格；一般项目的质量经抽样检验合格；当采用计数检验时，除有专门要求外，一般项目的合格点率应达到80%及以上，且不得有严重缺陷；具有完整的施工操作依据和质量验收记录。

（一）主控项目

1）水泥进场时应对其品种、级别、包装或散装仓号、出厂日期等进行检查，并应对其强度、稳定性及其他必要的性能指标进行复验，其质量必须符合现行国家标准的要求。当在使用中对水泥质量有怀疑或水泥出厂超过3个月（快硬硅酸盐水泥超过1个月）时，应进行复验，并按复验结果使用。

检查数量：按同一生产厂家、同一等级、同一品种、同一批号且连续进场的水泥，袋装不超过200 t为一批，散装不超过500 t为一批，每批抽样不少于一次。

检验方法：检查产品合格证、出厂检验报告和进场复验报告。

2）混凝土中掺用外加剂的质量及应用技术应符合现行国家标准和有关环境保护的规定。预应力混凝土结构中，严禁使用含氯化物的外加剂。钢筋混凝土结构中，当使用含氯化物的外加剂时，混凝土中氯化物的总含量应符合现行国家标准的规定。

检查数量：按进场的批次和产品的抽样检验方案确定。

检验方法：检查产品合格证、出厂检验报告和进场复验报告。

3）混凝土强度等级、耐久性和工作性等应按《普通混凝土配合比设计规程》（JGJ 55—2000）的有关规定进行配合比设计。对特殊要求混凝土，其配合比设计尚应符合国家现行有关标准的专门规定。

检验方法：检查配合比设计资料。

4）结构混凝土的强度等级必须符合设计要求。用于检查结构构件混凝土强度的试件，应在混凝土的浇筑地点随机抽取。取样与试件留置应符合下列规定：

每拌制100盘且不超过100 m^3 的同配合比的混凝土，取样不得少于一次；每工作班拌

制的同一配合比的混凝土不足 100 盘时，取样不得少于一次；当一次连续浇筑超过 1 000 m。时，同一配合比的混凝土每 200 m^3 取样不得少于一次；每一楼层、同一配合比的混凝土，取样不得少于一次；每次取样应至少留置一组标准养护试件，同条件养护试件的留置组数应根据实际需要确定。

检验方法：检查施工记录及试件强度试验报告。

5）对有抗渗要求的混凝土结构，其混凝土试件应在浇筑地点随机取样。同一工程、同一配合比的混凝土，取样不应少于一次，留置组数可根据实际需要确定。

检验方法：检查试件抗渗试验报告。

6）混凝土原材料每盘称量的偏差应符合的规定。水泥、掺和料 ±5%；粗、细骨料 ±3%；水、外加剂 ±2%。

检查数量：每工作班抽查不应少于一次。当遇雨天或含水率有显著变化时，应增加含水率检测次数，并及时调整水和骨料用量。

检验方法：复称。

7）混凝土运输、浇筑及间歇的全部时间不应超过混凝土的初凝时间。同一施工段的混凝土应连续浇筑，并应在底层混凝土初凝之前将上一层混凝土浇筑完毕。

当底层混凝土初凝后浇筑上一层混凝土时，应按施工技术方案中对施工缝的要求进行处理。

检查数量：全数检查。

检验方法：观察，检查施工记录。

8）现浇结构的外观质量不应有严重缺陷。对已经出现的严重缺陷，应由施工单位提出技术处理方案，并经监理（建设）单位认可后进行处理。对经处理的部位，应重新检查验收。

检查数量：全数检查。

检查方法：观察，检查技术处理方案。

9）现浇结构不应有影响结构性能和使用功能的尺寸偏差。对超过尺寸允许偏差且影响结构性能和安装、使用功能的部位，应由施工单位提出技术处理方案，并经监理（建设）单位认可后进行处理。对经处理的部位，应重新检查验收。

检查数量：全数检查。

检验方法：量测，检查技术处理方案。

（二）一般项目

1）混凝土中掺用矿物掺和料，粗、细骨料及拌制混凝土用水的质量应符合现行国家标准的规定。

检查数量：按进场的批次和产品的抽样检验方案确定。

检验方法：检查出厂合格证和进场复验报告，粗、细骨料检查进场复验报告，拌制混凝土用水检查水质试验报告。

2）首次使用的混凝土配合比应进行开盘鉴定，其工作性应满足设计配合比的要求。开始生产时应至少留置一组标准养护试件，作为验证配合比的依据。

检验方法：检查开盘鉴定资料和试件强度试验报告。

3）混凝土拌制前，应测定砂、石含水率并根据测试结果调整材料用量，提出施工配合比。

检查数量：每工作班检查一次。

检验方法：检查含水率测试结果和施工配合比通知单。

4）施工缝、后浇带的位置应在混凝土浇筑前按设计要求和施工技术方案确定。施工缝处理、后浇带混凝土浇筑的应按施工技术方案执行。

检查数量：全数检查。

检验方法：观察，检查施工记录。

5）现浇结构和混凝土设备基础拆模后的尺寸偏差应符合表3－22和表3－23的规定。

表3－22　现浇结构尺寸的允许偏差和检验方法

项目			允许偏差/mm	检验方法
轴线位移	基础		15	尺量检查
	独立基础		10	
	柱、墙、梁		8	
	剪力墙		5	
标高	层高		±10	用水准仪或拉线，钢尺检查
	全高		±30	
截面尺寸			+8，－5	钢尺检查
垂直度	层高	≤5 m	8	用经纬仪或吊线，钢尺检查
		>5 m	10	
	全高（*H*）		*H*/1 000 且≤30	用经纬仪或吊线和尺量检查
表面平整度			8	用2 m靠尺和塞尺检查
预埋设施中心线位置	预埋件		10	钢尺检查
	预埋螺栓		5	
	预埋管		5	
预留洞中心线位置			15	钢尺检查
电梯井	井筒长、宽对定位中心线		+25，0	钢尺检查
	井筒全高（*H*）垂直度		*H*/1 000 且≤30	经纬仪，钢尺检查

注：检查轴线、中心线位置时，应沿纵、横两个方向量测，并取其中的较大值。

表3－23　混凝土设备基础的允许偏差和检验方法

项目	允许偏差/mm	检验方法
坐标位置	20	钢尺检查
不同平面的标高	0，－20	用水准仪或拉线，钢尺检查
平面外形尺寸	±20	钢尺检查
凸台上平面外形尺寸	0，－20	
凹穴尺寸	+20，0	

续表

项目		允许偏差/mm	检验方法
平面水平度	每米	5	水平尺，塞尺检查
	全长	10	用水准仪或拉线，钢尺检查
垂直度	每米	5	用经纬仪或吊线，钢尺检查
	全高	10	
预埋地脚螺栓	标高（顶高）	+20，0	用水准仪或拉线，钢尺检查
	中心距	±2	钢尺检查
预埋地脚螺栓孔	中心线位置	10	钢尺检查
	深度尺寸	+20，0	钢尺检查
	孔垂直度	10	吊线，钢尺检查
预埋活动地脚螺栓锚板	标高	+20	用水准仪或拉线，钢尺检查
	中心线位置	5	钢尺检查
	带槽锚板平整度	5	钢尺，塞尺检查

检查数量：按楼层、结构缝或施工段划分检验批。在同一检验批内，对梁、柱独立基础，应抽查构件数量的 10%，且不少于 3 件；对墙和板，应按有代表性的自然间抽查 10%，且不少于 3 间；对大空间结构，墙可按相邻轴线间高度 5 m 左右划分检查面，板可按纵、横轴线划分检查面，抽查 10%，且均不少 3 面；对电梯井，应全数检查，对设备基础，应全数检查。

（三）混凝土强度的评定方法

评定混凝土强度的试块，必须按《混凝土强度检验评定标准》（GB J 107—87）的规定取样、制作、养护和试验，其强度必须符合下列规定。

1）用统计方法评定混凝土强度时，其强度应同时符合下列两式的规定：

$$mf_{cu}-\lambda_1 sf_{cu}\geqslant 0.9f_{cu,k}$$

$$f_{cu,\min}\geqslant \lambda_2 f_{cu,k}$$

2）用非统计方法评定混凝土强度时，其强度应同时符合下列两式的规定：

$$mf_{cu}\geqslant 1.15f_{cu,k}$$

$$f_{cu,\min}\geqslant 0.95f_{cu,k}$$

式中　mf_{cu}——同一验收批混凝土立方体抗压强度的平均值（MPa）；

sf_{cu}——同一验收批混凝土强度的标准差（MPa）；

当 sf_{cu} 的计算值小于 $0.06f_{cu,k}$ 时，取 $sf_{cu}=0.06f_{cu,k}$；

$f_{cu,k}$——设计的混凝土立方体抗压强度标准（MPa）；

$f_{cu,\min}$——同一验收批混凝土立方体抗压强度的最小值（MPa）；

λ_1，λ_2——合格判定系数，按表 3-24 取用。

表 3-24　合格判定系数

合格判定系数	试块组数		
	10~14	15~24	≥25
λ_1	1.70	1.65	1.60
λ_2	0.90	0.85	0.90

注：混凝土强度按单位工程内强度等级、龄期相同及生产工艺条件、配合比基本相同的混凝土为同一验收批评定。但单位工程中仅有一组试块时，其强度不应低于 $1.15f_{cu,k}$。

项目五　钢筋混凝土工程的安全技术

混凝土结构工程在建筑施工中，工程量大、工期较长，且需要的设备、工具多，施工中稍有不慎，就会造成质量安全事故。因此必须根据工程的建筑特征、场地条件、施工条件、技术要求和安全生产的需要，拟定施工安全的技术措施。明确施工的技术要求和制定安全技术措施，预防可能发生的质量安全事故。

为了科学地评价建筑施工安全生产情况，提高安全生产工作的管理水平，预防事故的发生，实现安全检查工作的标准化、规模化，国家建设部制定了《建筑施工安全检查评分标准》。该标准主要采用安全系统工程原理，结合建筑施工中伤亡事故规律，依据国家有关安全法规、条例、标准和规程而编制。

一、钢筋加工安全技术

（一）钢筋加工使用的夹具、台座和机械的安全规定

1）机械的安装必须坚实稳固，保持水平位置。固定式机械应有可靠的基础，移动式机械作业时应楔紧行走轮。

2）外作业应设置机棚，机旁应有堆放原料、半成品的场地。

3）加工较长的钢筋时，应有专人帮扶，并听从操作人员指挥，不得随意推拉。

4）作业后，应堆放好成品、清理场地、切断电源、锁好电闸。

对钢筋进行冷拉、冷拔及预应力筋加工，还应严格地遵守有关规定。

（二）焊接的安全规定

1）焊机必须接地，以保证操作人员安全，对于焊接导线及焊钳接导处，都应可靠地绝缘。

2）大量焊接时，焊接变压器不得超负荷，变压器升温不得超过 60 ℃。

3）点焊、对焊时，必须开放冷却水，焊机出水温度不得超过 40 ℃，排水量应符合要求。天冷时应放尽焊机内存水，以免冻塞。

4）对焊机闪光区域，须设铁皮隔挡。焊接时禁止其他人员停留在闪光区范围内，以防火花烫伤。焊机工作范围内严禁堆放易燃物品，以免引起火灾。

5）室内电弧焊时，应有排气装置。焊工操作地点相互之间应设挡板，以防弧光刺伤眼睛。

二、模板施工安全技术

1）进入施工现场人员必须戴好安全帽，高空作业人员必须配戴安全带，并应系牢。

2）经医生检查认为不适宜高空作业的人员，不得进行高空作业。

3）工作前应先检查使用的工具是否牢固，扳手等工具必须用绳链系挂在身上，以免掉落伤人。工作时要思想集中，防止钉子扎脚和空中滑落。

4）安装与拆除5 m以上的模板，应搭脚手架，并设防护栏，防止上下在同一垂直面操作。

5）高空、复杂结构模板安装与拆除，事先应有切实的安全措施。

6）遇六级以上大风时，应暂停室外的高空作业，雪霜雨后应先清扫施工现场，略干后不滑时再进行工作。

7）两人抬运模板时要互相配合、协同工作。传递模板、工具应用运输工具或绳子系牢后升降，不得乱扔。装拆时，上下应有人接应，钢模板及配件应随装随拆运送，严禁从高处掷下。高空拆模时，应有专人指挥，并在下面标出工作区，用绳子和红白旗加以围栏，暂停人员过往。

8）不得在脚手架上堆放大批模板等材料。

9）支撑、牵杠等不得搭在门框架和脚手架上。通路中间的斜撑、拉杠等应设在1.8 m高以上。

10）支模过程中，如需中途停歇，应将支撑、搭头、柱头板等钉牢。拆模间歇应将已活动的模板、牵杠等运走或妥善堆放，防止因扶空、踏空而坠落。

11）模板上有预留洞者，应在安装后将空洞口盖好。混凝土板上的预留洞，应在模板拆除后随即将洞口盖好。

12）拆除模板一般用长撬棍。人不许站在正在拆除的模板上。在拆除楼板模板时，要注意整块模板掉下，尤其是用定型模板做平台模板时，更要注意，拆模人员要站在门窗洞口外拉支撑，防止模板突然全部掉落伤人。

13）在组合钢模板上架设电线和使用电动工具，应用36 V低压电源或采取有效措施。

三、混凝土施工安全技术

1. 混凝土搅拌机的安全规定

1）进料时，严禁将头或手伸入料斗与机架之间察看或探摸进料情况，运转中不得用手或工具等物伸入搅拌筒内扒料出料。

2）料斗升起时，严禁在其下方工作或穿行。料坑底部要设料斗枕垫，清理料坑时必须将料斗用链条扣牢。

3）向搅拌筒内加料应在运转中进行；添加新料必须先将搅拌机内原有的混凝土全部卸出来才能进行。不得中途停机或在满载荷时启动搅拌机，反转出料者除外。

4）作业中，如发生故障不能继续运转时，应立即切断电源、将筒内的混凝土清除干净，然后进行检修。

2. 混凝土泵送设备作业的安全事项

1）支腿应全部伸出并支固，未支固前不得启动布料杆。布料杆升离支架后方可回转。布料杆伸出时应按顺序进行。严禁用布料杆起吊或拖拉物件。

2）当布料杆处于全伸状态时，严禁移动车身。作业中需要移动时，应将上段布料杆折叠固定，移动速度不超过10 km/h。布料杆不得使用超过规定直径的配管，装接的软管应系防脱安全绳带。

3）应随时监视各种仪表和指示灯，发现不正常应及时调整或处理。如出现输送管道堵塞时，应进行逆向运转使混凝土返回料斗，必要时应拆管排除堵塞。

4）泵送工作应连续作业，必须暂停时应每隔5～10 min（冬季3～5 min）泵送一次。若停止较长时间后泵送时，应逆向运转一至二个行程，然后顺向泵送。泵送时料斗内应保持一定量的混凝土，不得吸空。

5）应保持储满清水，发现水质混浊并有较多砂粒时应及时检查处理。

6）泵送系统受压力时，不得开启任何输送管道和液压管道。液压系统的安全阀不得任意调整，蓄能器只能充入氮气。

3. 混凝土振捣器的使用规定

1）使用前应检查各部件是否连接牢固、旋转方向是否正确。

2）振捣器不得放在初凝的混凝土、地板、脚手架、道路和干硬的地面上进行试振。维修或作业间断时，应切断电源。

3）插入式振捣器软轴的弯曲半径不得小于50 cm，并不多于两个弯，操作时振动棒应自然垂直地沉入混凝土，不得用力硬插、斜推或使钢筋夹住棒头，也不得全部插入混凝土中。

4）振捣器应保持清洁，不得有混凝土黏结在电动机外壳上妨碍散热。

5）作业转移时，电动机的导线应保持有足够的长度和松度。严禁用电源线拖拉振捣器。

6）用绳拉平板振捣器时，绳应干燥绝缘，移动或转向时不得用脚踢电动机。

7）振捣器与平板应保持紧固，电源线必须固定在平板上，电器开关应装在手把上。

8）在一个构件上同时使用几台附着式振捣器工作时，所有振捣器的频率必须相同。

9）操作人员必须戴绝缘手套。

10）作业后，必须做好清洗、保养工作。振捣器要放在干燥处。

复习思考题

1. 什么是钢筋冷拉？冷拉的作用和目的有哪些？影响冷拉质量的主要因素是什么？
2. 钢筋冷拉控制方法有几种？各用于何种情况？采用控制应力方法冷拉时，冷拉应力怎样取值？冷拉率有何限制？采用控制冷拉率方法时，其控制冷拉率怎样确定？
3. 钢筋闪光对焊工艺有几种？如何选用？
4. 钢筋闪光对焊接头质量检查包括哪些内容？
5. 电弧焊接头有哪几种型式？如何选用？质量检查内容有哪些？
6. 如何计算钢筋下料长度及编制钢筋配料单？
7. 钢筋加工工序和绑扎、安装要求有哪些？绑扎接头有何规定？
8. 钢筋工程检查验收包括哪几方面？应注意哪些问题？
9. 基础、柱、梁、楼板结构的模板构造及安装要求有哪些？

10. 试述定型组合钢模特点、组成及组合钢模配板原则。

11. 试分析柱、梁、楼板模板计算荷载及计算简图。模板支架、顶撑承载能力怎样计算?

12. 混凝土工程施工包括哪几个施工过程?

13. 混凝土施工配合比怎样根据实验室配合比求得?施工配料怎样计算?

14. 什么是一次投料、二次投料?各有何特点?二次投料时混凝土强度为什么会提高?

15. 混凝土运输有哪些要求?各适用何种情况?

16. 混凝土浇筑前对模板钢筋应作哪些检查?

17. 混凝土浇筑的基本要求有哪些?怎样防止离析?

18. 什么是施工缝?对施工缝有何要求?

19. 什么是混凝土的自然养护?

20. 混凝土质量检查包括哪些内容?

21. 试述模板的作用。对模板及其支架的基本要求有哪些?模板有哪些类型?各有何特点?

单元四　结构安装工程施工

结构安装工程就是用起重机械将已预先在预制厂或现场预制好的构件，根据设计图纸的要求，按照施工工艺标准安装成一幢建筑物或构筑物。

装配式厂房施工中，结构安装工程是主要工序，它直接影响着整个工程的施工进度、劳动生产率、工程质量、施工安全和工程成本。

项目一　吊装设备

一、钢丝绳

钢丝绳是吊装工作中常用的绳索，它具有强度高、韧性好、耐磨性好等优点。钢丝绳磨损后表面产生毛刺，容易检查发现，便于预防事故的产生。

(一) 钢丝绳的构造及种类

1. 钢丝绳的构造

钢丝绳是由直径相同的光面钢丝捻成钢丝股，再由 6 股钢丝股和 1 股绳芯搓捻而成。

钢丝绳按每股钢丝的根数不同可分为三种规格。

1) 6×19+1，即 6 股钢丝股，每股 19 根钢丝，中间加 1 根绳芯，钢丝粗、硬而耐磨，不易弯曲，一般用做缆风绳。

2) 6×37+1，即 6 股钢丝股，每股 37 根钢丝，中间加 1 根绳芯，钢丝细、较柔软，用于穿滑车组和做吊索。

3) 6×61+1，即 6 股钢丝股，每股 61 根钢丝，中间加 1 根绳芯，质地软，用于重型起重机械。

2. 钢丝绳的种类

钢丝绳按钢丝和钢丝股搓捻方向不同可分为顺掺绳和反捻绳两种。

1) 顺捻绳：每股钢丝的搓捻方向与钢丝股的搓捻方向相同。柔性好、表面平整、不易磨损、但易松散和扭结卷曲，吊重物时，易使重物旋转，一般用于拖拉或牵引装置。

2) 反捻绳：每股钢丝的搓捻方向与钢丝股的搓捻方向相反。钢丝绳较硬，不易松散，吊重物不扭结旋转，多用于吊装工作。

钢丝绳按抗拉强度可分为 1 400 MPa、1 550 MPa、1 700 MPa、1 850 MPa、2 000MPa 五种。

钢丝绳的主要数据见表 4-1 至表 4-3。

表 4-1　6×19+1 钢丝绳的主要数据

直径		钢丝总断面积/mm²	参考重量(kg/100 m)	钢丝绳的抗拉强度/MPa				
				1 400	1 550	1 700	1 850	2 000
钢丝绳/mm	钢丝/mm			钢丝绳破断拉力总和 S_p（不小于）N				
6.2	0.4	14.32	13.53	20 000	22 100	24 300	26 400	28 600
7.7	0.5	22.37	21.41	31 300	3 460	38 000	41 300	44 700
9.3	0.6	32.22	30.45	45 100	49 900	54 700	59 600	64 400
11.0	0.7	43.85	41.44	31 600	67 900	74 500	81 100	87 700
12.5	0.8	57.27	54.12	8 010	8 870	97 300	105 500	114 500
14.0	0.9	72.49	68.5	101 000	112 000	123 000	134 000	144 500
15.5	1.0	89.49	84.57	125 000	138 500	152 000	16 550	178 500
17.0	1.1	103.28	102.3	151 500	167 500	184 000	200 000	216 500
18.5	1.2	128.87	121.8	180 000	199 500	219 000	238 000	257 500
20.0	1.3	151.24	142.9	211 500	234 000	257 000	279 500	302 000
21.5	1.4	175.40	165.8	245 500	271 500	298 000	324 000	350 500
23.0	1.5	201.35	190.3	281 500	312 000	342 000	37 200	402 500
24.5	1.6	229.09	216.5	32 050	355 000	389 000	423 500	458 000
26.0	1.7	258.63	244.4	362 000	400 500	439 500	478 000	517 000
28.0	1.8	289.95	274.0	405 500	449 000	492 500	536 000	579 500
31.0	2.0	357.96	338.3	501 000	554 500	508 500	662 000	715 500
34.0	2.2	433.13	409.3	606 000	671 000	736 000	801 000	—
37.0	2.4	515.46	487.1	721 500	798 500	876 000	953 500	—
40.0	2.6	604.95	571.7	846 500	93 750	1 025 000	1 115 000	—
43.0	2.8	701.60	663.0	982 000	108 500	1 190 000	1 295 000	—
46.0	3.0	805.41	761.1	1 125 000	1 245 000	1 365 000	1 490 000	—

表 4-2　6×37+1 钢丝绳的主要数据

直径		钢丝总断面积/mm²	参考重量(kg/100 m)	钢丝绳的抗拉强度/MPa				
				1 400	1 550	1 700	1 850	2 000
钢丝绳/mm	钢丝/mm			钢丝绳破断拉力总和 S_p（不小于）N				
8.7	0.4	27.88	26.21	39 000	43 200	47 300	51 500	55 700
11.0	0.5	43.57	40.96	60 900	67 500	74 000	80 600	87 100
13.0	0.6	62.74	58.98	87 800	97 200	106 500	116 000	125 000
15.0	0.7	85.39	80.47	119 500	132 000	145 000	157 500	170 500
17.5	0.8	111.53	104.8	156 000	172 500	189 500	206 000	223 000
19.5	0.9	141.16	132.7	197 500	213 500	239 500	261 000	282 000
21.5	1.0	174.27	163.3	234 500	270 000	296 000	322 000	348 500
24.0	1.1	210.87	198.2	295 000	326 500	358 000	390 000	421 500

续表

直径		钢丝总断面积/mm²	参考重量(kg/100 m)	钢丝绳的抗拉强度/MPa				
钢丝绳/mm	钢丝/mm			1 400	1 550	1 700	1 850	2 000
				钢丝绳破断拉力总和 S_p（不小于）N				
26.0	1.2	250.95	235.9	351 000	388 500	426 500	46 000	501 500
28.0	1.3	294.52	276.8	412 000	456 500	500 500	544 500	589 000
30.0	1.4	341.57	321.1	478 000	529 000	5 805 000	631 500	683 000
32.5	1.5	392.11	368.6	548 500	607 500	666 500	725 000	784 000
34.5	1.6	446.13	419.4	624 500	691 500	758 000	825 000	892 000
36.5	1.7	503.64	473.4	705 000	7 805 000	856 000	931 500	1 000 500
39.0	1.8	564.63	530.8	790 000	875 000	959 500	1 040 000	1 125 000
43.0	2.0	697.08	655.3	975 500	1 080 000	1 185 000	1 285 000	1 390 000
47.5	2.2	843.47	792.9	1 180 000	1 305 000	1 430 000	1 560 000	—
52.0	2.4	1003.8	943.6	1 405 000	1 555 000	1 705 000	1 855 000	—
56.0	2.6	1178.07	1107.4	1 645 000	1 825 000	2 000 000	2 175 000	—
60.5	2.8	1366.28	1234.3	1 910 000	2 115 000	2 320 000	2 525 000	—
65.0	3.0	1568.43	1474.3	2 195 000	243 000	2 665 000	2 900 000	—

表 4-3　6×61+1 钢丝绳的主要数据

直径		钢丝总断面积/mm²	参考重量(kg/100 m)	钢丝绳的抗拉强度/MPa				
钢丝绳/mm	钢丝/mm			1 400	1 550	1 700	1 850	2 000
				钢丝绳破断拉力总和 S_p（不小于）N				
11.0	0.4	45.97	43.21	64 300	71 200	781 00	85 000	91 900
14.0	0.5	71.83	67.52	100 500	111 000	122 000	132 000	143 500
16.5	0.6	103.43	97.22	144 500	160 000	175 500	191 000	206 500
19.5	0.7	140.78	132.3	197 000	218 000	239 000	260 000	281 500
22.0	0.8	183.88	172.3	257 000	285 000	312 500	340 000	367 500
25.0	0.9	323.72	218.3	325 500	360 500	395 500	430 500	465 000
27.5	1.0	287.31	270.1	402 000	445 000	488 000	53 150	574 500
30.5	1.1	347.65	326.8	486 500	538 500	591 000	643 000	695 000
33.0	1.2	413.73	388.9	579 000	641 000	703 000	765 000	827 000
36.0	1.3	485.55	456.4	679 500	752 500	825 000	898 000	971 000
38.5	1.4	563.13	529.3	788 000	872 500	975 000	1 040 000	1 125 000
41.5	1.5	640.45	607.7	905 000	1 000 000	1 095 000	1 195 000	1 290 000
44.0	1.6	735.51	691.4	1 025 000	1 140 000	1 250 000	1 360 000	1 740 000
47.0	1.7	830.33	780.5	1 160 000	1 285 000	1 410 000	1 353 000	1 660 000
50.0	1.8	930.88	875.0	1 300 000	1 440 000	1 580 000	1 720 000	1 860 000
55.5	2.0	1149.24	1080.3	1 605 000	1 780 000	1 950 000	2 125 000	2 295 000

续表

直径		钢丝总断面积/mm^2	参考重量(kg/100 m)	钢丝绳的抗拉强度/MPa				
钢丝绳/mm	钢丝/mm			1 400	1 550	1 700	1 850	2 000
				钢丝绳破断拉力总和 S_p（不小于）N				
61.0	2.2	1390.58	1307.1	1 945 000	2 155 000	2 360 000	2 570 000	—
66.5	2.4	1654.91	1555.6	2 315 000	2 565 000	2 810 000	3 050 000	—
72.0	2.6	1942.22	1825.7	2 715 000	3 010 000	3 300 000	3 590 000	—
77.5	2.8	2252.51	2117.4	3 150 000	3 490 000	3 825 000	4 165 000	—
83.0	3.0	2585.97	2430.6	3 620 000	4 005 000	4 395 000	4 780 000	—

（二）钢丝绳的最大工作拉力

钢丝绳的最大工作拉力应满足下式要求：

$$S \leqslant S_p / n$$

式中　S——钢丝绳的最大工作拉力（kN）；

S_p——钢丝绳的钢丝破断拉力总和（kN），按表4－1至表4－3取用；

n—钢丝绳安全系数按表4－4取用。

表4－4　钢丝绳安全系数（n）

用途	安全系数 n	用途	安全系数 n
缆风绳	3.5	吊索（无弯曲时）	6～7
手动起重设备	4.5	捆绑吊索	8～10
电动起重设备	5～6	载人升降机	14

二、吊具

1. 吊索

吊索也称千斤绳，根据形式不同可分为环状吊索、万能吊索和开口吊索，如图4－1所示。对于钢丝绳的连接宜采用搭接编织，搭接编织长度不小于20 d。做吊索用的钢丝绳要求质地软，易弯曲，直径大于11 mm，一般用6×37＋1和6×61＋1做成。

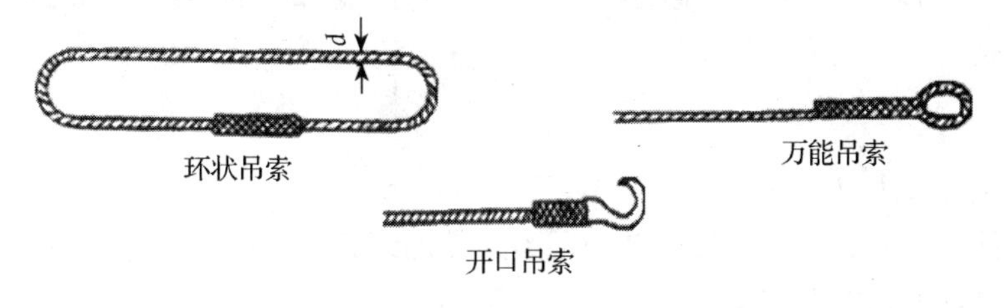

图4－1　吊索

2. 吊钩

吊钩有单钩和双钩两种。吊装时一般用单钩，双钩多用于桥式或塔式起重机上。使用时，要认真进行检查，表面应光滑，不得有剥裂、刻痕、锐角、裂缝等缺陷。吊钩不得直接钩在构件的吊环中。

3. 卡环（卸甲）

卡环用于吊索之间或吊索与构件吊环之间的连接。由弯环与销子两部分组成；弯环形式有直形和马蹄形，销子的形式有螺栓式和活络式。活络卡环的销子端头和弯环孔眼无螺纹，可以直接抽出，多用于吊装柱子，避免高空作业，增加施工的安全性。

4. 钢丝绳卡扣

钢丝绳卡扣主要用来固定钢丝绳端。

5. 横吊梁（铁扁担）

横吊梁的作用是承受吊索对构件的轴向压力和减少起吊高度。

三、滑轮组

滑轮组是由一定数量的定滑轮和动滑轮及绕过它们的绳索所组成。它既能省力又可以改变力的方向。

滑轮组中共同负担构件重量的绳索根数称为工作线数，也就是在动滑轮上穿绕的绳索根数。滑轮组起重省力的多少，主要取决于工作线数和滑动轴承的摩阻力大小。

滑轮组可分为绳索跑头从定滑轮（见图4－2）引出和从动滑轮（见图4－3）引出两种。

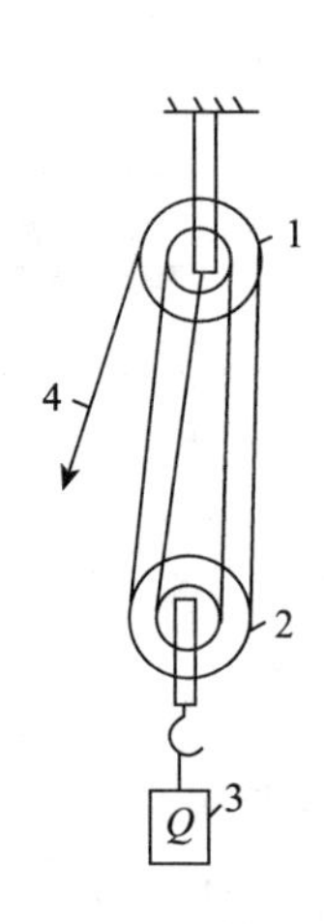

图4－2　跑头从定滑轮引出

1—定滑轮；2—动滑轮；3—重物；4—绳索跑头

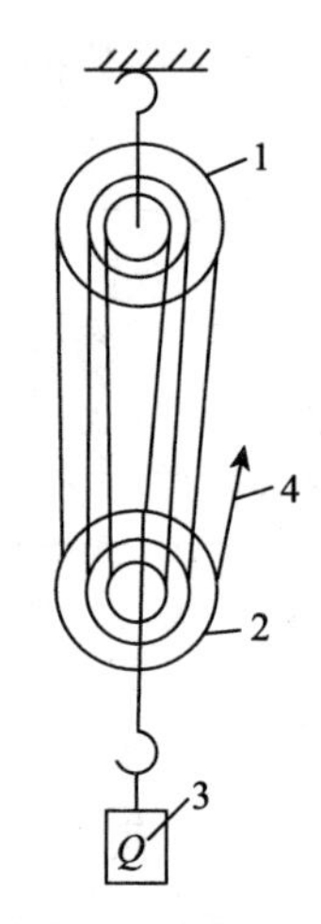

图4－3　跑头从动滑轮引出

1—定滑轮；2—动滑轮；3—重物；4—绳索跑头

滑轮组引出绳头（称跑头）的拉力，可用下式计算：

$$N = KQ$$

式中　N——跑头拉力（kN）；

Q——计算荷载，等于吊装荷载与动力系数的乘积；

K——滑轮组省力系数。

四、卷扬机

建筑施工中常用的电动卷扬机有快速和慢速两种。

慢速卷扬机（JJM型）主要用于吊装结构、冷拉钢筋和张拉预应力筋；快速卷扬机（JJK型）主要用于垂直运输和水平运输以及打桩作业。

卷扬机在使用时必须用地锚固定，以防作业时产生滑动或倾覆。固定卷扬机的方法有螺栓锚固法、水平锚固法、立桩锚固法和压重物锚固法四种，如图 4－4 所示。

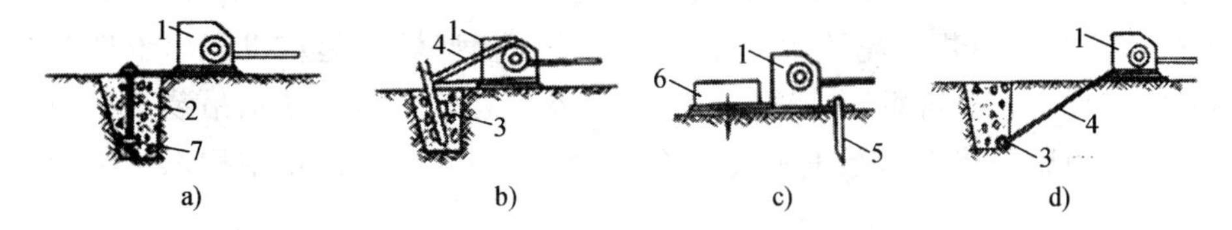

图 4－4　卷扬机的锚固方法

a）螺栓锚固法　b）水平锚固法　c）立桩锚固法　d）压重物锚固法

1—卷扬机；2—地脚螺栓；3—横木；4—拉索；5—木桩；6—压重；7—压板

五、地锚

地锚又称锚碇，用来固定缆风绳、卷扬机、导向滑车、拔杆的平衡绳索等。常用的地锚有桩式地锚和水平地锚两种。

1. 桩式地锚

桩式地锚是将圆木打入土中承担拉力，多用于固定受力不大的缆风绳。圆木直径为 18 ~ 30 cm，桩入土深度为 1.2 ~ 1.5 m，根据受力大小，可打成单排、双排或三排。桩前一般埋有水平枕木，以加强锚固。这种地锚的承载力为 10 ~ 50 kN。

2. 水平地锚

水平地锚是用一根或几根圆木绑扎在一起，水平埋入土内而成。钢丝绳系在横木上一点或两点斜度引出地面，然后用土回填夯实。水平地锚一般埋入地下 1.5 ~ 3.5 m，为防止地锚被拔出，当拉力大于 75 kN 时，应在地锚上加压板；拉力大于 150 kN 时，还要在锚碇前加立柱及垫板（板栅），以加强土坑侧壁耐压力。

水平锚碇的构造如图 4－5 所示。

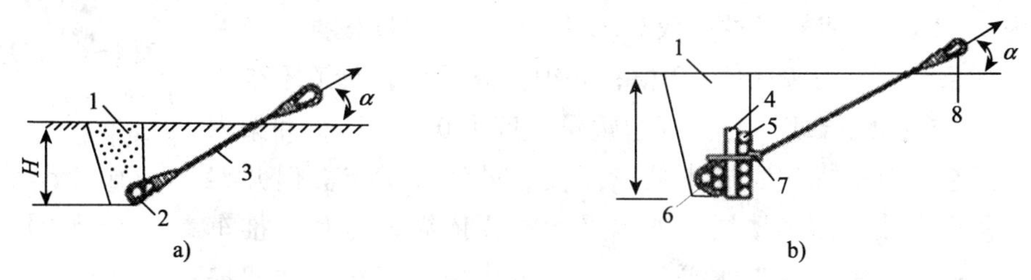

图 4－5　水平锚碇的构造示意图

（a）拉力 30 kN 以下　b）拉力 100 ~ 400 kN

1—回填土逐层夯实；2—地龙木 1 根；3—钢丝绳或钢筋；4—柱木；5—挡木；6—地龙木 3 根；7—压板；8—钢丝绳圈或钢筋环

项目二　垂直机械的选用

垂直运输设施指在建筑施工中垂直输送材料和人员上下的机械设备和设施。由于在结构吊装工程中的垂直机械是施工活动的主体，因此如何合理安排垂直运输就直接影响到结构吊装工程的施工速度和工程成本。

一、垂直运输设施的种类

目前使用的垂直机械主要有：轻型塔式起重机、带起重臂的井架（设有内外吊盘）、履带式汽车起重机、轮胎式汽车起重机等。轻型塔式起重机多用于现浇结构的建筑物或构筑物，它既可垂直运输，又可完成水平运输。对于结构吊装工程中的垂直机械，一般采用履带式汽车起重机或轮胎式汽车起重机，它满足结构吊装工程的施工特点。

（一）井架

井架是砌筑工程垂直运输的常用设备之一，它分为两种：一种是带起重臂和内吊盘的井架，起重臂的起重能力为5~20 kN，由于有较大的外伸臂，材料、工具及预制构件可直接运至操作地点。另一种是自升式带外吊盘的井架，井架上端设有小拔杆，用于井架的接高；接高井架时，先将拔杆提升；提升方法是摘下吊盘，由滑轮处引下钢丝绳，绕过滑轮组接至卷扬机；开动卷扬机，拔杆徐徐上升到一定高度停止，把拔杆用卡钩固定在井架上，从滑轮处取下钢丝绳，并使钢丝绳恢复至起重位置。接井架时，先在起重钢丝上系上井架的一个标准节，并距标准节大约一个活动臂长的地方，在钢丝绳上绑一碰棍，开动卷扬机提起标准节，钢丝绳上的碰棍与滑轮相碰时，拔杆活动臂逐渐抬起，标准节与井架靠拢就位，井架接高。图4-6所示为一种钢井架。

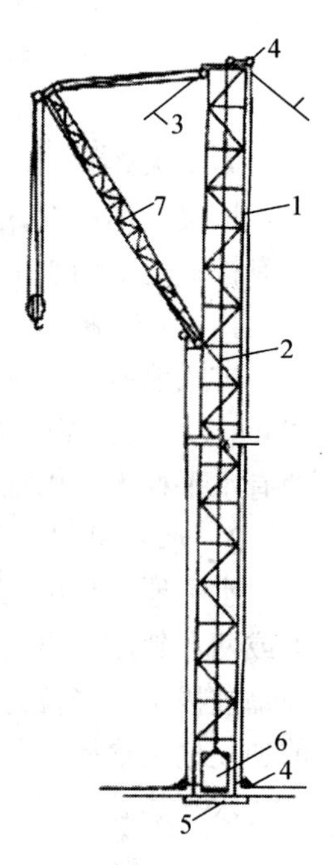

图4-6 钢井架

1—井架；2—钢丝绳；3—缆风绳；4—滑轮；5—垫梁；6—吊盘；7—辅助吊臂

目前在城乡砖混结构工程的施工中普遍采用井架带摇头把杆的施工方法。井架一般采用角钢或钢管脚手架料搭设。摇头把杆长一般为6~15 m，回转半径一般为4.5~11 m；把杆根据需要并在安全允许条件下，可安装1~2根；必须拉缆风绳，每道不少于4根，并与卷扬机配合使用。把杆起重量一般为0.5~1 t，井架内设置吊盘。它具有搭拆快、成本低、简便、灵活等优点。但井架不能水平移动，故地面和楼层上的水平运输要依靠人力和手推车相配合，楼板及挑梁等构件水平装运一般可采用杠杆车。井架搭设高度应通过计算确定；搭设个数应根据拟建工程规模、工期要求及流水施工组织的需要确定；井架搭设的位置应根据工程平面形状和现场施工用地及周围建筑物、交通道路等情况，经分析研究而定，其中必须考虑到缆风绳的拉设位置、长度及地锚点。

（二）塔式起重机

塔式起重机具有竖直的塔身，起重臂安装在塔身顶部，它具有较大的工作空间，起重高度大。塔式起重机的类型较多，广泛运用于多层砖混及多高层现浇或装配钢筋混凝土工程的施工。

塔式起重机，它不仅能进行垂直运输，而且能将各种材料和预制构件直接吊运到使用部位和设计位置上，同时还在起重臂回转半径和轨道长度内进行水平运输，因此在它的服务范围内，具有使用方便、操作灵活、效率较高、安全性较好等优点。在同一地点有多幢住宅施工时，应考虑采用塔式起重机作为主要施工机具。

塔式起重机一般采用各种轻型起重机、型号如建筑Ⅰ型（20～60 kN）、QT1—6 型等。所选择的吊装机械，其起重量、起重高度和回转半径等技术参数要满足拟建工程的施工技术要求。

选择塔式起重机进行施工，除了要考虑施工的经济效益之外，必须使所选择的塔吊具有在施工现场安装所需要的条件。因为塔吊的轨距为 3～4 m，要离开建筑物一定距离，同时塔吊安装、拆除、台班使用费较高，因而如果拟建工程规模不大，使用期较短，预计工程施工中的劳动力、材料等可能无法保证及时供应，而要拖延施工期，从而使塔吊等待时间（不用的时间）多、使用时间少，不能充分发挥其效率时，一般不宜选择塔式起重机进行施工。

塔式起重机，按其有无行走机构、旋转方式、变幅方式、起重量大小，可分为多种类型。常用的塔式起重机类型有以下两种。

1. 轨道式塔式起重机

轨道式塔式起重机是一种在轨道上行驶的起重机，又称自行式塔式起重机。这种起重机可负荷行走，多数只能在直线轨道上行驶，也可沿“L”或“U”形轨道行驶。现介绍几种民用建筑中常用的轨道式塔式起重机。

（1）QT1—2 型塔式起重机

QT1—2 型是一种塔身回转式轻型塔式起重机，主要由塔身、起重臂和底盘组成。这种起重机塔身可以折叠，能整体运输，起重力矩为 1 600 kN · m（160 t · m），起重量 10～20 kN（1～2 t），轨距 2. 8 m，运用于五层以下民用建筑结构安装及垂直运输。其工作性能如表 4－5 所示。

表 4－5　QT1—2 型塔式起重机工作性能

幅度/m	起重高度/m	起重量/t
16. 00	17. 2	1. 0
15. 00	20. 2	1. 07
14. 00	22. 8	1. 15
13. 00	24. 4	1. 23
12. 00	25. 6	1. 34
11. 00	26. 6	1. 46
10. 00	27. 4	1. 60
9. 00	28. 0	1. 78
8. 00	28. 3	2. 0

（2）QT—10 型塔式起重机

QT—10 型塔式起重机是一种塔身旋转式轻型塔式起重机。这种起重机的起重力矩为 100 kN · m，起重量 7.5 ~ 15 kN，起重半径 7 ~ 14 m，起重高度 18 ~ 29 m。

2. 轮胎式塔式起重机

轮胎式塔式起重机是一种以轮胎作为行走轮的塔身回转式塔式起重机。其塔身可以伸缩，以起重臂下起重小车运行变幅。起重机由带有 4 个支腿的底盘、滚珠支撑回转装置、回转平台、塔身、起重臂等组成。这种起重机结构简单、整体性强、安装运输方便，主要用于一般民用建筑和中小型工业建筑结构安装。轮胎式塔式起重机工作前在支腿下垫好垫木，支好支腿，用支腿调平底盘，支腿离地大约 5 cm。起重机可在高塔直立状态下在工地利用本身卷扬机进行整体慢速移动。起重机可以整体拖运，行运速度为 20 ~ 30 km/h。

表 4－6　QT—20 型塔式起重机性能

塔身高/m	幅度/m	主钩起重量/t		
		臂长 21.2 m	臂长 26.2 m	臂长 31.2 m
35（4 节）	9	20	—	—
	10	18	16	12.5
	15	12	10.6	8.3
	20	9	8	6.2
	25	—	6.4	5.0
	30	—	—	4.2
	臂平放	5	3.5	2.5
40.7（5 节）	9	17.7	—	—
	10	16.0	14.0	12
	15	10.6	9.3	8
	20	8.0	7.0	6
	25	—	5.6	4.8
	30	—	—	4
	臂平放	4.5	3.2	2.4
46.4（6 节）	9	15.5	—	—
	10	14	12.5	11
	15	9.3	8.3	7.3
	20	7.0	6.2	5.5
	25	—	5.0	4.4
	30	—	—	3.7
	臂平放	4	3	2.25

续表

塔身高/m	幅度/m	主钩起重量/t		
		臂长 21.2 m	臂长 26.2 m	臂长 31.2 m
52.7（7节）	9	13.4	—	—
	10	22	11	10
	15	8	7.3	6.7
	20	6	5.5	5
	25	—	4.4	—
	30	—	—	3.3
	臂平放	3.8	2.75	2.1
57.8（8节）	10	10	9	8
	15	6.7	6	5.3
	20	5	4.5	4
	25	—	3.6	3.2
	30	—	—	2.7
	臂平放	3.5	2.5	2.0

二、民用建筑主体结构施工机械的使用

（一）主体结构施工方法确定的关键问题

砖混结构主体工程以砌砖为主要施工过程。

主体结构施工，一般包括搭设脚手架、砌砖、吊装梁板及楼梯段、现浇钢筋混凝土雨棚、圈梁及部分数板等若干施工过程。主体结构施工因为是多层结构，其施工特点是必须待下一层的楼板吊完、灌板缝、弹线后，才能组织上一层楼的砌砖。如果组织流水施工，则要求每层楼的流水段数目不小于施工过程数。因此上述施工过程可合并，否则每层流水段数目小于施工过程数，势必造成各施工过程的专业施工班组轮流出现窝工而使各班组流水施工中断，从而浪费工时和延长工期。

主体结构施工方法主要解决垂直运输及起重吊装机具的选择，这是砖混结构建筑施工组织设计中要研究确定的最主要问题之一。同时也要研究决定地面或楼层上的水平运输机具，因为大量的砖、砂浆、材料、构件的动力起重要靠这些机具来解决。目前这些机具主要有两类：一类是选择塔式起重机或其他起重机；另一类是井架（包括摇头把杆、吊盘）或龙门架和吊盘。

（二）垂直运输机械的布置

单位工程施工平面图设计时，其中心的一环是考虑垂直运输机械的位置和平面布置，同时必须考虑到竖向空间的高度，保证机械能够安全工作。如：塔式起重机的起重臂在回转时与原有建筑物或电线等要有安全距离；井架等机械架设后，其缆风绳拉设方向、锚碇点要牢固，不能妨碍交通或影响施工安全。

垂直运输机械的布置位置，直接影响到现场施工道路的规划、构件及材料堆场的位置、搅拌机械的布置、水电管线的安排等。因此，它的位置布置是施工现场全局的中心一环，应首先安排。

所使用的垂直运输机械，其名称、性能、型号、数量等应根据施工方案的选择决定；在平面图设计时要考虑它的位置及其平面的主要尺寸距离，再根据其位置、回转半径、行走活动长度（塔吊），给出它的服务范围大小。下面分别介绍塔吊、行走式起重机、井架、龙门架在施工平面图中布置时应考虑的主要问题。

1. 塔式垂直机械的布置

塔式起重机是具备垂直提升、水平输送两种功能的机械设备，现已广泛应用。其施工平面设计布置时，应遵循以下基本原则。

1）塔吊沿建筑物长度方向布置。其位置尺寸取决于建筑物的平面形状，建筑物在塔轨一侧突出墙面的结构尺寸（如雨棚、阳台、挑檐等），外脚手架搭设的尺寸，塔吊的性能、轨距，构件重量，现场地形及施工用地范围大小等。

当单侧布置时，塔吊回转半径 R 应满足下式要求：

$$R \geqslant B + D$$

式中 R——塔吊最大回转半径（m）；

B——建筑物平面的最大宽度（m）；

D——塔轨中心线与外墙距离（m）。

2）塔吊位置及其尺寸决定后，应复核塔吊起重量、回转半径、起重高度三者是否能满足建筑物吊装要求。

当复核计算不能满足施工要求时，则应调整上述公式中的 D 值。如果 D 已经是最小极限的安全距离时，则应采取其他有关技术措施。

3）绘出塔吊服务范围，以塔轨两端有效端点的轨道中心为圆心，以最大回转半径画出两个半圆，连续两个半圆即为塔吊服务范围。最佳状况应将建筑物平面尺寸均包括在塔吊服务椭圆形内，以保证各种构件与材料直接吊运到建筑物的设计部位上。但由于建筑物的平面形状及场地所限等原因，建筑物的一部分可能不在塔吊服务范围以内，这部分称为“死角”，原则上选择和布置塔吊时，应尽可能不出现死角。如果难以避免，这部分死角应越小越好，同时在死角上应不出现吊装最重、最高的预制构件，否则在确定吊装施工方案时，应提出具体的技术和安全措施，以保证这部分死角的构件安装顺利施工。

4）塔吊服务范围内应考虑有较宽的施工用地，以使安排构件堆放、搅拌设备，出料斗能直接挂钩后起吊。主要施工道路也宜安排在塔吊服务范围内，以便运入构件时能直接卸车堆放。这样可以充分发挥塔式起重机的工作效率。

5）塔轨路基要求坚实可靠，如地基松软、地下水位较高、雨季施工时，均应有严格的技术措施和排水沟道，以防轨基沉陷而发生倒塌等重大事故。

6）当施工方案要求塔吊与井架同时布置时，为了安全，应确保塔吊回转时无碰撞的可能。

7）自行式垂直运输机械。这种起重机械分履带式、轮胎式和汽车式三种起重机。它一般不作垂直提升运输和水平运输之用，专作构件装卸和起重吊装各种构件之用。适用于装配式单层工业厂房主体结构的吊装，也可用于砖混结构大梁等较重构件的吊装之用。

采用这种起重机械吊装单层厂房各种构件时，应根据构件吊装方案、构件重量和机械起重吊装的技术性能及现场具备条件，确定起重机械进场时间、行走方向及路线，以决定各种构件预制布置及吊装前的就位布置要求。在起重吊装、行走前进（或倒退）的过程中，应没有其他构件的阻碍，以保证吊装的顺利进行；同时机械行走的道路路基必须坚实，软弱地基必须垫石压实，必要时应铺垫钢板，确保起重吊装时路基不发生沉陷。

2. 井架、龙门架的布置

井架、龙门架均属于固定式垂直提升运输工具。井架可装置摇头把杆，用来吊装楼板、小构件或提升各种材料，它们广泛应用于六层以下的砖混或砖木结构建筑工程施工中。其优点是操作方便、使用灵活、费用较低。井架要依靠缆风绳拉紧锚定，起重提升要用卷扬机牵引。

（1）井架的布置要求

井架布置位置一般取决于建筑物的平面形状和大小、流水段的划分、建筑物的高低层分界位置等因素。当建筑物呈长条形且层数、高度相同，一般布置在流水段的分界线附近，设置在施工场地较宽的一边，这样可以节省构件及各种材料的水平运距。井架所需数量要根据施工进度、垂直提升的构件、材料数量、台班工作效率等因素计算确定。它也可用于工业建筑及多层框架砌筑工程中做垂直提升材料的机具。井架往往用设置摇头把杆的办法来解决构件和材料的垂直运输，使其具有一定范围的服务区域，以便直接将构件吊装到设计位置上。井架截面尺寸一般为1.5～2.0 m；其布置方位可与外墙平行或呈45°角。井架如用钢管和木杆搭设，其截面有正方形，也可以根据设置吊盘的尺寸呈长方形。

井架把杆起重量一般为0.5～2 t，其大小与井架结构、高度、把杆长度及夹角大小、缆风绳的位置、地锚的可靠性有关。井架高度>40 m时，要设置两道缆风绳（顶部四根、把杆支撑处不少于两根），缆风绳与地面夹角应为30°～45°，最大夹角不宜超过60°；要拉紧，地锚要可靠，不允许滑移松动。卷扬机离井架水平距离最好与屋面高度一致，一般≥10 m，距外脚手架3 m以上，以使其安全。

当外墙采用双排外脚手架砌筑时，井架以立在脚手架外并有一定距离为宜。为了便于在脚手架上运输砖、砂浆及其他材料，配合井架把杆的半径长度，可考虑在脚手架外边附加搭设卸料平台。同时在施工平面图上，在把杆回转半径一定范围内，构件与材料等要挂钩起吊，因此不能在此范围内布置任何堆场或构件。

（2）龙门架的布置要求

龙门架用两根门式立柱及附在立柱上的垂直导杆，使用卷扬机将吊盘提升，达到垂直运输的目的。其吊盘平面尺寸一般为1.5 m×3.6 m。由于吊盘尺寸长，所以也可以用它提升楼板及其他材料，通过脚手架再作水平运输。因此，龙门架布置一般离外墙较远。龙门架同样必须考虑缆风绳的拉设及与卷扬机配合，其布置平面位置与井架要求基本相同。

（三）垂直机械的安全技术要求

1）垂直运输设备，应有完善可靠的安全保护装置（如起重量及提升高度的限制，制动、防滑、信号等装置及紧急开关等），严禁使用安全保护装置不完善的垂直运输设备。

2）垂直运输设备安装完毕后，应按出厂说明书要求进行无负荷、静负荷、动负荷试验及安全保护装置的可靠性试验。

3）对垂直运输设备应建立定期检修和保养责任制。

4）操作垂直运输设备的司机，必须通过专业培训。考核合格后持证上岗，严禁无证人员操作垂直运输设备。

5）操作垂直运输设备，在有下列情况之一时，不得操作设备。

① 司机与起重机之间视线不清、夜间照明不足，而又无可靠的信号和自动停车、限位等安全装置。

② 设备的传动机构、制动机构、安全保护装置有故障，问题不清，动作不灵。

③ 电气设备无接地或接地不良、电气线路漏电。

④ 超负荷或超定员。

⑤ 无明确统一信号和操作规程。

项目三　工业厂房结构安装

一、准备工作

准备工作的内容包括场地清理、道路修筑、基础准备、构件运输、堆放、拼装加固、检查清理、弹线编号以及吊装机具的准备等。

（一）构件的检查与清理

为保证施工质量，在结构吊装前，应对所有构件作全面检查。

1）构件强度检查。构件吊装时混凝土强度不低于设计混凝土标准值的75%，对一些大跨度构件，如屋架，则应达到100%。

2）检查构件的外形尺寸、预埋件的位置及大小。

3）检查构件的表面。有无损伤、缺陷、变形、裂缝等。预埋件如有污物，应加以清除，以免影响构件的拼装和焊接。

4）检查吊环的位置以及吊环有无变形、损伤。

（二）构件的弹线与编号

在每个构件上弹出安装的定位墨线和校正所用墨线，作为构件安装、对位、校正的依据，具体做法如下。

1）柱子：在柱身三面弹出安装中心线，所弹中心线的位置与柱基杯口面上的安装中心线相吻合。此外，在柱顶与牛腿面上还要弹出安装屋架及吊车梁的定位线。

2）屋架：屋架上弦顶面应弹出几何中心线，并从跨中向两端分别弹出天窗架、屋面板或檩条的安装定位线，在屋架两端弹出安装中心线。

3）梁：在两端及顶面弹出安装中心线。

4）编号：应按图纸将构件进行编号。

（三）杯形基础的准备

杯形基础的准备工作主要是在柱吊装前对杯底抄平和在杯口顶面弹线。

杯底的抄平是对杯底标高的检查和调整，以保证吊装后牛腿面标高的准确。杯底标高在制作时一般比设计要求低50 mm，以便柱子长度有误差时能抄平调整。测量杯底标高，先在杯口内弹出比杯口顶面设计标高低 100 mm 的水平线，随后用尺对杯底标高进行测量，小柱测中间一点，大柱测四个角点，得出杯底实际标高。牛腿面设计标高与杯底实际标高的差，就是柱子牛腿面到柱底的应有长度，与实际量得的长度相比，得到制作误差，再结合柱底平面的平整度，用水泥沙浆或细石混凝土将杯底抹平，垫至所需标高。例如，实测杯底标高 -1.20 m，柱牛腿面设计标高 +7.80 m，量得柱底至牛腿面的实际长度为 8.95 m，则杯底标高的调整值（抄平厚度）为 $\Delta h=(7.80+1.20)-8.95=+0.05$ m。基础顶面弹线要根据厂房的定位轴线测出，并与柱的安装中心线相对应。一般在基础顶面弹十字交叉的安装中心线，并画上红三角。

（四）构件的运输

一些重量不大而数量很多的构件，可在预制厂制作，用汽车运到工地。构件的运输要保证构件不变形、不损坏。构件的混凝土强度达到设计强度的75%时方可运输。构件的支垫位置要正确，要符合受力情况，上下垫木要在同一垂直线上。构件的运输顺序及卸车位置应按施工组织设计的规定进行，以免造成构件二次就位。

（五）构件的堆放

构件的堆放场地应平整压实，并按设计的受力情况搁置在垫木或支架上。

重叠堆放时一般梁可堆叠 2～3 层，大型屋面板不超过 6 块，空心板不宜超过 8 块。构件吊环要向上，标志要向外。

二、构件的吊升方法及技术要求

单层工业厂房结构的主要构件有柱子、吊车梁、屋架、天窗架、屋面板、连系梁等。其吊装过程主要有绑扎、吊升、就位、临时固定、校正、最后固定等工序。

（一）柱子的吊装

1. 绑扎

绑扎柱子的吊具有吊索、卡环和铁扁担等。为了在高空中脱钩方便，应尽量用活络式卡环。为了避免起吊时吊索磨损柱子表面，一般在吊索和柱子之间垫以麻袋等物。柱子的绑扎按起吊后柱身是否垂直，可分斜吊绑扎法和直吊绑扎法。按绑扎点及牛腿的数量分为一点绑扎法、两点绑扎法以及三面牛腿绑扎法等。柱子的绑扎位置和点数，要根据柱子的形状、断面、长度、配筋和起重机性能等确定。中小型柱子可一点绑扎，重型柱子或配筋少而细长的柱子（如抗风柱）需两点绑扎，且吊索合力点应偏向柱子重心上部。一点绑扎时，绑扎点位置常选在牛腿下 200 mm 处。工字形截面和双肢柱的绑扎点选在实心处，否则应在绑扎位置用方木垫平。

（1）一点绑扎斜吊法

如图 4－7 所示。这种方法不需要翻动柱子，但柱子平放起吊时抗弯强度要符合要求。柱吊起后呈倾斜状态，由于吊索歪在柱的一边，起重钩低于柱顶，因此起重臂可以短些。

（2）一点绑扎直吊法

当柱子的宽度方向抗弯不足时，可在吊装前，先将柱子翻身后再起吊，如图 4－8 所示。起吊后，铁扁担跨在柱顶上，柱身呈直立状态，便于插入杯口。但需要较大的起吊高度。

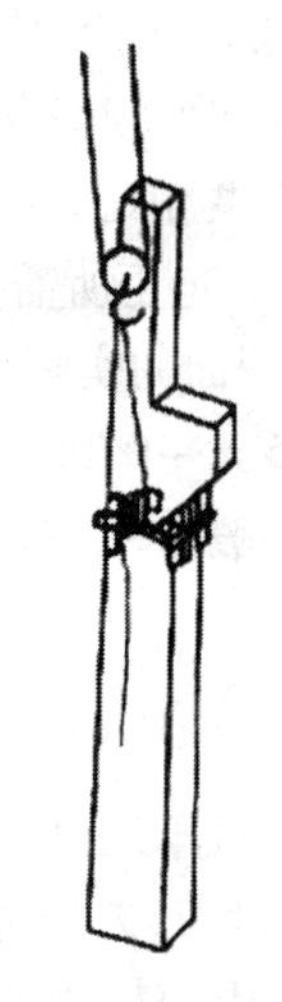

图 4－7　一点绑扎斜吊法

图 4－8　一点绑扎直吊法

（3）两点绑扎法

当柱身较长，一点绑扎时柱的抗弯能力不足时可采用两点绑扎起吊，如图 4－9 所示。

（4）三面牛腿绑扎法

采用直吊绑扎法，用两根吊索分别沿柱角吊起，如图 4－10 所示。

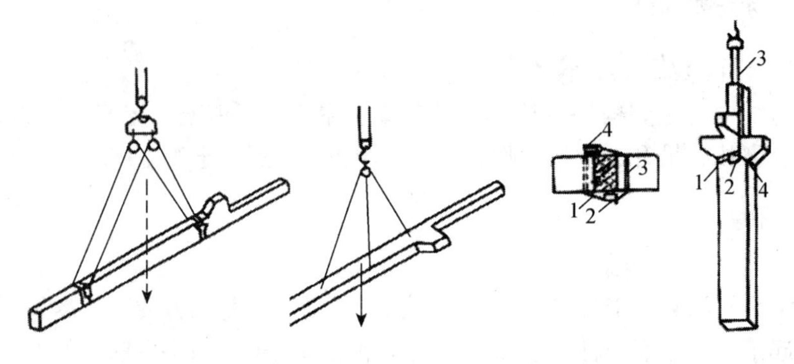

图 4－9　两点绑扎法　　　　图 4－10　三面牛腿绑扎法

2. 吊升

柱子的吊升方法，根据柱子重量、长度、起重机性能和现场施工条件而定。根据柱子吊升过程中的运动特点分为旋转法和滑行法。根据起重机的数量又可分为单机吊升和双机吊升两种。

3. 就位和临时固定

柱子就位时，一般柱脚插入杯口后应悬离杯底 30 ~ 50 mm 处。对位时用八只木楔或钢楔从柱的四边放入杯口，并用撬棍撬动柱脚，使柱的安装中心线对准杯口上的安装中心线，并使柱子基本保持垂直。

柱对位后，应先把楔块略打紧，再放松吊钩，检查柱沉至杯底的对中情况，若符合要求，即将楔块打紧，将柱临时固定。

吊装重型柱或细长柱时，除按上述方法进行临时固定外，必要时应增设缆绳拉锚。

4. 校正和最后固定

柱子的校正包括平面位置校正和垂直校正。平面位置校正一般在临时固定时已校正好。垂直度偏差检查是用两台经纬仪从柱相邻两面观察柱的安装中心线是否垂直。垂直度偏差要在规范允许范围内。

若超过允许偏差值，可采用钢管撑杆校正法、千斤顶校正法等进行校正。

柱子的最后固定，是在柱子与杯口的空隙用细石混凝土浇灌密实。所用的细石混凝土应比柱子混凝土强度高一级，分两次浇筑。第一次浇至楔块底面，待混凝土强度达到25%时拔去楔块，再浇第二次混凝土，直到灌满杯口为止。

（二）吊车梁的吊装

吊车梁的吊装应在柱子杯口第二次浇灌混凝土强度达到设计强度的75%时方可进行。

1. 绑扎、吊升、就位与临时固定

吊车梁的绑扎应采用两点绑扎，对称起吊，吊钩应对称梁的重心，以便使梁起吊后保持水平，梁的两端用溜绳控制，以免在吊升过程中碰撞柱子。

吊车梁对位后，不宜用撬棍在纵轴方向撬动，因为柱在此方向刚度较差，过分撬动会使柱身弯曲产生偏差。

吊车梁对位后，由于梁本身稳定性较好，仅用垫铁垫平即可，不需采取临时固定措施。但当梁的高宽比大于4时，宜用铁丝将吊车梁临时绑在柱上。

2. 校正和最后固定

吊车梁校正主要是平面位置和垂直度校正。吊车梁的标高取决于柱牛腿标高，在柱吊装前已经调整。如仍存在偏差，可待安装吊车轨道时进行调整。

吊车梁的校正工作一般在屋面构件安装校正并最后固定后进行。因为在安装屋架、支撑等构件时，可能会引起柱子偏差而影响吊车梁的准确位置。但对重量大的吊车梁，脱钩后撬动比较困难，应采取边吊边校正的方法。

吊车梁垂直度校正一般采用吊线锤的方法检查，如存在偏差，可在梁的支座处垫上薄钢板调整。吊车梁的平面位置的校正常用通线法和平移轴线法。

（1）通线法

根据柱的定位轴线，在车间两端地面用木桩定出吊车梁定位轴线位置，并设置经纬仪。先用经纬仪将车间两端的四根吊车梁位置校正准确，用钢尺检查两列吊车梁之间的跨距是否符合要求，再根据校正好的端部吊车梁沿其轴线拉上钢丝通线，逐根拔正，如图4－11所示。

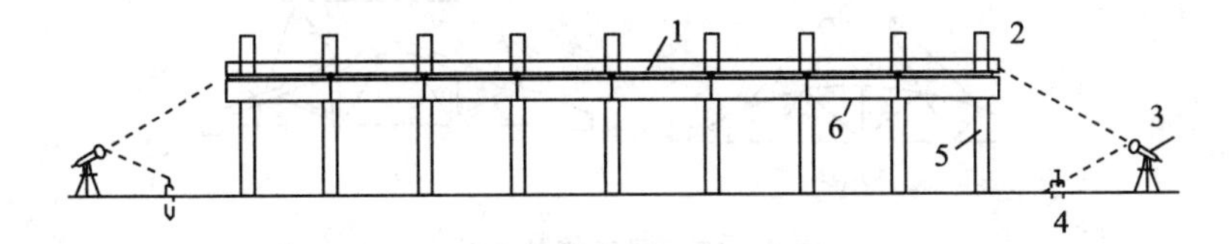

图4－12　通线法校正吊车梁示意图

1—通线；2—支架；3—经纬仪；4—木桩；5—柱；6—吊车梁

(2) 平移轴线法

在柱列边设置经纬仪，如图 4－12 所示。逐根将杯口中柱的吊装准线投影到吊车梁顶面处的柱身上，并作出标志。若安装准线到柱定位轴线的距离为 L，则标志距吊车梁定位轴线应为 $\lambda - a$（一般 λ =750 mm），据此逐根拔正吊车梁安装中心线。

吊车梁的最后固定是将吊车梁用钢板与柱侧面、吊车梁顶面预埋铁件焊牢，并在接头处、吊车梁与柱的空隙处支模浇筑细石混凝土。

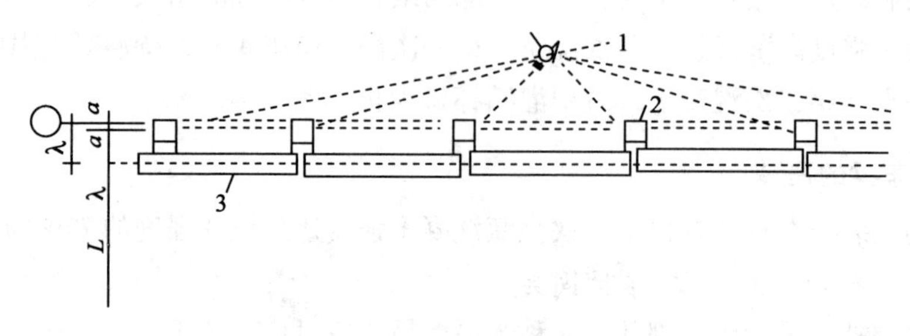

图 4－12　平移轴线法校正吊车梁

1—经纬仪；2—柱；3—吊车梁

(三) 屋架的吊装

钢筋混凝土预应力屋架一般在施工现场平卧叠浇生产，吊装前应将屋架扶直、就位。屋架安装的主要工序有绑扎、扶直与就位、吊升、对位、校正、最后固定等。

1. 绑扎

屋架的绑扎点应选在屋架上弦节点处，左右对称于屋架的重心。一般屋架跨度小于18 m时两点绑扎；大于 18 m 时四点绑扎；大于 30 m 时，应考虑使用铁扁担，以减少绑扎高度；对刚性较差的组合屋架，因下弦不能承受压力，也采用铁扁担四点绑扎。屋架绑扎时吊索与水平面夹角不宜小于45°，否则应采用铁扁担，以减少屋架的起重高度或屋架所承受的压力。屋架的绑扎方法如图 4－13 所示。

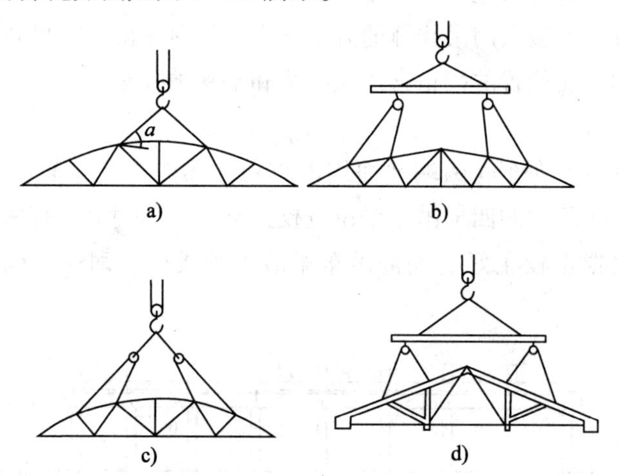

图 4－13　屋架绑扎方法

a）跨度小于或等于 18 m 时　b）跨度大于 18 m 时

c）跨度大于 30 m 时　d）三角形组合屋架

2. 屋架的扶直与就位

按照起重机与屋架预制时相对位置不同，屋架扶直有正向扶直和反向扶直两种。

（1）正向扶直

起重机位于屋架下弦杆一边，吊钩对准上弦中点，收紧吊钩后略起臂使屋架脱模，然后升钩并起臂，使屋架绕下弦旋转呈直立状态。

（2）反向扶直

起重机位于屋架上弦一边，吊钩对准上弦中点，收紧吊钩，接着升钩并降臂，使屋架绕下弦旋转呈直立状态。

正向扶直与反向扶直的不同之处在于前者升臂，后者降臂。升臂比降臂易于操作且比较安全，故应尽可能采用正向扶直。

钢筋混凝土屋架的侧向刚度差，扶直时由于自重作用使屋架产生平面弯曲，部分杆件将改变应力情况，特别是下弦杆极易扭曲，以致屋架损伤。因此吊前应进行吊装应力验算，如果截面强度不够，则应采取必要的加固措施。

屋架扶直后应按规定位置就位。屋架的就位位置与起重机的性能和安装方法有关。当屋架就位位置与屋架的预制位置在起重机开行路线同一侧时，称同侧就位。当屋架就位位置与屋架预制位置分别在起重机开行路线各一侧时，叫异侧就位。

3. 屋架的吊升、对位与临时固定

屋架起吊后离地面约 300 mm 处转至吊装位置下方，再将其吊升超过柱顶约 300 mm，然后缓缓下落在柱顶上，力求对准安装准线。

屋架对位后，先进行临时固定，然后使起重机脱钩。

第一榀屋架的临时固定，可用四根缆风绳从两边拉牢，因为它是单片结构，侧向稳定性差，又是第二榀屋架的支撑，如图 4 - 14 所示。

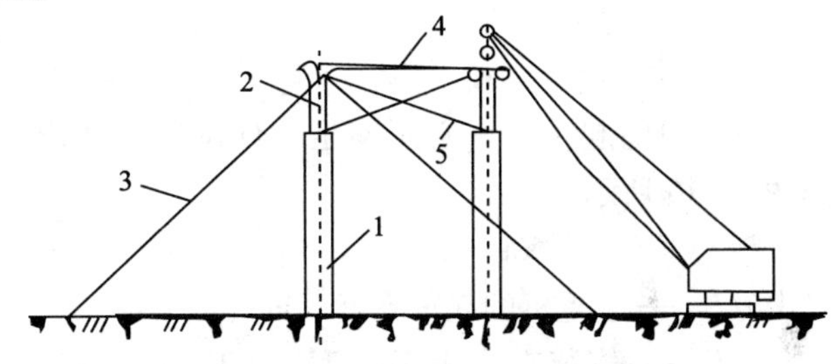

图 4 - 14　屋架的临时固定

1—柱子；2—屋架；3—缆风绳；

4—工具式支撑；5—屋架垂直支撑

4. 校正、最后固定

屋架校正是用经纬仪或垂球检查屋架垂直度。施工规范规定，屋架上弦中部对通过两支座中心的垂直面偏差不得大于 $h/250$（h 为屋架高度）。如超过偏差允许值，应用工具式支撑加以纠正，并在屋架端部支撑面垫入薄钢片。校正无误后，立即用电焊焊牢作最后固定。

（四）屋面板的吊装

屋面板四个角一般埋有吊环。用四根带吊钩的吊索吊升。吊索应等长且拉力相等，屋面板保持水平。屋面板的吊装顺序应从两边檐口对称地铺向屋脊，以免屋架承受半边荷载的作用。

屋面板就位后应立即用电焊固定，每块屋面板可焊三点，最后一块只能焊两点。

三、结构吊装方案

结构吊装方案着重解决起重机的选择、结构吊装方法、起重机开行路线。

（一）起重机的选择

1. 起重机类型选择

1）对于中小型厂房结构采用自行式起重机安装比较合理。

2）当厂房结构高度和长度较大时，可选用塔式起重机安装屋盖结构。

3）在缺乏自行式起重机的地方，可采用桅杆式起重机安装。

4）大跨度的重型工业厂房，应结合设备安装来选择起重机类型。

5）当一台起重机无法吊装时，可选用两台起重机抬吊。

2. 起重机型号和起重臂长度的选择

起重机的三个主要参数必须满足结构吊装的要求。

（1）起重量

起重机的起重量必须满足下式要求：

$$Q \geqslant Q_1 + Q_2$$

式中　Q——起重机的起重量（t）；

Q_1——构件重量（t）；

Q_2——吊索重量（t）。

（2）起重高度

起重机的起重高度必须满足构件吊装的要求，如图 4－15 所示。

$$H \geqslant h_1 + h_2 + h_3 + h_4$$

式中　H——起重机的起重高度（m）；

h_1——安装支座表面高度（m），从停机面算起；

h_2——安装空隙（m），不小于 0.3 m；

h_3——绑扎点至构件吊起底面的距离（m）；

h_4——索具高度，自绑扎点至吊钩钩中心的距离（m）。

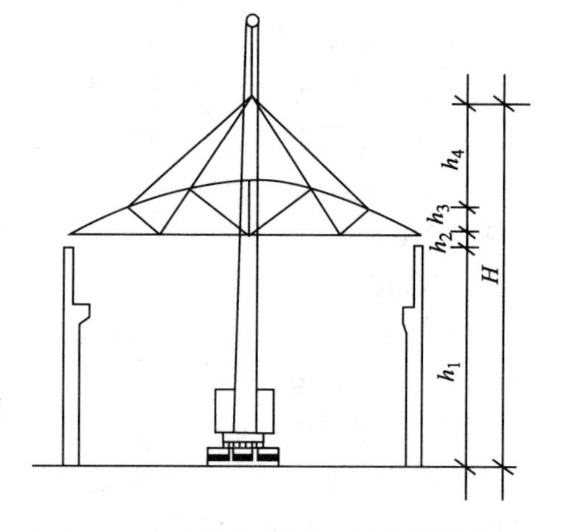

图 4－15　履带式起重机起重高度计算简图

（3）起重半径

当起重机可以不受限制地开到所吊构件附近吊装构件时，可不验算起重半径。当起重机受限制不能靠近安装位置吊装构件时，则应验算。当起重机的起重半径为一定值时，起重量和起重半径是否满足吊装构件的要求，一般根据所需的起重量、起重高度、起重机型号，再按下式进行计算，如图 4－16 所示。

$$R_{min} = F + D + 0.5b$$

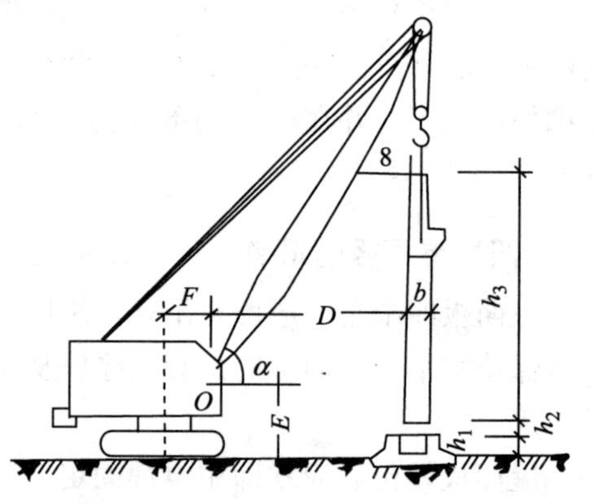

图 4－16　履带式起重机起重半径计算简图

同一种型号的起重机有几种不同长度的起重

臂，应选择能同时满足三个吊装工作参数的起重臂。当各种构件吊装工作参数相差较大时，可以选择多种起重臂。

（二）结构安装方法

单层厂房的结构安装方法主要有分件安装法和综合安装法两种。

1. 分件安装法

分件安装法是指起重机在车间内每开行一次仅安装一种或两种构件，通常分三次开行。分件安装法的优点是：每次吊装同类构件，不需经常更换索具，操作程序基本相同，所以安装速度快，并且有充分的时间校正；构件可分批进场，供应单一，平面布置比较容易，现场不致拥挤。缺点是：不能为后续工程及早提供工作面，起重机开行路线长。装配式钢筋混凝土单层工业厂房多采用分件安装法。

2. 综合安装法

综合安装法是指起重机在车间内的一次开行中，分节间安装所有各种类型的构件。具体做法是：先安装 4～6 根柱子，立即加以校正和最后固定，接着安装吊车梁、连系梁、屋架、屋面板等构件。安装完一个节间所有构件后，转入安装下一个节间。

综合安装法的优点是：开行路线短，起重机停机点少，可为后期工程及早提供工作面，使各工种能交叉平行流水作业。其缺点是：一种机械同时吊装多类型构件，现场拥挤，校正困难。

（三）起重机开行路线和停机位置

起重机的开行路线和停机位置与起重机的性能、构件尺寸及重量、构件的平面布置、构件的供应方式、安装方法等许多因素有关。

采用分件安装时，起重机的开行路线如下。

1）柱子吊装时应视跨度大小、柱的尺寸、重量及起重机性能，可沿跨中开行或跨边开行。柱子布置在跨外时，起重机在跨外开行，每个停机点可吊 1～2 根柱子。

2）屋架扶直就位及屋盖系统吊装时，起重机在跨中开行。

当单层厂房面积大或具有多跨结构时，为加快进度，可将建筑物划分为若干段，选用多台起重机同时作业。每台起重机可以独立作业，完成一个区段的全部吊装工作，也可以选用不同性能的起重机协同作业，组织大流水施工。

（四）构件的平面布置

构件的平面布置和起重机的性能、安装方法、构件的制作方法有关。在选定起重机型号、确定施工方案后，可根据施工现场的实际情况制定。

1. 构件的平面布置原则

1）每跨的构件宜布置在本跨内，如场地狭窄、布置有困难时，也可布置在跨外便于安装的地方。

2）构件的布置应便于支模和浇筑混凝土。对预应力构件应留有抽管、穿筋的操作场地。

3）构件的布置要满足安装工艺的要求，尽可能在起重机的工作半径内，减少起重机“跑吊”的距离及起伏起重杆的次数。

4）构件的布置应保证起重机、运输车辆的道路畅通。起重机回转时，机身不得与构件相碰。

5）构件的布置要注意安装时的朝向，以免在空中调向，影响进度和安全。

6）构件应布置在坚实地基上。在新填土上布置时，土要夯实，并采取一定措施防止下沉，影响构件质量。

2. 预制阶段的构件平面布置

（1）柱子的布置

柱子的布置方式与场地大小、安装方法有关，一般有斜向布置、纵向布置等两种。

1）柱的斜向布置：采用旋转法吊装时，可按三点共弧斜向布置。

2）柱的纵向布置：对一些较轻的柱，起重机能力有富余，考虑到节约场地，方便构件制作，可顺柱列纵向布置。

柱可两根叠浇生产，层间应涂刷隔离剂，上层柱在吊点处需预埋吊环；下层柱则在底模预留砂孔，便于起吊时穿钢丝绳。

（2）屋架的布置

屋架一般在跨内平卧叠浇预制，每叠3~4榀，布置方式主要有正面斜向布置、正反斜向布置、正反纵向布置等三种。其中优先采用正面斜向布置，它便于屋架扶直就位，当场地限制时，才采用其他方式。

（3）吊车梁的位置

当吊车梁安排在现场预制时，可靠近柱基顺纵向轴线或略作倾斜布置；也可插在柱子的空当中预制，如具有运输条件，也可在场外集中预制。

3. 安装阶段构件的就位布置及运输堆放

安装阶段的就位布置是指柱子安装完毕后其他构件的就位位置，包括屋架的扶直就位，吊车梁、连系梁屋面板的运输、就位和堆放等。

（1）屋架的扶直就位

屋架的就位方式有两种：一种是靠柱边斜向就位，另一种是靠柱边成组纵向就位。

（2）吊车梁、连系梁、屋面板的运输、就位和堆放

单层厂房除柱子、屋架外，其他构件如吊车梁、连系梁、屋面板均在预制厂或附近工地的露天预制场制作，然后运至工地就位吊装。构件运至工地后，应按施工组织设计所规定的位置，按编号及构件吊装顺序进行集中堆放。吊车梁、连系梁的就位位置，一般在其吊装位置的柱列附近，跨内跨外均可，也可以从运输车上直接吊装，不需在现场排放；屋面板的就位位置，跨内跨外均可。

项目四　钢结构单层工业厂房安装

一、吊装前的准备工作

1. 施工方案编制

在吊装前应编制钢结构工程的专项施工方案，其内容包括：计算钢结构构件和连接件数量，选择起重机械，确定构件吊装方法，确定吊装流水程序，编制进度计划，确定劳动组织，构件的平面布置，确定质量保证措施、安全措施等。

2. 基础的准备

钢柱基础的顶面通常设计为平面，通过地脚螺栓将钢柱与基础连成整体。施工时应保

证基础顶面标高及地脚螺栓位置准确。其允许偏差为：基础顶面高差为 2 mm，倾斜度 1/1 000；地脚螺栓位置允许偏差，在支座范围内为 5 mm。施工时可用角钢做成固定架，将地脚螺栓安置在与基础模板分开的固定架上。

为保证基础顶面标高的准确，施工时可采用一次浇筑法或二次浇筑法进行。

（1）一次浇筑法

先将基础混凝土浇灌到设计标高下 40 ~ 60 mm 处，然后用细石混凝土精确找平至设计标高，以保证基础顶面标高的准确。这种方法要求钢柱制作尺寸十分准确，且要保证细石混凝土与下层混凝土的紧密黏结，如图 4 - 17 所示。

（2）二次浇筑法

钢柱基础分两次浇筑。第一次浇筑到设计标高下 40 ~ 60 mm 处，待混凝土有一定强度后，上面放钢垫板，精确校正钢板标高，然后吊装钢柱。当钢柱校正完毕后，在柱脚钢板下浇灌细石混凝土，如图 4 - 18 所示。这种方法校正柱子比较容易，多用于重型钢柱吊装。

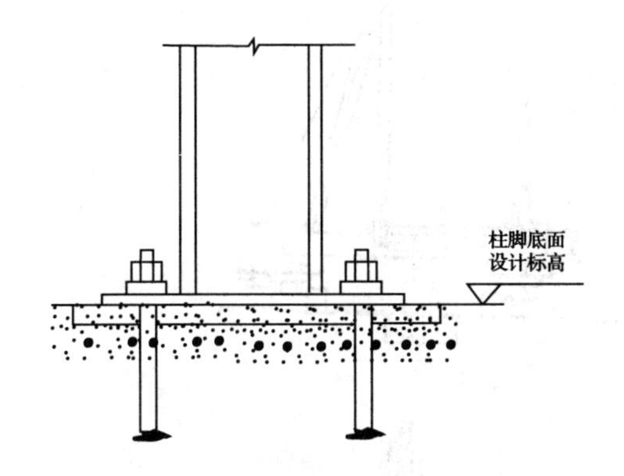

图 4 - 17　钢柱基础的一次浇筑法

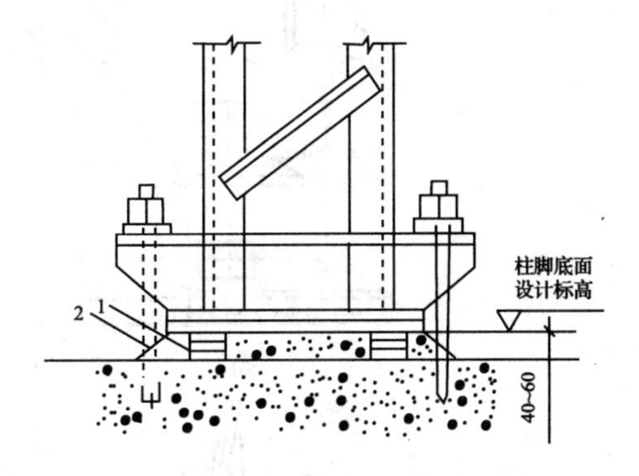

图 4 - 18　钢柱基础的二次浇筑法

1—调整柱子用的钢垫板；

2—柱子安装后的浇筑的细石混凝土

当基础采用二次浇筑混凝土施工时，钢柱脚应采用钢垫板或坐浆垫板作支撑。垫板应设置在靠近地脚栓的柱脚底板加劲板或柱脚下，每根地脚螺栓侧应设 1 ~ 2 组垫块，每组垫板不得多于 5 块。垫板与基础面和柱底面的接触应平整、紧密。当采用成对斜垫板时，其叠合长度不应小于垫板长度的 2/3。采用坐浆垫板时，应采用无收缩砂浆。柱子吊装前，砂浆试块强度应高于基础混凝土强度一个等级。

3. 构件的检查与弹线

在吊装钢构件之前，应检查构件的外形和几何尺寸，如有偏差，应在吊装前设法消除。

在钢柱的底部和上部标出两个方向的轴线，在底部适当高度标出标高准线，以便校正钢柱平面位置、垂直度、屋架和吊车梁的标高等。

对不易辨别上下或左右的构件，应在构件上加以标明，以免吊装时弄错。

4. 构件的运输、堆放

钢构件应根据施工组织设计要求的施工顺序，分单元成套供应。运输应根据构件的长度、重量选择车辆；钢构件在运输车辆上的支点、两端伸出的长度及绑扎方法均应保证构件不产生变形、不损伤涂层。

钢构件堆放的场地应平整坚实、无积水。堆放时应按构件的种类、型号、安装顺序分区存放。钢结构底层应设有垫枕，并且应有足够的支撑面，以防支点下沉。相同型号的钢构件叠放时，各层钢构件的支点应在同一垂直线上，并应防止钢构件被压坏和变形。

二、构件的吊装工艺

（一）钢柱的吊装

1. 钢柱的吊升

钢柱的吊升可采用自行式或塔式起重机，用旋转法或滑行法吊升。当钢柱较重时，可采用双机抬吊，用一台起重机抬柱的上吊点，一台起重机抬下吊点，采用双机并立相对旋转法进行吊装，如图4－19所示。

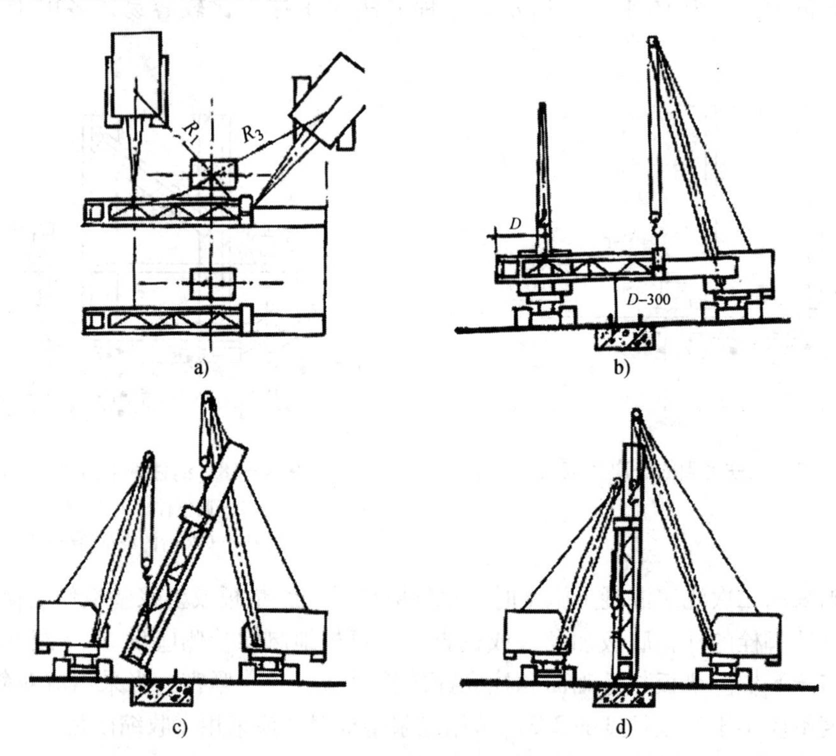

图4－19　两点抬吊吊装重型柱

a）柱的平面布置及起重机就位图　b）两机同时将柱吊升；
c）两机协调旋转并将柱吊直　d）将柱插入杯口

2. 钢柱的校正与固定

钢柱的校正包括平面位置、标高、垂直度的校正。平面位置的校正应用经纬仪从两个方向检查钢柱的安装准线。在吊升前应安放标高控制块以控制钢柱底部标高。垂直度的校正用经纬仪检验，如超过允许偏差，用千斤顶进行校正。在校正过程中，随时观察柱底部和标高控制块之间是否脱空，以防校正过程中造成水平标高的误差。

为防止钢柱校正后的轴线位移，应在柱底板四边用10 mm厚钢板定位，并电焊牢固。

钢柱复校后，紧固地脚螺栓，并将承重块上下点焊固定，防止走动。

（二）钢吊车梁的吊装

1. 吊车梁的吊升

钢吊车梁可用自行式起重机吊装，也可以用塔式起重机、桅杆式起重机等进行吊装，对重量很大的吊车梁，可用双机抬吊。

吊车梁吊装时应注意钢柱吊装后的位移和垂直度的偏差，认真做好临时标高垫块工作，严格控制定位轴线，实测吊车梁搁置处梁高制作的误差。钢吊车梁均为简支梁，梁端之间应留有 10 mm 左右的间隙并设钢垫板，梁和牛腿之间用螺栓连接，梁与制动架之间用高强螺栓连接。

2. 钢吊车梁的校正与固定

吊车梁校正的内容包括标高、垂直度、轴线、跨距的校正。标高的校正可在屋盖吊装前进行，其他项目校正可在屋盖安装完成后进行，因为屋盖的吊装可能引起钢柱变位。

吊车梁标高的校正，用千斤顶或起重机对梁作竖向移动，并垫钢板，使其偏差在允许范围内。

吊车梁轴线的校正可用通线法和平移轴线法，跨距的检验用钢尺测量，跨度大的车间用弹簧秤拉测（拉力一般为 100 ~ 200 N），如超过允许偏差，可用撬棍、钢楔、花篮螺丝、千斤顶等纠正。

（三）钢屋架的吊装与校正

钢屋架的翻身扶直，吊升时由于侧向刚度较差，必要时应绑扎几道杉木杆，作为临时加固措施。

屋架吊装可采用自行式起重机、塔式起重机或桅杆式起重机等。根据屋架的跨度、重量和安装高度不同，选用不同的起重机械和吊装方法。

屋架的临时固定可用临时螺栓和冲钉。

钢屋架的侧向稳定性差，如果起重机的起重量、起重臂的长度允许时，应先拼装两榀屋架及其上部的天窗架、檩条、支撑等成为整体，然后再一次吊装。这样可以保证吊装稳定性，同时也提高吊装效率。

钢屋架的校正内容主要包括垂直度和弦杆的正直度，垂直度用垂球检验，弦杆的正直度用拉紧的测绳进行检验。

屋架的最后固定，用电焊或高强螺栓。

三、连接与固定

钢结构连接方法通常有三种：焊接、铆接和螺栓连接等。钢结构的连接接头应经检查合格后方可紧固或焊接。焊接和高强度螺栓并用的连接，当设计无特殊要求时，应按先栓后焊的顺序施工。螺栓连接有普通螺栓和高强度螺栓两种。高强度螺栓有大六角头高强度螺栓和扭剪型高强度螺栓。钢结构用的扭剪型高强度螺栓连接包括一个螺栓、一个螺母和一个垫圈。扭剪型高强度螺栓具有施工简单、受力好、可拆换、耐疲劳，能承受动力荷载，可目视判定是否终拧，不易漏拧，安全度高等优点。下面主要讲述高强度螺栓的施工。

（一）摩擦面的处理

高强度螺栓连接，必须对构件摩擦面进行加工处理，在制造厂进行处理可用喷砂、喷抛）丸、酸洗或砂轮打磨等。处理好的摩面应有保护措施，不得涂油漆或污损。制造厂处理好的摩擦面，安装前应逐个复验所附试件的抗滑移系数，合格后方可安装、抗滑移系数应符合设计要求。

（二）连接板安装

连接板不能有挠曲变形，安装前应认真检查，对变形的连接板应矫正平整。高强度螺栓板面接触要平整。因被连接构件的厚度不同，或制作和安装偏差等原因造成连接面之间的间隙，小于1.0 mm间隙可不处理；1.0～3.0 mm的间隙，应将高出的一侧磨成1:10的斜面，打磨方向应与受力方向垂直；大于3.0 mm的间隙应加垫板，垫板两面的处理方法应与构件相同。

（三）高强度螺栓安装

1. 安装要求

1）钢结构拼装前，应清除飞边、毛刺、焊接飞溅物。摩擦面应保持干燥、整洁，不得在雨中作业。

2）高强度螺栓连接副应按批号分别存放，并应在同批内配套使用。在储存、运输、施工过程中不得混放，要防止锈蚀、沾污和碰伤螺纹等可能导致扭矩系数变化的情况发生。

3）选用的高强度螺栓的形式、规格应符合设计要求。施工前，高强度大六角头螺栓连接副应按出厂批号复验扭矩系数；扭剪高强度螺栓连接副应按出厂批号复验预拉力，复验合格后方可使用。

4）选用螺栓长度应考虑构件的被连接厚度、螺母厚度、垫圈厚度和紧固后要露出三扣螺纹的余长。

5）高强度螺栓连接面的抗滑移系数试验结果应符合设计要求，构件连接面与试件连接面表面状态相符。

2. 安装方法

1）高强度螺栓接头应采用冲钉和临时螺栓连接，临时螺栓的数量应为接头上螺栓总数的1/3，并不少于两个，冲钉使用数量不宜超过临时螺栓数量的30%。安装冲钉时不得因强行击打而使螺孔变形，造成飞边。严禁使用高强度螺栓代替临时螺栓，以防因损伤螺纹造成扭矩系数增大。

对错位的螺栓孔应用铰刀或粗锉刀进行处理规整，处理时应先紧固临时螺栓主板至叠间无间隙，以防切屑落入。螺栓孔也不得采用气割扩孔。

钢结构应在临时螺栓连接状态下进行安装精度校正。

2）钢结构安装精度调整达到校准规定后便可安装高强螺栓。首先安装接头中那些未装临时螺栓和冲钉的螺孔，螺栓应能自由垂直穿入螺栓和冲钉的螺孔，穿入方向应该一致。每个螺栓一端不得垫2个及以上的垫圈，不得采用大螺母代替垫圈。

在这些安装上的高强度螺栓用普通扳手充分拧紧后，再逐个用高强度螺栓换下冲钉和临时螺栓。

在安装过程中，连接副的表面如果涂有过多的润滑剂或防锈剂，应使用干净的布轻轻揩拭掉多余的涂脂，防止其安装后流到连接面中，不得用清洗剂清洗，否则会造成扭矩系数变化。

3. 高强度螺栓的紧固

为了使每个螺栓的预拉力均匀相等，高强度螺栓拧紧可分为初拧和终拧。对于大型节点应分初拧、复拧和终拧，复拧扭矩应等于初拧扭矩。

初拧扭矩值不得小于终拧扭矩值的30%，一般为终拧扭矩的60%～80%。

对已紧固的高强度螺栓，应逐个检查验收。对终拧用电动扳手紧固的扭剪型高强度螺栓，应以目测尾部梅花头拧掉为合格。对于用测力扳手紧固的高强度螺栓，仍用测力扳手检查是否紧固到规定的终拧扭矩值。采用转角法施工，初拧结束后应在螺母与螺杆端面同一处刻出终拧角的起始线和终止线以待检查。大六角头高强度螺栓采用扭矩法施工，检查时应将螺母回退30°～50°再拧至原位，测定终拧扭矩值其偏差不得大于±10%。欠拧、漏拧者应及时补拧，超拧者应予更换。欠拧、漏拧宜用0.3～0.5 kg重的小锤逐个敲检。

项目五　结构安装工程质量及安全技术

一、结构安装工程质量要求

1. 单、多层钢筋混凝土结构安装质量要求

1）当混凝土强度达到设计强度75%以上时，预应力构件孔道灌浆的强度达到15 MPa以上时，方可进行构件吊装。

2）安装构件前，应对构件进行弹线和编号，并对结构及预制件进行平面位置、标高、垂直度等校正工作。

3）构件在吊装就位后，应进行临时固定，保证构件的稳定。

4）在吊装装配式框架结构时，只有当接头和接缝的混凝土强度大于10 MPa时，方能吊装上一层结构的构件。

5）构件的安装，力求准确，保证构件的偏差在允许范围内，见表4－7。

表4－7　构件安装时的允许偏差

<table>
<tr><th>项　目</th><th colspan="3">名称</th><th>允许偏差/mm</th></tr>
<tr><td rowspan="2">1</td><td rowspan="2">杯形基础</td><td colspan="2">中心线对轴线位移</td><td>10</td></tr>
<tr><td colspan="2">杯底标高</td><td>－10</td></tr>
<tr><td rowspan="7">2</td><td rowspan="7">柱</td><td colspan="2">中心线对轴线的位移</td><td>5</td></tr>
<tr><td colspan="2">上下柱连接中心线位移</td><td>3</td></tr>
<tr><td rowspan="3">垂直度</td><td>≤5 m</td><td>5</td></tr>
<tr><td>>5 m</td><td>10</td></tr>
<tr><td>≥10 m且多节</td><td>高度的1‰</td></tr>
<tr><td rowspan="2">牛腿顶面和柱顶标高</td><td>≤5 m</td><td>－5</td></tr>
<tr><td>>5 m</td><td>－8</td></tr>
<tr><td rowspan="2">3</td><td rowspan="2">梁或吊车梁</td><td colspan="2">中心线对轴线位移</td><td>5</td></tr>
<tr><td colspan="2">梁顶标高</td><td>－5</td></tr>
</table>

续表

项目	名称			允许偏差/mm
4	屋架	下弦中心线对轴线位移		5
		垂直度	桁架	屋架高的1/250
			薄腹梁	5
5	天窗架	构件中心线对定位轴线位移		5
		垂直度（天窗架高）		1/300
6	板	相邻两板板底平整	抹灰	5
			不抹灰	3
7	墙板	中心线对轴线位移		3
		垂直度		3
		每层山墙倾斜		2
		整个高度垂直度		10

2. 单层钢结构安装质量要求

1）钢结构基础施工时，应注意保证基础顶面标高及地脚螺栓位置的准确。其偏差值应在允许偏差范围内。

2）钢结构安装应按施工组织设计进行。安装程序必须保持结构的稳定性且不导致永久性变形。

3）钢结构安装前，应按构件明细表核对进场的构件，查验产品合格证和设计文件；工厂预拼装过的构件在现场拼装时，应根据预拼装记录进行。

4）钢结构安装偏差的检测，应在结构形成空间刚度单元并连接固定后进行，其偏差在允许偏差范围内。钢柱、墙架、檩条及吊车梁的偏差在允许范围内见表4－8至表4－10。

表4－8 单层钢结构柱子安装的允许偏差

项目			允许偏差/mm	检验方法
柱脚底座中心线对定位轴线的偏移			5.0	用吊线和钢尺检查
柱基准点标高	有吊车梁的柱		+3.0 −5.0	用水准仪检查
	无吊车梁的柱		+5.0 −8.0	
弯曲矢高			H/1 200，且≤15.0	用经纬仪或拉线和钢尺检查
柱轴线垂直度	单层柱	H≤10 m	H/1 000	用经纬仪或吊线和钢尺检查
		H>10 m	H/1 000，且≤25.0	
	柱全高	单节柱	H/1 000，且≤10.0	
		柱全高	35.0	

表 4-9　墙架、檩条等次要构件安装的允许偏差

<table>
<tr><th colspan="2">项目</th><th>允许偏差/mm</th><th>检验方法</th></tr>
<tr><td rowspan="3">墙架立柱</td><td>中心线对定位轴线的偏移</td><td>10.0</td><td>用钢尺检查</td></tr>
<tr><td>垂直度</td><td>H/1 000，且不应大于 10.0</td><td>用经纬仪或吊线和钢尺检查</td></tr>
<tr><td>弯曲矢高</td><td>H/1 000，且不应大于 15.0</td><td>用经纬仪或吊线和钢尺检查</td></tr>
<tr><td colspan="2">抗风桁架的垂直度</td><td>H/250，且不应大于 15.0</td><td>用吊线和钢尺检查</td></tr>
<tr><td colspan="2">檩条、墙梁的间距</td><td>±5.0</td><td>用钢尺检查</td></tr>
<tr><td colspan="2">檩条的弯曲矢高</td><td>L/750，且不应大于 12.0</td><td>用拉线和钢尺检查</td></tr>
<tr><td colspan="2">墙梁的弯曲矢高</td><td>L/750，且不应大于 10.0</td><td>用拉线和钢尺检查</td></tr>
</table>

注：1. H 为墙架立柱的高度。
2. h 为抗风桁架的高度。
3. L 为檩条或墙梁的长度。

表 4-10　钢吊车梁安装的允许偏差

<table>
<tr><th colspan="2">项目</th><th>允许偏差/mm</th><th>检验方法</th></tr>
<tr><td colspan="2">梁的跨中垂直度 Δ</td><td>H/500</td><td>用吊线和钢尺检查</td></tr>
<tr><td colspan="2">侧向弯曲矢高</td><td>1/1 500，且≤10.0</td><td rowspan="4">用拉线和钢尺检查</td></tr>
<tr><td colspan="2">垂直上拱矢高</td><td>10.0</td></tr>
<tr><td rowspan="2">两端支座中心位移 Δ</td><td>安装在钢柱上时，对牛腿中心的偏移</td><td>5.0</td></tr>
<tr><td>安装在混凝土柱上时，对定位轴线的偏移</td><td>5.0</td></tr>
<tr><td colspan="2">吊车梁支座加劲板中心与柱子承压加劲板中心的偏差 Δ</td><td>t/2</td><td>用吊线和钢尺检查</td></tr>
<tr><td rowspan="2">同跨间内同一横载面吊车梁顶面高差 Δ</td><td>支座处</td><td>10.0</td><td rowspan="3">用经纬仪、水准仪和钢尺检查</td></tr>
<tr><td>基他处</td><td>15.0</td></tr>
<tr><td colspan="2">同跨间同一横载面下挂式吊车梁底面高差 Δ</td><td>10.0</td></tr>
<tr><td colspan="2">同列相邻两柱间吊车梁顶面高差 Δ</td><td>l/1 500，且≤10.0</td><td>用水准仪和钢尺检查</td></tr>
<tr><td rowspan="3">相邻两吊车梁接头部位 Δ</td><td>中心错位</td><td>3.0</td><td rowspan="3">用钢尺检查</td></tr>
<tr><td>上承式顶面高差</td><td>1.0</td></tr>
<tr><td>下承式底面高差</td><td>1.0</td></tr>
<tr><td colspan="2">同跨间任一载面的吊车梁中心跨距 Δ</td><td>±10.0</td><td>用经纬仪和光电测距仪检查，跨度小时，可用钢尺检查</td></tr>
<tr><td colspan="2">轨道中心对吊车梁腹板轴线的偏移 Δ</td><td>t/2</td><td>用吊线和钢尺检查</td></tr>
</table>

二、结构工程安全措施

1. 使用机械的安全要求

1）吊装所用的钢丝绳，事先必须认真检查，若表面磨损，腐蚀达钢丝绳直径的 10%

时，不准使用。

2）起重机负重开行时，应缓慢行驶，且构件离地不得超过500 mm。起重机在接近满荷时，不得同时进行两种操作动作。

3）起重机工作时，严禁碰触高压电线。起重臂、钢丝绳、重物等与架空电线要保持一定的安全距离，见表4－11和表4－12。

表4－11　起重机吊杆最高点与电线之间应保持的垂直距离

线路电压/kV	距离不小于/m
1以下	1
20以下	1.5
20以上	2.5

表4－12　起重机与电线之间应保持的水平距离

线路电压/kV	距离不小于/m
1以下	1.5
20以下	2
110以下	4
220以下	6

4）发现吊钩、卡环出现变形或裂纹时，不得再使用。

5）起吊构件时，吊钩的升降要平稳，避免紧急制动和冲击。

6）对新到、修复或改装的起重机，在使用前必须进行检查、试吊；要进行静、动负荷试验。试验时，所吊重物为最大起重量的125%，且离地面1 m，悬空10 min。

7）起重机停止工作时，起动装置要关闭上锁。吊钩必须升高，防止摆动伤人，并不得悬挂物件。

2. 操作人员的安全要求

1）从事安装工作的人员要进行体格检查，心脏病或高血压患者不得进行高空作业。

2）操作人员进入现场时，必须戴安全帽、手套，高空作业时还要系好安全带，所带的工具，要用绳子扎牢或放入工具包内。

3）在高空进行电焊焊接，要系安全带，着防护罩；潮湿地点作业，要穿绝缘胶鞋。

4）进行结构安装时，要统一用哨声、红绿旗、手势等指挥，所有作业人员，均应熟悉各种信号。

3. 现场安全设施

1）吊装现场的周围，应设置临时栏杆，禁止非工作人员入内。地面操作人员，应尽量避免在高空作业面的正下方停留或通过，也不得在起重机的起重臂或正在吊装的构件下停留或通过。

2）配备悬挂或斜靠的轻便爬梯，供人上下。

3）如需在悬空的屋架上弦行走时，应在其上设置安全栏杆。

4）在雨期或冬期里，必须采取防滑措施。如扫除构件上的冰雪、在屋架上捆绑麻袋、在屋面板上铺垫草袋等。

复习思考题

1. 起重机械的种类有哪些？试说明其优缺点及适用范围。
2. 试述履带式起重机的起重高度、起重半径与起重量之间的关系。
3. 在什么情况下对履带式起重机进行稳定性验算？如何验算？
4. 柱子吊装前应进行哪些准备工作？
5. 试说明旋转法和滑行法吊装时的特点及适用范围。
6. 试述柱按三点共弧进行斜向布置的方法。
7. 怎样对柱进行临时固定和最后固定？
8. 怎样校正吊车梁的安装位置？
9. 屋架的排放有哪些方法？要注意哪些问题？
10. 构件的平面布置应遵守哪些原则？
11. 分件安装法和综合安装法各有什么特点？
12. 预制阶段柱的布置方式有哪几种？各有什么特点？
13. 屋架在预制阶段布置的方式有哪几种？
14. 屋架安装阶段的扶直有哪几种方法？如何确定屋架的就位范围和就位位置？
15. 高强度螺栓安装前的准备工作与技术要求是什么？
16. 试述高强度螺栓的安装方法。
17. 试述装配式框架节点构造及施工要点。

单元五　地面和楼面工程施工

建筑地面是建筑物底层地面（地面）和楼层地面（楼面）的总称。

原地面标高是指没有被破坏的原始地面的高程，比如在一块新建的土地上还没有开始进行土方开挖，那么在这块地面测量它的高程，所得的数据就是原地面标高。

首层地面标高就是建筑物出地面后第一层的地面标高，它的高度一般情况下都设置为±0.000，当然这也不是绝对的，有时也会出现不是±0.000的情况，具体要看建筑图纸上的标注。

项目一　地面和楼面的概述

楼地面是建筑物底层地坪和楼层楼面的总称。楼地面是室内空间的重要组成部分，也是室内装饰工程施工的重要部位。楼地面一般由基层、垫层和面层三部分组成。按《地面与楼面工程施工及验收规范》GB 50209—2002，地面与楼面由以下各层构成，见图5－1。

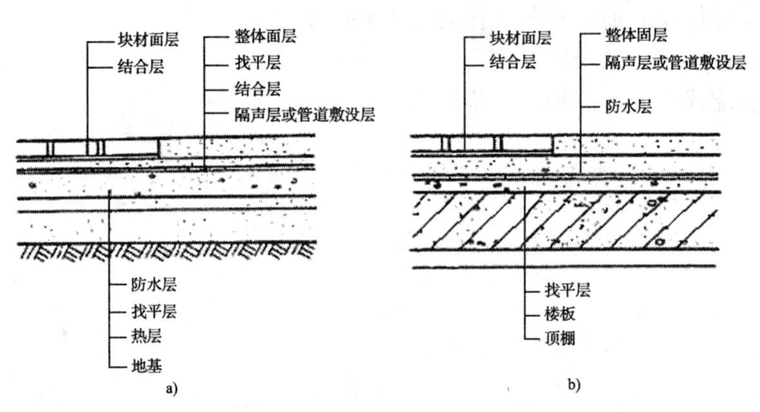

图5－1　地面和楼面的各构造层

a）地面各构造层；　b）楼面各构造层

面层——直接承受各种物理和化学作用的地面与楼面表层。

结合层——面层与下一层相连接的中间层，有时亦作为面层的弹性底层。

找平层——在垫层上、楼板上或轻质、松散材料（隔声、保温）层上起整平、找坡或加强作用的构造层。

防水（潮）层——防止面层上各种液体或地下水渗过地面的隔离层。

垫层——传布地面荷载至基土或传布楼面荷载至结构上的构造层。

基土——地面垫层下的土层（包括地基加强层）。

楼面与地面的使用要求是坚固、耐磨、平整，易于清扫，行走不起尘土，较高级者有一定弹性和较小导热系数，满足人们的居住和工作需要。

按建筑部位不同，楼地面可分为：室外地面、室内底层地面、楼地面、上人屋顶地面等。

按面层材料构造与施工方式不同，楼地面可分为：抹灰地面、粘贴地面、平铺地面。

按面层材料规格、形式出现的方式不同，楼地面可分为：整体地面，如水泥沙浆地面、水磨石地面等；块材地面，如瓷砖地面、石材地面（花岗岩、大理石）木地面等；卷材地面，如软质塑胶地面、地毯等。

一、地面与楼面工程的施工要求

1. 材料和制品的要求

地面与楼面各层使用的材料、拌和料和制品的种类、规格、配合比、强度等级等，应按施工图的设计要求选用，并符合有关质量标准，其各层拌和物的配合比，应由试验确定。

2. 施工顺序的确定原则

铺设地面及各层楼面时，前一道工序要经过质量检查（有特殊要求的工程应做好隐蔽工程验收记录）合格后才能进行本道工序的施工；在地面与楼面的下面设置水暖电、通风以及各种设备用沟槽、暗管等，要进行该项目的安装与检查，确定符合设计与施工要求后，才能进行楼地面工程的施工。

3. 楼地面施工时的温度要求

1）用掺有氯化镁成分的拌和料铺设面层、结合层时，不应低于 10 ℃，并应保持其强度达到设计要求的 70% 以上。

2）用掺有水泥的拌和物铺设面层、找平层、结合层和垫层以及铺设黏土面层时≥5 ℃，并使其强度保持在设计要求的 50% 以上。

3）用掺有石灰的拌和物铺设垫层时，不应低于 5 ℃。

4）用有机胶结剂粘贴塑料板、拼花木板和硬质纤维板面层时≥10 ℃。

5）在砂接合层以及砂和砂石垫层上铺设块料面层时≥0 ℃，且不得在冻土上铺设。

6）铺设碎石、卵石、碎砖垫层和面层时≥0 ℃。

若工程项目在施工时低于上述温度，应采取相应措施，保证工程质量，否则不得施工。

4. 其他要求

地面与楼面工程的各层厚度、构造应符合设计及施工规范要求。在基土上铺设有坡度的地面，应修整基土达到所需要的坡度。在钢筋混凝土板上铺设有坡度的地面与楼面，应用垫层或找平层来达到所需要的坡度。

混凝土和水泥沙浆试块的做法及强度检验，应按国家钢筋混凝土工程、砖石工程施工验收规范中的有关规定执行。试块的组数，每 500 m^2 的楼地面不应少于一组；不足 500 m^2 时，按 500 m^2 制作试块。

二、地面与楼面工程中的抄平放线

地面与楼面铺抹前，应先在四周墙上弹出一道水平标高控制线，作为确定楼地面面层标高及水平度的依据。

水平控制线以地面 ±0.000 及楼层砌砖前的抄平点为依据，弹在墙上的 50 线（框架结构弹在框架柱上）。根据水平控制线弹出楼地面表面的水平操作线。面积不大的房间，可根据水平控制线直接用长木杠抹标筋，施工中进行几次复尺即可。面积较大的房间，应根据水平控制线用水准仪抄平，在离开四周墙面处每隔 1.5～2.0 m，用 1∶3 水泥沙浆抹标志块（打标点），标点大小一般为 80～100 mm。待标点结硬后，在纵横方向以标点的高度为准做出通长的标筋以控制面层的厚度。地面标筋用 1:3 水泥沙浆，间距一般为 1.5 ~ 2 m。做标筋时，要注意控制面层厚度，面层的厚度应保持设计室内净空高度要求。

对于厨房、浴室、卫生间等地面，必须将流水坡度找好，有地漏的房间，要在地漏四周找出≥5%的坡水，并要弹好水平线，避免地面有“倒流水”或积水现象。抄平时要注意各室内与走廊水平高度的关系。在确定楼地面面层标高时，要复查内门的安装高度，防止因面层标高处理不当，造成内门安装时沿高度方向正负偏差过大的问题。

三、水泥沙浆地面工程

水泥地面是传统地面中应用最广泛的一种，其面层用细骨料（砂），以水泥做胶结材料加水按一定配合比，经拌制的水泥沙浆在水泥混凝土垫层、找平层或钢筋混凝土板上做成的。其优点是造价低廉、施工简便、使用耐久。但若施工质量不合格，将引起起灰、起砂、裂缝等质量缺陷问题。

水泥沙浆地面是一种比较传统的施工工艺。一些新兴地面及现代地面装饰材料与施工技术的发展，往往把水泥沙浆地面作为基层进行再施工。下面介绍水泥沙浆地面的施工过程。

1. 材料及施工工具

（1）材料

采用强度等级为 325 或 425 普通硅酸盐水泥或矿渣硅酸盐水泥；砂应采用中砂或中、粗混合砂（含泥量 3% 以内）。

（2）工具

砂浆搅拌机、木抹子（见图 5－2）、铁抹子（见图 5－3）、括尺（长 2 ~4 m），水平尺等。

图 5－2　木抹子

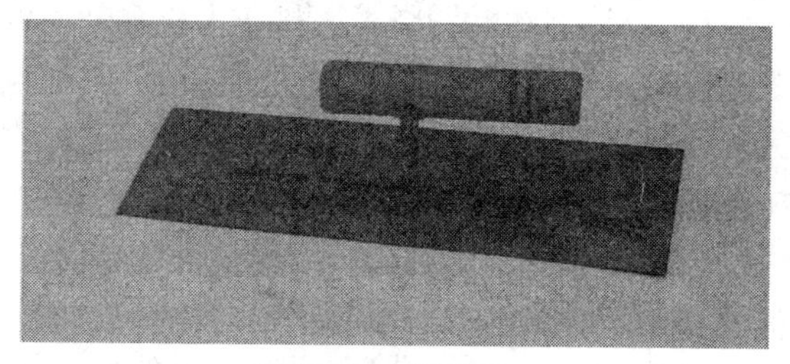

图 5－3　铁抹子

水泥沙浆面层材料由水泥和砂级配而成（见图 5－4 和图 5－5），其中水泥应采用标号不低于 425 号的硅酸盐水泥、普通硅酸盐水泥，严禁不同品种、不同强度等级的水泥混用。砂子采用中砂或粗砂，过 8 mm 孔径筛。其中砂的含泥量不应大于 3%。当采用石屑时，粒径为 1 ~5 mm，含粉量（含泥量）不大于 3%，当质量超过标准应经过筛分等人工处理。

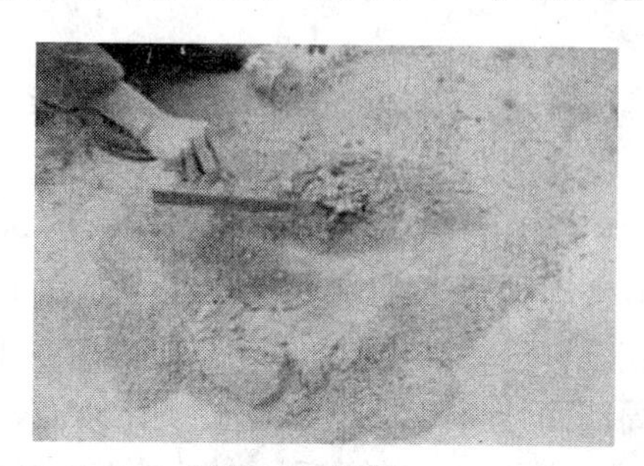

图 5－4　砂子

图 5－5　水泥沙浆材料

2. 水泥沙浆地面施工

(1) 施工条件

上层楼面已经封闭，且不渗不漏；楼（地）面结构层已经验收合格；暗敷管线及地漏等已安装完毕；墙上水平基准线已弹好。

(2) 施工工艺

清理基层→弹线→润湿基层→做灰饼、标筋→洒水泥素浆→铺水泥浆→木杠压实刮平→木搓拍实搓平→铁抹压光（三遍）→养护。

清理基层——基层应粗糙、洁净、潮湿。必须清除表面浮灰、杂质。表面比较光滑的基层，应进行凿毛处理。在施工前一天将地面基层均匀洒水润湿并晾干，不得有明水。

基层处理是防止水泥沙浆面层空鼓、裂纹、起砂等质量通病的关键工序，如基层处理不好，会形成一层隔离层，使面层结合不牢。

弹线、找规矩——先在四周墙面弹出水平基准线，根据水平基准量出地面标高线，弹于墙面上作为地面面层上皮的水平基准。

做灰饼、标筋——根据水平基准线，从墙角开始每隔 1.5 ~ 2.0 m 用水泥沙浆做标志块，大小为 80 ~ 100 mm 见方，待硬结后，以标准块的高度做纵横方向的通长标筋。

水泥沙浆罩面——铺抹前，应先将基层浇水湿润，第二天再刷素水泥浆结合层，随即进行面层铺抹。

在灰饼之间将砂浆铺设均匀，然后用木（或铝合金）刮杠按灰饼高度刮平。刮杠刮平后，若灰饼已硬化，应将已硬化的灰饼敲掉，同时用砂浆填平。刮平后立即用木抹子搓平，从内向外退着操作，并随时用靠尺检查其平整度。

面层有双层和单层两种。双层的做法是首先用1:3 水泥沙浆打底厚 15 ~ 20 mm 做结合层（木杠压实刮平、木搓拍实搓平），其次用1:1.5 ~ 1:2 水泥沙浆抹面厚 5 ~ 10 mm 做表层（铁抹压光三遍）。单层的做法是在基层上用1:2.5 水泥沙浆厚 15 ~ 20 mm 直接抹上一层（铁抹压光三遍）。双层施工工艺烦琐，但质量高、开裂少。

水泥沙浆面层如产生泌水现象，严禁在其上撒干水泥面，应采用1:1 干水泥沙子拌和均匀后，铺撒在泌水过多的面层上进行压光。

养护——地面压光完工后，一般在 12 h 左右开始养护，养护可采用洒水和覆盖的方法使面层保持湿润，养护时间不少于 7 天。

水泥沙浆地面完工后，应及时进行养护，养护时间不少于 7 天。养护期间严禁过早上人，不允许压重物和碰撞面层，防止地面起砂、起皮。

项目二　基层的处理要求

一、楼面的基层处理

楼面的基层（结构层）是楼板。楼板起着分隔空间的作用，并承受房屋内部设备、家具和人的重量及自重，将这些荷载通过墙身或柱子传给基础。同时，楼板对墙身起着水平支撑作用，帮助墙身抵抗水平推力，能加强房屋的稳定性和整体性，在使用要求上有一定的隔音性能。根据楼板使用的材料不同，常见的有钢筋混凝土空心板、现浇平板、木楼板等。钢筋混凝土楼板具有强度高、刚度好、耐火、耐久等优点，已被普遍采用。木楼板使用舒适，如在山区，能就地取材，而钢筋与水泥缺少者，亦可采用。

楼面基层的处理要求如下。

1）预制楼板板缝应进行清理，用水冲洗干净后，用 C20 细石混凝土灌缝。楼面亦应清理干净。

2）检查内门（扫地门）门窗安装质量是否合格，楼面标高与内门底脚锯口线是否一致，否则要进行处理，防止影响门的安装。

3）检查室内地漏标高是否低于地面标高，要求用细石混凝土或水泥沙浆将地漏四周堵严。

4）穿楼地面处的立管要加套管（露出地面 2～3 cm），并用细石混凝土或水泥沙浆将套管四周稳牢堵严，但立管应能自由收缩。

5）检查预埋在垫层内的电管和管线重叠交叉集中部位的标高，并用细石混凝土（管线重叠交叉部位须铺设钢板网，各边宽出管 150 mm）事先稳牢。

6）检查地脚螺丝预留孔洞或预埋铁件的位置。

二、地面基土的处理

1）地面应铺设在均匀密实的基土上。若为回填土或经扰动的原土，应经过压实或夯实，以防下陷引起地面开裂、下沉。

2）房间回填土前必须清底夯实。对淤泥质土、杂填土、冲填土等软弱土质必须按照设计规定更换或加固。

3）淤泥、腐殖土、冻土、耕植土、膨胀土和有机含量 >8% 的土，均不得用做地面下的填土。

4）回填土的含水率应按最佳含水率进行控制。夯实的表面应平整，用 2 m 靠尺检查凸凹≤15 mm，标高应符合设计要求。

5）若用碎石、卵石或碎砖等作基土表面处理，其粒径应为 40～60 mm，并应将其铺成一层，夯打压实到适当湿润的土中，其深度≥40 mm。不得在冻土上进行压实工作。

项目三　楼地面垫层的施工

一、垫层施工前的准备

在垫层施工前，除准备好机具材料并确定配合比外，在施工现场尚需做好下列准备工作。

1）地表找平：用 2～3 m 方格网控制找平，平整度偏差在 10 mm 以内（楼面除外）。

2）设置垫层平面控制点：在四周墙柱上弹出垫层高度墨线，过大的地面上，可在中间每隔 3 m 设置一个水平标柱（木或混凝土制）。

3）清理：地基表面浮土及楼面杂渣，应清除干净，并用水淋湿。

二、各类垫层的材料要求及施工方法

地面与楼面工程常见的垫层有戈壁土垫层、灰土垫层、砂石垫层、碎（卵）石垫层、陶粒或炉渣垫层和混凝土垫层等。

1. 刚性垫层

刚性垫层包括碎（卵）石垫层、陶粒或炉渣垫层、混凝土垫层等。

（1）碎（卵）石垫层的材料要求及施工特点

材料要求：要求卵（碎）石强度均匀、不风化、颗粒级配适当。卵（碎）石最大粒径不得大于垫层厚度的2/3。

施工要点：卵（碎）石垫层及铺设厚度一般≥60 mm，垫层要摊铺均匀，表面空隙应以粒径为5～25 mm的细石子填缝。如工程量不大，可用人工夯实。方法是：要先适当洒水，使砂石表面保持湿润，夯实程度应以夯压至不松动为准，且不得有粗细颗粒分离现象。工程量较大的要用机械碾压。

（2）陶粒或炉渣垫层的材料要求及施工特点

陶粒或炉渣垫层一般是用水泥和陶粒或炉渣的拌和料，也有用纯陶粒或炉渣做垫层的。上述两种材料铺设厚度，均不小于60 mm。

材料要求：陶粒或炉渣垫层所用陶粒或炉渣不应含有有机杂质和未燃尽的煤块（如炉渣内含有未燃尽炉渣，也要≤10%），粒径≤40 mm，且不得大于垫层厚度的1/2，粒径在5 mm以下者，不得超过总体积的40%。

施工要点：陶粒或炉渣垫层拌和料如设计无具体要求，配合比参照表5－1。

表5－1　炉渣垫层体积配合比

名称	水泥	陶粒	炉渣
水泥炉渣垫层	1	—	8
水泥陶粒垫层	1	6	—

陶粒或炉渣垫层所用的陶粒或炉渣在使用前必须先浇水闷透；陶粒或炉渣垫层所用的陶粒或炉渣的闷透时间不得少于5天，以防止陶粒或炉渣闷不透而引起体积膨胀，造成质量事故。

陶粒或炉渣垫层铺设前应将基层清扫干净并洒水湿润，铺设后应压实拍平。垫层厚度若大于12 cm，应分层铺设，压实后厚度要小于虚铺厚度的3/4。陶粒或炉渣层内要埋设的管道，其周围应用细石混凝土预先稳固。

陶粒或炉渣垫层施工完毕后，应注意养护，待其凝固后方可进行下一道工序的施工。

（3）混凝土垫层材料要求及施工特点

混凝土垫层厚度≥60 mm，其强度等级不宜低于C10。所用材料与普通混凝土要求相同。

混凝土垫层应分段进行浇筑。其宽度一般为3～4 m，但应结合变形缝的位置、不同材料的地面与楼面面层的连接处和设备基础的位置划分。浇筑前，垫层下的基层应予湿润。混凝土垫层应根据设计要求预留孔洞，以备安装固定地面与楼面镶面连接件所用的锚栓或木砖。

浇筑大面积混凝土垫层时，应纵横间隔每6～10 m设置水平桩，控制混凝土浇筑厚度。

2. 柔性垫层

用砂、石、陶粒等松散材料，经过混合压实而成。砂垫层厚度≥60 mm，铺设时洒水湿润，用平板振动器或手工夯实。砂石垫层厚度≥100 mm，摊铺应均匀一致，粗细颗粒不要分离，碾压至不松动为止。如工程量不大可用人工夯实。

此外根据设计要求，在构造上尚有结合层、找平层和防水层。

项目四　楼地面面层施工

一、面层施工前的要求

在进行地面及楼面面层施工之前，必须进行基层处理，这是防止发生面层空鼓、裂纹等质量问题的关键施工工艺程序。要求基层应具有粗糙、干净和潮湿的表面。对于地面垫层，现浇或预制钢筋混凝土楼板面等基层上的浮土、松散混凝土和砂浆等，如不认真清除干净，就会在面层与基层间形成一道隔离剂，使面层结合不牢。处理时要用铲子铲、钢丝刷子刷。对预制钢筋混凝土楼板等表面比较光滑的基层，应进行凿毛。基层边清理边用清水冲洗干净，冲洗后的基层，最好不要上人。

在现浇混凝土、水泥沙浆垫层或找平层上做水泥沙浆地面面层时，混凝土或水泥沙浆抗压强度达到1.2 MPa后，才能铺设面层。

在基层清理干净并浇水湿润后，第二天在垫层或楼板基层上刷以水灰比为0.4～0.5的水泥浆结合层，水泥浆要刷匀，不得有干斑和水坑。

结合层和面层填缝所用的水泥沙浆，应符合表5－2的规定。水泥沙浆一般采用硅酸盐水泥、普通硅酸盐水泥和矿渣硅酸盐水泥配制，强度等级不应低于325。

表5－2　水泥沙浆的配合比、强度等级和稠度表

序号	面层类型	构造层	配合比	砂浆强度等级	砂浆铺设稠度
1	条砖或缸砖面层	结合层和面层填缝	1:2	15	2.5～3.5
2	钢骨水泥整体面层	结合层	1:2	15	2.5～3.5
3	水磨石整体面层	结合层	1:3	10	3.0～3.5
4	块料材料面层	结合层	1:2	15	2.5～3.5
5	混凝土板面层	结合层	1:3	10	3.0～3.5

二、土面层

土面层适用于简易房舍及承受高温的地面，一般有素土面层和黏土面层。素土面层就是就地用良好的天然土（不得用冻土）分层铺设，每层20 cm夯实一次。黏土面层用砂、黏土和水（砂: 黏土 =2:1，水适量）拌和后分层铺设，每层虚铺10 cm就压实至表面呈湿润状态，隔2～3昼夜，再铺设上层。

三、水泥沙浆面层

抹地面前必须把基层或垫层清理干净，用水冲刷，将下水管、地漏口堵好，避免流入砂浆。对厨房、浴室、厕所等房间的地面，必须将流水坡度找好，弹好水平线，避免地面造成积水。找平时并要注意各室内与走廊高度的关系。

水泥沙浆地面面层的厚度不小于20 mm，一般用硅酸盐水泥、普通硅酸盐水泥，强度等级不低于325号。砂中含泥量不得超过3%，采用中砂或粗砂配制，并且不能含有机物。

（一）水泥沙浆地面的操作方法

1）先在地上撒一些干水泥，浇水用扫帚扫匀。然后根据水平线尺寸往下返至地坪，四周做好灰饼，并用小线按两边灰饼再做出中间灰饼。若房间开间小，直接用长木杠冲筋；若室内有坡度或地漏时，应再做灰饼、冲筋时找出坡度。将搅拌好的砂浆铺在灰饼中间，用抹子拍实，用长木杠搓至与灰饼平，冲成筋。两筋的间距一般为1.5 m。

2）一般混凝土垫层均应使用干硬性砂浆（可用手捏成团稍稍出浆为准），陶粒垫层可用普通砂浆。用短木杠根据设置的标高刮平，要特别注意四周突起。刮好之后，用木抹子搓平。用钢皮抹子压头遍，有的地区在压时随手略撒些干水泥吸水后随即压光。这一遍要求压得轻些，尽量使抹子纹浅一些，同时把踩的脚印压平并随手把飞溅在墙上的灰浆刮干净。等水泥沙浆开始硬化，人踩上去不会陷下去时，用钢皮抹子压第二遍。这一遍要求不漏压，把死坑、砂眼都压平，同时把踩的脚印压平。等到水泥沙浆干燥到脚踩上去稍有脚印，抹子抹上去不再有抹子纹时，便用钢皮抹子压第三遍。这遍要求用劲稍大，并把第二遍留下的抹子纹压平、成活。水泥沙浆地面的三次压光（称三遍成活）非常重要，要把握时机，无论过早或过迟都会影响地面的质量。陶粒垫层的水泥沙浆地面不宜过厚。

3）成活后24小时，开始浇水养护，一般应按气温和通风条件而定。若铺上锯末再浇水，养护条件更好。至少达到5 MPa，方可上人进行其他作业。

（二）保证水泥沙浆面层质量应注意的问题

1. 防止水泥沙浆起砂、裂缝的技术要点

1）严格控制原材料，使面层砂浆强度不低于M20。水泥强度等级不低于325，砂子宜采用中砂和粗砂。

2）掌握适度的水灰比，稠度控制在施工要求的范围内，水灰比控制在0.6。

3）基层一定要清扫干净，宜在做面层的前一天用钢丝刷刷洗、湿润，但不得有积水。

4）基层应线扫刷素水泥浆，涂刷均匀后，立即铺上砂浆。

5）面层砂浆铺好，应用木刮板刮平，再以木抹子用力压抹找平，用铁抹子压光一次。当出现析水时，一定要等析水沉陷后，再压实表面，操作务必在初凝前完成。

6）掌握好压光的时间，过早，出水下陷，压不实；过迟，破坏表面结构。压光以三遍为宜，并且务必在终凝前完成。

7）注意养护，在终凝4小时后即形养护，过早宜起皮，过迟强度降低。普通水泥和硅酸盐水泥养护7天，矿渣水泥和火山灰水泥养护14天，每天至少洒水两次，以保证湿润。

8）对已开裂、起砂的地面，严重者宜铲除重做，轻微者可用建筑胶调水泥进行修补。满刮三遍，每遍厚约0.3 cm。为装饰也可加入矿物颜料，颜料必须与水泥干拌均匀，然后和建筑胶拌和。起砂表面应先用1∶1水胶溶液涂刷一遍，再修补，最后刷一遍纯建筑胶。

2. 水泥地面伸缩缝的留设方法

混凝土和水泥沙浆在凝结、硬化过程中，体积会有一定的收缩，俗称干缩。收缩的根本原因，是水泥浆在水化过程中体积收缩，其次是水分蒸发造成的附加收缩。而混凝土和

水泥沙浆受热后，又会产生体积膨胀，尽管膨胀和收缩的绝对值较小，但对于面积较大、厚度较薄的水泥楼地面，则会造成很多不规则的裂缝，既影响外观质量，又影响使用效果。

为了使地面收缩和膨胀有一定的范围，必须设置一些整齐而又有规则的缝，这就是通常所说的伸缝和缩缝。

室内一般以缩缝为主，通常沿柱子轴线纵向和房间轴线横向设置，纵向缩缝一般采用平头缝、企口缝等形式；横向缩缝一般采用假缝形式。

室外地面（地坪、道路等）伸缝、缩缝都有。缩缝同室内缩缝一样。而伸缝则常用20～30 mm的木板断开，待地面混凝土（或砂浆）达到设计强度后，用热沥青或油膏嵌缝。伸缝间距一般为30 mm。

有些车间地面，因地面荷重和使用情况不同，而产生不均匀的沉降现象。设置伸、缩缝后，也能避免因沉降不均而造成的不规则裂缝。

设置伸、缩缝，对施工操作也很有利。因为一个地面，特别是一个面积较大的地面，不可能在一个工作班内全部完成。施工经验证明，凡浇捣混凝土暂停一段时间的连接处，往往出现裂缝。而留置伸缩缝后，则施工间歇可以安排在伸、缩缝处，既便于施工操作，又能保证工程质量。

四、混凝土面层的施工

（一）细石混凝土面层的施工方法

用细石混凝土铺设面层，其强度等级应在C20以上，水泥采用425以上的普通硅酸盐水泥，石子用碎石或卵石，其粒径≤15 mm及面层厚度的2/3，抗压极限强度≥60 MPa，砂用中砂或粗纱，混凝土坍落度≤3 cm，铺设时随铺随捣实。遇到大面积地面，应设置伸缩缝。表面抹平压光同水泥沙浆面层。施工后一昼夜内应覆盖、浇水养护不少于7天。细石混凝土面层厚度，一般住宅和办公楼用30～50 mm，厂房车间用50～80 mm，其特点是耐磨、耐久、开裂和起砂。

（二）混凝土随捣随抹抹光面层施工方法

随捣随抹面层，一般在浇筑钢筋混凝土楼板或大于C15混凝土垫层上进行，也可采用C20细石混凝土。

采用随捣随抹面层的方法是在混凝土楼地面浇捣完毕，表面略有收水后，即进行抹平压光。这种做法，省去了基层表面处理，浇水湿润和扫浆等工序，而质量也较好。

随捣随抹面层施工与水泥沙浆面层施工相同，但要注意以下几点。

1）混凝土浇筑时，一定要把表面按墙周围水平线和中间水平标志找平、拍实，并将水泥浆振出。

2）如果混凝土振捣后表面局部缺浆时，可以在表面略加适量的水泥沙浆进行抹平压光。但不允许撒干水泥，也要避免本来表面无振出浆还普遍加水泥沙浆的做法。应尽量采用随捣随抹时不加水泥沙浆的做法。

3）随捣随抹面层在施工间歇时的施工缝，应该在混凝土抗压强度达到1.2 MPa后再继续浇筑混凝土并随捣随抹。

五、水磨石面层的施工

（一）水磨石地面材料的质量要求

1. 水泥

水泥强度等级不应低于425，最好采用硅酸盐水泥、普通硅酸盐水泥或矿渣水泥。不得受潮结块，如有结块现象，应当过孔径为0.6 mm的筛子，结块的水泥不得使用。

2. 石粒

水磨石地面所用的石粒应当坚硬可磨，一般常用白云石、大理石粒。石粒应洁净无杂物，粒径要求4～12 mm，在特殊情况下，也可以使用大于12 mm的石粒。石子的最大粒径应比水磨石面层的厚度小1～2 mm，石子粒径过大，不易压平，石子之间也不宜挤密实。水磨石面层的厚度和石子的最大粒径见表5－3。

表5－3　水磨石面层的厚度和石子的最大粒径

水磨石面层的厚度/mm	10	15	20	25	30
石子最大粒径/mm	9	14	18	23	28

3. 草酸、地板蜡

草酸及地板蜡均采用符合质量要求的产品。在地板蜡保管和使用时要注意防火，使用时按照产品说明书加入适量稀释剂，调匀使用。

（二）找平层做冲筋和灰饼的操作方法

水磨石地面的质量要求较高。除石子显露要清晰、均匀，分格条全部磨出外，还特别要注意平整度。而面层平整度，又与找平层的平整度质量有很大的关系。找平层如果高低不平，则黏结的分格条也有高有低。由于面层石子砂浆铺设是根据分格条抹平的，因此面层的石子水泥沙浆也不可能平整。磨光时磨光石子机的机头砂轮是沿水平方向转动的，高低不平处就不能全部同时磨到，石子、分格条也显露不明显、不均匀。

为了保证找平层的平整度，应根据在墙上弹出的水平控制线，先做出灰饼（间距为2 m左右），以刮尺长度而定。灰饼大小一般为80～100 mm。冲筋砂浆达到一定强度后，即可铺放找平层，用超过2 m长的刮尺以冲筋为标准进行刮平，这样就能保证找平层的平整度了。

（三）水磨石地面分格条的操作方法

找平层砂浆铺抹后，在24小时后方可弹线，嵌分格条。分格条有玻璃、铜、铝、塑料等品种。玻璃分格条厚3 mm，长度不限，可自行加工割制。其他分格条均由工厂生产供应，长度为1 200 mm，宽度与水磨石面层厚度相同，可按需要选用。铜、铝条厚度为1～2 mm，塑料厚度为2～3 mm。

铝制分格条在使用前应涂清漆1～2遍，干后再用，使其不与水泥浆直接接触，以免腐蚀松动。铜、铝、塑料分格条在使用前按每米四眼预先打孔，穿22号铁丝或小铁钉，以加强与水泥浆的黏结。如将孔开大（∅3～∅5 mm），穿孔水泥浆凝固后就像铆钉一样，不穿铁丝也同样能够牢固。塑料条可制成各种颜色，分别选用，有装饰效果。

固定分格条的灰梗，采用适当稠度的素水泥浆，在分格条两边抹上小八字形。灰梗不宜过高或过低，太低了分格条固定不牢，太高了妨碍石子靠近分格条。灰梗高度应为分格条高度的1/2，分格条在“十”字或“丁”字交接处，应留出40~50 mm的一段抹灰梗，以免石子不能到达交接处，形成无石子的“秃斑”。分格条的顶面应当平齐一致。

（四）水磨石地面抹石子浆的操作方法

分格条嵌好后12~24 h即可洒水养护，养护2~4天，再清除积水浮砂，刷素水泥沙浆一遍，即可装石子浆。配合比一般为1∶1.5~2（水泥：石粒，体积比）。

配制石子浆时，应预先将水泥与颜料干拌均匀，过砂装袋备用，加入石子后再干拌2~3遍，然后加水湿抹，装入量以压实后高出分格条1 mm左右为宜。装石子浆时，先将分格条两边拍紧压实，以保证分格条免被撞坏。摊铺的厚度是否合适，可局部拍实后检查；调整石子浆的平整度时，严禁用刮尺刮平，否则可造成石子浆凸出部分面层大多数石子被刮尺刮走，留下水泥素浆，造成面层石子不均匀，影响外观质量。比例恰当、拌和均匀的石子浆，表面不需要再撒一层石渣；如水泥浆较多，有浮浆泛出时，则可均匀地干撒一层相同比例的石渣。

石子浆摊铺好后，用木抹子拍打密实，表面出浓浆。待水分收干时，用铁抹子抹平，次日可开始浇水养护。

如有几种颜色的水磨石，在同一平面上应先做深色，后做浅色；先做大面，后做镶边。待一种色浆凝固后，再抹后一种色浆。两种颜色的色浆不应同时铺设，以免串色、界限不清，影响质量。但间隔时间不宜过长，次日即可铺第二种石子浆，但应注意在滚压或抹拍过程中，不要触动第一种石子浆。

（五）水磨石地面磨光补灰的操作方法

水磨石开磨的时间与水泥强度和气温高低有关。水泥浆应有足够强度，以开磨后石渣不松动，水泥浆面与石渣面基本平齐为准。水泥浆强度太高，磨面耗费工时、材料与电力；强度太低，开磨转动时底面产生的负压力易把水泥浆拉成槽或把石子打掉。为掌握适当的硬度，开磨前应试磨。开磨时间可按表5-4规定。

表5-4　水磨石开磨时间

平均温度/℃	开磨时间/天	
	机磨	人工磨
20~30	3~4	1~2
10~20	4~5	1.5~2.5
5~10	6~7	2~3

大面积施工宜用于机械研磨，只有工程量不大和无法使用机械处才用手工研磨。研磨时磨盘应经常有水，用以冲刷磨下的石浆并及时将其扫除。先用粗粒磨石研磨，磨完后，将磨出的浆水洗刷干净。

面层表面呈现的细小孔隙及凹痕，应用同色水泥浆擦抹、补灰，进行养护，再换较细的磨石研磨，直至磨光平整、无孔隙，如此反复进行至表面达到要求的光洁度。

在一般情况下，所用磨石为60~320号，如有更高的光洁度要求，还可以用号数更高的细磨石研磨。表5-5所示为水磨石磨面二浆三磨的具体要求。

表5－5　水磨石磨面的具体要求

遍数	选用的磨石	要求及说明
一	60～80号粗金刚石（粗磨）	① 磨均磨平，使全部分格条外露；② 磨后要将泥浆冲洗干净，稍干后即涂擦一道同色水泥浆填补砂眼，个别掉落的石渣要补好；③ 不同颜色的磨面，应先涂深色浆，后涂浅色浆；④ 涂擦色浆补灰后养护2～3天（夏季）或3～4天（春秋季）
二	120～180号金刚石（中磨）	磨至石子显露，表面平整，其他同第一遍②③④条
三	200～280号金刚石（细磨）	① 磨至表面平整光滑，无砂眼细孔；② 研磨至出白浆，表面光滑为止，用水冲洗干净，晾干；③ 冲洗后涂草酸溶液（热水：草酸＝1:0.35，重量比，溶化冷却后用）一遍

（六）水磨石地面擦草酸、上蜡的操作方法

1. 擦草酸

草酸是一种有机酸，对水泥石有一定的腐蚀作用。擦草酸可起到化学抛光的作用，在细磨石或布卷的摩擦作用下可把水磨石表面的细微划痕腐蚀掉，使表面特别光滑；草酸还可起填充作用，草酸与水泥中的氧化钙，可填充水磨石表面微小孔隙，使其密实。

擦草酸有两种方法：一是涂草酸溶液后随即用280～320号油石进行细磨，草酸溶液起助磨剂的作用，照此法施工，一般能达到表面光洁的要求。二是将地面冲洗干净，浇上草酸溶液，把布卷固定在磨石机上进行研磨，至表面光滑为止，再洗干净、晾干，准备上蜡。

2. 上蜡

擦草酸后就进行上蜡工序。方法是在水磨石表面上薄薄涂上一层蜡。稍干后用磨光机研磨，或用钉有细帆布或麻布的木块代替油石，装在磨石机上研磨出光亮后，再涂蜡研磨一遍，直到光滑洁亮为止。

（七）现浇水磨石地面施工技术的应用

近年来，在地面工程设计中，虽然大量使用天然石材、人造石材、陶瓷地砖、木地板、塑胶地面等材料，但是，由于现浇水磨石地面强度高、表面平整光滑、易于保洁且造价低等特点，在教学楼等地面工程设计中广泛采用。

笔者根据多年的工作经验以及在工程技术专业教学过程中的体会进行简单探讨，以期从理论层面进一步理解现浇水磨石地面施工技术在具体施工环节中的应用，更好掌握其施工特点和建筑地面工程施工质量验收规范的精髓。

1. 现浇水磨石地面施工的总体情况介绍

水磨石地面是用大理石等中硬度石料的石屑与水泥拌和形成水泥石屑浆，经浇抹、硬结、磨光形成的整体性地面。目前普遍采用的施工工艺流程是：基层处理→找标高→弹水平线→铺抹找平层砂浆→养护→弹分格线→镶分格条→拌制水磨石拌和料→涂刷水泥浆结合层→铺水磨石拌和料→滚压、抹平→试磨→粗磨→细磨→磨光→草酸清洗→打蜡上光。主要使用的材料及机具有水泥、石粒、分格条、水磨石机等，因此其具有施工周期长、施

工工艺复杂等特点。

由于现浇水磨石地面需要滚压、抹平、试磨、粗磨、细磨、磨光等环节才能确保地面的平整度和光洁度，因此在施工中环境污染和劳动强度较大。按照现行国家标准《建筑地面工程施工质量验收规范》GB 50209—2002 的要求，衡量水磨石地面质量主要从观感上平整光洁、石粒密实、显露均匀，构造上结合牢固、无空鼓或裂纹等缺陷这几个方面评定。

施工质量控制的关键如下。

1）基层质量以及垫层中敷设管线、管径需具体处理。

2）铜条的分隔方式和安设方法。

3）石渣的铺装顺序和方法。

4）开磨时间、磨料选择，交叉作业工种的协调。

2. *水磨石地面主要工艺操作要点*

1）基层处理要将混凝土基层上的杂物清净，不得有油污、浮土，用钢錾子等将沾在基层上的水泥浆皮铲净。水磨石地面的空鼓、黏结不牢现象多是由于基层清理不够造成。在基层上洒水湿润，刷水灰比为 0.4 ~ 0.5 的水泥浆，随刷浆随铺抹 1:3 找平层砂浆，刮平搓平等都是常规做法。

2）水泥沙浆稠度要适当，搅拌要均匀。现场分堆搅拌、人工拌和、就地分摊的办法不宜提倡。施工时注意检查结构的质量情况，如发现裂缝等应提请注意并作出处理。

3）现浇水磨石地面镶分格条，不仅增加地面的美观，同时也便于施工。弹分格线应根据设计要求的分格尺寸施工，一般采用 1 m × 1 m。镶分格条用小铁抹子抹稠水泥浆将分格条固定住，抹成 30°八字形，高度应低于分格条条顶 4 ~ 6 mm，分格条应平直、牢固、接头严密，不得有缝隙，并作为铺设面层的标志。

分格条在使用前要进行挑选，边角破损的要注意使用的方向，使破损面朝下。各种材料的分格条要注意端部的棱角整齐，避免在拼接处发生接槎明显的现象。

4）抹找平层应根据弹出的水平线，留出面层厚度。为保证平整度，先抹灰饼。各种拌和料在使用前加水拌和均匀，稠度约 6 cm。

5）均匀涂刷水泥浆结合层。用清水湿润，涂刷与面层颜色相同的水泥浆结合层，其水灰比宜为 0.4 ~ 0.5，也可在水泥浆内掺加胶粘剂。要随刷随铺拌和料，刷的面积不得过大，以防浆层风干导致面层空鼓。

6）水磨石拌和料的面层厚度宜为 12 ~ 18 mm，并应按石料粒径确定。铺设时将搅拌均匀的拌和料先铺抹分格条边，再铺入分格条方框中，用铁抹子从中间向边角推进。在分格条两边及交角处特别注意压实抹平，随抹随用直尺进行平度检查。

7）磨光、养护、打蜡的施工工艺控制。

磨光的主要目的是将面层的水泥浆磨掉，将表面的石碴磨平。

面层成型后首先要试磨，一般根据情况适时确定开磨，过早开磨石粒易松动；过迟造成磨光困难，在进行试磨时以面层不掉石粒为准。

面层第一遍粗磨用 60 ~ 80 号粗金刚石磨，边磨边加水，随时清扫水泥浆，并用靠尺检查平整度，直至表面磨平、磨匀，分格条和石粒全部露出，用水清洗晾干，然后用较浓的水泥浆擦涂。第二遍细磨要求磨至表面光滑为止，然后用清水冲净，满擦水泥浆，仍应注意小孔隙要抹擦严密，然后养护。第三遍磨光磨至表面石子显露均匀、无缺石粒现象，以平整、光滑、无孔隙为度。

抹好找平层砂浆后养护 24 h，待抗压强度达到 1.2 MPa 方可进行下道工序施工。面层打磨修补部位要浇水养护 2～3 天。冬期施工现浇水磨石面层时，环境温度应保持 +5 ℃以上。打蜡的目的是使水磨石地面更光亮、光滑、美观，同时也易于保养与清洁。

3. 水磨石地面的后期维护

水磨石地面后期维护中将表面的污垢清洗后打蜡可以起到延缓自然风化、磨蚀的作用，但对已经风化、磨蚀的表面而言，其效果仅是一种伪饰。要使风化、磨蚀的表面恢复其亮丽美感，关键在于要在水磨石表面重新形成玻璃质薄膜。抛光磨面的原理就是将水磨石表面风化、磨蚀的老化层刨去，露出新鲜层，然后经机械方法在水磨石表面产生极其复杂的作用而形成新的玻璃质薄膜，从而恢复水磨石的装饰效果。

因此，对于水磨石地面后期维护要因势利导地选择最适合的方法才是最妥当的。

六、砖面层的施工

（一）砖面层的铺砌方式

砖面层的铺砌一般按设计要求的形式铺，通常采用“直形”、“对角线”、“人字形”、“花式”等铺法。

（二）砖面层的铺砌方法

1. 砂结合层

用砂结合层铺砌砖，多在素土夯实的垫层上。把垫层清扫干净，铺砖前在垫层上先铺一层干砂，按标高找平；后测出房间或走道中线，按中线在其两端各铺好一块砖，并拉好准线，按准线将砖铺平，砖应对结铺砌，砖缝宽一般≤5 mm，相邻两边砖和错缝一般为半块砖。铺砖的顺序在室内由里向外退或从房间的中间向四周铺砌；人行道、散水应先铺好边角处的侧砖，再砌中间的砖，铺砖应按排水方向留出泛水，面层填缝前，应适当洒水并拍实、整平。待全部铺完后，用干砂弥缝。湿砂相互黏在一起，不宜灌到砖缝中，故不宜使用。灌缝密实的砖地面，每块砖间应紧密牢固，踩上去不应有翘起和晃动的现象。最后将表面浮砂清扫干净。

2. 水泥沙浆结合层

水泥沙浆结合层一般分为两种做法：一是直接铺置在夯打密实的土质垫层上；二是铺置在混凝土垫层上。无论采用何种垫层，铺置前都应清扫干净，浇水湿润。缸砖需提前在水中浸泡 2 小时，取出晾干。铺砌时在预先排砖的基础上，先按标高铺好四边的砖，然后以铺好的砖为准，拉准线，再逐块进行铺置。坐浆可用 1:3 水泥沙浆或拌和砂浆，稠度以手捏成团不散为佳。砂浆铺砌长度以 3 至 4 块砖长为宜，厚度约 20 mm，要铺得平整均匀。当铺上一块砖后，用木锤敲击使砖与砂浆严密地黏合，并用水平尺按标高找平，使其与相邻砖平齐。砖与砖之间有 2～3 mm 缝隙，行与行间每块应错缝 1/2 砖，也有不错缝铺置的。待全部砖铺好后，用铺砌砂浆灌缝密实，将表面多于砂浆清扫干净，以免凝固在砖面上，最后铺盖草席、浇水养护。

七、板块面层的施工

板块面层一般采用马赛克、瓷砖、大理石、花岗岩块以及用混凝土、水磨石等预制的板块。板块按照颜色和花纹分类，对有裂缝、掉角和表面有缺陷的，均应剔出。标号和品种不同的板块，不得混淆使用。

铺设的结合层，一般用1:2～1:3水泥沙浆，厚10～15 mm，水灰比小于0.4，垫层表面必须清理、冲洗干净，弹水平线、找规矩。铺结合层前洒扫纯水泥浆一道，做标志块、标筋，抹找平层。铺贴由中间向四周排列，其顺序为先地面、次镶边、后做踢脚板。安放板块时，四角同时下落，用木锤敲击，水平尺找平，铺至平整密实为止，表面应以席子或贴纸保护，3天内禁止上人。

（一）水泥花缸、缸砖地面操作方法

水泥花缸、缸砖地面面层的镶铺方法有两种。

留缝的铺贴方法：根据尺寸弹线，要求缝隙均匀，不出现半砖。铺贴时先洒干水泥面待收水呈浆状，再安放面砖，横缝借助于米厘条；竖向根据弹线找齐，随铺贴随清理；铺贴时一般从门口开始向里铺，在已铺好的砖上垫好木板，人站在垫木上铺。

满铺的方法：不需弹线，从门口往里铺，出现非整砖，用凿子凿缝后折断。当非整砖数量较多时，可采用电热切割进行加工（方法是：将两根电热丝的两端固定在留有距离的两块耐火砖内，然后将缸砖或瓷砖贴紧电热丝通电一分钟即可割断），铺完后用小喷壶浇水，等砖稍收水，随即用木锤敲击垫板一遍，待缝调直拨正，再拍拉一遍，再拔缝。

留缝的取出米厘条后用1:1水泥沙浆勾缝；满铺的用1:1水泥沙浆扫缝，然后再拍打一遍，使缝隙嵌严密实，用锯末扫擦干净。交活后24 h浇水养护，3～4天不准上人。不论是哪种铺法，铺设前均应将面砖浸水泡透，取出晾干后方可使用。

（二）地面铺贴陶瓷锦砖（马赛克）的方法

1. 铺贴步骤

1）将基层清扫干净，均匀洒水湿润。

2）撒水泥灰面，并用扫帚扫匀。

3）以墙面水平线为准，做灰饼冲筋，灰饼上皮应低于地面标高一个陶瓷锦砖厚度，然后在房间四周冲筋，房间中间每隔1 m冲筋一道。有泛水的房间，冲筋应朝地漏方向呈放射状坡度。

4）用1:4或1:3干硬性水泥沙浆（砂子宜用中粗砂，干硬程度以“手捏成团，落地开花”为准）抹垫层，厚度20～25 mm。砂浆应用大杠刮平并拍实。要求表面平整，并找出泛水。

5）铺贴时，操作人员应站在已铺好的陶瓷锦砖的垫板上按顺序进行操作。有镶边的，应先把镶边铺好，两间连通的房间，应从门口中间拉线，先铺好一张，然后往两边铺；单间房间也应从门口开始铺贴。如有图案的则先将图案组合好，分格弹线，然后按图案铺贴。操作时，先在几张陶瓷锦砖范围内撒素水泥面，再适量洒水，并用方尺由墙面找方位控制线，然后铺贴陶瓷锦砖。如果铺到尽头稍紧时，可用开刀把纸切开，均匀调挤缝子；如果出现缝隙，则可开刀均匀展缝。如果调挤缝子解决不了问题时，就应用合金凿子裁条嵌齐。

6）整个房间（或大面积房间一部分）铺贴完后，由一端开始用木锤敲击拍板，依次拍平拍实，要求拍至素水泥浆挤满缝子。

7）用莲蓬头喷壶浇水湿透护面纸，约半小时后轻轻揭去护面纸，如有个别小块脱落

应立即补上。

8）揭纸后进行灌缝和拔缝，用1∶1水泥沙子（砂要过窗纱筛）把缝子灌满扫严，适当淋水后，用锤子和拍板排平。拍板时前后左右移动找平，将陶瓷锦砖拍至要求高度，然后用开刀和抹子调缝，先调竖缝后调横缝，边调边拍实。地漏处须剔裁陶瓷锦砖进行镶嵌，最后，用拍板再拍一遍以清扫余浆。如果湿度过大，可撒干灰面扫一遍，再用干锯末和棉丝擦净。

9）铺贴陶瓷锦砖宜整间一次完成，如需留槎，应将接槎切齐，将余灰清理干净。

10）铺贴完后第二天，应铺干锯末或草帘养护，4～5天后方准上人。

2. 成品保护

1）已铺贴的墙面应防止污染，地面铺锯末保护。

2）剔裁陶瓷锦砖时，应用垫板，禁止在已铺地面上剔裁。

（三）石板块的操作方法

按设计要求在基层上放线分格，分格时要与连接房间的分格线连接，所有分格线应在墙面上做好标志。

在结硬的找平层上抹水泥浆一道，与房间四边取中，按地坪的标高拉好十字线或若干条横（竖）准线。先按准线试铺若干块，看是否符合要求，若发现问题，应予以调整。从试铺中确定砂浆厚度（其厚度一般控制在2.5～3 cm），在拉线的位置上抹1∶3～1∶4水泥沙浆后刮平，撒干水泥面，然后再铺面。

铺面时，先铺一两行作为标准，然后再按标准铺贴其他的。

凡是有柱的大厅，应先铺柱与柱之间的直线，然后再向两边铺贴。铺贴石面板时应四角同时往下落，使其与砂浆平行接触，并高出拉线2～3 mm，用木锤或橡胶锤敲击板面并用水平尺找平，铺完一块后向两侧或后推方向顺序镶铺；要求与相邻饰面板表面平整，高差小于0.5 mm，如发现有下陷的现象时，应将面板掀起，用砂浆垫平后在铺。

石面板安装完后，应整齐平稳，与基层黏结牢固，横竖缝对直，图案颜色均符合设计要求。

拼接的缝隙，要先用水泥沙浆灌2/3高度，余下1/3应用要求的颜色水泥浆灌满并嵌擦密实。然后用干锯末把表面擦净，铺上锯末或草帘保护。在安装好的2～3天内禁止上人，4～5天内禁止走小车。在拼缝处，若需要加工磨细，应待结合层的水泥沙浆强度达到60%～70%后，方可进行，并用蜡打磨光滑洁亮。

（四）瓷砖地面的镶铺操作方法

铺瓷砖面层前的各项准备工作同陶瓷锦砖。

铺瓷砖时，将刮好的底子撒上一层薄薄的素水泥，稍撒点水，然后用水泥浆涂抹瓷砖背面约2 mm厚，一块一块地由前往后退着贴，贴每块砖时用小铲的木把轻轻锤击，每铺一块用小锤拍板拍击一遍，再用开刀和抹子将缝拔直，再拍击一遍，将表面灰扫掉，用棉丝擦净。

留缝的做法是刮好底子，撒上水泥后按分格的尺寸弹上线。铺好一皮，横缝将米厘条放好，竖缝按线走齐，并随时清理干净，米厘条随铺随起。

铺完后第三天用1∶1水泥沙浆勾缝。

在地面铺完后24 h内防止被水侵泡，如露天作业，应有防雨措施。

八、木地板工程的操作方法

1）木格栅和木板要做防腐处理。木格栅两端应垫实钉牢，且格栅间加钉剪刀撑。木格栅和墙间应留出≥30 mm的缝隙，木格栅的表面应平直，用2 m直尺检查，其间隙≤3 mm。在钢筋混凝土楼板上铺设木格栅及木板面层时，格栅的截面尺寸、间距和稳固方法等均应符合设计要求。

2）铺设木板面层时，木板的接缝应间隔错开，板与板之间仅允许个别地方有缝，但缝隙宽度小于1 mm；如用硬木长条形板，各别地方缝隙宽度不大于0.5 mm。木板面层与墙之间一般留10～20 mm缝隙，并用踢脚板和踢脚条封盖。

3）单层木板面层，应将每块木板钉牢在其下相应的每根格栅上。钉子的长度应为面层厚度的2～2.5倍，并从侧面斜向钉入木板中，钉子不应露出。

4）木板面层，应采用不宜腐朽、不宜变形开裂的木材做成，顶面刨平、侧面带有企口，其宽度大于120 mm，厚度应符合设计要求。铺定后，表面应刨平、刨光，不应有刨痕、接槎和毛刺现象。刷清油漆的木板面层，在同一房间内，颜色要均匀一致。

项目五　楼地面质量分析与防治措施

一、水泥沙浆地面面层常见质量问题的分析与防治（见表5－6至表5－8）

表5－6　水泥地面起砂原因及防治措施

序号	产生原因	防　治　措　施
1	原材料不合要求，如水泥强度低、超期或受潮、砂太细、含砂量大等	1. 采用硅酸盐水泥和普通硅酸水泥，强度不得低于425# 2. 不得使用过期或受潮的结块水泥 3. 采用中、粗砂，含泥量≤3% 4. 细石不得使用砂漏 5. 骨料使用前过筛并洗净
2	砂浆稠度过大，没刷水泥沙浆结合层	1. 严格控制水灰比，水泥沙浆标准稠度≤35 mm，混凝土和细石混凝土≤30 mm 2. 基层清净后，立即刷水泥沙浆结合层，并要满刷、随刷随铺面层 3. 混凝土和细石混凝土面层要分别用平板震动器或铁滚压出水泥浆
3	地面压光时间过早或过迟	要认真掌握每遍压光时间，一般三遍压光成活，并按严格的操作程序摸压，切勿在水泥硬化后压光
4	养护不适当，浇水过早或过迟，或根本不浇水	水泥地面压光成活后，24 h内覆盖锯木屑或其他材料，第一天要用喷壶浇水，常温养护不得小于7天
5	上人过早	要避免过早上人，保证地面养护期，水泥沙浆地面在强度达到5 MPa以后，方可上人
6	早期受冻	冬期施工，应采取有效防冻措施，以防早期受冻

表 5－7　水泥地面空鼓原因及防治措施

序号	产生原因	防治措施
1	基层或垫层表面清理不净，有浮灰、浆膜或其他污物	严格处理底层或垫层，清除浮灰浆膜及污物，用钢丝刷子刷净；露出石子，如底层表面过于光滑的应凿毛
2	地面回填土不实，或楼、地面炉渣、混凝土、碎石灌浆等垫层不实	1. 炉渣垫层应用水和石灰浆闷透的炉渣，炉渣垫层铺后要认真养护 2. 填土要分层夯实，不得有冻块 3. 混凝土垫层采用平板振动器振实，不平处用细石混凝土找平
3	面层施工时，基层或垫层表面没浇水或浇水湿润不足，过于干燥；面层施工时，基层表面有积水等	1. 面层施工前 1 ~2 天，应对基层认真浇水湿润 2. 基层表面不得有积水
4	设刷水泥沙浆结合层或方法不适当	素水泥浆结合层水灰比 0. 4 ~0. 5 较适宜，一定要随刷随铺面层，严防结合层风干硬结
5	冬期施工热养护温度过高	冬期施工，生火炉取暖养护时，炉子下面要架空，顶上要吊铁板，避免局部温度过高

表 5－8　水泥地面裂缝原因及防治措施

序号	产生原因	防治措施
1	首层地面填土质量差，面积较大的楼、地面未留伸缩缝，垫层强度不够	1. 填土按要求；垫层一定要达到强度后，再铺面层 2. 面积较大的水泥楼、地面，应从垫层开始按要求设置变形缝
2	结构变形，如局部地面堆载过大而造成地面下沉、构件挠度过大	要避免基础不均匀沉降，预制构件要有足够的刚度，避免挠度过大
3	材料不合要求，如水泥安定性差、收缩大，不同强度、品种水泥混用，砂子过细，拌和物泌水等	1. 要重视原材料选用，应按要求供应 2. 严格控制用水量，不得任意加水，配合比要准确，砂浆要搅拌均匀
4	养护不及时或未养护	按要求进行养护
5	预制构件安装不符合要求，楼板坐浆不实，楼板嵌缝粗糙低劣	1. 预制楼板安装应拔缝，一般大于 30 mm，要重视嵌缝质量，先用清水冲洗干净，略干后刷素水泥浆，先灌入 10 ~20 mm 高水泥沙浆，再灌细石混凝土并捣实压平，但不要压光，嵌缝时留深 10 mm 2. 安装楼板前要将板孔堵严，坐灰饱满平整

二、瓷砖地面面层常见质量问题的分析与防治（见表5-9）

表5-9　瓷砖地面空鼓原因及防治措施

序号	产生原因	防治措施
1	基层或垫层表面清理不净，有浮灰、浆膜或其他污物	1. 严格处理底层或垫层，清除浮灰浆膜及污物，用钢丝刷子刷 2. 如底层表面过于光滑的应凿毛
2	地面回填土不实，或楼、地面炉渣、混凝土、碎石灌浆等垫层不实	1. 陶粒垫层应采用水闷透的陶粒 2. 填土要分层夯实，不得有冻块 3. 混凝土垫层采用平板振动器振实，不平处用细石混凝土找平
3	面层施工时，基层或垫层表面没浇水或湿润不足；面层施工时，基层表面有积水等	1. 面层施工前1~2天，应对基层认真浇水湿润 2. 基层表面不得有积水
4	使用水泥沙浆结合层中的水泥用量过	1. 水泥沙浆结合层中的水泥用量根据施工要求进行适量使用 2. 素水泥浆水灰比0.4~0.5较适宜，一定要随刷随铺面层 3. 保证使用房间的湿度要求
5	冬期施工热养护温度过高	避免施工部位的局部温度过高

项目六　质量检查与评定标准

一、基层质量检查及评定（见表5-10）

表5-10　基层表面允许偏差和检验方法

<table>
<tr><th rowspan="4">项次</th><th rowspan="4">项目</th><th colspan="12">允许偏差/mm</th><th rowspan="4">检验方法</th></tr>
<tr><th>基土</th><th colspan="4">垫层</th><th colspan="4">找平层</th><th colspan="2">填充层</th><th>隔层</th></tr>
<tr><th rowspan="2">土</th><th rowspan="2">碎石材料</th><th rowspan="2">混合材料</th><th rowspan="2">木格栅</th><th colspan="2">地板</th><th rowspan="2">防水木地板</th><th rowspan="2">砂浆块料地面</th><th rowspan="2">化学黏接地面</th><th rowspan="2">松散材料</th><th rowspan="2">板块材料</th><th rowspan="2">特殊材料</th></tr>
<tr><th>木地板</th><th>其他地板</th></tr>
<tr><td>1</td><td>表面平整</td><td>15</td><td>15</td><td>10</td><td>3</td><td>3</td><td>5</td><td>3</td><td>5</td><td>2</td><td>7</td><td>5</td><td>3</td><td>用2 m靠尺和楔形塞尺检查</td></tr>
<tr><td>2</td><td>标高</td><td>0
-50</td><td>±20</td><td>±10</td><td>±5</td><td>±5</td><td>±8</td><td>±5</td><td>±5</td><td>±4</td><td>±4</td><td>±4</td><td>±4</td><td>用水准仪检查</td></tr>
<tr><td>3</td><td>坡度</td><td colspan="12">不大于房间相应尺寸的2/1 000，且不大于30</td><td>用坡度尺检查</td></tr>
<tr><td>4</td><td>厚度</td><td colspan="12">在个别地方不大于设计厚度的1/10</td><td>用钢尺检查</td></tr>
</table>

二、整体面层的检查与评定（见表5－11）

表5－11　整体面层的允许偏差和检验方法

项次	项目	允许偏差/mm						检验方法
		砼面层	砂浆面层	普通水磨石面层	高级水磨石面层	水泥钢屑面层	特殊面层	
1	表面平整度	5	4	3	2	4	5	用2 m靠尺和楔形塞尺检查
2	踢脚线上口平直	4	4	3	3	4	4	拉5 m线和钢尺检查
3	缝格平直	3	3	3	2	3	3	

三、板、块面层的检查与评定（见表5－12）

表5－12　板、块面层的允许偏差和检验方法

项次	项目	允许偏差/mm											检验方法
		陶瓷面层	缸砖面层	水泥花砖面层	水磨石面	石材面层	塑料板面层	砼板块面层	碎石材面层	活动地板面层	条石面层	块石面层	
1	表面平整度	2.0	4.0	3.0	3.0	1.0	2.0	4.0	3.0	2.0	10.0	10.0	用2 m靠尺和楔形塞尺检查
2	缝格平直	3.0	3.0	3.0	3.0	2.0	3.0	3.0	—	2.5	8.0	8.0	拉5 m线和用钢尺检查
3	接缝高低差	0.5	1.5	0.5	1.0	0.5	0.5	1.5	—	0.4	2.0	—	用钢尺和楔形塞尺检查
4	踢脚线上口平直	3.0	4.0	—	4.0	1.0	2.0	4.0	1.0	—	—	—	拉5 m线和用钢尺检查
5	板块间隙宽度	2.0	2.0	2.0	2.0	1.0	—	6.0	—	0.3	5.0	—	用钢尺检查

四、木、竹面层的检查与评定（见表5－13）

表5－13　木、竹面层的允许偏差和检验方法

项次	项目	允许偏差/mm				检验方法
		实木地板面层			复合地板面层	
		松木地板	硬木地板	拼花地板		
1	板面缝隙宽度	1.0	0.5	0.2	0.5	用钢尺检查

续表

<table>
<tr><th rowspan="3">项次</th><th rowspan="3">项目</th><th colspan="4">允许偏差/mm</th><th rowspan="3">检验方法</th></tr>
<tr><th colspan="3">实木地板面层</th><th rowspan="2">复合地板面层</th></tr>
<tr><th>松木地板</th><th>硬木地板</th><th>拼花地板</th></tr>
<tr><td>2</td><td>表面平整度</td><td>3.0</td><td>2.0</td><td>2.0</td><td>2.0</td><td>用2 m靠尺和楔形塞尺检查</td></tr>
<tr><td>3</td><td>踢脚线上口平齐</td><td>3.0</td><td>3.0</td><td>3.0</td><td>3.0</td><td rowspan="2">拉5 m通线，不足5 m拉通线和用钢尺检查</td></tr>
<tr><td>4</td><td>板面拼缝平直</td><td>3.0</td><td>3.0</td><td>3.0</td><td>3.0</td></tr>
<tr><td>5</td><td>相邻板材高差</td><td>0.5</td><td>0.5</td><td>0.5</td><td>0.5</td><td>用钢尺和楔形塞尺检查</td></tr>
<tr><td>6</td><td>踢脚线与面层的接触</td><td colspan="4">1.0</td><td>楔形塞尺检查</td></tr>
</table>

复习思考题

1. 楼地面的构造是什么？各层起什么作用？
2. 楼地面的施工顺序的确定原则是什么？
3. 楼地面的抄平放线如何进行？
4. 楼面基层的处理要求是什么？
5. 垫层施工准备工作有哪几项？如何进行？
6. 混凝土垫层的材料要求及施工特点是什么？
7. 水泥沙浆面层施工的注意事项是什么？
8. 混凝土原浆压光地面的施工要求及注意事项是什么？
9. 水磨石地面的面层施工，对原材料有哪些要求？
10. 水磨石地面的开磨时间如何确定？
11. 陶瓷地砖面层的铺贴步骤有哪些？
12. 木地板地面施工操作方法是什么？

单元六　屋面及防水工程施工

建筑防水技术在房屋建筑中发挥功能保障作用。防水工程质量的优劣，不仅关系到建（构）筑物的使用寿命，而且直接影响到人们的生产、生活环境和卫生条件。因此，建筑防水工程质量除了考虑设计的合理性、防水材料的正确选择外，还要注意其施工工艺及施工质量。

建筑工程防水按其部位可分为屋面防水、地下防水、卫生间防水等；按其构造做法又可分为结构构件的刚性防水和用各种防水卷材、防水涂料作为防水层的柔性防水。

项目一　屋面防水工程

屋面防水工程是房屋建筑的一项重要工程。根据建筑物的性质、重要程度、使用功能要求及防水层耐用年限等，将屋面防水分为四个等级，对建筑物根据设计要求进行设防(见表6－1)。

表6－1　屋面防水等级和设防要求

项目	屋面防水等级			
	Ⅰ	Ⅱ	Ⅲ	Ⅳ
建筑物类别	特别重要及对防水有特殊要求的建筑	重要建筑和高层建筑	一般的建筑	非永久性的建筑
防水层合理使用年限	25年	15年	10年	5年
防水层选用材料	宜选用合成高分子防水卷材、高聚物改性沥青防水卷材、金属板材、合成高分子防水涂料、细石混凝土等材料	宜选用高聚物改性沥青防水卷材、合成高分子防水卷材、金属板材、合成高分子防水涂料、高聚物改性沥青防水涂料、细石混凝土、平瓦、油毡瓦等材料	宜选用三毡四油沥青防水卷材、高聚物改性沥青防水卷材、合成高分子防水卷材、金属板材、高聚物改性沥青防水涂料、合成高分子防水涂料、细石混凝土、平瓦、油毡瓦等材料	可选用二毡三油沥青防水卷材、高聚物改性沥青防水涂料等材料
设防要求	三道或三道以上防水设防	二道防水设防	一道防水设防	一道防水设防

防水屋面的常用种类有卷材防水屋面、涂膜防水屋面和刚性防水屋面等。

屋面工程所采用的防水、保温隔热材料应有产品合格证书和性能检测报告，材料的品种、规格、性能等应符合现行国家产品标准和设计要求。屋面工程施工前，要编制施工方案，应建立“三检”制度，并有完整的检查记录。伸出屋面的管道、设备或预埋件应在防水层施工前必须安装完毕并经检查为合格。施工过程应对每道施工工序自检合格后，要经监理单位检查验收，才可进行下道工序的施工。

屋面的保温层和防水层严禁在雨天、雪天和五级以上大风下施工，温度过低也不宜施工。屋面工程完工后，应对屋面细部构造、接缝、保护层等进行外观检验，并用淋水或蓄水进行检验。防水层不得有渗漏或积水现象。

一、卷材防水屋面

卷材防水屋面是用胶结材料粘贴卷材进行防水的屋面。这种屋面相对具有重量轻、防水性能好的优点，其防水层的柔韧性好，能适应一定程度的结构振动和胀缩变形。所用卷材有传统的沥青防水卷材、高聚物改性沥青防水卷材和合成高分子防水卷材三大系列。

（一）卷材屋面构造

1）卷材防水屋面一般是由结构层、隔气层、保温（隔热）层、找平层、防水层、保护层等组成，有时还设找坡层。各构造层次都有其不同的功能。

2）卷材防水材料：沥青、冷底子油、沥青胶结材料、油毡和油纸。

3）卷材防水屋面的施工工艺：结构基层→涂刷隔气层→保温层的铺设→找平层施工→冷底子油结合层→黏结防水层→热嵌绿豆砂保护层。

（二）卷材防水层施工

1．基层要求

基层施工质量的好坏，将直接影响屋面工程的质量。基层应有足够的强度和刚度，承受荷载时不致产生显著变形。基层一般采用水泥沙浆、细石混凝土或沥青砂浆找平，做到平整、坚实、清洁、无凹凸形及尖锐颗粒。其平整度为：用 2 m 长的直尺检查，基层与直尺间的最大空隙不应超过 5 mm，空隙仅允许平缓变化，每米长度内不得多于一处。铺设屋面隔气层和防水层以前，基层必须清扫干净。

屋面及檐口、檐沟、天沟找平层的排水坡度必须符合设计要求，平屋面采用结构找坡应不小于 3%，采用材料找坡宜为 2%，天沟、檐沟纵向找坡不应小于 1%，沟底落水差不大于 200 mm，在与突出屋面结构的连接处以及在基层的转角处，均应做成圆弧或钝角，其圆弧半径应符合要求：沥青防水卷材为 100 ~ 150 mm，高聚物改性沥青防水卷材为 50 mm，合成高分子防水卷材为 20 mm。

为防止由于温差及混凝土构件收缩而使防水屋面开裂，找平层应留分格缝，缝宽一般为 20 mm。缝应留在预制板支撑边的拼缝处，当找平层采用水泥沙浆或细石混凝土时，其纵横向最大间距不宜大于 6 m；采用沥青砂浆时，则不宜大于 4 m。分格缝处应附加 200 ~ 300 mm 宽的油毡，用沥青胶结材料单边点贴覆盖。

采用水泥沙浆或沥青砂浆找平层做基层时，其厚度和技术要求应符合表 6－2 的规定。

表 6－2　找平层厚度和技术要求

类别	基层种类	厚度/mm	技术要求
水泥沙浆找平层	整体混凝土	15 ~ 20	1:2.5 ~ 1:3（水泥:砂）体积比，水泥强度等级不低于 32.5
	整体或板状材料保温层	20 ~ 25	
	装配式混凝土板、松散材料保温层	20 ~ 30	
细石混凝土找平层	松散材料保温层	30 ~ 35	混凝土强度不低于 C20
沥青砂浆找平层	整体混凝土	15 ~ 20	质量比 1 ~ 8（沥青:砂）
	装配式混凝土板、整体或板状材料保温层	20 ~ 25	

2. 材料选择

（1）基层处理剂

基层处理剂是为了增强防水材料与基层之间的黏结力，在防水层施工前，预先涂刷在基层上的涂料。其选择应与所用卷材的材性相容。常用的基层处理剂有用于沥青卷材防水屋面的冷底子油，用于高聚物改性沥青防水卷材屋面的氯丁胶沥青乳胶、橡胶改性沥青溶液、沥青溶液（冷底子油）和用于合成高分子防水卷材屋面的聚氨酯煤焦油系的二甲苯溶液、氯丁胶乳溶液、氯丁胶沥青乳胶等。

（2）胶粘剂

卷材防水层的黏结材料，必须选用与卷材相应的胶粘剂。沥青卷材可选用沥青胶作为胶粘剂，沥青胶的标号应根据屋面坡度、当地历年室外极端最高气温按表 6－3 选用。

表 6－3　沥青胶标号选用表

屋面坡度	历年室外极端最高温度/°C	沥青胶结材料标号
1% ~3%	小于 38	S—60
	38 ~41	S—65
	41 ~45	S—70
3% ~15%	小于 38	S—65
	38 ~41	S—70
	41 ~45	S—75
15% ~25%	小于 38	S—75
	38 ~41	S—80
	41 ~45	S—85

注：1. 油毡层上有板块保护层或整体保护层时，沥青胶标号可按上表降低 5 号。
2. 屋面受其他热影响（如高温车间等），或屋面坡度超过 25% 时，应考虑将其标号适当提高。

（3）卷材

各类卷材的外观质量要求见表 6－4 至表 6－6。

高聚物改性沥青卷材可选用橡胶或再生橡胶改性沥青的汽油溶液或水乳液作胶粘剂，其黏结剪切强度应大于 0. 05 MPa，黏结剥离强度应大于 8 N/10 mm。高分子防水卷材可选用以氯丁橡胶和丁基酚醛树脂为主要成分的胶粘剂或以氯丁橡胶乳液制成的胶粘剂，其黏结剥离强度不小于 15 N/10 mm，其用量为 0. 4 ~0. 5 kg/m^2。胶粘剂均由卷材生产厂家配套供应。

表 6－4　沥青防水卷材外观质量

项目	质量要求
孔洞、硌伤	不允许
露胎、涂盖不匀	不允许
折纹、皱折	距卷芯 1 000 mm 以外，长度不大于 100 mm

续表

项目	质量要求
裂纹	距卷芯 1 000 mm 以外，长度不大于 10 mm
裂口、缺边	边缘裂口小于 20 mm，缺边长度小于 50 mm，深度小于 20 mm
每卷卷材的接头	不超过 1 处，较短的一段不应小于 2 500 mm，接头处应加长 150 mm

表 6－5　高聚物改性沥青防水卷材外观质量

项目	质量要求
孔洞、缺边、裂口	不允许
边缘不整齐	不超过 10 mm
胎体露白、未浸透	不允许
撒布材料粒度、颜色	均匀
每卷卷材的接头	不超过 1 处，较短的一段不应小于 1 000 mm，接头处应加长 150 mm

表 6－6　合成高分子防水卷材外观质量

项目	质量要求
折痕	每卷不超过 2 处，总长度不超过 20 mm
杂质	大于 0.5 mm 的颗粒，每 1 m^2 不超过 9 mm^2
凹痕	每卷不超过 6 处，深度不超过本身厚度的 30%，树脂深度不超过 15%
胶块	每卷不超过 6 处，每处面积不大于 4 mm^2
每卷卷材的接头	橡胶类每 20 m 不超过 1 处，较短的一段不应小于 3 000 mm，接头处应加长 150 mm，树脂类 20 m 长度内不允许有接头

各种防水材料及制品均应符合设计要求，具有质量合格证明，进场前应按规范要求进行抽样复检，严禁使用不合格产品。

3. 卷材施工

（1）沥青卷材防水施工

卷材防水层施工的一般工艺流程如下。

1）铺设方向。卷材的铺设方向应根据屋面坡度和屋面是否有振动来确定。当屋面坡度小于 3% 时，卷材宜平行于屋脊铺贴；屋面坡度为 3% ～15% 时，卷材可平行或垂直于屋脊铺贴；屋面坡度大于 15% 或屋面受振动时，沥青防水卷材应垂直于屋脊铺贴。上下层卷材不得相互垂直铺贴。

2）施工顺序。屋面防水层施工时，应先做好节点、附加层和屋面等排水集中部位（如屋面与水落口连接处、檐口、天沟、屋面转角处、板端缝等）的处理，然后由屋面最低标高处向上施工。铺贴天沟、檐沟卷材时，宜顺天沟、檐口方向，尽量减少搭接。铺贴多跨和有高低跨的屋面时，应按先高后低、先远后近的顺序进行。大面积屋面施工时，应根据屋面特征及面积大小等因素合理划分流水施工段。施工段的界线宜设在屋脊、天沟、变形缝等处。具体工艺为：基层表面清理、修补→喷、涂基层处理剂→节点附加增强处理→定位、弹线、试铺→铺贴卷材→收头处理、节点密封→清理、检查、修整→保护层施工。

3）搭接方法及宽度要求。铺贴卷材采用搭接法，上下层及相邻两幅卷材的搭接缝应错开。平行于屋脊的搭接应顺流水方向；垂直于屋脊的搭接应顺主导风向。叠层铺设的各层卷材，在天沟与屋面的连接处应采用叉接法搭接，搭接缝应错开，接缝宜留在屋面或天沟侧面，不宜留在沟底。各种卷材搭接宽度应符合表6－7的要求。

表6－7　卷材搭接宽度　（单位：mm）

<table>
<tr><th colspan="2" rowspan="2">卷材种类、</th><th colspan="2">短边搭接</th><th colspan="2">长边搭接</th></tr>
<tr><th>满粘法</th><th>空铺、点粘、条粘法</th><th>满粘法</th><th>空铺、点粘、条粘法</th></tr>
<tr><td colspan="2">沥青防水卷材</td><td>100</td><td>150</td><td>70</td><td>100</td></tr>
<tr><td colspan="2">高聚物改性沥青防水卷材</td><td>80</td><td>100</td><td>80</td><td>100</td></tr>
<tr><td rowspan="4">合成高分子防水卷材</td><td>胶粘剂</td><td>80</td><td>100</td><td>80</td><td>100</td></tr>
<tr><td>胶黏带</td><td>50</td><td>60</td><td>50</td><td>60</td></tr>
<tr><td>单缝焊</td><td colspan="4">60，有效焊接宽度不小于25</td></tr>
<tr><td>双缝焊</td><td colspan="4">80，有效焊接宽度10×2＋空腔宽</td></tr>
</table>

4）铺贴方法。沥青卷材的铺贴方法有浇油法、刷油法、刮油法、洒油法等四种。通常采用浇油法或刷油法，在干燥的基层上满涂沥青胶，应随浇涂随铺油毡。铺贴时，油毡要展平压实，使之与下层紧密黏结，卷材的接缝应用沥青胶赶平封严。对容易渗漏水的薄弱部位（如天沟、檐口、泛水、水落口处等），均应加铺1～2层，其宽度应不小于300 mm的卷材附加层。

5）屋面特殊部位的铺贴要求。天沟、檐沟、檐口、水落口、泛水、变形缝和伸出屋面管道的防水构造，必须符合设计要求。天沟、檐沟、檐口、泛水和立面卷材收头的端部应裁齐，塞入预留凹槽内，用金属压条，钉压固定，最大钉距不应大于900 mm，并用密封材料嵌填封严，凹槽距屋面找平层不小于250 mm，凹槽上部墙体应做防水处理。

水落口杯应牢固地固定在承重结构上，如系铸铁制品，所有零件均应除锈，并刷防锈漆；天沟、檐沟铺贴卷材应从沟底开始。如沟底过宽，卷材纵向搭接时，搭接缝必须用密封材料封口，密封材料嵌填必须密实、连续、饱满、黏结牢固、无气泡、不开裂脱落。沟内卷材附加层在与屋面交接处宜空铺，其空铺宽度不小于200 mm，其卷材防水层应由沟底翻上至沟外檐顶部，卷材收头应用水泥钉固定并用密封材料封严，铺贴檐口800 mm范围内的卷材应采取满粘法。

铺贴泛水处的卷材应采取满粘法，防水层贴入水落口杯内不小于50 mm，水落口周围直径500 mm范围内的坡度不小于5%，并用密封材料封严。

变形缝处的泛水高度不小于250 mm，伸出屋面管道的周围与找平层或细石混凝土防水层之间，应预留20 mm×20 mm的凹槽，并用密封材料嵌填严密，在管道根部直径500 mm范围内，找平层应抹出高度不小于30 mm的圆台。管道根部四周应增设附加层，宽度和高度均不小于300 mm。管道上的防水层收头应用金属箍紧固，并用密封材料封严。

6）排气屋面的施工。卷材应铺设在干燥的基层上。当屋面保温层或找平层干燥有困难而又急需铺设屋面卷材时，则应采用排气屋面。排汽屋面是整体连续的，在屋面与垂直面连接的地方，隔气层应延伸到保温层顶部，并高出150 mm，以便与防水层相连，要防止房间内的水蒸气进入保温层，以致防水层起鼓而被破坏，因此保温层的含水率必须符合设计要求。在铺贴第一层卷材时，采用条粘、点粘、空铺等方法使卷材与基层之间留有纵横相互贯通的空隙作排气道（见图6－1），排气道的宽度30～40 mm，深度一直到结构层。对于有保温层的屋面，也可在保温层的找平层上留槽作排气道，并在屋面或屋脊上设置一定的排气孔（每36 mm左右一个）与大气相通，这样就能使潮湿基层中的水分蒸发排出，防止油毡起鼓。排气屋面适用于气候潮湿、雨量充沛、夏季阵雨多、保温层或找平层含水率较大以及干燥有困难的地区。

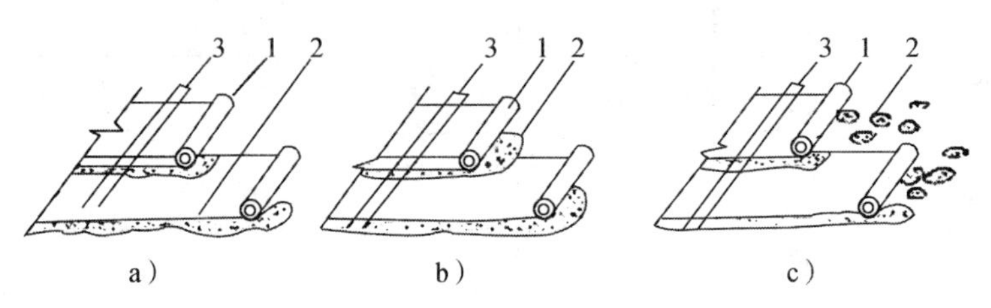

图6－1　排气屋面卷材铺法

a）空铺法　b）条粘法　c）点粘法

1—卷材；2—沥青胶；3—附加卷材条

（2）高聚物改性沥青卷材防水施工

高聚物改性沥青防水卷材，是指对石油沥青进行改性，提高防水卷材的使用性能，增加防水层寿命而生产的一类沥青防水卷材。对沥青的改性，主要是通过添加高分子聚合物实现，其分类品种包括：塑性体沥青防水卷材、弹性体沥青防水卷材、自黏结油毡、聚乙烯膜沥青防水卷材等。使用较为普遍的是SBS改性沥青卷材、APP改性沥青卷材、PVC改性沥青卷材和再生胶改性沥青卷材等。其施工工艺流程与普通沥青卷材防水层相同。

依据高聚物改性沥青防水卷材的特性，其施工方法有冷粘法、热熔法和自粘法之分。在立面或大坡面铺贴高聚物改性沥青防水卷材时，应采用满粘法，并宜减少短边搭接。

1）冷粘法施工。冷粘法施工是利用毛刷将胶粘剂涂刷在基层或卷材上，然后直接铺贴卷材，使卷材与基层、卷材与卷材黏结的方法。施工时，胶粘剂涂刷应均匀、不露底、不堆积。空铺法、条粘法、点粘法应按规定的位置与面积涂刷胶粘剂。铺贴卷材时应平整顺直、搭接尺寸准确，接缝应满涂胶粘剂，辊压黏结牢固，不得扭曲，破折溢出的胶粘剂应随即刮平封口；也可采用热熔法接缝。接缝口应用密封材料封严，宽度不应小于10 mm。

2）热熔法施工。热熔法施工是指利用火焰加热器熔化热熔型防水卷材底层的热熔胶进行粘贴的方法。施工时，在卷材表面热熔后（以卷材表面熔融至光亮黑色为度）应立即滚铺卷材，使之平展，并辊压黏结牢固。搭接缝处必须以溢出热熔的改性沥青胶为度，并应随即刮封接口。加热卷材时应均匀，不得过分热或烧穿卷材。

3）自粘法施工。自粘法施工是指采用带有自粘胶的防水卷材，不用热施工也不需涂胶结材料而进行黏结的方法。铺贴前，基层表面应均匀涂刷基层处理剂，待干燥后及时铺贴卷材。铺贴时，应先将自粘胶底面隔离纸完全撕净，排除卷材下面的空气，并辊压黏结牢固，不得空鼓。搭接部位必须采用热风焊枪加热后随即粘贴牢固，溢出的自粘胶随即刮平封口。接缝口用不小于 10 mm 宽的密封材料封严。对厚度小于 3 mm 的高聚物改性沥青防水卷材，严禁采用热熔法施工。

（3）合成高分子卷材防水施工

合成高分子卷材的主要品种有：三元乙丙橡胶防水卷材、氯化聚乙烯—橡胶共混防水卷材、氯化聚乙烯防水卷材和聚氯乙烯防水卷材等。其施工工艺流程与前面的卷材相同。

施工方法一般有冷粘法、自粘法和热风焊接法三种。

冷粘法、自粘法的施工要求与高聚物改性沥青防水卷材基本相同，但冷粘法施工时，搭接部位应采用与卷材配套的接缝专用胶粘剂，在搭接缝黏合面上涂刷均匀，并控制涂刷与黏合的间隔时间，排除空气，辊压黏结牢固。

热风焊接法是利用热空气焊枪对防水卷材进行搭接黏合的方法。焊接前卷材铺放应平整顺直、搭接尺寸正确；施工时焊接缝的结合面应清扫干净，无水滴、油污及附着物。先焊长边搭接缝，后焊短边搭接缝，焊接处不得有漏焊、缺焊、焊焦或焊接不牢的现象，也不得损害非焊接部位的卷材。

4. 保护层施工

卷材铺设完毕，经检查合格后，应立即进行保护层的施工，及时保护防水层免受损伤，从而延长卷材防水层的使用年限。常用的保护层做法有以下几种。

（1）涂料保护层

保护层涂料一般在现场配制，常用的有铝基沥青悬浮液、丙烯酸浅色涂料或在涂料中掺入铝粉的反射涂料。施工前，防水层表面应干净无杂物。涂刷方法与用量按各种涂料使用说明书操作，与涂膜防水施工基本相同。涂刷应均匀、不漏涂。

（2）绿豆砂保护层

该保护层在沥青卷材非上人屋面中使用较多。施工时，在卷材表面涂刷最后一道沥青胶，趁热撒铺一层粒径为 3 ~ 5 mm 的绿豆砂（或人工砂），绿豆砂应撒铺均匀，全部嵌入沥青胶中。为了嵌入牢固，绿豆砂须经预热至 100 ℃左右干燥后使用。边撒砂边扫铺均匀，并用软辊轻轻压实。

（3）细砂、云母或蛭石保护层

该保护层主要用于非上人屋面的涂膜防水层，使用前应先筛去粉料，砂可采用天然砂。当涂刷最后一道涂料时，应边涂刷边撒布细砂（或云母、蛭石），同时用软胶辊反复轻轻滚压，使保护层牢固地黏结在涂层上。

（4）混凝土预制板保护层

混凝土预制板保护层的结合层可采用砂或水泥沙浆。混凝土板的铺砌必须平整，并满足排水要求。在砂结合层上铺砌块体时，砂层应洒水压实、刮平；板块对接铺砌，缝隙应一致，缝宽 10 mm 左右，砌完洒水轻拍压实。板缝先填砂一半高度，再用 1∶2 水泥沙浆勾成凹缝。为防止砂子流失，在保护层四周 500 mm 范围内，应改用低强度等级水泥沙浆做结合层。采用水泥沙浆做结合层时，应先在防水层上做隔离层，隔离层可采用热砂、干铺油毡、铺纸筋灰或麻刀灰、黏土砂浆、白灰砂浆等多种方法施工。预制块体应先浸水湿润并阴干。摆铺完后应立即挤压密实、平整，使之结合牢固。预留板缝（10 mm）用 1∶2 水泥沙浆勾成凹缝。

上人屋面的预制块体保护层，块体材料应按照楼地面工程质量要求选用，结合层应选用1:2水泥沙浆。

(5) 水泥沙浆保护层

水泥沙浆保护层与防水层之间应设置隔离层。保护层用的水泥沙浆配合比一般为1:2.5～1:3（体积比）。

保护层施工前，应根据结构情况每隔4～6 m用木隔条、塑料隔条、铝合金隔条等设置纵横分格缝。铺设水泥沙浆时应随铺随拍实，并用刮尺刮平。排水坡度应符合设计要求。

立面水泥沙浆保护层施工时，为使砂浆与防水层黏结牢固，可事先在防水层表面粘上砂粒或小豆石，然后再做保护层。

(6) 细石混凝土保护层

施工前应在防水层上铺设隔离层，并按设计要求支设好分格缝木模，设计无要求时，每格面积不大于36 m^2，分格缝宽度为20 mm。一个分格内的混凝土应连续浇筑，不留施工缝。振捣宜采用铁辊滚压或人工拍实，以防破坏防水层。拍实后随即用刮尺按排水坡度刮平，初凝前用木抹子提浆抹平，初凝后及时取出分格缝木模，终凝前用铁抹子压光。

细石混凝土保护层浇筑后应及时进行养护，养护时间根据水泥的品种不同至少不少于7天。养护期满即将分格缝清理干净，待干燥后嵌填密封材料。

二、涂膜防水屋面

涂膜防水屋面是在屋面基层上涂刷防水涂料，经固化后形成一层有一定厚度和弹性的整体涂膜，从而达到防水目的的一种防水屋面形式。这种屋面具有施工操作简便、无污染、冷操作、无接缝，能适应复杂基层，防水性能好、温度适应性强、容易修补等特点。适用于防水等级为Ⅲ级、Ⅳ级的屋面防水，也可作为Ⅰ级、Ⅱ级屋面多道防水设防中的一道防水层。

1. 材料要求

根据防水涂料成膜物质的主要成分，适用涂膜防水层的涂料可分为：高聚物改性沥青防水涂料和合成高分子防水涂料两类。根据防水涂料的形成液态的方式，可分为溶剂型、反应型和水乳型三类（见表6－8）。各类防水涂料的质量要求分别见表6－9至表6－12。

表6－8　主要防水涂料的分类

类别	材料名称	
高聚物改性沥青防水涂料	溶剂型	再生橡胶沥青涂料、氯丁橡胶沥青涂料等
	水乳型	再生橡胶沥青涂料、丁苯胶乳沥青涂料、氯丁胶乳沥青涂料、PVC煤焦油涂料等
合成高分子防水涂料	水乳型	硅橡胶涂料、丙烯酸酯涂料、AAS隔热涂料等
	反应型	聚氨酯防水涂料、环氧树脂防水涂料等

表6－9　沥青基防水涂料质量要求

项目	质量要求
固体含量（%）	≥50
耐热度（80 ℃，5 h）	无流淌、起泡和滑动

续表

项目		质量要求
柔性（10±1 ℃）		4 mm 厚，绕∅20 mm 圆棒，无裂纹、断裂
不透水性	压力　/MPa	≥0.1
	保持时间/min	≥30 不渗透
延伸（20±2 ℃拉伸）/mm		≥4.0

表 6－10　高聚物改性沥青防水涂料质量要求

项目		质量要求
固体含量（%）		≥43
耐热度（80 ℃，5 h）		无流淌、起泡和滑动
柔性（－10 ℃）		3 mm 厚，绕∅20 mm 圆棒；无裂纹、断裂
不透水性	压力　/MPa	≥0.1
	保持时间/min	≥30 不渗透
延伸（20±2 ℃拉伸）/mm		≥4.5

表 6－11　合成高分子防水涂料性能要求

项目		质量要求		
		反应固化型	挥发固化型	聚合物水泥涂料
固体含量（%）		≥94	≥65	≥65
拉伸强度/MPa		≥1.65	≥1.5	≥1.2
断裂延伸率（%）		≥300	≥300	≥200
柔性℃		－30；弯折无裂纹	－20；弯折无裂纹	－10；绕∅10 mm 圆棒，无裂纹
不透水性	压力/MPa	≥0.3	≥0.3	≥0.3
	保持时间/min	≥30	≥30	≥30

表 6－12　胎体增强材料质量要求

项目		质量要求		
		聚酯无纺布	化纤无纺布	玻纤网布
外观		均匀，无团状，平整无折皱		
拉力/N	纵向	≥150	≥45	≥90
	横向	≥100	≥35	≥50
延伸率（%）	纵向	≥10	≥20	≥3
	横向	≥20	≥25	≥3

2. 基层要求

涂膜防水层要求基层的刚度大，空心板安装牢固，找平层有一定强度，表面平整、密实，不应有起砂、起壳、龟裂、爆皮等现象。表面平整度应用 2 m 直尺检查，基层与直尺的最大间隙不应超过 5 mm，间隙仅允许平缓变化。基层与凸出屋面结构连接处及基层转角处应做成圆弧形或钝角。按设计要求做好排水坡度，不得有积水现象。

施工前应将分格缝清理干净，不得有异物和浮灰。对屋面的细部处理应遵守有关规定。等基层干燥后方可进行涂膜施工。

3. 涂膜防水层施工

涂膜防水施工的一般工艺流程是：基层表面清理、修理→喷涂基层处理剂→特殊部位附加增强处理→涂布防水涂料及铺贴胎体增强材料→清理与检查修理→保护层施工。

基层处理剂常用涂膜防水材料稀释后使用，其配合比应根据不同防水材料按要求配置。

涂膜防水必须由两层以上涂层组成，每层应刷 2～3 遍，且应根据防水涂料的品种分层分遍涂布，不能一次涂成，并待先涂的涂层干燥成膜后，方可涂后一遍涂料，其总厚度必须达到设计要求。涂膜厚度的选用应符合表 6－13 的规定。

表 6－13　涂膜厚度选用表

屋面防水等级	设防道数	高聚物改性沥青防水涂料	合成高分子防水涂料
Ⅰ级	三道或三道以上设防	—	不应小于 1.5 mm
Ⅱ级	二道设防	不应小于 3 mm	不应小于 1.5 mm
Ⅲ级	一道设防	不应小于 3 mm	不应小于 2 mm
Ⅳ级	一道设防	不应小于 2 mm	

涂料的涂布顺序为：先高跨后低跨，先远后近，先立面后平面。同一屋面上先涂布排水较集中的水落口、天沟、檐口等节点部位，再进行大面积涂布。涂层应厚薄均匀、表面平整，不得有露底、漏涂和堆积现象。涂层施工间隔时间不宜过长，否则易形成分层现象。涂层中夹铺增强材料时，宜边涂边铺胎体。胎体增强材料长边搭接宽度不得小于 50 mm，短边搭接宽度不得小于 70 mm。当屋面坡度小于 15% 时，可平行屋脊铺设；屋面坡度大于 15% 时，应垂直屋脊铺设。采用二层胎体增强材料时，上下层不得互相垂直铺设，搭接缝应错开，其间距不应小于幅宽的 1/3。找平层分格缝处应增设胎体增强材料的空铺附加层，其宽度以 200～300 mm 为宜。涂膜防水层收头应用防水涂料多遍涂刷或用密封材料封严。在涂膜未干前，不得在防水层上进行其他施工作业。涂膜防水屋面上不得直接堆放物品，涂膜防水屋面的隔汽层设置原则与卷材防水屋面相同。

涂膜防水屋面应设置保护层。保护层材料可采用细砂、云母、蛭石、浅色涂料、水泥沙浆或块材等。采用水泥沙浆或块材时，应在涂膜与保护层之间设置隔离层。当用细砂、云母、蛭石时，应在最后一遍涂料涂刷后随即撒上，并用扫帚轻扫均匀、轻拍黏牢。当用浅色涂料作保护层时，应在涂膜固化后进行。

三、刚性防水屋面

刚性防水屋面是指利用刚性防水材料做防水层的屋面，主要有普通细石混凝土防水屋面、补偿收缩混凝土防水屋面、块体刚性防水屋面、预应力混凝土防水屋面等。

与卷材及涂膜防水屋面相比，刚性防水屋面所用材料易得、价格便宜、耐久性好、维修方便，但刚性防水层材料的表观密度大、抗拉强度低、极限拉应力变小，易受混凝土或砂浆的干湿变形、温度变形和结构变位等影响而产生裂缝。

刚性防水屋面主要适用于防水等级为Ⅲ级的屋面防水，也可用做Ⅰ、Ⅱ级屋面多道防水设防中的一道防水层，不适用于设有松散材料保温层的屋面以及受较大震动或冲击和坡度大于15%的建筑屋面。

刚性防水屋面的一般构造形式如图6－2所示。

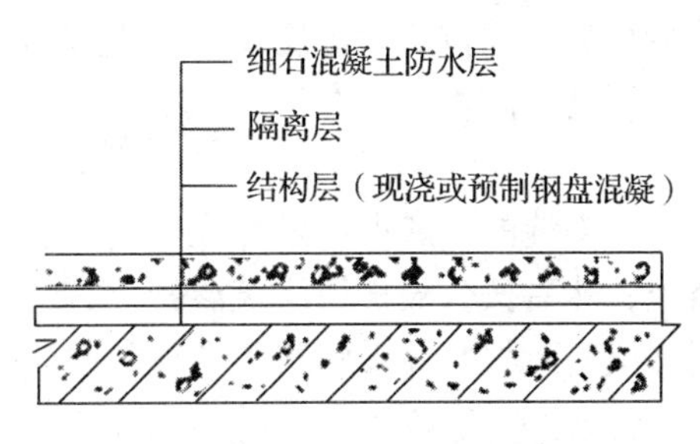

图6－2　细石混凝土防水屋面构造

1. 材料要求

防水层的细石混凝土宜用普通硅酸盐水泥或硅酸盐水泥，用矿渣硅酸盐水泥时应采取减少泌水性措施。水泥强度等级不宜低于32.5级。不得使用火山灰质水泥。防水层的细石混凝土和砂浆中，粗骨料的最大粒径不宜超过15 mm，含泥量不应大于1%；细骨料应采用中砂或粗砂，含泥量不应大于2%；拌和用水应采用不含有害物质的洁净水。

混凝土水灰比不应大于0.55，每立方米混凝土水泥最小用量不应小于330 kg，含砂率宜为35%～40%，灰砂比应为1∶2～2.5并宜掺入外加剂的混凝土强度不得低于C 20。普通细石混凝土、补偿收缩混凝土的自由膨胀率应为0.05%～0.1%。

块体刚性防水层使用的块体应无裂纹、无石灰颗粒、无灰浆泥面、无缺棱掉角，质地密实、表面平整。

2. 基层要求

刚性防水屋面的结构层宜为整体现浇的钢筋混凝土。

当屋面结构层采用装配式钢筋混凝土板时，应用强度等级不小于C20的细石混凝土灌缝，灌缝的细石混凝土宜掺膨胀剂。当屋面板板缝宽度大于40 mm或上窄下宽时，板缝内必须设置构造钢筋，板端缝应进行密封处理。

3. 隔离层施工

在结构层与防水层之间宜增加一层低强度等级砂浆、卷材、塑料薄膜等材料，起隔离作用，使结构层和防水层变形互不受约束，以减少防水混凝土产生拉应力而导致混凝土防水层开裂。

（1）黏土砂浆（或石灰砂浆）隔离层施工

预制板缝填嵌细石混凝土后板面应清扫干净，洒水湿润，但不得积水，按石灰膏∶砂∶黏土＝1∶2.4∶3.6（石灰膏∶砂＝1∶4）配制的材料拌和均匀，砂浆以黏稠为宜，铺抹的厚度为10～20 mm，要求表面平整、压实、抹光，待砂浆基本干燥后方可进行下道工序施工。

（2）卷材隔离层施工

用1∶3水泥沙浆将结构层找平，并压实抹光养护，再在干燥的找平层上铺一层3～8 mm干细砂滑动层，在其上铺一层卷材，搭接缝用热沥青胶胶结，也可以在找平层上直接铺一层塑料薄膜。

做好隔离层继续施工时，要注意对隔离层加强保护。混凝土运输不能直接在隔离层表面进行，应采取垫板等措施；绑扎钢筋时不得扎破表面，浇捣混凝土时更不能振疏隔离层。

4. 分格缝的设置

为防止大面积的刚性防水层因温差、混凝土收缩等影响而产生裂缝，应按设计要求设置分格缝。其位置一般应设在结构应力变化较突出的部位，如结构层屋面板的支撑端、屋面转折处、防水层与突出屋面结构的交接处，并应与板缝对齐。分格缝的纵横间距一般不大于6 m。

分格缝的一般做法是在施工刚性防水层前，先在隔离层上定好分格缝位置，再安放分格条，然后按分隔板块浇筑混凝土，待混凝土初凝后，将分格条取出即可。分格缝处可采用嵌填密封材料并加贴防水卷材的办法进行处理，以增加防水的可靠性。

5. 防水层施工

（1）普通细石混凝土防水层施工

混凝土浇筑应按先远后近、先高后低的原则进行，一个分格缝内的混凝土必须一次浇筑完毕，不得留施工缝。细石混凝土防水层厚度不小于40 mm，应配双向钢筋网片，间距为100～200 mm，但在分隔缝处应断开，钢筋网片应放置在混凝土的中上部，其保护层厚度不小于10 mm。混凝土的质量要严格保证，加入外加剂时，应准确计量、投料顺序得当、搅拌均匀。混凝土搅拌应采用机械搅拌，搅拌时间不少于2 min，混凝土运输过程中应防止漏浆和离析。混凝土浇筑时，先用平板振动器振实，再用滚筒滚压至表面平整、泛浆，然后用铁抹子压实抹平，并确保防水层的设计厚度和排水坡度。抹压时严禁在表面洒水、加水泥浆或撒干水泥。待混凝土初凝收水后，应进行二次表面压光，或在终凝前三次压光成活，以提高其抗渗性。混凝土浇筑12～24 h后应进行养护，养护时间不应少于14天。养护初期屋面不得上人。施工时的气温宜在5～35 ℃，以保证防水层的施工质量。

（2）补偿收缩混凝土防水层施工

补偿收缩混凝土防水层是在细石混凝土中掺入膨胀剂拌制而成，硬化后的混凝土产生微膨胀，以补偿普通混凝土的收缩，它在配筋情况下，由于钢筋限制其膨胀，从而使混凝土产生自应力，起到致密混凝土、提高混凝土抗裂性和抗渗性的作用。其施工要求与普通细石混凝土防水层大致相同。当用膨胀剂拌制补偿收缩混凝土时应按配合比准确称量，搅拌投料时膨胀剂应与水泥同时加入，混凝土连续搅拌时间不应少于3 min。

四、其他屋面施工简介

1. 架空隔热屋面

架空隔热屋面是在屋面增设架空层，利用空气流通进行隔热。隔热屋面的防水层做法同前述，施工架空层前，应将屋面清扫干净，根据架空板尺寸弹出砖垛支座中心线，架空屋面的坡度不宜大于5%，为防止架空层砖垛下的防水层造成损伤，应加强其底面的卷材或涂膜防水层，在砖垛下铺贴附加层。架空隔热层的砖垛宜用M5水泥沙浆砌筑，铺设架空板时，应将灰浆刮平，随时扫净屋面防水层上的落灰和杂物，保证架空隔热层气流畅通，架空板应铺设平整、稳固，缝隙宜用水泥沙浆或水泥混合砂浆嵌填，并按设计要求留变形缝。

架空隔热屋面所用材料及制品的质量必须符合设计要求。非上人屋面架空砖垛所用的黏土砖强度等级不小于MU10；架空盖板如采用混凝土预制板时，其强度等级不应小于C20，且板内宜放双向钢筋网片，严禁有断裂和露筋缺陷。

2. 瓦屋面

瓦屋面防水是我国传统的屋面防水技术。它的种类较多，有平瓦屋面、青瓦屋面、筒瓦屋面、石板瓦屋面、石棉水泥瓦屋面、玻璃钢波形瓦屋面、油毡瓦屋面、薄钢板屋面、金属压型夹心板屋面等。下面介绍的是目前使用较多并有代表性的几种瓦屋面。

（1）平瓦屋面

平瓦屋面采用黏土、水泥等材料制成的平瓦铺设在钢筋混凝土或木基层上进行防水。它适用于防水等级为Ⅱ、Ⅲ级以及坡度不小于20%的屋面。

平瓦屋面与立墙及突出屋面结构等交接处，均应做泛水处理。天沟、檐沟的防水层，应采用合成高分子防水卷材、高聚物改性沥青防水卷材、沥青防水卷材、金属板材或塑料板材等材料铺设。

（2）石棉水泥、玻璃钢波形瓦屋面

石棉水泥波瓦、玻璃钢波形瓦屋面适用于防水等级为Ⅳ级的屋面防水。铺设波瓦时，注意瓦棱与屋脊垂直，铺盖方向要与当地常年主导风雨方向相反，以避免搭口缝飘雨漏水。钉挂泼瓦时，相邻两波瓦搭接处的每张盖瓦上，都应设一个螺栓或螺钉，并应设在靠近波瓦搭接部分的盖瓦波峰上。波瓦应采用带橡胶衬垫等防水垫圈的镀锌弯钩螺栓固定在金属檩条或混凝土檩条上，或用镀锌螺钉固定在木檩条上。固定波瓦的螺栓或螺钉不应拧得太紧，以垫圈稍能转动为宜。

（3）油毡瓦屋面

油毡瓦是一种新型屋面防水材料，它是以玻璃纤维毡为胎基，经浸涂石油沥青后，一面覆盖彩砂矿物粒料，另一面撒以隔离材料，并经切割所制成的瓦片屋面防水材料。它适用于防水等级为Ⅱ、Ⅲ级以及坡度不小于20%的屋面。

油毡瓦施工时，其基层应牢固平整。如为混凝土基层，油毡瓦应用专用水泥钢钉与冷沥青玛碲脂黏结固定在混凝土基层上；如为木基层，铺瓦前应在木基层上铺设一层沥青防水卷材垫毡，用油毡钉铺钉，钉帽应盖在垫毡下面。在油毡瓦屋面与立墙及突出屋面结构等交接处，均应做泛水处理。

3. 金属压型夹心板屋面

金属压型夹心板屋面是金属板材屋面中使用较多的一种，它是由两层彩色涂层钢板、中间加硬质自熄性聚氨酯泡沫组成，通过辊轧、发泡、黏结一次成型。它适用于防水等级为Ⅱ、Ⅲ级的屋面单层防水，尤其是工业与民用建筑轻型屋盖的保温防水屋面。

铺设压型钢板屋面时，相邻两块板应顺年最大频率风向搭接，可避免刮风时冷空气贯入室内；上下两排板的搭接长度，应根据板型和屋面坡长确定。所有搭接缝内应用密封材料嵌填封严，防止渗漏。

4. 蓄水屋面

蓄水屋面是屋面上蓄水后利用水的蓄热和蒸发，大量消耗投射在屋面上的太阳辐射热，有效减少通过屋盖的传热量，从而达到保温隔热和延缓防水层老化的目的。蓄水屋面多用于我国南方地区，一般为开敞式。为加强防水层的坚固性，应采用刚性防水层或在卷材、涂膜防水层上再做刚性防水层，并采用耐腐蚀、耐霉烂、耐穿刺性好的防水层材料，以免异物掉入时损坏防水层。

蓄水屋面应划分为若干蓄水区以适应屋面变形的需要。根据建筑工程资料记录，每区的边长不宜大于10 m，在变形缝的两侧应分成两个互不连通的蓄水区，长度超过40 m的蓄水屋面应做横向伸缩缝一道。蓄水屋面应设置人行通道。考虑到防水要求的特殊性，蓄水屋面所设排水管、溢水口和给水管等，应在防水层施工前安装完毕。为使每个蓄水区混凝土的整体防水性好，要求防水混凝土一次浇筑完毕，不得留施工缝。蓄水屋面的所有孔洞应预留，不能后凿。蓄水屋面的刚性防水层完工后，应在混凝土终凝后，即洒水养护，养护好后，及时蓄水，防止干涸开裂，蓄水屋面蓄水后不能断水。

5. 种植屋面

种植屋面是在屋面防水层上覆土或盖有锯木屑、膨胀蛭石等多孔松散材料，种植草皮、花卉、蔬菜、水果等作物或设架种植攀缘植物。这种屋面可以有效地保护防水层和屋盖结构层，对建筑物也有很好的保温隔热效果，并对城市环境能起到绿化和美化的作用，有益环境保护和人们的健康。

种植屋面在施工挡墙时，留设的泄水孔位置应准确，且不得堵塞，以免给防水层带来不利，覆盖层施工时，应避免损坏防水层，覆盖材料的厚度和质量应符合设计要求，以防止屋面结构过量超载。

6. 倒置式屋面

倒置式屋面是把原屋面“防水层在上，保温层在下”的构造设置倒置过来，将憎水性或吸水率较低的保温材料放在防水层上，使防水层不易损伤，提高耐久性，并可防止屋面结构内部结露。倒置式屋面的保温层的基层应平整、干燥和干净。

倒置式屋面的保温材料铺设，对松散型应分层铺设，并适当压实，每层虚铺厚度不宜大于150 mm，板块保温材料应铺设平稳，拼缝严密，分层铺设的板块上下层接缝应错开，板间缝隙用同类材料嵌填密实。

保温材料有松散型、板状型和整体现浇（喷）保温层，其保温层的含水率必须符合设计要求。松散保温材料的质量要求参见表6－14，板状保温材料的质量要求参见表6－15。

表6－14　松散保温材料质量要求

项目	膨胀蛭石	膨胀珍珠岩
粒径/mm	3～15	>10.15，<0.15的含量不大于8%
堆积密度（kg/m^3）	≤3 003	≤120
导热系数［W/(m·K)］	≤0.14	≤0.07

表6－15　板状保温材料质量要求

项目	聚苯乙烯泡沫塑料类		泡沫玻璃	微孔混凝土类	硬质聚氨酯泡沫塑料	膨胀蛭石（珍珠岩制品）
	挤压	模压				
表观密度（kg/m^3）	≥32	15～30	≥150	500～700	≥30	300～800
导热系数/［W/(m·K)］	≤0.03	≤0.041	≤0.062	≤0.22	≤0.027	≤0.26
抗压强度/MPa			≥0.4	≥0.4		≥0.3
在10%形变下的压缩应力/MPa	≥0.15	≥0.06			≥0.15	
70 ℃，48 h后尺寸变化率(%)	≤2.0	≤5.0	≤0.5		≤5	
吸水率（V/V，%）	≤1.5	≤6	≤0.5		≤3	
外观质量	板的外形基本平整，无严重凹凸不平，厚度允许偏差为5%且不大于4 mm					

五、常见屋面渗漏防治方法

造成屋面渗漏的原因是多方面的，包括设计、施工、材料质量、维修管理等。要提高屋面防水工程的质量，应以材料为基础，以设计为前提，以施工为关键，并加强维护，对屋面工程进行综合治理。

1. 屋面渗漏的原因

1）山墙、女儿墙和突出屋面的烟囱等墙体与防水层相交部渗漏雨水。其原因是节点做法过于简单，垂直面卷材与屋面卷材没有很好地分层搭接，或卷材收口处开裂，在冬季不断冻结，夏天炎热溶化，使开口增大，并延伸至屋面基层，造成漏水。

此外，由于卷材转角处未做成圆弧形、钝角或角太小，女儿墙压顶砂浆等级低，滴水线未做或没有做好等原因，也会造成渗漏。

2）天沟漏水。其原因是天沟长度大，纵向坡度小，雨水口少，雨水斗四周卷材粘贴不严，排水不畅，造成漏水。

3）屋面变形缝（伸缩缝、沉降缝）处漏水。其原因是处理不当，如薄钢板凸棱安反，薄钢板安装不牢，泛水坡度不当等造成漏水。

4）挑檐、檐口处漏水。其原因是檐口砂浆未压住卷材，檐口砂浆开裂，下口滴水线未做好而造成漏水。

5）雨水口处漏水。其原因是雨水口处水斗安装过高，泛水坡度不够，使雨水沿雨水斗外侧流入室内，造成渗漏。

6）厕所、厨房的通气管根部处漏水。其原因是防水层未盖严，或包管高度不够，在油毡上口未缠麻丝或钢丝，油毡没有做压毡保护层，使雨水沿出气管进入室内造成渗漏。

7）大面积漏水。其原因是屋面防水层找坡不够，表面凹凸不平，造成屋面积水而渗漏。

2. 屋面渗漏的预防及治理办法

女儿墙压顶开裂时，可铲除开裂压顶的砂浆，重抹1∶2～2.5的水泥沙浆，并做好滴水线，有条件者可换成预制钢筋混凝土压顶板。

突出屋面的烟囱、山墙、管根等与屋面交接处、转角处做成钝角或圆弧角，垂直面与屋面的卷材应分层搭接，对已漏水的部位，可将转角渗漏处的卷材割开，并分层将旧卷材烤干剥离，清除原有沥青胶。

泛水是建筑上的一种防水工艺，通俗地说，其实就是在墙与屋面，即平立面相交处进行的防水处理。其主要作用就是保证女儿墙、挑檐、高低屋面墙不受雨水冲刷以及保护屋面其余地方的防水层（不至于进水）。其构造要点及做法如下。

1）将屋面的卷材继续铺至垂直墙面上，形成卷材防水，泛水高度不小于250 mm。

2）在屋面与垂直女儿墙面的交接缝处，砂浆找平层应抹成圆弧形或45°斜面，上刷卷材胶粘剂，使卷材粘贴密实，避免卷材架空或折断，并加铺一层卷材。

3）做好泛水上口的卷材收头固定，防止卷材在垂直墙面上下滑。一般做法是：在垂直墙中凿出通长的凹槽，将卷材收头压入凹槽内，用防水压条钉压后再用密封材料嵌填封严，外抹水泥沙浆保护。凹槽上部的墙体亦应做防水处理。通俗地讲，泛水是指屋面女儿墙、挑檐或高低屋面墙体的防水做法，如图6－3所示。

出屋面管道：管根处做成钝角，并建议设计单位加做防雨罩，使油毡在防雨罩下收头。

檐口漏雨：将檐口处旧卷材掀起，用24号镀锌薄钢板将其钉于檐口，将新卷材贴于薄钢板上，如图6－4所示。

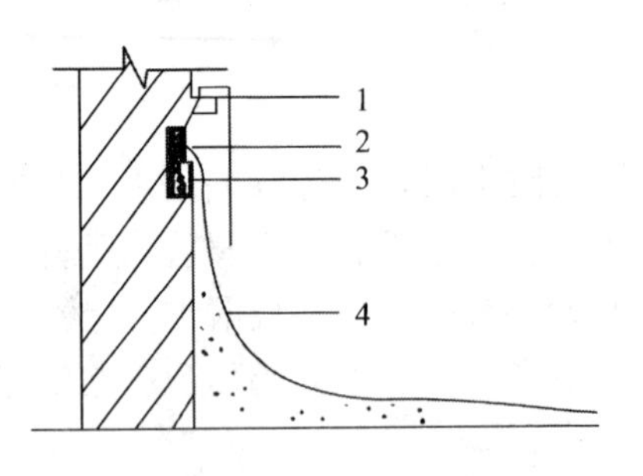

图6－3　女儿墙镀锌薄钢板泛水

1—镀锌薄钢板泛水；2—水泥沙浆堵缝；3—预埋木砖；4—防水卷材

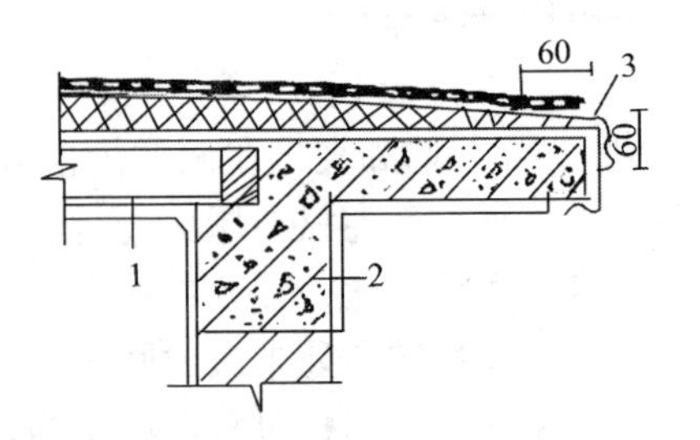

图6－4　檐口漏雨处理

1—屋面板；2—圈梁；3—24号镀锌薄钢板

雨水口漏雨渗水：将雨水斗四周卷材铲除，检查短管是否紧贴基层板面或铁水盘。如短管浮搁在找平层上，则将找平层凿掉，清除后安装好短管，再用搭槎法重做三毡四油防水层，然后对雨水斗附近卷材进行收口和包贴。如用铸铁弯头代替雨水斗时，则需将弯头凿开取出，清理干净后安装弯头，再铺油毡（或卷材）一层，其伸入弯头内应大于50 mm，最后做防水层至弯头内并与弯头端部搭接顺畅、抹压密实。

对于大面积渗漏屋面，针对不同原因可采用不同方法治理。一般有以下两种方法。

第一种方法：将原豆石保护层清扫一遍，去掉松动的浮石，抹20 mm厚水泥沙浆找平层，然后做一布三油乳化沥青（或氯丁胶乳沥青）防水层和雨水口漏水处理黄砂（或粗砂）保护层。

第二种方法：按上述方法将基层处理好后，将一布三油改为二毡三油防水层，再做豆石保护层。第一层油毡应干铺于找平层上，只在四周女儿墙和通风道处卷起，与基层粘贴。

六、屋面防水冬期施工

当室外气温低于0 ℃时，卷材屋面应采取冬期施工技术措施。露天铺贴卷材、涂刷沥青胶结材料和铺设沥青砂浆找平层，仅允许在气温≥－25 ℃时进行。此时，一般只能铺贴一层不低于350号的油毡，待天气转暖，经检查和必要的修补后，再铺贴其他各层卷材。

干铺的隔离层允许在负温度时施工；用沥青胶结材料粘贴的板状材料隔热层，允许在气温≥－20 ℃时施工；用水泥沙浆粘贴的板状材料隔热层和水泥蛭石混凝土整体隔热层，应在气温≥5 ℃时施工则应采取保温或防冻措施。

屋面防水冬期施工还要遵守以下几点。

1）不得在下霜、下雨、下雪和大风时进行露天作业；在晴天作业时宜在迎风面塔设活动的防风挡板。

2）不允许在潮湿的或未扫除冰块、雪、霜的屋面上涂刷冷底子油、沥青胶结材料和铺贴卷材。

3）当面层找平层上有冰块时，可采用撒工业用食盐的办法融化。撒上食盐后，经过5～8 h，再铺上一层锯末，然后将食盐同锯末一同扫除。湿的找平层表面可采用移动式热风机或炭炉来进行烘干。

4）必须严格控制隔热材料的含水率，并在铺设过程中防止水分冻结，这是保证质量的关键。一般情况下，隔热材料的含水率≤15%，如果含水率过大，夏天水蒸发为汽，会使卷材产生鼓泡。

5）采取分段流水作业，确保找平层、隔气层、隔热层、防水层连续施工。工作中断期间，应将已完成的部分用席子、油毡或毛毡、雨布覆盖，以免受冻受潮。

项目二　地下防水工程

地下防水工程是防止地下水对地下构筑物或建筑物基础的长期浸透，保证地下构筑物或地下室使用功能正常发挥的一项重要工程。由于地下工程常年受到地表水、潜水、上层滞水、毛细管水等的作用，所以，地下工程防水处理比屋面防水处理工程的要求要高，防水技术难度更大。如何正确选择合理有效的防水方案就成为地下防水工程中的首要问题。

地下工程的防水等级分四级，各级标准应符合表6－16的规定。

表6－16　地下工程防水等级标准

防水等级	标准
1级	不允许渗水，结构表面无湿渍
2级	不允许漏水，结构表面可有少量湿渍 工业与民用建筑：湿渍总面积不大于总防水面积的1‰，单个湿渍面积不大于0.1 m^2，任意100 m^2防水面积不超过1处 其他地下工程：湿渍总面积不大于总防水面积的6‰，单个湿渍面积不大于0.2 m^2，任意100 m^2防水面积不超过4处
3级	有少量漏水点，不得有线流和漏泥沙 单个湿渍面积不大于0.3 m^2，单个漏水点的漏水量不大于2.5 L/d，任意100 m^2防水面积不超过7处
4级	有漏水点，不得有线流和漏泥沙，整个工程平均漏水量不大于2 L/m^2·d，任意100 m^2防水面积的平均漏水量不大于4 L/m^2·d

一、防水方案及防水措施

1. 防水方案

地下工程的防水方案，应遵循“防、排、截、堵结合，刚柔相济，因地制宜、综合治理”的原则，根据使用要求、自然环境条件及结构形式等因素确定。地下工程的防水，应采用经过试验、检测和鉴定并经实践检验质量可靠的新材料和行之有效的新技术、新工艺。常用的防水方案有以下三类。

（1）结构自防水

依靠防水混凝土本身的抗渗性和密实性来进行防水。结构本身既是承重围护结构，又是防水层。因此，它具有施工简便、工期较短、改善劳动条件、节省工程造价等优点，是解决地下防水的有效途径，从而被广泛采用。

（2）设防水层

在结构物的外侧增加防水层，以达到防水的目的。常用的防水层有水泥沙浆、卷材、沥青胶结料和金属防水层，可根据不同的工程对象、防水要求及施工条件选用。

（3）渗排水防水

利用盲沟、渗排水层等措施来排除附近的水源以达到防水目的。适用于形状复杂、受高温影响、地下水为上层滞水且防水要求较高的地下建筑。

2. 防水措施

地下工程的钢筋混凝土结构应采用防水混凝土，并根据防水等级的要求采用防水措施。其防水措施选用应根据地下工程开挖方式确定，明挖法地下工程的防水设防要求参见表6－17，暗挖法地下工程的防水设防要求参见表6－18。

表6－17　明挖法地下工程防水设防

工程部位		主体						施工缝						后浇带				变形缝、诱导缝				
防水措施	防水混凝土	防水砂浆	防水卷材	防水涂料	塑料防水板	金属板	遇水膨胀止水条	中埋式止水带	外贴式止水带	外抹防水砂浆	外涂防水涂料	膨胀混凝土	遇水膨胀止水条	外贴式止水带	防水嵌缝材料	中埋式止水带	外贴式止水带	可缺式止水带	防水嵌缝材料	外贴防水卷材	外涂防水涂料	遇水膨胀止水条
防水等级	一级	应选	应选一至两种					应选两种					应选	应选两种			应选	应选两种				
	二级	应选	应选一种					应选一至两种					应选	应选一至两种			应选	应选一至两种				
	三级	应选	宜选一种					宜选一至两种					应选	宜选一至两种			宜选	宜选一至两种				
	四级	应选						宜选一种					应选	宜选一种			应选	宜选一种				

表6－18　暗挖法地下工程防水设防

工程部位		主体				内衬砌施工缝					内衬砌变形缝、诱导缝				
防水措施		复合式衬砌	离壁式衬砌、衬套	贴壁式衬砌	喷射混凝土	外贴式止水带	遇水膨胀止水带	防水嵌缝材料	中埋式止水带	外涂防水涂料	中埋防水止水带	外贴式止水带	可卸式止水带	防水嵌缝材料	遇水膨胀止水条
防水等级	一级	应选一种				应选两种					应选	应选两种			
	二级	应选一种				应选一至两种					应选	应选一至两种			
	三级			应选一种		宜选一至两种					应选	宜选一种			
	四级			应选一种		宜选一种					应选	宜选一种			

二、结构主体防水的施工

（一）防水混凝土结构的施工

防水混凝土结构是指以本身的密实性而具有一定防水能力的整体式混凝土或钢筋混凝土结构。它兼有承重、围护和抗渗的功能，还可满足一定的耐冻融及耐侵蚀要求。

1. 防水混凝土的种类

防水混凝土一般分为普通防水混凝土、外加剂防水混凝土和膨胀水泥防水混凝土三种。

普通防水混凝土是指用调整和控制配合比的方法，达到提高密实度和抗渗性要求的一种混凝土。

外加剂防水混凝土是指用掺入适量外加剂的方法，改善混凝土内部组织结构，以增加密实性、提高抗渗性的混凝土。按所掺外加剂种类的不同可分为减水剂防水混凝土、加气剂防水混凝土等。

膨胀水泥防水混凝土是指用膨胀水泥为胶结料配制而成的防水混凝土。

不同类型的防水混凝土具有不同特点，应根据使用要求加以选择。

2. 防水混凝土施工

防水混凝土结构工程质量的优劣，除取决于合理的设计、材料的性质及配合成分以外，还取决于施工质量的好坏。因此，对施工中的各主要环节，如混凝（混凝 + 搅拌）、运输、浇筑、振捣、养护等，均应严格遵循施工及验收规范和操作规程的各项规定进行施工。

防水混凝土所用模板，除满足一般要求外，还应特别注意模板拼缝严密、支撑牢固。在浇筑防水混凝土前，应将模板内部清理干净。若两侧模板需用对拉螺栓固定，应在螺栓或套管中间加焊止水环，螺栓加堵头。

钢筋不得用铁丝或铁钉固定在模板上，必须采用相同配合比的细石混凝土或砂浆块作垫块，并确保钢筋保护层厚度符合规定，不得有负误差。如结构内设置的钢筋确需用铁丝绑扎时，均不得接触模板。

防水混凝土的配合比应通过试验选定。选定配合比时，应按设计要求的抗渗标号提高 0. 2 MPa。防水混凝土的抗渗等级不得小于 S6，所用水泥的强度等级不低于 32. 5 级，石子的粒径宜为 5 ~ 40 mm，宜采用中砂，防水混凝土可根据抗裂要求掺入钢纤维或合成纤维，其掺和料、外加剂的掺量应经试验确定，其水灰比不大于 0. 55。地下防水工程所使用的防水材料应有产品合格证书和性能检测报告，材料的品种、规格、性能等应符合现行国家产品标准和设计要求，不合格的材料不得在工程中使用。配制防水混凝土要用机械搅拌，先将砂、石、水泥一次倒入搅拌筒内搅拌 0. 5 ~ 1. 0 min，再加水搅拌 1. 5 ~ 2. 5 min。如掺外加剂应最后加入。外加剂必须先用水稀释均匀，掺外加剂防水混凝土的搅拌时间应根据外加剂的技术要求确定。对厚度 ≥250 mm 的结构，混凝土坍落度宜为 10 ~ 30 mm，厚度 <250 mm或钢筋稠密的结构，混凝土坍落度宜为 30 ~ 50 mm。拌好的混凝土应在半小时内运至现场，于初凝前浇筑完毕，如运距较远或气温较高时，宜掺缓凝减水剂。防水混凝土拌和物在运输后，如出现离折，必须进行二次搅拌；当坍落度损失后，不能满足施工要求时，应加入原水灰比的水泥浆或二次掺减水剂进行搅拌，严禁直接加水。混凝土浇筑时应分层连续浇筑，其自由倾落高度不得大于 1. 5 m。

混凝土应用机械振捣密实，振捣时间为10～30 s，以混凝土开始泛浆和不冒气泡为止，并避免漏振、欠振和超振。混凝土振捣后，须用铁锹拍实，等混凝土初凝后用铁抹子压光，以增加表面致密性。

防水混凝土应连续浇筑，尽量不留或少留施工缝。必须留设施工缝时，宜留在下列部位：墙体水平施工缝不应留在剪力与弯矩最大处或底板与侧墙的交接处，应留在高出底板表面不小于300 mm的墙体上；拱（板）墙结合的水平施工缝，宜留在拱（板）墙接缝线以下150～300 mm处；墙体有预留孔洞时，施工缝距孔洞边缘不应小于300 mm；垂直施工缝应避开地下水和裂隙水较多的地段，并宜与变形缝相结合。

施工缝浇灌混凝土前，应将其表面浮浆和杂物清除干净，先铺净浆，再铺30～50 mm厚的1:1水泥沙浆或涂刷混凝土界面处理剂，并及时浇灌混凝土，垂直施工缝可不铺水泥沙浆，选用的遇水膨胀止水条应牢固地安装在缝表面或预留槽内，且该止水条应具有缓胀性能，其7天的膨胀率不应大于最终膨胀率的60%，如采用中埋式止水带，应位置准确、固定牢靠。

防水混凝土终凝后（一般浇后4～6小时），即应开始覆盖浇水养护，养护时间应在14天以上，冬季施工混凝土入模温度不应低于5 ℃，宜采用综合蓄热法、蓄热法、暖棚法等养护方法，并应保持混凝土表面湿润，防止混凝土早期脱水，如采用掺化学外加剂方法施工时，能降低水溶液的冰点，使混凝土在低温下硬化，但要适当延长混凝土搅拌时间，振捣要密实，还要采取保温保湿措施。不宜采用蒸汽养护和电热养护，地下构筑物应及时回填分层夯实，以避免由于干缩和温差产生裂缝。防水混凝土结构须在混凝土强度达到设计强度40%以上时方可在其上面继续施工，达到设计强度70%以上时方可拆模。拆模时，混凝土表面温度与环境温度之差不得超过15 ℃，以防混凝土表面出现裂缝。

防水混凝土浇筑后严禁打洞，因此，所有的预留孔和预埋件在混凝土浇筑前必须埋设准确。对防水混凝土结构内的预埋铁件、穿墙管道等防水薄弱之处，应采取措施、仔细施工。

拌制防水混凝土所用材料的品种、规格和用量，每工作班检查不应少于两次，混凝土在浇筑地点的坍落度，每工作班至少检查两次，防水混凝土抗渗性能，应采用标准条件下养护混凝土抗渗试件的试验结果评定，试件应在浇筑地点制作。连续浇筑混凝土每500 m^3应留置一组抗渗试件，一组为6个试件，每项工程不得小于两组。

防水混凝土的施工质量检验，应按混凝土外露面积每100 m^2抽查1处，每处10 m^2，且不得少于3处，细部构造应全数检查。

防水混凝土的抗压强度和抗渗压力必须符合设计要求，其变形缝、施工缝、后浇带、穿墙管道、埋设件等设置和构造均要符合设计要求，严禁有渗漏。防水混凝土结构表面的裂缝宽度不应大于0.2 mm，并不得贯通，其结构厚度不应小于250 mm，迎水面钢筋保护层厚度不应小于50 mm。

（二）水泥砂浆防水层的施工

刚性抹面防水根据防水砂浆材料组成及防水层构造不同可分为两种：掺外加剂的水泥沙浆防水层与刚性多层抹面防水层。掺外加剂的水泥沙浆防水层，近年来已从掺用一般无机盐类防水剂发展至用聚合物外加剂改性水泥沙浆，从而提高水泥沙浆防水层的抗拉强度及韧性，有效地增强了防水层的抗渗性，可单独用于防水工程，有较好的防水效果；刚性多层抹面防水层主要是依靠特定的施工工艺要求来提高水泥沙浆的密实性，从而达到防水抗渗的目的，适用于埋深不大，不会因结构沉降、温度和湿度变化及受振动等产生有害裂缝的地下防水工程，适用于结构主体的迎水面或背水面，在混凝土或砌体结构的基层上采用多层抹压施工，但不适于环境有侵蚀性、持续振动或温度高于 80 ℃的地下工程。

水泥沙浆防水层所采用的水泥强度等级不应低于 32.5 级，宜采用中砂，其粒径在 3 mm以下，外加剂的技术性能应符合国家或行业标准一等品及以上的质量要求。刚性多层抹面防水层通常采用四层或五层抹面做法。一般在防水工程的迎水面采用五层抹面做法（见图6－5），在背水面采用四层抹面做法（少一道水泥浆），施工前要注意对基层的处理，使基层表面保持湿润、清洁、平整、坚实、粗糙，以保证防水层与基层表面结合牢固，不空鼓、密实不透水。施工时应注意素灰层与砂浆层应在同一天完成。施工应连续进行，尽可能不留施工缝。一般顺序为先平面后立面，分层做法如下：第一层，在浇水湿润的基层上先抹 1 mm 厚素灰（用铁板用力刮抹5～6 遍），再抹1 mm 找平；第二层，在素灰层初凝后终凝前进行，使砂浆压入素灰层 0.5 mm并扫出横纹；第三层，在第二层凝固后进行，做法同第一层；第四层，同第二层做法，抹后在表面用铁板抹压 5～6 遍，最后压光；第五层，在第四层抹压二遍后刷水泥浆一遍，随第四层压光。水泥沙浆铺抹时，采用砂浆收水后二次抹光，使表面坚固密实。防水层的厚度应满足计要求，一般为 18～20 mm 厚，聚合物水泥沙浆防水层厚度要视施工层数而定。施工时应注意素灰层与砂浆层应在同一天完成，防水层各层之间应结合牢固、不空鼓。每层宜连续施工，尽可能不留施工缝，必须留施工缝时，应采用阶梯坡形槎，但离开阴阳角处，不小于200 mm，防水层的阴阳角应做成圆弧形。

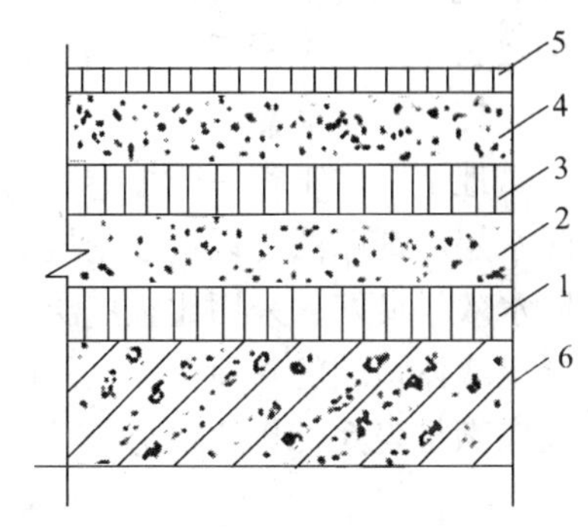

图6－5　五层做法构造

1、3～素灰层2 mm；2、4—砂浆层 4～5 mm；5—水泥浆1 mm；6—结构层

采用水泥沙浆防水层时，结构物阴阳角、转角均应做成圆角。防水层的施工缝需留斜坡阶梯形，层次要清楚，可留在地面或墙面上，离开阴阳角 200 mm 左右，其接头方法见图6－6。接缝时，先在阶梯形处均匀涂刷水泥浆一层，然后依次层层搭接。

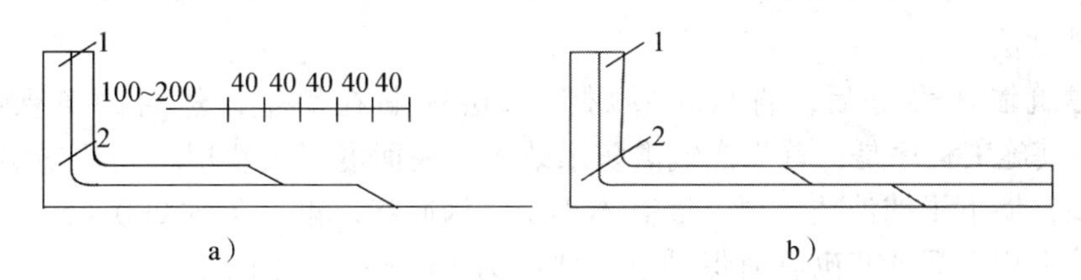

图6－6　刚性防水层施工缝的处理

a）留头方法　b）接头方法

1—砂浆层；2—素灰层

水泥沙浆防水层不宜在雨天及5级以上大风中施工，冬季施工不应低于5 ℃，夏季施工不应在35 ℃以上或烈日照射下施工。

如采用普通水泥沙浆做防水层，铺抹的面层终凝后应及时进行养护，且养护时间不得少于14天。聚合物水泥沙浆防水层未达硬化状态时，不得浇水养护或受雨水冲刷，硬化后应采用干湿交替的养护方法。

（三）卷材防水层施工

卷材防水层是用沥青胶结材料粘贴卷材而成的一种防水层，属于柔性防水层。其特点是具有良好的韧性和延伸性，能适应一定的结构振动和微小变形，对酸、碱、盐溶液具有良好的耐腐蚀性，是地下防水工程常用的施工方法，采用改性沥青防水卷材和高分子防水卷材，抗拉强度高、延伸率大、耐久性好、施工方便。但由于沥青卷材吸水率大、耐久性差、机械强度低，直接影响防水层质量，而且材料成本高、施工工序多、操作条件差、工期较长，发生渗漏后修补困难。

1. 铺贴方案

地下防水工程一般把卷材防水层设置在建筑结构的外侧迎水面上，称为外防水，这种防水层的铺贴法可以借助土压力压紧，并与结构一起抵抗有压地下水的渗透和侵蚀作用，防水效果良好，采用比较广泛。卷材防水层用于建筑物地下室，应铺设在结构主体底板垫层至墙体顶端的基面上，在外围形成封闭的防水层，卷材防水层为1至2层，防水卷材厚度应满足表6－19的规定。

表6－19　防水卷材厚度

防水等级	设防道数	合成高分子卷材	高聚物改性沥青防水卷材
一级	三道或三道以上设防	单层：不应小于1.5 mm 双层：每层不应小于1.2 mm	单层：不应小于4 mm 双层：每层不应小于3 mm
二级	二道设防		
三级	一道设防	不应小于1.5 mm	不应小于4 mm
	复合设防	不应小于1.2 mm	不应小于3 mm

阳角处应做成圆弧或135度钝角，其尺寸视卷材品质而定，在转角处等特殊部位，应增贴1至2层相同的卷材，宽度不宜小于500 mm。

外防水的卷材防水层铺贴方法，按其与地下防水结构施工的先后顺序分为外贴法和内贴法两种。

（1）外贴法

地下建筑墙体做好后，直接将卷材防水层铺贴在墙上，然后砌筑保护墙（见图6－7）。其施工程序是：首先浇筑需防水结构的底面混凝土垫层，并在垫层上砌筑永久性保护墙，墙下干铺油毡一层，墙高不小于结构底板厚度，另加200～500 mm；在永久性保护墙上用水泥沙浆砌临时保护墙，墙高为150 mm×（油毡层数（n）＋1）；在永久性保护墙上和垫层上抹1:3水泥沙浆找平层，临时保护墙上用水泥沙浆找平；待找平层基本干燥后，即在其上满涂冷底子油，然后分层铺贴立面和平面卷材防水层，并将顶端临时固定。在铺贴好的卷材表面做好保护层后，再进行需防水结构的底板和墙体施工。需防水结构施工完成后，将临时固定的接槎部位的各层卷材揭开并清理干净，在此区段的外墙外表面上补抹水泥沙浆找平层，找平层上满涂冷底子油，将卷材分层错槎搭接向上铺贴在结构墙上。卷材接槎的搭接长度，高聚物改性沥青卷材为 150 mm，合成高分子卷材为 100 mm，当使用两层卷材时，卷材应错槎接缝，上层卷材应盖过下层卷材；应及时做好防水层的保护结构。

（2）内贴法

在地下建筑墙体施工前先砌筑保护墙，然后将卷材防水层铺贴在保护墙上，最后施工并浇筑地下建筑墙体（见图 6－8）。其施工程序是：先在垫层上砌筑永久保护墙，然后在垫层及保护墙上抹 1∶3 水泥沙浆找平层，待其基本干燥后满涂冷底子油，沿保护墙与垫层铺贴防水层。卷材防水层铺贴完成后，在立面防水层上涂刷最后一层沥青胶时，趁热粘上干净的热砂或散麻丝，待冷却后，随即抹一层 10～20 mm 厚 1∶3 水泥沙浆保护层。在平面上可铺设一层 30～50 mm 厚 1∶3 水泥沙浆或细石混凝土保护层，最后进行需防水结构的施工。

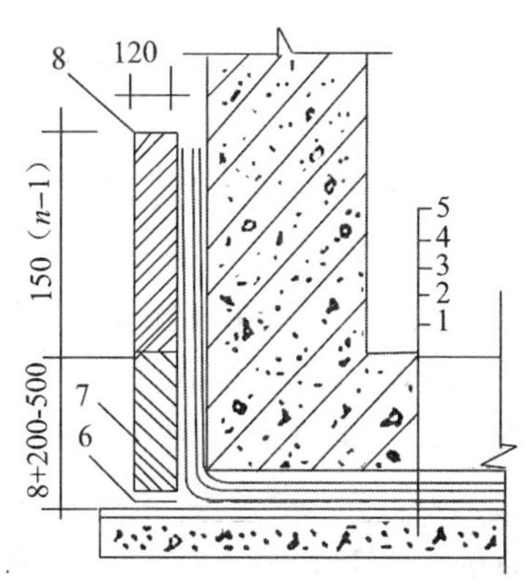

图 6－7　外贴法

1—垫层；2—找平层；3—卷材防水层；
4—保护层；5—构筑物；6—油毡；
7—永久保护墙；8—临时性保护墙

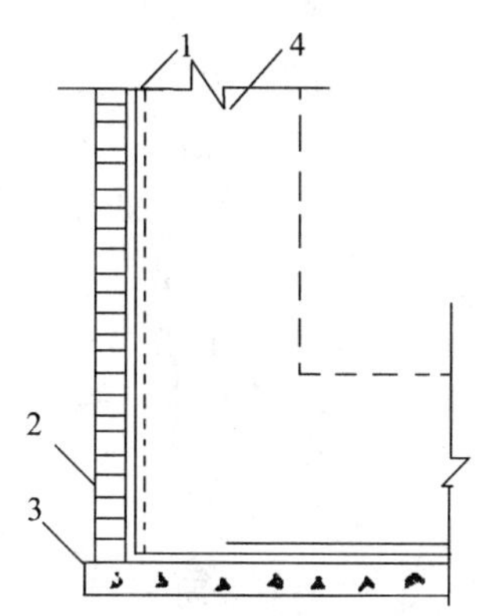

图 6－8　内贴法

1—卷材防水层；2—永久保护墙；
3—垫层；4—尚未施工的构筑物

2. 施工要点

铺贴卷材的基层必须牢固、无松动现象；基层表面应平整干净；阴阳角处，均应做成圆弧形或钝角。铺贴卷材前，应在基面上涂刷基层处理剂，当基面较潮湿时，应涂刷湿固化型胶粘剂或潮湿界面隔离剂。基层处理剂应与卷材和胶粘剂的材性相容，基层处理剂可采用喷涂法或涂刷法施工，喷涂应均匀一致，不露底，待表面干燥后，再铺贴卷材。铺贴卷材时，每层的沥青胶，要求涂布均匀，其厚度一般为 1.5～2.5 mm。外贴法铺贴卷材应先铺平面，后铺立面，平、立面交接处应交叉搭接；内贴法宜先铺垂直面，后铺水平面。铺贴垂直面时应先铺转角，后铺大面。墙面铺贴时应待冷底子油干燥后自下而上进行。

卷材接槎的搭接长度，高聚物改性沥青卷材为 150 mm，合成高分子卷材为 100 mm，当使用两层卷材时，上下两层和相邻两幅卷材的接缝应错开 1/3～1/2 幅宽，并不得互相垂直铺贴。在立面与平面的转角处，卷材的接缝应留在平面距立面不小于 600 mm 处。在所有转角处均应铺贴附加层并仔细粘贴紧密。粘贴卷材时应展平压实，卷材与基层和各层卷材间必须黏结紧密，搭接缝必须用沥青胶仔细封严。最后一层卷材贴好后，应在其表面均匀涂刷一层1~1.5 mm的热沥青胶，以保护防水层。

铺贴高聚物改性沥青卷材应采用热熔法施工，在幅宽内卷材底表面均匀加热，不可过分加热或烧穿卷材，只使卷材的黏接面材料加热呈熔融状态后，立即与基层或已粘贴好的卷材黏接牢固，但对厚度小于3 mm的高聚物改青沥青防水卷材不能采用热熔法施工。

铺贴合成高分子卷材要采用冷粘法施工，所使用的胶粘剂必须与卷材材性相容。如用模板代替临时性保护墙时，应在其上涂刷隔离剂。从底面折向立面的卷材与永久性保护墙的接触部位，应采用空铺法施工，与临时性保护墙或围护结构模板接触的部位，应临时贴附在该墙上或模板上，卷材铺好后，其顶端应临时固定。当不设保护墙时，从底面折向立面的卷材的接槎部位应采取可靠的保护措施。

三、结构细部构造防水的施工

（一）变形缝

地下结构物的变形缝是防水工程的薄弱环节，防水处理比较复杂。如处理不当会引起渗漏现象，从而直接影响地下工程的正常使用和寿命。为此，在选用材料、做法及结构形式上，应考虑变形缝处的沉降、伸缩的可变性，并且还应保证其在形态中的密闭性，即不产生渗漏水现象。用于伸缩的变形缝宜不设或少设，可根据不同的工程结构、类别及工程地质情况采用诱导缝、加强带、后浇带等替代措施。用于沉降的变形缝宽度宜为20~30 mm，用于伸缩的变形缝宽度宜小于此值，变形缝处混凝土结构的厚度不应小于300 mm，变形缝的防水措施可根据工程开挖方法，防水等级按表6-17和表6-18选用。

对止水材料的基本要求是：适应变形能力强、防水性能好、耐久性高、与混凝土黏结牢固等。防水混凝土结构的变形缝、后浇带等细部构造应采用止水带、遇水膨胀橡胶腻子止水条等高分子防水材料和接缝密封材料。

常见的变形缝止水带材料有：橡胶止水带、塑料止水带、氯丁橡胶止水带和金属止水带（如镀锌钢板等）。其中，橡胶止水带与塑料止水带的柔性、适应变形能力与防水性能都比较好，是目前变形缝常用的止水材料；氯丁橡胶止水带是一种新型止水材料，具有施工简便、防水效果好、造价低且易修补的特点；金属止水带一般仅用于高温环境条件下无法采用橡胶止水带或塑料止水带的场合。金属止水带的适应变形能力差，制作困难。对环境温度高于50 ℃处的变形缝，可采用2 mm厚的紫铜片或3 mm厚不锈钢金属止水带，在不受水压的地下室防水工程中，结构变形缝可采用加防腐掺和料的沥青浸过的松散纤维材料，软质板材等填塞严密，并用封缝材料严密封缝，墙的变形缝的填嵌应按施工进度逐段进行，每300~500 mm高填缝一次，缝宽不小于30 mm，不受水压的卷材防水层，在变形缝处应加铺两层抗拉强度高的卷材，在受水压的地下防水工程中，温度经常小于50 ℃，在不受强氧化作用时，变形缝宜采用橡胶或塑料止水带，当有油类侵蚀时，应选用相应的耐油橡胶或塑料止水带，止水带应整条，如必须接长，应采用焊接或胶接，止水带的接缝宜为一处，应设在边墙较高位置上，不得设在结构转角处，止水带埋设位置应准确，其中间空心圆环与变形缝的中心线应重合。止水带应妥善固定，顶、底板内止水带应成盆状安设，宜采用专用钢筋套或扁钢固定，止水带不得穿孔或用铁钉固定，损坏处应修补，止水带应固定牢固、平直，不能有扭曲现象。

变形缝接缝处两侧应平整、清洁、无渗水，并涂刷与嵌缝材料相容的基层处理剂，嵌缝应先设置与嵌缝材料隔离的背衬材料，并嵌填密实，与两侧黏结牢固，在缝上粘贴卷材或涂刷涂料前，应在缝上设置隔离层后才能进行施工。

止水带的构造形式通常有埋入式、可卸式、粘贴式等，目前采用较多的是埋入式。根据防水设计的要求，有时在同一变形缝处，可采用数层、数种止水带的构造形式。图 6－9 是埋入式橡胶止水带的构造图；图 6－10 是中埋式和外贴式复合使用构造图；图 6－11 是粘贴式止水带的构造图。

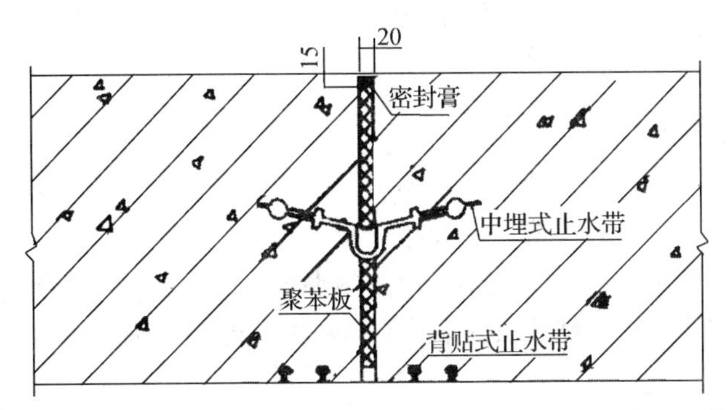

图 6－9　埋入式橡胶止水带构造图

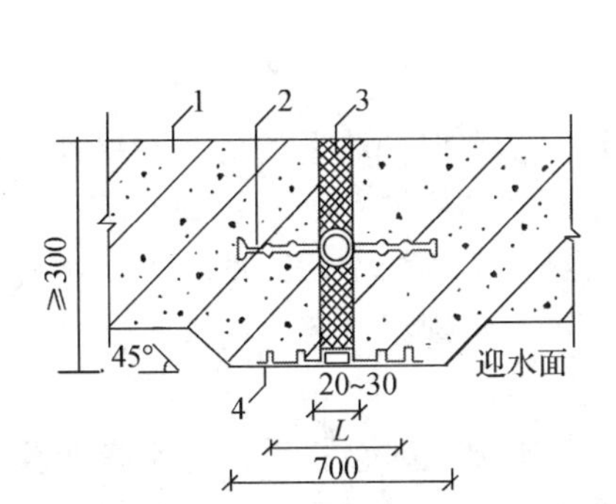

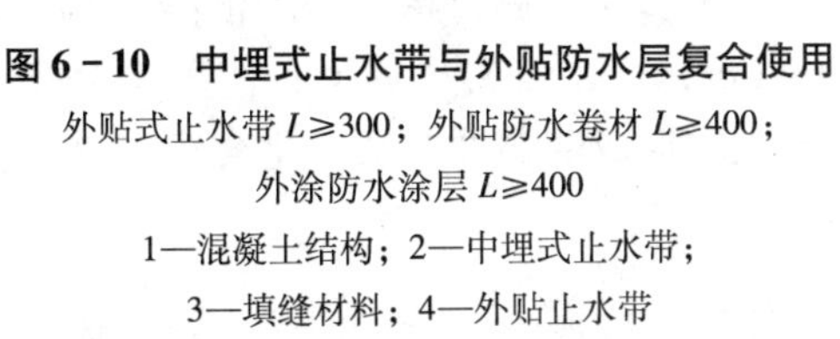

图 6－10　中埋式止水带与外贴防水层复合使用

外贴式止水带 $L \geqslant 300$；外贴防水卷材 $L \geqslant 400$；
外涂防水涂层 $L \geqslant 400$
1—混凝土结构；2—中埋式止水带；
3—填缝材料；4—外贴止水带

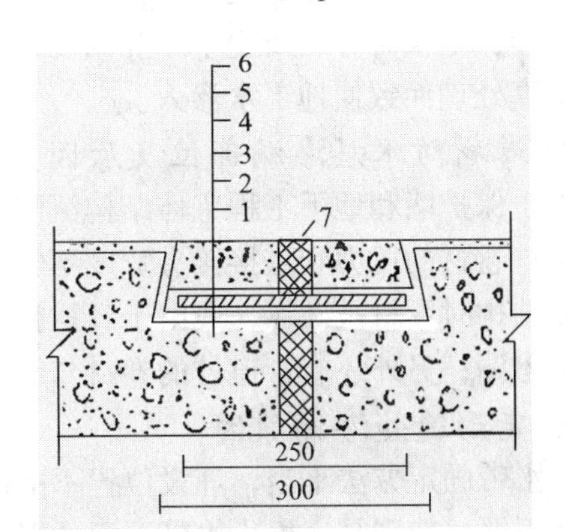

图 6－11　粘贴式氯丁橡胶板变形缝构造

1—构筑物；2—刚性防水层；3—胶粘剂；
4—氯丁胶板；5—素灰层；6—细石混凝
土覆盖层；7—沥青麻丝

（二）后浇带的处理

后浇带（也称后浇缝）是对不允许留设变形缝的防水混凝土结构工程（如大型设备基础等）采用的一种刚性接缝。

防水混凝土基础后浇缝留设的位置及宽度应符合设计要求。其断面形式可留成平直缝或阶梯缝，但结构钢筋不能断开；如必须断开，则主筋搭接长度应大于 45 倍主筋直径，并应按设计要求加设附加钢筋。留缝时应采取支模或固定钢板网等措施，保证留缝位置准确、断口垂直、边缘混凝土密实。后浇带需超前止水时，后浇带部位混凝土应局部加厚，并增设外贴式或埋入式止水带。

留缝后要注意保护，防止边缘毁坏或缝内进入垃圾杂物。后浇带的混凝土施工，应在其两侧混凝土浇筑完毕并养护 6 个星期，待混凝土收缩变形基本稳定后再进行。但高层建筑的后浇带应在结构顶板浇筑混凝土 14 天后，再施工后浇带。浇筑前应将接缝处混凝土表面凿毛并清洗干净，保持湿润；浇筑的混凝土应优先选用补偿收缩的混凝土，其强度等级不得低于两侧混凝土的强度等级；施工期的温度应低于两侧混凝土施工时的温度，而且宜选择在气温较低的季节施工；浇筑后的混凝土养护时间不应少于 4 个星期。

四、地下防水工程渗漏及防治方法

地下防水工程常常由于设计考虑不周、选材不当或施工质量差而造成渗漏，直接影响生产和使用。渗漏水易发生的部位主要在施工缝、蜂窝麻面、裂缝、变形缝及穿墙管道等处。渗漏水的形式主要有孔洞漏水、裂缝漏水、防水面渗水或上述几种渗漏水的综合。因此，堵漏前必须先查明其原因、确定其位置、弄清水压大小，然后根据不同情况采取不同的防治措施。

（一）渗漏部位及原因

1. 防水混凝土结构渗漏的部位及原因

由于模板表面粗糙或清理不干净、模板浇水湿润不够、脱模剂涂刷不均匀、接缝不严、振捣混凝土不密实等原因，致使混凝土出现蜂窝、孔洞、麻面而引起渗漏；墙板和底板及墙板与墙板间的施工缝处理不当而造成地下水沿施工缝渗入；由于混凝土中砂石含泥量大、养护不及时等，产生干缩和温度裂缝而造成渗漏；混凝土内的预埋件及管道穿墙处未作认真处理而致使地下水渗入。

2. 卷材防水层渗漏部位及原因

由于保护墙和地下工程主体结构沉降不同，致使粘在保护墙上的防水卷材被撕裂而造成漏水；卷材的压力和搭接接头宽度不够、搭接不严，结构转角处卷材铺贴不严实，后浇或后砌结构时卷材被破坏，或由于卷材韧性较差、结构不均匀沉降而造成卷材被破坏，也会产生渗漏；另外还有管道处的卷材与管道黏结不严，出现张口翘边现象而引起渗漏。

3. 变形缝处渗漏原因

止水带固定方法不当，埋设位置不准确或在浇筑混凝土时被挤动，止水带两翼的混凝土包裹不严，特别是底板止水带下面的混凝土振捣不实、钢筋过密，浇筑混凝土时下料和振捣不当，造成止水带周围骨料集中、混凝土离析，产生蜂窝、麻面；混凝土分层浇筑前，止水带周围的木屑杂物等未清理干净，混凝土中形成薄弱的夹层，均会造成渗漏。

（二）堵漏技术

堵漏技术就是根据地下防水工程特点，针对不同程度的渗漏水情况，选择相应的防水材料和堵漏方法，进行防水结构渗漏水处理。在拟定处理渗漏水措施时，应按照将大漏变小漏、片漏变孔漏、线漏变点漏，使漏水部位汇集于一点或数点，最后堵塞的方法进行。

对防水混凝土工程的修补堵漏，通常采用的方法是用促凝剂和水泥拌制而成的快凝水泥胶浆，进行快速堵漏或大面积修补。近年来，采用膨胀水泥（或掺膨胀剂）作为防水修补材料较普遍，其抗渗堵漏效果更好；对混凝土的微小裂缝，则采用化学灌浆堵漏技术。

1. 快硬性水泥胶浆堵漏法

（1）堵漏材料

1）促凝剂。促凝剂是以水玻璃为主，并与硫酸铜、重铬酸钾及水配制而成。配制时按配合比先把定量的水加热至 100 ℃，然后将硫酸铜和重铬酸钾倒入水中，继续加热并不断搅拌至完全溶解后，冷却至 30 ~ 40 ℃，再将此溶液倒入称量好的水玻璃液体中，搅拌均匀，静置半小时后就可使用。

2）快凝水泥胶浆，快凝水泥胶浆的配合比是水泥促凝剂为 1:0.5 ~ 1:0.6。由于这种胶浆凝固快一般 1 min 左右就凝固，因此使用时要注意随拌随用。

（2）堵漏方法

地下防水工程的渗漏水情况比较复杂，堵漏的方法也较多。因此，在选用时要因地制宜。常用的堵漏方法有堵塞法和抹面法。

1）堵塞法。堵塞法适用于孔洞漏水或裂缝漏水时的修补处理。孔洞漏水常用直接堵塞法和下管堵漏法。直接堵塞法适用于水压不大、漏水孔洞较小的孔洞漏水，操作时，先将漏水孔洞处剔槽，槽壁必须与基面垂直，并用水刷洗干净，随即将配制好的快凝水泥胶浆捻成与槽尺寸相近的锥形团，在胶浆开始凝周时，迅速压入槽内，并挤压密实，保持半分钟左右即可。

裂缝漏水的处理方法有裂缝直接堵塞法和下绳堵漏法。裂缝直接堵塞法适用于水压较小的裂缝漏水，操作时，沿裂缝剔成八字形坡的沟槽，刷洗干净后，用快凝水泥胶浆直接堵塞，经检查无渗水，再做保护层和防水层。

当水压力较大，漏水孔洞较大时，可采用下管堵漏法（见图 6 - 12）。孔洞堵塞好后，在胶浆表面抹素灰一层、砂浆一层，以作保护；待砂浆有一定的强度后，将胶管拔出，按直接堵塞法将管孔堵塞；最后拆除挡水墙，再做防水层。

当水压力较大，裂缝较长时，可采用下绳堵漏法（见图 6 - 13）。

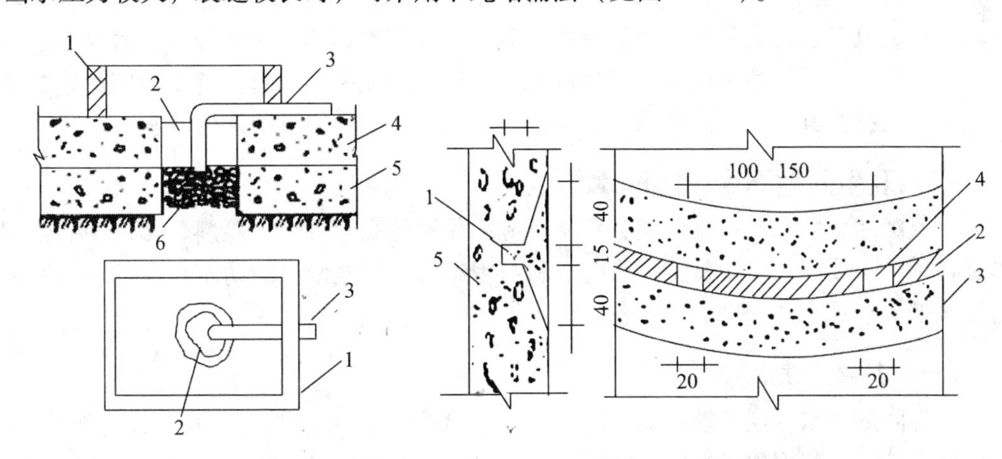

图 6 - 12　下管堵漏法

1—胶皮管；2—快凝胶浆；3—挡水墙；4—油毡一层；5—碎石；6—垫层

图 6 - 13　下绳堵漏法

1—石棉绳（导水用）；2—快凝胶浆填缝；3—砂浆层；4—暂留小孔；5—构筑物

2）抹面法。抹面法适用于较大面积的渗水面，一般先降低水压或降低地下水位，将基层处理好，然后用抹面法做刚性防水层修补处理。先在漏水严重处用凿子剔出半贯穿性孔眼，插入胶管将水导出。这样就使“片渗”变为“点漏”，在渗水面做好刚性防水层修补处理。待修补的防水层吵浆凝固后，拔出胶管，再按“孔洞直接堵塞法”将管孔堵填好。

2. 化学灌浆堵漏法

（1）灌浆材料

1）氰凝。氰凝的主体成分是以多异氰酸酯与含羟基的化合物（聚酯、聚醚）制成的预聚体。使用前，在预聚体内掺入一定量的副剂（表面活性剂、乳化剂、增塑剂、溶剂与催化剂等），搅拌均匀即配制成氰凝浆液。氰凝浆液不遇水不发生化学反应，稳定性好；当浆液灌入漏水部位后，立即与水发生化学反应，生成不溶于水的凝胶体；同时释放二氧化碳气体，使浆液发泡膨胀，向四周渗透扩散直至反应结束。

2）丙凝。丙凝由双组分（甲溶液和乙溶液）组成。甲溶液是丙烯酰胺和 N—N′—甲撑双丙烯酰胺及 β—二甲铵基丙腈的混合溶液。乙溶液是过硫酸铵的水溶液。两者混合后很快形成不溶于水的高分子硬性凝胶，这种凝胶可以封密结构裂缝，从而达到堵漏的目的。

（2）灌浆施工

灌浆堵漏施工可分为对混凝土表面处理、布置灌浆孔、埋设灌浆嘴、封闭漏水部位、压水试验、灌浆、封孔等工序。灌浆孔的间距一般为 1 mm 左右，并要交错布置；灌浆结束，待浆液固结后，拔出灌浆嘴并用水泥沙浆封固灌浆孔。

项目三　室内地面防水工程

卫生间、厨房是建筑物中不可忽视的防水工程部位，其施工面积小、穿墙管道多、设备多、阴阳转角复杂，房间长期处于潮湿受水状态等。传统的卷材防水做法已不适应卫生间、厨房防水施工的特殊性，为此，通过大量的实验和实践证明，以涂膜防水代替各种卷材防水，尤其是选用高弹性的聚氨酯涂膜防水或选用弹塑性的氯丁胶乳沥青涂料防水等新材料和新工艺，可以使卫生间、厨房的地面和墙面形成一个没有接缝、封闭严密的整体防水层，从而提高其防水工程质量。下面以卫生间为例，介绍其防水做法。

一、卫生间地面聚氨酯防水施工

聚氨酯涂膜防水材料是双组分化学反应固化型的高弹性防水涂料，多以甲、乙双组分形式使用。主要材料有聚氨酯涂膜防水材料甲组分、聚氨酯涂膜防水材料乙组分和无机铝盐防水剂等。施工用辅助材料应备有二甲苯、醋酸乙酯、磷酸等。

（一）基层处理

卫生间的防水基层必须用 1∶3 的水泥沙浆找平，要求抹平压光无空鼓，表面要坚实，不应有起砂、掉灰现象。在抹找平层时，在管道根部的周围，应使其略高于地面，在地漏的周围，应做成略低于地面的洼坑。找平层的坡度以 1% ~2% 为宜，坡向地漏。凡遇到阴、阳角处，要抹成半径不小于 10 mm 的小圆弧。与找平层相连接的管件、卫生洁具、排水口等，必须安装牢固、收头圆滑，按设计要求用密封膏嵌固。基层必须基本干燥，一般在基层表面均匀泛白无明显水印时，才能进行涂膜防水层施工。施工前要把基层表面的尘土杂物彻底清扫干净。

（二）施工工艺

1. 清理基层

需作防水处理的基层表面，必须彻底清扫干净。

2. 涂布底胶

将聚氨酯甲、乙两组分和二甲苯按1∶1.5∶2的比例（重量比以产品说明为准）配合搅拌均匀，再用小滚刷或油漆刷均匀涂布在基层表面上。涂刷量为0.15～0.2 kg/m^2，涂刷后应干燥固化4 h以上，才能进行下道工序施工。

3. 配制聚氨酯涂膜防水涂料

将聚氨酯甲、乙组分和二甲苯按1∶1.5∶0.3的比例配合，用电动搅拌器强力搅拌均匀备用。应随配随用，一般在2 h内用完。

4. 涂膜防水层施工

用小滚刷或油漆刷将已配好的防水涂料均匀涂布在底胶已干固的基层表面上。涂完第一度涂膜后，一般需固化5 h以上，在基本不粘手时，再按上述方法涂布第二、三、四度涂膜，并使后一度与前一度的涂布方向相垂直。对管子根部、地漏周围以及墙转角部位，必须认真涂刷，涂刷厚度不小于2 mm。在涂刷最后一度涂膜固化前及时稀撒少许干净的粒径为2～3 mm的小豆石，使其与涂膜防水层黏结牢固，作为与水泥沙浆保护层黏结的过渡层。

5. 做好保护层

当聚氨酯涂膜防水层完全固化和通过蓄水试验合格后，即可铺设一层厚度为15～25 mm的水泥沙浆保护层，然后按设计要求铺设饰面层。

（三）质量要求

聚氨酯涂膜防水材料的技术性能应符合设计要求或材料标准规定，并应附有质量证明文件和现场取样进行检测的试验报告以及其他有关质量的证明文件。聚氨酯的甲、乙料必须密封存放，甲料开盖后，吸收空气中的水分会起反应而固化，如在施工中混有水分，则聚氨酯固化后内部会有水泡，影响防水能力。涂膜厚度应均匀一致，总厚度不应小于1.5 mm。涂膜防水层必须均匀固化，不应有明显的凹坑、气泡和渗漏水的现象。

二、卫生间地面氯丁胶乳沥青防水涂料施工

氯丁胶乳沥青防水涂料是以氯丁橡胶和沥青为基料，经加工合成的一种水乳型防水涂料。它兼有橡胶和沥青的双重优点，具有防水、抗渗、耐老化、不易燃、无毒、抗基层变形能力强等优点，冷作业施工，操作方便。

（一）基层处理

与聚氨酯涂膜防水施工要求相同。

（二）施工工艺及要点

二布六油防水层的工艺流程：基层找平处理→满刮一遍氯丁胶沥青水泥腻子→满刮第一遍涂料→做细部构造加强层→铺贴玻璃布，同时刷第二遍涂料→刷第三遍涂料→铺贴玻纤网格布，同时刷第四遍涂料→涂刷第五遍涂料→涂刷第六遍涂料并及时撒砂粒→蓄水试验→按设计要求做保护层和面层→防水层二次试水，验收。

在清理干净的基层上满刮一遍氯丁胶乳沥青水泥腻子，管根和转角处要厚刮并抹平整，腻子的配制方法是将氯丁胶乳沥青防水涂料倒入水泥中，边倒边搅拌至稠浆状即可刮涂于基层，腻子厚度为2～3 mm，待腻子干燥后，满刷一遍防水涂料，但涂刷不能过厚，不得漏刷，表面均匀不流淌、不堆积，立面刷至设计标高。在细部构造部位，如阴阳角、管道根部、地漏、大便器蹲坑等分别附加一布二涂附加层。附加层干燥后，大面铺贴玻纤网格布同时涂刷第二遍防水涂料，使防水涂料浸透布纹渗入下层，玻纤网格布搭接宽度不小于100 mm，立面贴到设计高度，顺水接槎，收口处贴牢。

上述涂料实干后（约24 h），满刷第三遍涂料，表干后（约4 h）铺贴第二层玻纤网格布同时满刷第四遍防水涂料。第二层玻纤布与第一层玻纤布接槎要错开，涂刷防水涂料时，应均匀，将布展平，无折皱。上述涂层实干后，满刷第五遍、第六遍防水涂料，整个防水层实干后，可进行第一次蓄水试验，蓄水时间不少于24 h，无渗漏才合格，然后做保护层和饰面层。工程交付使用前应进行第二次蓄水试验。

（三）质量要求

水泥沙浆找平层做完后，应对其平整度、强度、坡度和干燥度进行预检验收。防水涂料应有产品质量证明书以及现场取样的复检报告。施工完成的氯丁胶乳沥青涂膜防水层，不得有起鼓、裂纹、孔洞缺陷。末端收头部位应粘贴牢固、封闭严密，成为一个整体的防水层。做完防水层的卫生间，经24 h以上的蓄水检验，无渗漏水现象方为合格。要提供检查验收记录，连同材料质量证明文件等技术资料一并归档备查。

三、卫生间涂膜防水施工注意事项

施工用材料有毒性，存放材料的仓库和施工现场必须通风良好，无通风条件的地方必须安装机械通风设备。

施工材料多属易燃物质，存放、配料以及施工现场必须严禁烟火，现场要配备足够的消防器材。

在施工过程中，严禁上人踩踏未完全干燥的涂膜防水层。操作人员应穿平底胶布鞋，以免损坏涂膜防水层。

凡需做附加补强层部位，应先施工，然后再进行大面防水层施工。

已完工的涂膜防水层，必须经蓄水试验无渗漏现象后，方可进行刚性保护层的施工。进行刚性保护层施工时，切勿损坏防水层，以免留下渗漏隐患。

四、卫生间渗漏与堵漏技术

卫生间用水频繁，防水处理不当就会发生渗漏。主要表现在楼板管道滴漏水、地面积水、墙壁潮湿渗水，甚至下层顶板和墙壁也出现滴水等现象。治理卫生间的渗漏，必须先查找渗漏的部位和原因，然后采取有效的针对性措施。

（一）板面及墙面渗水

1. 原因

混凝土、砂浆施工的质量不良，存在微孔渗漏；板面、隔墙出现轻微裂缝；防水涂层施工质量不好或被损坏。

2. 堵漏措施

1）拆除卫生间渗漏部位饰面材料，涂刷防水涂料。

2）如有开裂现象，则应对裂缝先进行增强防水处理，再刷防水涂料。增强处理一般采用贴缝法、填缝法和填缝加贴缝法。贴缝法主要适用于微小的裂缝，可刷防水涂料并加贴纤维材料或布条，作防水处理。填缝法主要用于较显著的裂缝，施工时要先进行扩缝处理，将缝扩展成15 mm×15 mm左右的V形槽，清理干净后刮填嵌缝材料。填缝加贴缝法除采用填缝处理外，还要在缝表面再涂刷防水涂料，并粘纤维材料处理。

3）当渗漏不严重或饰面拆除困难时，也可直接在其表面刮涂透明或彩色聚氨酯防水涂料。

（二）卫生洁具及穿楼板管道、排水管口等部位渗漏

1. 原因

细部处理方法欠妥，卫生洁具及管口周边填塞不严；管口连接件老化；由于振动及砂浆、混凝土收缩等原因，出现裂隙；卫生洁具及管口周边未用弹性材料处理，或施工时嵌缝材料及防水涂料黏结不牢；嵌缝材料及防水涂层被拉裂或拉离黏结面。

2. 堵漏措施

1）将漏水部位彻底清理，刮填弹性嵌缝材料。

2）在渗漏部位涂刷防水涂料，并粘贴纤维材料增强。

3）更换老化管口连接件。

项目四　防水工程质量问题及其防治措施

一、地下室防水施工

随着高层建筑的增多，无论是商住楼、办公楼、大型商场、公共建筑等，一般都有较大面积的地下室，如停车场、人防要求及设备用房等。而地下水渗漏这一常见病一直困扰着我们，影响结构和使用功能。

1. 地下室防水处理原则

（1）地下室外墙后浇带防水处理

在回填土前砌好370 mm厚挡土墙并放好后浇带盖板。为防止回填土挤坏挡土墙，应每隔三皮砖在灰缝中放置2Φ8通长拉接钢筋。挡土墙及盖板阴阳角应用水泥沙浆抹成直径为50～80 mm的小圆角，以防止破坏SBS卷材防水层。

（2）变形缝防水处理

变形缝处应增加卷材附加层，附加层总宽度为600 mm。变形缝两侧的混凝土应分两次浇筑。在施工时，把止水带的中部夹于变形缝端模上，同时沥青木丝板钉在端模上，并把止水带的翼边用铅丝固定在底板钢筋上，然后浇筑混凝土，待混凝土达到一定强度后拆除端模板，用铅丝将止水带另一翼边固定在底板钢筋上，再浇筑另一侧混凝土。木丝板端用密封油膏填严。

在施工中，要保证止水带与混凝土牢固结合，除混凝土的水灰比和水泥用量要严格控制外，接触止水带的混凝土不应出现粗骨料集中或漏振现象。在支设模板和浇筑混凝土时不得将止水带破坏。

止水带处混凝土应振捣密实，赶出气泡。但振捣棒插入点应离开止水带250 mm以上，

严禁振捣棒接触止水带。对于热力管道穿过混凝土外墙，可采用防水橡胶止水套管以适应因温度引起的管道涨缩变形。即先将带法兰的止水套管预埋在结构中，在套管无法兰的一端沿管周剔凿，用素灰嵌填。安装管道时，把橡胶止水套套入穿墙管并安装在套管法兰上，用螺栓箍紧，再用铁卡将橡胶止水管套箍紧固在穿墙管道外皮，然后从无法兰的一端用沥青麻丝等将套管与穿墙管之间的缝隙填嵌密实，最后用掺加防水剂的水泥沙浆将管根四周分数次封闭严实。

管道处附加层必须认真粘贴，保证施工质量。方法是先按细部形状将卷材剪好，不要加热，在细部贴一下，视尺寸、形状合适后，再将卷材的底面（有热熔剂的一面）用手持喷灯烘烤，待底面呈熔融状态即可粘贴在已经涂刷一道密封材料的基层上，并压实铺牢。

在地下室结构后浇带施工完毕后，即可进行地下室内降水井的封闭。封闭前应将井内垃圾、泥浆等杂物清理干净；降水井钢管外壁的铁锈用钢丝刷清除干净；割除多余部分的钢管，在钢管内灌注C30S6微膨胀混凝土，然后用法兰盘、螺栓、橡胶垫片封死钢管。降水井中的二次浇筑混凝土应是强度等级比所在区域地下室底板提高一级的膨胀混凝土，且新旧混凝土接槎面应凿毛后清洗干净并充分湿润。

2. 防水质量控制措施

（1）灰土垫层的施工质量控制

施工中要求灰土粒径及杂质含量符合规范要求，灰土拌和均匀，含水量符合要求，分层夯填，压实系数符合设计要求，平整且无裂缝。

（2）垫层、基础底板、地下室侧壁防水层施工质量控制

砼垫层要求平整无裂缝，这样才能保证防水层的施工质量。首先要保证材料性能、质量符合设计和标准规定，并有产品合格证、试验报告。防水层及其变形缝、预埋管件、细部做法，必须符合设计要求和施工及验收规范的规定。防水层的基层应牢固，表面洁净，密实平整，阴阳角呈圆弧形，底胶涂层应均匀，无漏涂。附加层的涂刷方法、搭接、收头应按设计要求，黏结必须牢固，接缝封闭严密，无损伤、空鼓等缺陷。涂膜防水层、涂膜厚度均匀、黏结牢固严密，不允许有脱落、开裂、孔眼、涂刷压接不严密的缺陷，细石砼保护层和水泥沙浆保护层不得有空鼓、裂缝、脱落的现象。回填土必须符合设计与规范要求。

（3）混凝土施工质量控制措施

地下室防水砼结构的施工质量是地下室防水的重点质量控制部分，其在施工中极易产生裂缝，这主要是混凝土收缩的问题。混凝土在硬化过程中要收缩变形，变形受到约束而引起强度收缩的拉应力，当拉应力超过抗裂强度时，引起裂缝。因此要防治渗漏，关键要控制裂缝的产生。

1）设置伸缩缝、后浇带、膨胀加强带是有效控制砼结构裂缝的常见方法。庆阳人民医院综合住院楼工程采用的是膨胀加强带连续浇注法，即在收缩应力较大的地方浇注加强带，使其产生较大的膨胀来补偿砼的收缩。

2）砼中掺加外加剂或外掺料。混凝土中掺入膨胀剂，以补偿砼的收缩应力。或在砼中掺入纤维（钢纤维、聚丙烯纤维等）类，该纤维有一定抗强度，与砼握裹力在砼中呈万向分布，达到增强砼硬化过程中的抗拉应力，控制砼裂缝的产生。

3）设置防裂钢筋。增加构造筋，提高抗裂性能，在地下室外墙水平筋应尽量采用小直径、小间距，使构造筋达到温度筋的作用，能有效提高抗裂性能。上述防裂措施在庆阳人民医院综合住院楼工程中均有考虑。

4）做好砼配合比和养护工作。

① 采用低水化热、泌水性低的水泥。② 采用洁净的中砂，严格控制砂中含泥量不得超过3%。③ 石子采用连续粒级的卵石或碎石。④ 采用外加剂和外掺料，改善砼拌和物的和易性，减少水灰比，减少用水量，防止砼中多余水分引起裂缝和空隙。外掺料可以替代一部分水泥，降低水化热，减少混凝土温度裂纹和收缩裂纹。⑤ 坍落度应根据地下室不同部位和施工工艺选择不同的坍落度。⑥ 水泥和外加剂、外掺料的用量应据现场要求，进行试配，水灰比应控制在0.55以下。⑦ 配合比和砂率应由试验室选定，要对各种参数进行优化，并试拌砼的工作性，制作试件检验强度和抗渗标号。⑧ 砼浇注后，必须在12 h内覆盖保温养护，之后砼表面要一直湿润养护到14天。为防止出现干缩裂缝和温度裂缝，其表面要采取措施进行保温保湿养护。对于大体积砼应采取有效的温控措施，做好测温记录，控制内外温差≤25 ℃。⑨ 冬季施工，水和砂应根据冬季施方案规定加热，应保证混凝土入模温度不低于5 ℃，采用综合蓄热法保温养护，冬期施工掺入的防冻剂应选用经认证的产品。拆模时混凝土表面温度与环境温度差不大于15 ℃。

5）模板施工工艺控制。模板应牢固，拼缝严密，不得漏浆。模板发生变形或漏浆，极易引起漏水。模板的对拉螺栓应规定加焊止水环。

6）砼施工工艺控制。① 混凝土浇注。为避免砼产生分层、离析，浇注时应严格控制拌和物自由落差。浇注可分层分段进行，但应注意层与层、段与段之间浇注时间间隔不得超过初凝时间，以免出现施工缝而导致渗漏。② 提高混凝土振捣的组量。地下室砼应全面细致地进行振捣，下料和振捣要形成一定的顺序，防止漏振、欠振。要在下层砼初凝前上下层砼料，捣固振动棒直插入下层砼中5～10 cm，以保证接层部位砼的质量。要严格控制振捣时间，以砼开始灌浆和冒气泡为准，不得欠振或超振。

7）施工缝的处理。这里包括地下室外墙施工缝和后浇带施工缝处的处理。外墙施工缝应设在高于底板30 cm的外壁上。对于地下室留置施工缝时，应设置止水钢板、橡胶止水带或按设计要求留置。接灌砼前，要将原有砼表面的浮浆凿去，并认真清理后再浇注新砼。后浇带的砼应采用加膨胀剂混凝土以补偿砼的收缩。

8）预埋件的处理。穿透外墙的预埋件，应在每一个预埋件上加焊止水环。预埋件穿透模板处要堵塞严密，不得漏浆。混凝土浇注时，要注意将预埋件下方的砼振捣好，防止出现空洞、蜂窝。

（4）施工中应注意的质量问题

1）严格控制水灰比，不得在混凝土内任意加水，水灰比过大将影响补偿收缩混凝土的膨胀率，直接影响补偿收缩及减少收缩裂缝的效果。

2）细部构造处理是防水的薄弱环节，施工前应审核图纸，特殊部位如变形缝、施工缝、穿墙管、预埋件等细部要精心处理。地下室防水工程必须由防水专业队施工，其技术负责人及班组长必须持有上岗证书。

4）穿墙管外预埋带有止水环的套管，应在浇筑混凝土前预埋固定，止水环周围混凝土要细心振捣密实，防止漏振，主管与套管按设计要求用防水密封膏封严。

5）结构变形缝应严格按设计要求进行处理，止水带位置要固定准确，周围混凝土要细心浇筑振捣，保证密实，止水带不得偏移，变形缝内填沥青木丝板或聚乙烯泡沫棒，缝内20 mm处填防水密封膏，在迎水面上加铺一层防水卷材，并抹20 mm防水砂浆保护。

6）后浇缝一般待混凝土浇筑六周后，应以原设计混凝土等级提高一级的U. E. A补偿收缩混凝土浇筑，浇筑前接槎处要清理干净，养护28天。

（5）成品保护

1）在施工中要保护好成品，不得碰坏防水层、施工缝处企口及止水带。

2）保护好穿墙管、电线管、电门盒及预埋件等，振捣时勿挤偏或使预埋件挤入混凝土内。

二、厨、卫间防水施工

厨、卫间渗漏是目前最大的住宅工程质量通病之一，一旦出现厨卫渗漏，将直接影响上下两户人家的正常生活，且维修困难较大，很难找出渗漏点，经常出现维修几次都不能解决问题的情况。究其原因是由于水的流动性和渗透性很强，可以说是无孔不入，见缝插针，它可以在楼板内任意穿梭，造成楼板底看到的渗点通常不是真正的渗点，所以维修难度较大。

因此，必须在施工过程中做好每一道工序，避免渗漏现象的出现，在此对厨、卫间渗漏的控制提出以下措施。

1. 楼板面施工

现代住宅楼板面多采用现浇混凝土结构，在混凝土板面浇筑前应先预留管道洞，管道洞口位置尺寸应预留准确，避免二次开凿影响混凝土整体密实性；同时混凝土浇筑应充分振捣，确保其密实性；混凝土浇筑完后不能过早上料或集中堆载，避免因堆载使混凝土板面受力不均而产生裂缝。

2. 设备管道安装

在厨、卫间地面施工前应将所有管道安装完毕，如果在防水层施工完后再安装管道，管道根部很容易出现渗漏现象，在安装管道前，楼板板厚范围内管道的光滑处应先作毛化处理，再均匀涂一层401塑料胶，然后用筛洗过的中粗砂喷洒均匀。

3. 管道洞口封堵

现浇板预留洞口填塞前应将洞口清洗干净、作毛化处理，并涂刷加胶水泥浆做黏接层；洞口封堵时分三次浇筑，首先用渗入抗裂防渗剂的微膨胀细石混凝土浇至楼板厚度的1/3处，待混凝土凝固后再用渗入抗裂防渗剂的微膨胀细石混凝土浇至楼板厚度的2/3处，待混凝土凝固后再用渗入抗裂防渗剂进行4 h蓄水试验，无渗漏后可用水泥沙浆填塞，管道过墙洞应预留套管，套管与管道中间用油麻填塞密实。

4. 找平层施工

地面找平层应采用1∶2.5～1∶3的水泥沙浆施工，坡向地漏方向，坡度为1%～3%，地漏口标高应低于相邻地面5 mm，地面标高应比室内其他房间地面低20～30 mm。管道根部及墙根阴角做成“R”形圆弧带。

5. 厨、卫间墙体施工

厨、卫间的楼板周边除门洞外，向上做一道高度不小于150 mm砌的混凝土翻边，与楼板一同浇筑，墙面用防水砂浆进行不少于2次的刮糙。

6. 防水层施工

厨、卫间防水多采用S—911聚氨酯涂膜防水，厚度不应小于1.5 mm，在施工时应注意以下几点。

1）每批防水材料进场时，应检查该材料的生产厂家资质及相应的产品合格证，资质及合格证是否有效，同时进行现场取样，并送至有相应资质的试验室进行材料复试，复试结果符合规范要求，达到合格标准后方可正式投入施工。

2）防水层施工前应先将基层清理干净，并且待基层完全干燥后方可进行防水层施工。

3）涂刷时，聚氨酯涂膜应分层涂刷，不能一遍成活，一般涂刷遍数不应少于3遍，每遍涂刷完干燥后方可涂刷下一遍，每遍涂刷方向应与上层方向垂直。

4）聚氨酯防水层的泛水高度不得小于200 mm。

5）聚氨酯涂膜应涂刷均匀。

6）施工过程应随机抽检，确保涂膜厚度满足设计要求。

7）大面积施工完毕后，必须在管道根部增加附加层，对管道根部加强处理。

7. 灌水试验

防水层做好后，对房间内进行蓄水，蓄水高度以水面淹没最高防水层2～3 cm为宜，将水放置不低于48 h，连续观察下一层板底有无漏水和渗水痕迹，如发现渗漏，则应找出原因，进行返工，直至无渗漏现象。

8. 防水保护层施工

经过蓄水试验无渗漏现象，必须及时将水排除，进行防水保护层的施工，防水保护层必须采用细石混凝土，同时严禁采用开口石代替圆石，防止施工时开口石棱角破坏防水层，在防水保护层施工时，操作工人严禁穿钉鞋，应穿平底胶鞋，同时应使用木搓板搓平，严禁用铁抹子刮平，防止不慎破坏防水层，防水保护层施工完毕后必须再进行一次蓄水试验，蓄水高度为2～3 cm，蓄水时间不低于24 h，检查有无渗漏现象。

9. 成品保护

卫生间洁具、器具等设备安装施工时，严禁在板面开洞或安装螺栓，宜尽量采用玻璃胶黏结固定，如果确实要安装螺栓时，应请专业人员对螺栓处进行加强处理。

三、卷材屋面防水施工

1. 质量问题

卷材屋面会出现各种质量问题，最集中的表现形式是局部渗漏。这种局部渗漏，通常是由于卷材防水层开裂、起鼓、流淌、老化或构造上的不合理等所造成的。

（1）开裂现象

1）原因。无论在预制的或整体现浇的钢筋混凝土屋面板，在板的支撑部位即屋架、承重墙或梁上，应力均比较集中。屋面在长期受力和保温作用下热胀冷缩，使找平层产生规则或不规则的裂缝，而把卷材防水层拉裂；在屋面板端部，由于建筑物的不均匀下沉使这种开裂现象更为严重；也有因水泥沙浆找平层抹在没有铺平的保温层上，厚薄不均匀引起的开裂；或因防水层老化龟裂，鼓泡破裂，受外力后破坏，卷材延伸率低，抗拉力差而引起的开裂；还有因沥青韧性差引起的开裂。上述开裂大都在冬期低温季节发生。

2）防治。为预防开裂，要做好屋面保温层的施工，严格掌握水泥沙浆的找平，预防因找平层变形拉裂卷材；要改善沥青胶结材料的配合比，耐热度和柔韧性要适当。

3）维修。将裂缝两边各500 mm左右宽范围内的绿豆砂铲除干净，涂一遍冷底子油，待其干燥后，沿裂缝铺一根浸过沥青的草绳，再铺一层300 mm左右的卷材条作为缓冲层，在其上再做一层卷材及一油一砂。卷材两边要封严实，不可翘边、张口。

（2）起鼓现象

1）原因。卷材防水层的起鼓（鼓泡、起泡），一般来说南方比北方多。常发生在找平层与卷材之间，且多在卷材的搭接缝处，鼓泡内部都比较潮湿，鼓泡处的沥青胶结材料多数呈蜂窝状，也有表面发亮的。因为卷材防水层中窝有水分，当受太阳照射时，水分汽化，体积膨胀，所以使卷材起鼓。水分的来源主要是隔热层材料和水泥沙浆含水量高；材料保管不妥，受潮受雨；卷材本身含有水分；施工时找平层高低不平，卷材没有贴密实；或沥青胶结材料温度低，铺得过薄，滚压不及时或压得不紧，使空隙处窝有潮气。

2）预防。保证找平层干燥。隔热材料在使用前应进行风干；施工前要做粘贴试验，以确定找平层的干燥程度。

不在雨天、大雾或风沙天施工，防止找平层受潮或施工时风窝在卷材里成泡。

在运输、储存和施工中，防止原材料受潮，尤其是卷材防止受潮，尽量分区分段施工，连续进行，避免卷材长久在露天受潮。

施工时，保证找平层平整，卷材清理好，沥青胶结材料要涂刷均匀，注意压实工作。

若隔热材料干燥确有困难，在潮湿的找平层上做卷材，要做排气孔、排气槽。

3）维修。卷材屋面上的小泡可暂不修理。若鼓泡较大，为避免破裂而引起渗漏，应将起泡处每边大约100 mm范围内的绿豆砂铲除干净，用刀开“十”字，排出水分和潮气，使其基层干燥；然后涂刷冷底子油一遍，待其干燥后在开口处浇油，用刮板从四周向中间挤压，直至开口处见油，接着在开口处加贴两层卷材，使上层卷材比下层卷材每边宽约50 mm。铺贴卷材要压实、贴紧、黏结无缝；最后刷一道沥青胶并铺撒绿豆砂保护层。

项目五　防水工程质量检查与评定标准

根据《屋面工程施工及验收规范》（GB 50206—2002）和《地下防水工程质量验收规范》（GB 50208—2002）的规定对屋面和地下工程防水施工提出几点要求。

一、防水混凝土

1．防水混凝土所用的材料要求

水泥品种应按设计要求选用，其强度等级不应低于32.5级，不得使用过期或受潮结块水泥；碎石或卵石的粒径宜为5～40 mm，含泥量不得大于1.0%，泥块含量不得大于0.5%；砂宜用中砂，含泥量不得大于3.0%，泥块含量不得大于1.0%；拌制混凝土所用的水，应采用不含有害物质的洁净水；外加剂的技术性能应符合国家或行业标准一等品及以上的质量要求；粉煤灰的级别不应低于二级，掺量不宜大于20%；硅粉掺量不应大于3%，其他掺和料的掺量应通过试验确定。

为确保防水混凝土的抗渗等级及抗压强度，规定水泥强度等级不应低于32.5级。防水混凝土不应使用过期水泥或由于受潮而成团结块的水泥，否则将由于水化不完全而大大影响混凝土的抗渗性和强度。对过期水泥或受潮结块水泥必须重新进行检验，符合要求后方能使用。粗、细骨料的含泥量多少，直接影响防水混凝土的质量，尤其对混凝土抗渗性影响较大。特别是黏土块，其体积不稳定，干燥时收缩、潮湿时膨胀，对混凝土有较大的破坏作用，必须加以限制。

外加剂能够大大提高防水混凝土的质量，根据目前工程中应用外加剂种类和质量的情况，提出了外加剂的技术性能应符合国家或行业标准一等品以上的质量要求。如 UEA 膨胀剂的质量标准分为二档，一等品的限制膨胀率为0.4%，而合格品仅为0.2%，若在地下工程中使用合格品的膨胀剂，加量按 10% ~12% 掺加，则肯定达不到预期的膨胀值要求。粉煤灰、硅粉等粉细料属活性掺和料，对提高防水混凝土的抗渗性起一定作用，它们的加入可以改善砂子级配（补充天然砂中部分小于 0.15 mm 颗粒），填充混凝土部分空隙，提高混凝土的密实性和抗渗性。掺入粉煤灰、硅粉还可以减少水泥用量，降低水化热，防止和减少混凝土裂产生。但是随着上述粉细料掺量的增加，混凝土强度将随之下降。因此，根据试验及实际施工经验，本条提出了粉煤灰掺量不宜大于 20%，硅粉掺量不应大于 3% 的规定。

2. 混凝土拌制和浇筑过程控制

拌制混凝土所用材料的品种、规格和用量，每工件班检查不应少于两次。每盘混凝土各组成材料计量结果的偏差应符合表 6－20 的规定。

表 6－20　混凝土组成材料计量结果的允许偏差（%）

混凝土组成材料	每盘计量	累计计量
水泥、掺和料	+2	+1
粗、细骨料	+3	+2
水、外加剂	+2	+1

注：累计计量适用于微机控制计量的搅拌站。

混凝土在浇筑地点的坍落度，每工件班至少检查两次。混凝土的坍落度试验应符合现行《普通混凝土拌和物性能试验方法》GB J80 的有关规定。混凝土实测的坍落度与要求坍落度之间的偏差应符合表 6－21 的规定。

表 6－21　混凝土坍落度允许偏差/mm

要求坍落度	允许偏差
≤40	+10
50 ~90	+15
≥100	+20

拌和物坍落度的大小对拌和物施工性及硬化后混凝土的抗渗性和强度有直接影响，因此加强坍落度的检测和控制是十分必要的。

由于混凝土输送条件和运距的不同，掺入外加剂后引起混凝土的坍落度损失也会不同。规定了坍落度允许偏差，减少和消除上述各种不利因素影响，保证混凝土具有良好的施工性。

防水混凝土抗渗性能，应采用标准条件下养护混凝土抗渗试件的试验结果评定。试件应在浇筑地点制作。

防水混凝土工程施工质量的检验数量，应按混凝土外露面积每 100 m^2 抽查 1 处，每处

10 m^2，且不得少于3处；细部构造应按全数检查。抽查面积是以地下混凝土工程总面积的1/10来考虑的，具有足够的代表性，经多年工程实践证明这一数值是可行的。

细部构造是地下防水工程渗漏水的薄弱环节。细部构造一般是独立的部位，一旦出现渗漏则难以修补，不能以抽检的百分率来确定地下防水工程的整体质量，因此施工质量检验时应按全数检查。

3. 质量控制标准

（1）主控项目

1）防水混凝土的原材料、配合比及坍落度必须符合设计要求。

检验方法：检查出厂合格证、质量检验报告、计量措施和现场抽样试验报告。

2）防水混凝土的抗压强度和抗渗压力必须符合设计要求。

检验方法：检查混凝土抗压、抗渗试验报告。

3）防水混凝土的变形缝、施工缝、后浇带、穿管道、埋设件等设置和构造，均须符合设计要求，严禁有渗漏。

检验方法：观察检查和检查隐蔽工程验收记录。

① 变形缝应考虑工程结构的沉降、伸缩的可变性，并保证其在变化中的密闭性，不产生渗漏现象。变形缝处混凝土结构的厚度不应小于30 mm，变形缝的宽度宜为20～30 mm。全埋式地下防水工程的变形缝应为环状；半地下防水工程的变形缝应为“U”字形，“U”字形变形缝的设计高度应超出室外地坪150 mm以上。

② 防水混凝土的施工应不留或少留施工缝，底板的混凝土应连续浇筑。墙体上不得留垂直施工缝，垂直施工缝应与变形缝相结合。最低水平施工缝距底板面应不小于300 mm，距墙孔洞边缘应不小于300 mm，并避免设在墙板承受弯距或剪力最大的部位。

③ 后浇带是一种混凝土刚性接缝，适用于不宜设置柔性变形缝以及后期变形趋于稳定的结构。后浇带应采用补偿收缩混凝土，其强度等级不得低于两侧混凝土。

④ 穿墙管道应在浇筑混凝土前预埋。当结构变形或管道伸缩量较小时，穿墙管可采用主管直接埋入混凝土内的固定式防水法；当结构变形或管道伸缩量较大或有更换要求时，应采用套管式防水法。穿墙管线较多时宜相对集中，采用封口钢板式防水法。

⑤ 埋设件端部或预留孔（槽）底部的混凝土厚度不得小于250 mm；当厚度小于250 mm时，应采取局部加厚或加焊止水钢板的防水措施。

（2）一般项目

1）防水混凝土结构表面应坚实、平整，不得有露筋、蜂窝等缺陷；埋设件位置应正确。

检查方法：观察和尺量检查。

2）防水混凝土结构表面的裂缝宽度不应大于0.2 mm，并不得贯通。

检查方法：用刻度放大镜检查。

3）防水混凝土结构厚度不应小于250 mm，其允许偏差为+15 mm、−10 mm；迎水面钢筋保护层厚度不应小于50 mm，其允许偏差为+10 mm。

检查方法：尺量检查和检查隐蔽工程验收记录。

二、水泥沙浆防水

1. 水泥浆防水层所用的材料要求

水泥品种应按设计要求选用，其强度等级不应低于32.5级，不得使用过期或受潮结块水泥；砂宜采用中砂，粒径3 mm以下，含泥量不得大于1%，硫化物和硫酸盐含量不得大于1%；水应采用不含有害物质的洁净水；聚合物乳液的外观质量，应无颗粒、异物和凝固物；外加剂的技术性能应符合国家或行业标准一等品及以上的质量要求。

2. 水泥浆防水层的基层质量控制

1）水泥沙浆铺抹前，基层的混凝土和砌筑砂浆强度应不低于设计值的80%。

2）基层表面应坚实、平整、粗糙、洁净，并充分湿润，无积水。

3）基层表面的孔洞、缝隙应用与防水层相同的砂浆填塞抹平。

3. 水泥沙浆防水层施工控制

1）分层铺抹或喷涂，铺抹时应压实、抹平和表面压光。

2）防水层各层应紧密贴合，每层宜连续施工，必须留施工缝时应采用阶梯坡形槎，但离开阴阳角外不得小于200 mm。

3）防水层的阴阳角处应做成圆弧形。

4）水泥沙浆终凝后应及时进行养护，养护温度不宜低于5 ℃并保持湿润，养护时间不得少于14天。

4. 质量控制标准

（1）主控项目

1）水泥浆防水层的原材料及配合比必须符合设计要求。

检验方法：检查出厂合格证、质量检验报告、计量措施和现场抽样试验报告。

2）水泥沙浆防水层各层之间必须结合牢固，无空鼓现象。

检验方法：观察和用小锤轻击检查。

（2）一般项目

1）水泥沙浆防水层表面应密实、平整，不得有裂纹、起砂、麻面等缺陷；阴阳角处应做成圆弧形。

检验方法：观察检查。

2）水泥沙浆防水层施工缝留槎位置应正确，接槎应按层次顺序操作，层层搭接紧密。

检验方法：观察检查和检查隐蔽工程验收记录。

3）水泥沙浆防水层的平均厚度应符合设计要求，最小厚度不得小于设计值的85%。

检验方法：观察和尺量检查。

三、卷材防水

1. 卷材防水层所用的材料要求

卷材防水层应采用高聚物改性沥青防水卷材和合成高分子防水卷材。所选用的基层处理剂、胶粘剂、密封材料等配套材料，均应与铺贴的卷材材性相容。

目前国内外用的主要卷材品种：高聚物改性沥青防水卷材有SBS、APP、APAO、APO等防水卷材；合成高分子防水卷材有三元乙丙、氯化聚乙烯、聚氯乙烯、氯化聚乙烯—橡胶共混等防水卷材。该类材料具有延伸率较大、对基层伸缩或开裂变形适应性较强的特点，适用于地下防水施工。

我国化学建材行业发展很快，卷材及胶粘剂种类繁多、性能各异，胶粘剂有溶剂型、水乳型、单组分、多组分等，各类不同的卷材都应有与配套（相容）的胶粘剂及其他辅助材料。不同种类卷材的配套材料不能相互混用，否则有可能发生腐蚀侵害或达不到黏结质量标准。

2. 卷材防水层的质量控制

铺贴防水卷材前，应将把平层清扫干净，在基面上涂刷基层处理剂；当基面较潮湿时，应涂刷湿固化型胶粘剂或潮湿界面隔离剂。

两幅卷材短边和长边的搭接宽度均不应小于 100 mm。采用多层卷材时，上下两层和相邻两幅卷材的接缝应错开 1/3 幅宽，且两层卷材不得相互垂直铺贴。

冷粘法铺贴卷材应符合下列规定：胶粘剂涂刷应均匀、不露底、不堆积；铺贴卷材时应控制胶粘剂涂刷与卷材铺贴的间隔时间，排除卷材下面的空气，并辊压黏结牢固，不得有空鼓；铺贴卷材应平整、顺直，搭接尺寸正确，不得有扭曲、皱折；接缝口应用密封材料封严，其宽度不应小于 10 mm。

热熔法铺贴卷材应符合下列规定：火焰加热器加热卷材应均匀，不得过分加热或烧穿卷材；厚度小于 3 mm 的高聚物改性沥青防水卷材，严禁采用热熔法施工；卷材表面热溶后应立即滚铺卷材，排除卷材下面的空气，并辊压黏结牢固，不得有空鼓、皱折；滚铺卷材时接缝部位必须溢出沥青热溶胶，并应随即刮封接使接缝黏结严密；铺贴后的卷材应平整、顺直，搭接尺寸正确，不得有扭曲。

卷材防水层完工并经验收合格后应及时做保护层。

保护层应符合下列规定：顶板的细石混凝土保护层与防水层之间宜设置隔离层；底板的细石混凝土保护层厚度应大于 50 mm；侧墙宜采用聚苯乙烯泡沫塑料保护层，或砌砖保护墙（边砌过填实）和铺抹 30 mm 厚水泥沙浆。

卷材防水层的施工质量检验数量，应按铺贴面积每 100 m^2 抽查 1 处，每处 10 m^2，且不得少于 3 处。卷材防水层工程施工质量的检验数量，应按所铺贴卷材面积的 1/10 进行抽查，每处检查 10 m^2，且不得少于 3 处。

3. 质量控制标准

（1）主控项目

1）卷材防水层所用卷材及主要配套材料必须符合设计要求。

检验方法：检查出厂合格证、质量检验报告和现场抽样试验报告。

2）卷材防水层及其转角处、变形缝、穿墙管道等细部做法均须符合设计要求。

检验方法：观察检查和检查隐蔽工程验收记录。

（2）一般项目

1）卷材防水层的基层应牢固，基面应洁净、平整同，不得有空鼓、松动、起砂和脱皮现象；基层阴阳角处应做成圆弧形。

检验方法：观察检查和检查隐蔽工程验收记录。

基层的转角处是防水层应力集中的部位，由于高聚物改性沥青卷材和合成高分子卷材的柔性好且卷材厚度较薄，因此防水层的转角处圆弧半径可以小些。具体地讲，转角处圆弧半径为：高聚物改性沥青卷材不应小于 50 mm，合成高分子卷材不应小于 20 mm。

2）卷材防水层的搭接缝应黏（焊）结牢固，密封严密，不得有皱折、翘边和鼓泡等缺陷。

检验方法：观察检查。

冷粘法铺贴卷材时，接缝口应用材性相容的密封材料封严，其宽度不应小于10 mm；热熔法铺贴卷材时，接缝部位必须溢出沥青热熔胶，并应随即刮封接口使接缝黏结严密。

3）侧墙卷材防水层的保护层与防水层应黏结牢固，结合紧密、厚度均匀一致。

检验方法：观察检查。

4）卷材搭接宽度的允许偏差为 -10 mm。

检验方法：观察和尺量检查。

四、涂料防水

1. 涂料防水层所用的材料要求

涂料防水层应采用反应型、水乳型、聚合物水泥防水涂料或水泥基、水泥基渗透结晶型防水涂料。

按地下工程应用，防水涂料可分为有机防水涂料和无机防水涂料。

有机防水涂料主要包括合成橡胶类、合成树脂类和橡胶沥青类。氯丁橡胶防水涂料、SBS 改性沥青防水涂料等聚合物乳液防水涂料，属挥发固化型；聚氨酯防水涂料属反应固化型。

当前国内聚合物水泥防水涂料发展很快，用量日益增多，日本称此类材料为水凝固型涂料。聚合物水泥涂料是以高分子聚合物为主要基料，加入少量无机活性粉料（如水泥及石英砂等），具有比一般有机涂料干燥快、弹性模量低、体积收缩小、抗渗性好等优点，国外称之为弹性水泥防水涂料。

无机防水涂料主要包括聚合物改性水泥基防水涂料和水泥基渗透结晶型防水涂料。有机防水涂料固化成膜后最终是形成柔性防水层，与防水混凝土主体组合为刚性、柔性两道防水。无机防水涂料是在水泥中掺有一定的聚合物，不同程度地改变水泥固化后的物理力学性能，但是与防水混凝土主体组合仍应认为是刚性两道防水设防，不适用于变形较大或受振动部位。

2. 涂料防水层的质量控制

涂料防水层的施工应符合下列规定：涂料涂刷前应先在基面上涂一层与涂料相容的基层处理剂；涂膜应多遍完成，涂刷应待前遍涂层干燥成膜后进行；每遍涂刷时应交替改变涂刷方向，同层涂膜的先后搭槎宽度宜为 30 ~ 50 mm；涂料防水层的施工缝（甩槎）应注意保护，搭接缝宽度应大于 100 mm，接涂前应将其甩槎表面处理干净；涂刷程序应先做转角处、穿墙管道、变形缝等部位的涂料加强层，后进行大面积涂刷；涂料防水层中铺贴的胎体增强材料，同层相邻的搭接宽度应大于 100 mm，上下层接缝应错开 1/3 幅宽。

防水涂膜在满足厚度要求的前提下，涂刷的遍数越多对成膜的密实度越好，因此涂刷时应多遍涂刷，不论是厚质涂料还是薄质涂料均不得一次成膜。每遍涂刷应均匀，不得有露底、漏涂和堆积现象。多遍涂刷时，应待涂层干燥成膜后方可涂刷后一遍涂料；两涂层施工间隔时间不宜过长，否则会形成分层。当地下工程施工面积较大时，为保护施工搭接缝的防水质量，规定搭接缝宽度应大于 100 mm，接涂前应将其甩槎表面处理干净。

3. 质量控制标准

（1）主控项目

1）涂料防水层所用材料及配合比必须符合设计要求。

检验方法：检查出厂合格证、质量检验报告、计量措施和现场抽样试验报告。

2）涂料防水层及其转角处、变形缝、穿墙管道等细部做法均须符合设计要求。

检验方法：观察检查和检查隐蔽工程验收记录。

（2）一般项目

1）涂料防水层的基层应牢固，基面应洁净、平整，不得有空鼓、松动、起砂和脱皮现象；基层阴阳角处应做成圆弧形。

检验方法：观察检查和检查隐蔽工程验收记录。

2）涂料防水层应与基层黏结牢固，表面平整、涂刷均匀，不得有流淌、皱折、鼓泡、露胎体和翘边等缺陷。

检验方法：观察检查。

3）涂料防水层的平均厚度应符合设计要求，最小厚度不得小于设计厚度的 80%。

检验方法：针测法或割取 20 mm × 20 mm 实样用卡尺测量。

4）侧墙涂料防水层的保护层与防水层黏结牢固、结合紧密、厚度均匀一致。

检验方法：观察检查。

复习思考题

1. 试述沥青卷材屋面防水层的施工过程。
2. 常用防水卷材有哪些种类？
3. 试述高聚物改性沥青卷材的冷粘法和热熔法的施工过程。
4. 简述合成高分子卷材防水施工的工艺过程。
5. 卷材屋面保护层有哪几种做法？
6. 试述涂膜防水屋面的施工过程。
7. 刚性防水屋面的隔离层如何施工？分格缝如何处理？
8. 补偿收缩混凝土防水层怎样施工？
9. 简述屋面渗漏原因及其防治方法。
10. 地下防水工程有哪几种防水方案？
11. 地下构筑物的变形缝有哪几种形式？各有哪些特点？
12. 地下防水层的卷材铺贴方案各具什么特点？
13. 防水混凝土是如何分类的？各有哪些特点？
14. 在防水混凝土施工中应注意哪些问题？

15．防水混凝土有哪几种堵漏技术？如何施工？

16．卫生间防水有哪些特点？

17．聚氨酯涂膜防水有哪些优缺点？有哪些施工工序？

18．卫生间涂膜防水施工应注意哪些事项？

20．倒置式屋面的保温层应如何施工？

21．屋面防水工程中的规范强制性条文有哪些？

22．地下防水工程中的规范强制性条文有哪些？

单元七 装饰工程施工

建筑装饰工程是采用适当的材料和正确的构造，以科学的施工工艺方法，为保护建筑主体结构，满足人们的视觉要求和使用功能，从而对建筑物和主体结构的内外表面进行的装饰和修饰，并对建筑及其室内环境进行艺术加工和处理。其主要作用是：保护结构体，延长使用寿命；美化建筑，增强艺术效果；优化环境，创造使用条件。建筑装饰工程是建筑施工的重要组成部分，主要包括抹灰、吊顶、饰面、玻璃、涂料、裱糊、刷浆和门窗等工程。图 7－1 所示为建筑装饰工程效果图。

装饰工程施工的主要特点是项目繁多、工程量大、工期长、用工量大、造价高，装饰材料和施工技术更新快，施工管理复杂。因此从业人员必须提高自身的技术水平，不断改革装饰材料和施工工艺，这对提高工程质量、缩短工期、降低成本尤为重要。

图 7－1 建筑装饰工程效果图

装饰工程施工前，必须组织材料进场，并对其进行检查、加工和配制；必须做好机械设备和施工工具的准备；必须做好图纸审查、制定施工顺序与施工方法、进行材料试验和试配工作、组织结构工程验收和工序交接检查、进行技术交底等有关技术准备工作；必须进行预埋件、预留洞的埋设和基层的处理等。

装饰工程的施工顺序对保证施工质量起着控制作用。室外抹灰和饰面工程的施工，一般应自上而下进行；高层建筑采取措施后，可分段进行；室内装饰工程的施工，应待屋面防水工程完工后，并在不致被后续工程所损坏和污染的条件下进行；室内抹灰在屋面防水工程完工前施工时，必须采取防护措施。室内吊顶、隔墙的罩面板和花饰等工程，应待室内地（楼）面湿作业完工后施工。室内装饰工程的施工顺序，应符合下列规定。

1）抹灰、饰面、吊顶和隔断工程，应待隔墙、钢木门、窗框、暗装管道、电线管和电器预埋件等完工后进行。

2）钢木门窗及其玻璃工程，根据地区气候条件和抹灰工程要求，可在湿作业前进行；铝合金、塑料、涂色镀锌钢板门窗及玻璃工程，宜在湿作业完工后进行，如需在湿作业前进行，必须加强保护。

3）有抹灰基层的饰面板工程、吊顶及轻型花饰安装工程，应待抹灰工程完工后进行。

4）涂料、刷浆工程以及吊顶、隔断、罩面板的安装，应在塑料地板、地毯、硬质纤维等地（楼）面的面层和明装电线施工前，管道设备试压后进行。木地（楼）板面层的最后一遍涂料，应待裱糊工程完工后进行。

5）裱糊工程，应待顶棚、墙面、门窗及建筑设备的涂料和刷浆工程完工后进行。

项目一　建筑装饰装修工程概述

建筑装饰是以美学原理为依据，以各种建筑及建筑材料为基础，对建筑外表及内部空间环境进行设计、加工的行为与过程的总称；是利用色彩、质感、陈设、家具装饰手段，引入声光热等要素，采用装饰材料和施工工艺，创造完美空间的活动。

以专业知识为基础，运用建筑装饰材料，对材料的加工过程就是建筑装饰施工技术。

例如，一个人支撑站立的骨架可看做钢筋混凝土，建筑装饰是扮靓人的衣服，而如何把一大堆原材料裁剪好、做好，然后穿上身，就是建筑装饰施工技术研究的内容。

一、建筑装饰工程的分类及等级

1. 按工程分类

（1）按装饰部位

1）室内装饰：楼地面、踢脚、墙裙、内墙面、顶棚、楼梯、栏杆扶手等；也可以按照室内空间三个界面（顶、墙、地）分类进行不同的装饰。

2）室外装饰：外墙面、散水、勒脚、台阶、坡道、窗楣、雨棚、壁柱、腰线、挑檐、窗台、女儿墙、压顶等。

（2）按装饰材料

1）灰浆类：水泥沙浆、混合砂浆、石灰砂浆。用于内外墙面、楼地面、顶棚等一般装修。

2）水泥石渣材料类：水刷石、干粘石、剁斧石、水磨石，多用在一般的外墙面装饰，除水磨石用于地面。

3）各种天然、人造石材类：天然大理石、天然花岗岩、青石板，人造大理石、人造花岗岩、预制水磨石、釉面砖、外墙面砖、玻璃马赛克等。多用在内、外墙面和楼地面的装饰。

4）各种卷材类：纸壁纸、塑料壁纸、玻璃纤维贴墙布、无纺贴墙布、织锦缎等。多用在内墙面装饰，也用于顶棚装饰。

5）各种涂料类：各种溶剂型涂料、乳液型涂料、水溶性涂料等。多用在内外墙面和顶棚的装饰。

6）各种罩面板材类：主要指各种木质胶合板、铝合金板、不锈钢板、镀锌彩板、铝塑板、石膏板、水泥石棉板、玻璃及各种复合贴面板等。多用于内外墙面及顶棚的装饰。

2. 建筑装饰的等级

建筑装饰的等级一般按建筑物的类型、等级、使用性质和功能特点等因素来确定。装饰等级一般分三级。

一级：高级宾馆、别墅、纪念性建筑、大型体育馆、博物馆、市级商场等。

二级：一般公用建筑如科研、高校、医院、行政办公楼。

三级：普通公用建筑及住宅，如小学、托幼建筑、普通办公楼等。

3. 室内外装饰工程对环境温度的要求

1）刷浆、饰面和花饰工程及高级抹灰、混色油漆工程温度≥5 ℃。

2）中级和普通抹灰、混色油漆工程以及玻璃工程温度≥0 ℃。

3）裱糊工程温度≥15 ℃。

4）用胶粘剂粘贴的罩面板工程温度≥10 ℃。

5）涂刷清漆温度≥8 ℃；乳胶漆应按产品说明要求的温度施工。

6）室外涂刷石灰浆温度≥3 ℃。

7）冬期施工，抹灰砂浆上墙温度≥5 ℃，砂浆抹灰层硬化初期不得受冻。做油漆墙面的抹灰砂浆，不得掺入食盐、氯化钙等抗冻外加剂进行施工。

二、建筑装饰装修工程的一般规定

（一）设计、材料、施工方面的基本规定

1. 设计

1）完善的设计施工图。

2）设计单位有设计资质。

3）设计符合城市规划、消防、环保、节能的有关规定。

4）装饰装修设计不得改动主体受力关系，否则需经原结构设计单位同意。

5）装饰装修防火、抗震、防雷设计符合国家规范。

2. 材料

1）材料选用符合国家标准（阻燃、有害物质含量限量），禁用淘汰材料。

2）进场材料品种、规格、外观、尺寸验收，且有合格证、检测报告，进口材料有商品检验报告，需复检的材料有要质检部门检验报告。

3）材料施工前及施工中均要按照材料说明操作（防火防腐、流体材料配制等）。

3. 施工

1）施工单位有资质，施工前编制施工组织设计或施工方案。

2）施工人员有相应上岗证。

3）照图施工，不得擅自改动主体以及水、暖、电、燃气、通信等配套设施。

4）建立有关施工安全、劳动保护、防火防毒的管理制度和措施，配备必要的设备和标志。

5）装饰前对主体进行验收或已有建筑对基底处理达到规范要求。

6）装修前有主要材料的样板或样板间，并由有关各方确认。

7）先设备安装，后装饰施工。

8）施工过程注意保护半成品，装修施工结束应清场退出，等待验收。

（二）室内环境污染控制

1. 装饰工程污染来源

1）建材污染。

① 涂料、油漆、胶中的有机溶剂污染：可溶性的重金属铅、汞、铬、镉、砷，苯。

② 天然石材：氡。

③ 板材及加工的制品：甲醛。

2）空气污染：氡、甲醛、苯等有害气体。

3）光污染：镜面对太阳光强烈反射。

4）噪声污染：厨房。

5）饮水污染：铁水管和铁水嘴。

6）排水污染：厨房油烟、空调排水。

2. 污染控制

国家在关于实施室内装饰装修材料有害物质限量十项强制性国家标准的通知中，为规范室内环境污染控制工作的开展，2008 年 9 月 24 日颁布了以下标准，自 2009 年 9 月 1 日起正式施行。

1)《室内装饰装修材料人造板及其制品中甲醛释放限量》GB 18580—2008。

2)《室内装饰装修材料溶剂型木器涂料中有害物质限量》GB 18581—2008。

3)《室内装饰装修材料内墙涂料中有害物质限量》GB 18582—2008。

4)《室内装饰装修材料胶粘剂中有害物质限量》GB 18583—2008。

5)《室内装饰装修材料木家具中有害物质限量》GB 18584—2008。

6)《室内装饰装修材料壁纸中有害物质限量》GB 18585—2008。

7)《室内装饰装修材料聚氯乙烯卷材地板中有害物质限量》GB 18586—2008。

8)《室内装饰装修材料地毯、地毯衬垫及地毯用胶粘剂中有害物质释放限量》GB 18587—2008。

9)《混凝土外加剂中释放氨限量》GB 18588—2008。

10)《建筑材料放射性核素限量》GB 6566—2008。

同时提出必须满足 GB 50325—2008《民用建筑工程室内环境污染控制规范》的要求。

3. 室内环境污染物浓度限制标准

室内环境有要求的装饰工程，可委托质检部门对材料进行检测。

住宅装饰装修后室内环境污染物浓度限制标准如下：① 氡 $\leqslant 200\ mg/m^3$；② 氨 $\leqslant 0.2\ mg/m^3$；③ 甲醛 $\leqslant 0.08\ mg/m^3$；④ 苯 $\leqslant 0.09\ mg/m^3$；⑤ 总挥发性有机化合物 $\leqslant 0.50\ mg/m^3$。

项目二　墙面装饰工程施工

墙面装饰工程大体可以分为抹灰类饰面工程和墙面饰面砖镶贴工程。

抹灰类饰面工程分为一般抹灰、装饰抹灰和特种砂浆抹灰；墙面饰面砖镶贴工程是指将块料面层镶贴（或安装）在墙柱表面以形成装饰层。

一、抹灰类饰面工程分类与组成

1. 分类

按抹灰使用材料和装饰效果，可分为一般抹灰和装饰抹灰。

一般抹灰适用于石灰砂浆、水泥混合砂浆、聚合物水泥沙浆、膨胀珍珠岩水泥沙浆、麻刀灰、纸筋灰、石膏灰等抹灰工程。

按建筑物标准和质量要求，分高级抹灰、中级抹灰和普通抹灰三种。

2. 组成

一般抹灰按抹灰层中所用材料及操作工序先后，分为底层、中层和面层。各分层厚度和使用砂浆品种应视基层材料、部位、质量标准以及各地气候情况而定。

3. 抹灰厚度

1）顶棚抹灰：板条和现浇混凝土顶棚为 15 mm，预制混凝土顶棚为 18 mm。

2）内墙抹灰：普通抹灰为 18 mm，中级抹灰为 20 mm，高级抹灰为 25 mm。

3）外墙抹灰：为 20 mm，勒脚及突出墙面部分为 25 mm。

表 7－1　一般抹灰的组成

层次	作用	基层材料	一般做法
底层抹灰	主要起与基层黏结的作用，起初步找平作用	砖墙基层	室内墙面一般采用混合砂浆或石灰砂浆打底；室内墙面、勒脚、屋檐以及室内有防水、防潮要求，采用水泥沙浆面层时，可采用水泥沙浆打底
	—	混凝土和加气混凝土基层	宜先用水冲洗干净，并甩 107 胶疙瘩灰黏结层，采用水泥石灰砂浆（1:1:8）打底；高级装修工程的预制混凝土板顶棚，宜用乳胶水泥沙浆打底
		木板条和钢丝网基层	宜用混合砂浆或麻刀灰、玻璃丝灰打底并将灰浆挤入基层缝隙内，以加强拉结
中层抹灰	主要起找平作用	—	所用材料基本同底层；根据施工质量要求，可以一次抹成，亦可分次进行
面层抹灰	主要起装饰作用	—	要求大面平整，无裂痕，颜色均匀；室内一般采用麻刀灰、纸筋灰、混合（细）砂浆，较高级墙面用石灰膏等。室外用混合砂浆，水泥沙浆和各种装饰抹灰

二、抹灰类饰面工程施工

1．施工顺序的确定

1）装饰工程在基层的质量检验合格后方可施工。高级装饰施工前，还应做出样板，鉴定合格后，方可施工。

2）室内外抹灰顺序，一般是先室外、后室内。室外抹灰和饰面工程的施工，应自上而下进行；高层建筑（≥9 层）采取措施后，可分段自下向上进行。室内抹灰也是从上层往下层按层施工。这样，应先做屋面，然后做天棚、墙面，最后抹地面。

3）室内抹灰、饰面工程，应待隔墙、门框、窗框、暗装管道、电线管和电器预埋件、预制钢筋混凝土楼板灌缝等完工后进行；有抹灰基层的饰面工程，应待抹灰工程完工后进行；油漆、刷浆工程，应在塑料、菱苦土等地、楼面面层和明装电线施工前以及管道设备工程试压后进行；木地板面层的最后一遍油漆，应待裱糊工程完工后进行；裱糊工程，应待顶棚、墙面、门窗及建筑设备的油漆和刷浆工程完工后进行。

2. 抹灰工程的砂浆品种选用要求

抹灰工程的砂浆品种，应按设计要求选用；如设计无要求，应符合下列规定。

1）外墙门窗洞口外侧壁、屋檐、压檐墙等的抹灰采用水泥沙浆或水泥混合砂浆；勒脚宜采用水泥沙浆。

2）温度较大的房间、车间的抹灰宜采用水泥沙浆，不宜采用水泥混合砂浆。

3）混凝土板和墙的底面抹灰采用水泥沙浆或水泥混合砂浆。

4）硅酸盐砌块的底面抹灰采用水泥混合砂浆。

5）板条、金属网顶棚和墙的底层和中层抹灰采用麻刀石灰砂浆或纸筋石灰砂浆。

6）加气混凝土块的底层采用混合砂浆或聚合物水泥沙浆。

三、墙面饰面砖镶贴工程

块料面层的种类基本可分为饰面砖和饰面板两大类。饰面砖分有釉和无釉两种，包括釉面瓷砖、外墙面砖、陶瓷锦砖、玻璃锦砖、劈离砖以及耐酸砖等；饰面板包括天然石饰面板（如大理石、花岗石和青石板等）、人造石饰面板（如预制水磨石板，合成石饰面板等）、金属饰面板（如不锈钢板、涂层钢板、铝合金饰面板等）、玻璃饰面、木质饰面板（如胶合板、木条板）、裱糊墙纸饰面等。

外墙镶贴面砖施工的主要施工工艺流程是：基层处理→抹底灰→刷结合层→弹线分格、排砖→浸砖→贴标准点→镶贴面砖→勾缝→清理表面→交工验收。

（一）釉面砖镶贴工程

1. 施工技术准备

饰面砖的基层处理和找平层砂浆的涂抹方法与装饰抹灰基本相同。

饰面砖在镶贴前，应根据设计对釉面砖和外墙面砖进行选择，要求挑选规格一致、形状平整方正、不缺棱掉角、不开裂和脱釉、无凹凸扭曲、颜色均匀的面砖及各种配件。按标准尺寸检查饰面砖，分出符合标准尺寸、大于或小于标准尺寸三种规格的饰面砖，同一类尺寸应用于同一层间或同一面墙上，应做到接缝均匀一致。

釉面砖和外墙面砖镶贴前应先清扫干净，然后置于清水中浸泡。釉面砖浸泡到不冒气泡为止，一般为 2 ~ 3 h。以饰面砖表面有潮湿感、手按无水迹为准。镶贴前应进行预排，预排时应注意同一墙面的横竖排列，均不得有一行以上的非整砖。非整砖应排在最不醒目的部位或阴角处，用接缝宽度调整。

外墙面砖预排时应根据设计图纸尺寸进行排砖分格并绘制大样图。一般要求水平缝应与旋脸、窗台齐平，竖向要求阴角及窗口处均为整砖，分格按整块分匀，并根据已确定的缝子大小做分格条和画出皮数杆。对墙、墙垛等处要求先测好中心线、水平分格线和阴阳角垂直线。

2. 釉面砖镶贴

（1）墙面镶贴方法

1）在清理干净的找平层上，依照室内标准水平线，校核地面标高和分格线。

2）以所弹地平线为依据，设置支撑釉面砖的地面木托板，加木托板的目的是为防止釉面砖因自重向下滑移，木托板表面应加工平整，其高度为非整砖的调节尺寸。整砖的镶贴就从木托板开始自下而上进行。每行的镶贴宜以阳角开始，把非整砖留在阴角。

3）调制糊状的水泥浆，其配合比为水泥：砂 = 1∶2（体积比），另掺水泥重量3% ~4% 的108胶；掺时先将108胶用两倍的水稀释，然后加在搅拌均匀的水泥沙浆中，继续搅拌至混合为止。也可按水泥：108胶：水 = 100∶5∶26的比例配制纯水泥浆进行镶贴。镶贴时，用铲刀将水泥沙浆或水泥浆均匀涂抹在釉面砖背面（水泥沙浆厚度6 ~10 mm，水泥浆厚度2 ~3 mm为宜），四周刮成斜面，按线就位后，用手轻压，然后用橡皮锤或小铲把轻轻敲击，使其与中层贴紧，确保釉面砖四周砂浆饱满，并用靠尺找平。镶贴釉面砖宜先沿底尺横向贴一行，再沿垂直线竖向贴几行，然后自下往上从第二横行开始，在已贴的釉面砖口间拉上准线（用细铁丝），横向各行釉面砖依准线镶贴。

釉面砖镶贴完毕后，用清水或棉纱，将釉面砖表面擦洗干净。室外接缝应用水泥浆或水泥沙浆勾缝，室内接缝宜用与釉面砖相同颜色的石灰膏或白水泥色浆擦嵌密实，并将釉面砖表面擦净。全部完工后，根据污染的不同程度，用棉纱或稀盐酸刷洗并及时用清水冲净。镶贴墙面时，应先贴大面，后贴阴阳角、凹槽等难度较大、耗工较多的部位。

（2）顶棚镶贴方法

镶贴前，应把墙上的水平线翻到墙顶交接处（四边均弹水平线），校核顶棚方正情况，阴阳角应找直，并按水平线将顶棚找平。如果墙与顶棚均贴釉面砖时，则房间要求规方，阴阳角都须方正，墙与顶棚成90°角，排砖时，非整砖应留在同一方向，使墙顶砖缝交圈。镶贴时应先贴标志块，间距一般为1.2 m，其他操作与墙面镶贴相同。

（3）外墙釉面砖镶贴方法

外墙釉面砖镶贴由底层灰、中层灰、结合层及面层组成。

外墙釉面砖的镶贴形式由设计而定。矩形釉面砖宜竖向镶贴，釉面砖的接缝宜采用离缝，缝宽不大于10 mm；釉面砖一般应对缝排列，不宜采用错缝排列。

1）外墙面贴釉面砖应自上而下分段，每段内应自下而上镶贴。

2）在整个墙面两头各弹一条垂直线，如墙面较长，在墙面中间部位再增弹几条垂直线，垂直线之间距离应为釉面砖宽的整倍数（包括接缝宽），墙面两头垂直线应距墙阳角（或阴角）为一块釉面砖的宽度。垂直线作为竖行标准。

3）在各分段分界处各弹一条水平线，作为贴釉面砖横行标准。各水平线的距离应为釉面砖高度（包括接缝）的整倍数。

4）清理底层灰面，并浇水湿润，刷一道素水泥浆，紧接着抹上水泥石灰砂浆，随即将釉面砖对准位置镶贴上去，用橡胶锤轻敲，使其贴实平整。

5）每个分段中宜先沿水平线贴横向一行砖，再沿垂直线贴竖向几行砖，从下往上第二横行开始，应在垂直线处已贴的釉面砖口间拉上准线，横向各行釉面砖依准线镶贴。

6）阳角处正面的釉面砖应盖住侧面的釉面砖的端边，即将接缝留在侧面，或在阳角处留成方口，以后用水泥沙浆勾缝。阴角处应使釉面砖的接缝正对阴角线。

7）镶贴完一段后，即把釉面砖的表面擦洗干净，用水泥细砂浆勾缝，待其干硬后，再擦洗一遍釉面砖面。

8）墙面上如有突出的预埋件时，此处釉面砖的镶贴，应根据具体尺寸用整砖裁割后贴上去，不得用碎块砖拼贴。

9）同一墙面应用同一品种、同一色彩、同一批号的釉面砖，并注意花纹倒顺。

（二）外墙锦砖（马赛克）镶贴

外墙贴锦砖可采用陶瓷锦砖或玻璃锦砖。锦砖镶贴由底层灰、中层灰、结合层及面层等组成。其构造如图 7－2 所示。锦砖的品种、颜色及图案选择由设计而定。

锦砖是成联供货的，如图 7－3 所示，所镶贴墙面的尺寸最好是砖联尺寸的整倍数，尽量避免将联拆散。

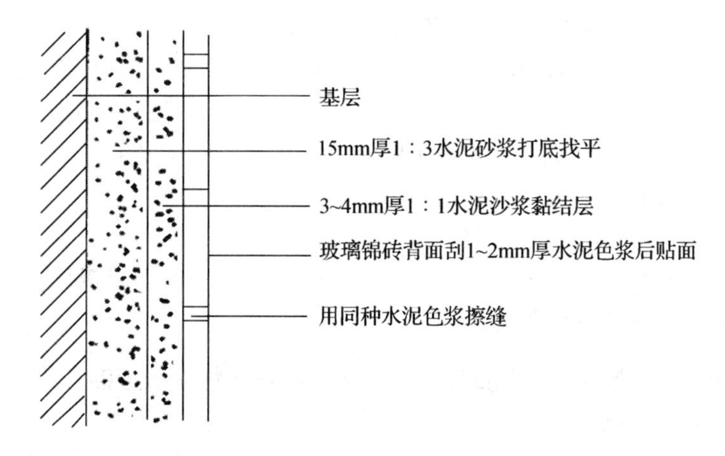

图 7－2　外墙锦砖镶贴构造

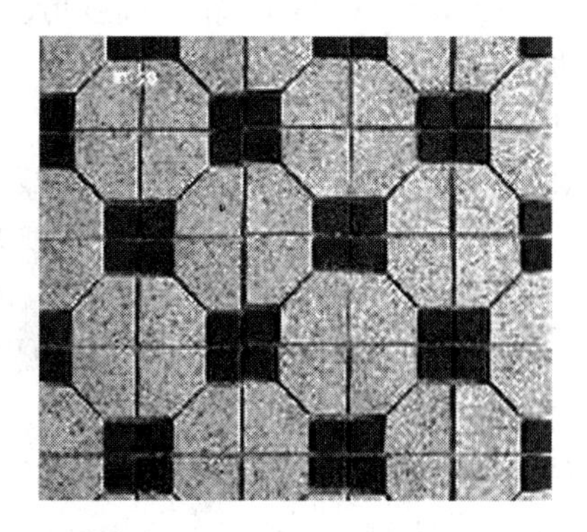

图 7－3　锦砖样式（成联）

外墙镶贴锦砖施工要点：

1）外墙镶贴锦砖应自上而下进行分段，每段内自下而上镶贴。

2）底层灰凝固后，清理墙面使其干净。按砖联排列位置，在墙面上弹出砖联分格线。根据图案形式，在各分格内写上砖联编号，相应在砖联纸背上也写上砖联编号，以便对号镶贴。

3）清理各砖联的粘贴面（锦砖背面），按编号顺序预排就位。

4）在底层灰面上洒水湿润，刷上水泥浆一道（中层灰），接着涂抹纸筋石灰膏水泥混合灰结合层，紧跟着将砖联对准位置镶贴上去并用木垫板压住，再用橡胶锤全面轻轻敲打一遍，使砖联贴实平整。砖联可预先放在木垫板上，连同木垫板一齐贴上去，敲打木垫板即可。砖联平整后即取下木垫板。

5）待结合层的混合灰能粘住砖联后，即洒水湿润砖联的背纸，轻轻将其揭掉。要将背纸撕揭干净，不留残纸。

6）在混合灰初凝前，修整各锦砖间的接缝，如接缝不正、宽窄不一，应予拨正。如有锦砖掉粒，应予补贴。

7）在混合灰终凝后，用同色水泥擦缝（略洒些水）。白色为主的锦砖应用白水泥擦缝；深色为主的锦砖应用普通水泥擦缝。

8）擦缝水泥干硬后，用清水擦洗锦砖面。

9）非整砖联处，应根据所镶贴的尺寸，预先将砖联裁割，去掉不需要的部分（连同背纸），再镶贴上去，不可将锦砖块从背纸上剥下来，一块一块地贴上去。

10）如结合层所用的混合灰中未掺入108胶，应在砖联的粘贴面随贴随刷一道混凝土界面处理剂，以增强砖联与结合层的黏结力。

11）每个分段内的锦砖宜连续贴完。

12）墙及柱的阳角处，不宜将一面锦砖边凸出去盖住另一面锦砖接缝，而应各自贴到阳角线处，缺口处用水泥细砂浆勾缝。

（三）大理石板、花岗石板、青石板、预制水磨石板等饰面板镶贴

1. 小规格饰面板的安装

小规格大理石板、花岗石板、青石板、预制水磨石板，板材尺寸小于300 mm × 300 mm，板厚8 ~ 12 mm，粘贴高度低于1 m的踢脚线板、勒脚、窗台板等，可采用水泥沙浆粘贴的方法安装。

（1）踢脚线粘贴

用1∶3水泥沙浆打底，找规矩，厚约12 mm，用刮尺刮平、划毛。待底子灰凝固后，将经过湿润的饰面板背面均匀地抹上厚2 ~ 3 mm的素水泥浆，随即将其贴于墙面，用木锤轻敲，使其与基层黏结紧密。随之用靠尺找平，使相邻各块饰面板接缝齐平，高差不超过0.5 mm，并将边口和挤出拼缝的水泥擦净。

（2）窗台板安装

安装窗台板时，先校正窗台的水平，确定窗台的找平层厚度，在窗口两边按图纸要求的尺寸在墙上剔槽。多窗口的房屋剔槽时要拉通线，并将窗1∶3找平。

清除窗台上的垃圾杂物，洒水润湿。用1∶3干硬性水泥沙浆或细石混凝土抹找平层，用刮尺刮平，均匀地撒上干水泥，待水泥充分吸水呈水泥浆状态，再将湿润后的板材平稳地安上，用木锤轻轻敲击，使其平整并与找平层有良好黏结。在窗口两侧墙上的剔槽处要先浇水润湿，板材伸入墙面的尺寸（进深与左右）要相等。板材放稳后，应用水泥沙浆或细石混凝土将嵌入墙的部分塞密堵严。窗台板接槎处注意平整，并与窗下槛处于同一水平。

若有暗炉片槽，且窗台板长向由几块拼成，在横向挑出墙面尺寸较大时，应先在窗台板下预埋角铁，要求角铁埋置的高度、进出尺寸一致，其表面应平整，并用较高标号的细石混凝土灌注，过一周后再安装窗台板。

（3）碎拼大理石

大理石厂生产光面和镜面大理石时，裁割的边角废料，经过适当的分类加工，可作为饰面材料，能取得较好的装饰效果。如矩形块料、冰裂状块料、毛边碎块等各种形体的拼贴组合，都会给人以乱中有序、自然优美的感觉。主要是采用不同的拼法和嵌缝处理，来求得一定的饰面效果。

1）矩形块料：对于锯割整齐而大小不等的正方形大理石边角块料，以大小搭配的形式镶拼在墙面上，缝隙间距1～1.5 mm，镶贴后用同色水泥色浆嵌缝，可嵌平缝，也可嵌凸缝，擦净后上蜡打光。

2）冰状块料：将锯割整齐的各种多边形大理石板碎料，搭配成各种图案。缝隙可做成凹凸缝，也可做成平缝，用同色水泥色浆嵌抹，擦净后上蜡打光。平缝的间隙可以稍小，凹凸缝的间隙可在10～12 mm，凹凸为2～4 mm。

3）毛边碎料：选取不规则的毛边碎块，因不能密切吻合，故镶拼的接缝比以上两种块料为大，应注意大小搭配、乱中有序、生动自然。

2. 湿法铺贴工艺

湿法铺贴工艺适用于板材厚为20～30 mm的大理石、花岗石或预制水磨石板，墙体为砖墙或混凝土墙。

湿法铺贴工艺是传统的铺贴方法，即在竖向基体上预挂钢筋网，用铜丝或镀锌铁丝绑扎板材并灌水泥沙浆粘牢。这种方法的优点是牢固可靠，缺点是工序烦琐，卡箍多样，板材上钻孔易损坏，特别是灌注砂浆易污染板面和使板材移位。

采用湿法铺贴工艺，墙体应设置锚固体。砖墙体应在灰缝中预埋Φ钢筋钩，钢筋钩中距为500 mm或按板材尺寸，当挂贴高度大于3m时，钢筋钩改用Φ10钢筋，钢筋钩埋入墙体内深度应不小于120 mm，伸出墙面30 mm，混凝土墙体可射入∅3.7×62的射钉，中距亦为500 mm或按板材尺寸，射钉打入墙体内30 mm，伸出墙面32 mm。

挂贴饰面板之前，将Φ6钢筋网焊接或绑扎于锚固件上。钢筋网双向中距为500 mm或按板材尺寸。在饰面板上下边各钻不少于两个∅5的孔，孔深15 mm，清理饰面板的背面。用双股18号铜丝穿过钻孔，把饰面板绑牢于钢筋网上。饰面板的背面距墙面应不小于50 mm。饰面板的接缝宽度可垫木楔调整，应确保饰面板外表面平整、垂直及板的上沿平顺。

每安装好一行横向饰面板后，即进行灌浆。灌浆前，应浇水将饰面板背面及墙体表面湿润，在饰面板的竖向接缝内填塞15～20 mm深的麻丝或泡沫塑料条以防漏浆（光面、镜面和水磨石饰面板的竖缝，可用石膏灰临时封闭，并在缝内填塞泡沫塑料条）。

拌和好1∶2.5水泥沙浆，将砂浆分层灌注到饰面板背面与墙面之间的空隙内，每层灌注高度为150～200 mm，且不得大于板高的1/3，并插捣密实。待砂浆初凝后，应检查板面位置，如有移动错位，应拆除重新安装；若无移位，方可安装上一行板。施工缝应留在饰面板水平接缝以下50～100 mm处。突出墙面的勒脚饰面板安装，应待墙面饰面板安装完工后进行。待水泥沙浆硬化后，将填缝材料清除。饰面板表面清洗干净。光面和镜面的饰面经清洗晾干后，方可打蜡擦亮。

3. 干法铺贴工艺

干法铺贴工艺，通常称为干挂法施工，即在饰面板材上直接打孔或开槽，用各种形式的连接件与结构基体用膨胀螺栓或其他架设金属连接而不需要灌注砂浆或细石混凝土。饰面板与墙体之间留出40～50 mm的空腔。这种方法适用于30m以下的钢筋混凝土结构基体上，不适用于砖墙和加气混凝土墙。

干法铺贴工艺的主要优点如下。

1）在风力和地震作用时，允许产生适量的变位，而不致出现裂缝和脱落。

2）冬季照常施工，不受季节限制。

3）没有湿作业的施工条件，既改善了施工环境，也避免了浅色板材透底污染的问题以及空鼓、脱落等问题的发生。

4）可以采用大规格的饰面石材铺贴，从而提高了施工效率。

5）可自上而下拆换、维修，无损于板材和连接件，便于饰面工程的拆改和翻修。

干法铺贴工艺主要采用扣件固定法，如图7－4所示。

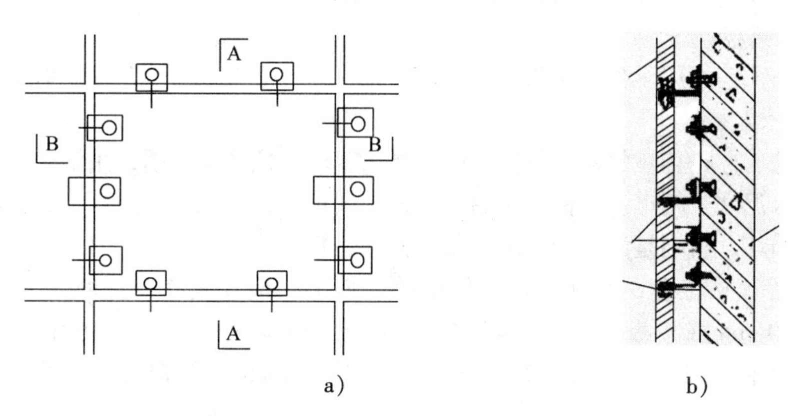

图7－4　用扣件固定大规格石材饰面板的干作业做法

a）板材安装立面图　b）板块垂直接缝剖面图

扣件固定法的安装施工步骤如下。

1）板材切割。按照设计图图纸要求在施工现场进行切割，由于板块规格较大，宜采用石材切割机切割，注意保持板块边角的挺直和规矩。

2）磨边。板材切割后，为使其边角光滑，可采用手提式磨光机进行打磨。

3）钻孔。相邻板块采用不锈钢销钉连接固定，销钉插在板材侧面孔内。孔径∅5 mm，深度12 mm，用电钻打孔。由于它关系到板材的安装精度，因而要求钻孔位置准确。

4）开槽。由于大规格石板的自重大，除了由钢扣件将板块下口托牢以外，还需在板块中部开槽设置承托扣件以支撑板材的自重。

5）涂防水剂。在板材背面涂刷一层丙烯酸防水涂料，以增强外饰面的防水性能。

6）墙面修整。如果混凝土外墙表面有局部凸出处会影响扣件安装时，须进行凿平修整。

7）弹线。从结构中引出楼面标高和轴线位置，在墙面上弹出安装板材的水平和垂直控制线，并做出灰饼以控制板材安装的平整度。

8）墙面涂刷防水剂。由于板材与混凝土墙身之间不填充砂浆，为了防止因材料性能或施工质量可能造成的渗漏，应在外墙面上涂刷一层防水剂，以加强外墙的防水性能。

9）板材安装。安装板块的顺序是自下而上进行的，在墙面最下一排板材安装位置的上下口拉两条水平控制线，板材从中间或墙面阳角开始就位安装。先安装好第一块作为基准，其平整度以事先设置的灰饼为依据，用线垂吊直，经校准后加以固定。一排板材安装完毕，再进行上一排扣件固定和安装。板材安装要求四角平整、纵横对缝。

10）板材固定。钢扣件和墙身用胀铆螺栓固定，扣件为一块钻有螺栓安装孔和销钉孔的平钢板，根据墙面与板材之间的安装距离，在现场用手提式折压机将其加工成角型钢。扣件上的孔洞均呈椭圆形，以便安装时调节位置。

11）板材接缝的防水处理。石板饰面接缝处的防水处理采用密封硅胶嵌缝。嵌缝之前先在缝隙内嵌入柔性条状泡沫聚乙烯材料作为衬底，以控制接缝的密封深度和加强密封胶的黏接力。

（四）金属饰面板施工

金属饰面板主要有彩色压型钢板复合墙板、铝合金板和不锈钢板等。

1. 彩色压型钢板复合墙板

彩色压型钢板复合墙板，是以波形彩色压型钢板为面板，以轻质保温材料为芯层，经复合而成的轻质保温墙板，适用于工业与民用建筑物的外墙挂板。

这种复合墙板的夹芯保温材料，可分别选用聚苯乙烯泡沫板、岩棉板、玻璃棉板、聚氨酯泡沫塑料等。其接缝构造基本上分两种：一种是在墙板的垂直方向设置企口边；另一种为不设企口边。如采用轻质保温板材作保温层，在保温层中间要放两条宽 50 mm 的带钢钢箍，在保温层的两端各放三块槽形冷变连接件和两块冷弯角钢吊挂件，然后用自攻螺钉将压型钢板与连接件固定，钉距一般为 100 ~ 200 mm。若采用聚氨酯泡沫塑料作保温层，可以预先浇注成型，也可在现场喷雾发泡。

彩色压型钢板复合板的安装，是用吊挂件把板材挂在墙身檩条上，再将吊挂件与檩条焊牢；板与板之间连接，水平缝为搭接缝，竖缝为企口缝。所有接缝处，除用超细玻璃棉塞缝外，还需用自攻螺钉钉牢，钉距为 200 mm。门窗洞口、管道穿墙及墙面端头处，墙板均为异型复合墙板，用压型钢板与保温材料按设计规定尺寸进行裁割，然后照标准板的做法进行组装。女儿墙顶部、门窗周围均设防雨泛水板，泛水板与墙板的接缝处用防水油膏嵌缝。压型板墙转角处，用槽形转角板进行外包角和内包角，转角板用螺栓固定。

2. 铝合金板墙面施工

铝合金板墙面装饰，主要用在同玻璃幕墙或大玻璃窗配套，或商业建筑的入口处的门脸、柱面及招牌的衬底等部位，或用于内墙装饰，如大型公共建筑的墙裙等。

铝合金板有方形板和条形板，方形板又有正方形板、矩形板及异形板。条形板一般是指宽度在 150 mm 以内的窄条板材，长度 6 m 左右，厚度多为 0.5 ~ 1.5 mm。根据其断面及安装形式的不同，通常又被分为铝合金板或铝合金扣板。还有铝合金蜂窝板，其断面呈蜂窝腔，如图 7 - 5 所示。

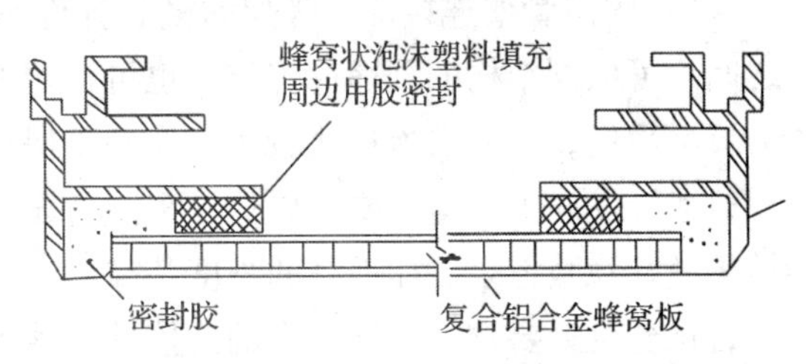

图 7 - 5　铝合金蜂窝板断面

（1）铝合金板的固定

铝合金板的固定方法较多，按其固定原理可分为两类：一类是配合特制的带齿形卡脚的金属龙骨，安装时将板条卡在龙骨上面，不需使用钉件；另一种固定方法是将铝合金板用螺栓或自攻螺钉固定于型钢或木骨架上。

1）铝合金扣板的固定。铝合金扣板多用于建筑首层的入口及招牌衬底等较为醒目的部位，其骨架可用角钢或槽钢焊成，也可用方木铺钉。骨架与墙面基层多用膨胀螺栓固定，扣板与骨架用自攻螺丝固定。

扣板的固定特点是螺钉头不外露，扣板的一边用螺钉固定，另一块扣板扣上后，恰好将螺钉盖住。

2）铝合金蜂窝板的固定。铝合金蜂窝板与骨架用连接板固定，连接件断面如图7－6所示。

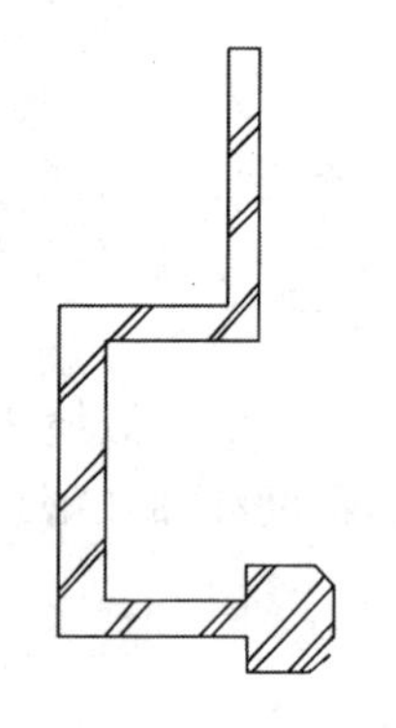
图7－6　连接件断面

3）铝合金成型板的简易固定。在铝合金板的上下各留两个孔，然后与内架上焊牢的钢销钉相配。安装时，只需将铝合金板的孔眼穿入销钉上即可，上下板之间的缝隙内填充聚氯乙烯泡沫，然后在其外侧注入硅酮密封胶。

4）铝合金条板与特制龙骨的卡接固定。图7－7所示的铝合金条板同以上介绍的几种板的固定方法截然不同。该条板卡在特制的龙骨上，龙骨与墙基层固定牢固。龙骨由镀锌钢板冲压而成，安装条板时，将条板卡在龙骨的顶面。此种固定方法简便可靠，拆换也较为方便。安装铝合金板的龙骨形式比较多，条板的断面也多种多样，在实际工程中应着重注意的是，龙骨与铝合金墙板应配套使用。

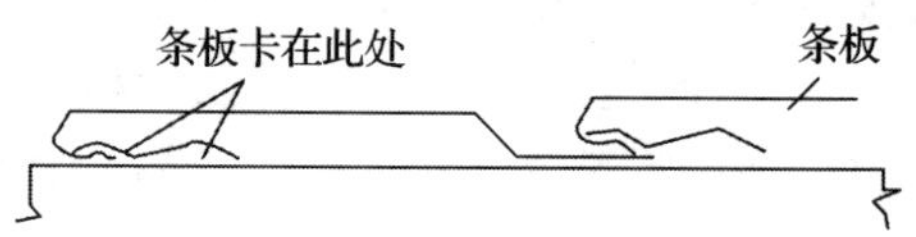

图7－7　铝合金条板与特制龙骨的卡接固定

（2）铝合金板墙面施工

铝合金墙板安装的工程质量要求较高，其技术难度也比较大。在施工前应认真查阅图纸，领会设计意图，并需进行详细的技术交底，使操作者能够主动地做好每一道工序。

1）放线。铝合金板墙面基本上是由铝合金板和骨架组成。其骨架一般是由横竖杆件拼装而成，可以是铝合金型材，也可以是型钢。固定骨架时，先在墙面上弹出骨架位置线，以保证骨架施工的准确性。放线前要检查结构的质量情况，如果发现结构的垂直度与平整度误差较大，对骨架固定质量有影响时，应及时通知设计单位。放线最好一次放完，如有出入，可进行调整。

2）固定骨架连接件。骨架的横竖杆件是通过连接件与结构固定的，而连接件与结构之间，可以同结构的预埋件焊牢，也可在墙上打膨胀螺栓。膨胀螺栓锚固使用较多，它较为灵活简便，尺寸误差也比较小，有利于保证骨架位置的准确性。

连接件施工质量主要是要保证牢固可靠，在操作过程中要加强自检和互检，并将检查结果做好隐蔽记录。如焊缝的长度、高度，膨胀螺栓的埋入深度等最好做拉拔试验，看其是否符合设计要求。型钢一类的连接件，其表面应镀锌，焊缝处应刷防锈漆。

3）固定骨架。所有的骨架均应经防腐处理。骨架安装要牢固，位置要准确。待安装完毕后，应对中心线、表面标高作全面检查。高层建筑的大面积外墙板，宜用经纬仪对横竖杆件进行贯通检查，以保证饰面板的安装精度，在检查无误后，即可对骨架进行固定，同时对所有的骨架进行防腐处理。

4）安装铝合金板。铝合金板的安装固定方法较多，操作的要点也不尽相同，无论使用何种方法，都必须做到安全、牢固。特别是高层建筑的铝合金外墙板，更不能有丝毫疏忽。板与板之间，一般应当留出 10 ~ 20 mm 的间隙，最后用氯丁橡胶条或硅酮密封胶进行密封处理。

铝合金板安装操作应注意施工安全，遇有大风大雨，不能使用吊栏；如果使用外墙脚手架，应设安全网。铝合金板安装完毕，须在易被碰撞及污染处采取保护措施。为防止碰撞，宜设安全保护栏；为防污染，应多用塑料薄膜遮盖。

3. 不锈钢饰面板施工

不锈钢饰面板主要用于墙柱面装饰，具有强烈的金属质感和抛光的镜面效果。下面以圆柱体不锈钢板包面工程为例进行介绍。

（1）圆柱体不锈钢板包面工艺

其主要施工工艺为：柱体成型→柱体基层处理→不锈钢板滚圆→不锈钢板定位安装→焊接和打磨修光。其操作要点如下。

1）柱体成型。在钢筋混凝土柱体浇注时，预埋钢质或铜质垫板，或在柱体抹灰时将垫板固定于柱体的抹灰基层内。

2）柱面修整。安装不锈钢板前，应对柱面基层进行修整，使柱面垂直、光圆。

3）不锈钢板的滚圆。用卷板机或手工将不锈钢板卷成或敲打成所需直径的规则圆筒体。一般将板材滚成两个标准的半圆，以备包覆柱体后焊接固定。

4）不锈钢板的定位安装。滚圆加工后的不锈钢板与圆柱体包覆就位时，其拼取接缝处应与预设的施焊垫板位置相对应。安装时注意调整缝隙的大小，其间隙应符合焊接的规范要求（0 ~ 1.0 mm），并须保持均匀一致；焊缝两侧板面不应出现高低差。可以用点焊或其他办法，先将板的位置固定，以利于下一步的正式焊接。

5）焊接操作。为了保证不锈钢板的附着性和耐腐性不受损失，避免其对碳的吸收或在焊接过程中混入杂质，应在施焊前对焊缝区进行脱脂去污处理。常用三氯代乙烯、苯、汽油、中性洗涤剂或其他化学药品，用不锈钢丝细毛刷进行刷洗。必要时，还可采用砂轮机进行打磨，使焊接区金属表面暴露。此后，在焊缝两侧固定铜质或钢质压板，此压板与预设的垫板，共同构成了防止不锈钢板在焊接时受热变形的防范措施。

对于厚度在 2 mm 以内的不锈钢板的焊接，一般不开坡口，而是采用平口对焊方式。如若设计要求焊缝开坡口时，其开口操作应在安装就位之前进行。对于不锈钢板的包柱施工，其焊接方法应以手工电弧焊作薄板焊接时，须使用较细的不锈钢焊条及较小的焊接电流进行操作。

6）打磨修光。由于施焊，不锈钢板包柱饰面的拼缝处会不平整，而且黏附有一定量的熔渣，为此，须将其表面修平和清洁。在一般情况下，当焊缝表面并无太明显的凹痕或凸出粗粒焊珠时，可直接进行抛光。当表面有较大凹凸不平时，应使用砂轮机磨平后换上抛光轮作抛光处理。使焊缝痕迹不很显露，焊缝区表面应洁净光滑。

(2) 圆柱体不锈钢板镶包饰面施工要求

这种包柱镶固不锈钢板做法的主要特点是不用焊接，比较适宜于一般装饰柱体的表面装饰施工，操作较为简便快捷。通常用木胶合板作柱体的表面，也是不锈钢饰面板的基层。

其饰面不锈钢板的圆曲面加工，可采用上述手工滚圆或卷板机于现场加工制作，也可由工厂按所需曲度事先加工完成。其包柱圆筒形体的组合，可以由两片或三片加工好拼接。但安装的关键在于片与片之间的对口处理，其方式有直接卡口式和嵌槽压口式两种。

1) 直接卡口式安装。直接卡口式是在两片不锈钢板对口处安装一个不锈钢卡口槽，将其用螺钉固定于柱体骨架的凹部。安装不锈钢包柱板时，将板的一端弯后勾入卡口槽内；再用力推按板的另一端，利用板材本身的弹性使其卡入另一卡口槽内，即完成了不锈钢板包柱的安装。

2) 嵌槽压口式安装。先把不锈钢板在对口处的凹部用螺钉或铁钉固定，再将一条宽度小于接缝凹槽的木条固定于凹槽中间，两边空出的间隙相等，均宽为 1 mm 左右。在木条上涂刷万能胶或其他黏结剂，即在其上嵌入不锈钢槽条。不锈钢槽条在嵌前应用酒精或汽油等将其内侧清洁干净，而后刷涂一层胶液。

嵌槽压口安装的要点是木条的尺寸与形状准确，既可保证木条与不锈钢槽条配合的松紧适度，安装时无须大力锤击，又可保证不锈钢槽的槽面与柱体饰面齐平。木条的形状准确还可使不锈钢槽条嵌入木条后胶结面接触均匀而黏结牢固。因此在木条安装前应先与不锈钢槽条试配。木条的高度，一般不大于不锈钢槽条的槽内深度 0.5 mm。

(五) 玻璃幕墙施工

玻璃幕墙是近代科学技术发展的产物，是高层建筑时代的显著特征，其主要部分由饰面玻璃和固定玻璃骨架组成。其主要特点是：建筑艺术效果好、自重轻、施工方便、工期短。但玻璃幕墙造价高，抗风、抗震性能较弱，能耗较大，对周围环境可能形成光污染。

1. 玻璃幕墙分类

(1) 明框玻璃幕墙

其玻璃板镶嵌在铝框内，成为四边有铝框的幕墙构件，幕墙构件镶嵌在横梁上，形成横梁、主框均外露且铝框分格明显的立面。

明框玻璃幕墙构件的玻璃和铝框之间必须留有空隙，以满足温度变化和主体结构位移所必需的活动空间。空隙用弹性材料（如橡胶条）充填，必要时用硅酮密封胶（耐候胶）予以密封。

(2) 隐框玻璃幕墙

隐框玻璃幕墙是将玻璃用结构胶黏结在铝框上，大多数情况下不再加金属连接件。因此，铝框全部隐蔽在玻璃后面，形成大面积全玻璃镜面。

隐框幕墙的节点大样如图 7－8 所示，玻璃与铝框之间完全靠结构胶黏结。结构胶要承受玻璃的自重及玻璃所承受的风荷载和地震作用、温度变化的影响，因此，结构胶的质量好坏是隐框幕墙安全性的关键环节。

（3）半隐框玻璃幕墙

半隐框玻璃幕墙是将玻璃两对边嵌在铝框内，另两对边用结构胶粘在铝框上，形成半隐框玻璃幕墙。立柱外露、横梁隐蔽的称为竖框横隐幕墙；横梁外露、立柱隐蔽的称为竖隐横框幕墙。

（4）全玻幕墙

为游览观光需要，在建筑物底层，顶层及旋转餐厅的外墙，使用玻璃板，其支撑结构采用玻璃肋，称之为全玻璃幕墙。

高度不超过 4.5 m 的全玻璃幕墙，可以用下部直接支撑的方式来进行安装，超过 4.5 m的全玻璃幕墙，宜用上部悬挂安装（见图 7－9）。

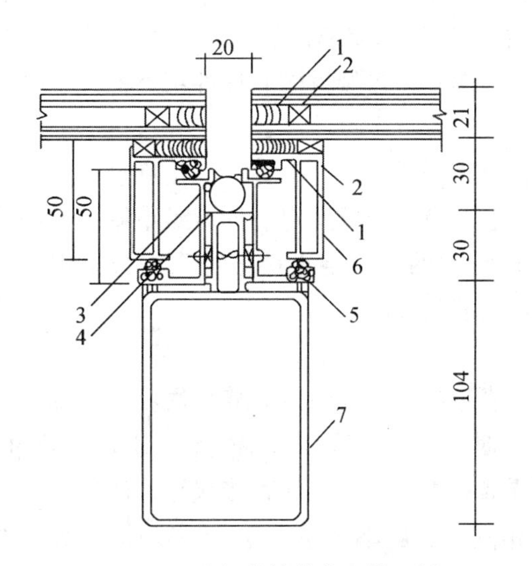

图 7－8　隐框幕墙节点大样示例

1—结构胶；2—垫块；
3—耐候胶；4—吊顶面；
5—胶条；6—铝框；7—立柱

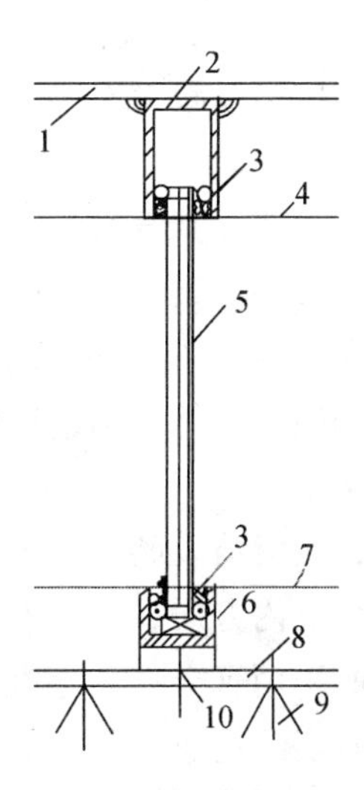

图 7－9　结构玻璃幕墙构造

1—顶部角铁吊架；2—5 mm 厚钢顶框；3—硅胶嵌缝；
4—泡沫棒；5—15 mm 厚玻璃；6—钢底框；
7—地平面；8—铁板；9—M12 螺栓；10—垫铁

2. 玻璃幕墙的安装要点

（1）定位放线

玻璃幕墙的测量放线应与主体结构测量放线相配合，其中心线和标高点由主体结构单位提供并校核准确。水平标高要逐层从地面基点引上，以免误差积累，由于建筑物随气温变化产生侧移，测量应每天定时进行。放线应沿楼板外沿弹出墨线或用钢琴线定出幕墙平面基准线，从基准线测出一定距离为幕墙平面。以此线为基准确定立柱的前后位置，从而决定整片幕墙的位置。

（2）骨架安装

骨架安装在放线后进行。骨架的固定是用连接件将骨架与主体结构相连。固定方式一般有两种：一种是在主体结构上预埋铁件，将连接件与预埋铁件焊牢；另一种是在主体结构上钻孔，然后用膨胀螺栓将连接件与主体结构相连。

连接件一般用型钢加工而成，其形状可因不同的结构类型、不同的骨架形式、不同的安装部位而有所不同，但无论何种形状的连接件，均应固定在牢固可靠的位置上，然后安装骨架。骨架一般是先安装竖向杆件（立柱），待竖向杆件就位后，再安装横向杆件。

1）立柱的安装。立柱先连接好连接件，再将连接件（铁码）点焊在主体结构的预埋钢板上，然后调整位置，立柱的垂直度可用锤球控制，位置调整准确后，将支撑立柱的钢牛腿焊牢在预埋件上。

立柱一般根据施工运输条件，可以是一层楼高或二层楼高为一整根。接头应有一定空隙，采用套筒连接法。

2）横梁的安装。横向杆件的安装，宜在竖向杆件安装后进行。如果横竖杆件均是型钢一类的材料，可以采用焊接，也可以采用螺栓或其他办法连接。当采用焊接时，大面积骨架需焊接的部位较多，由于受热不均，容易引起骨架变形，故应注意焊接的顺序及操作。如有可能，应尽量减少现场的焊接工作量。螺栓连接是将横向杆件用螺栓固定在竖向杆件的铁码上。

铝合金型材骨架，其横梁与竖框的连接，一般是通过铝拉铆钉与连接件进行固定。连接件多为角铝或角钢，其中一条肢固定在横梁上，另一条肢固定竖框。对不露骨架的隐框玻璃幕墙，其立柱与横梁往往采用型钢，使用特制的铝合金连接板与型钢骨架用螺栓连接，型钢骨架的横竖杆件采用连接件连接隐蔽于玻璃背面。

（3）玻璃安装

在安装前，应清洁玻璃，四边的铝框也要清除污物，以保证嵌缝耐候胶可靠黏结。玻璃的镀膜面应朝室内方向。当玻璃在 3 m^2 以内时，一般可采用人工安装。玻璃面积过大、重量很大时，应采用真空吸盘等机械安装。玻璃不能与其他构件直接接触，四周必须留有空隙，下部应有定位垫块，垫块宽度与槽口相同，长度不小于 100 mm。隐框幕墙构件下部应设两个金属支托，支托不应凸出到玻璃的外面。

（4）耐候胶嵌缝

玻璃板材或金属板材安装后，板材之间的间隙，必须用耐候胶嵌缝，予以密封，防止气体渗透和雨水渗漏。

3. 玻璃幕墙安装的允许偏差和检验方法

玻璃幕墙安装的允许偏差和检验方法应符合表 7－2 和表 7－3 的规定。

表 7－2　明框玻璃幕墙安装的允许偏差和检验方法

项次	项目		允许偏差/mm	检验方法
1	幕墙垂直度	幕墙高度≤30 m	10	用经纬仪检查
		30 m＜幕墙高度≤60 m	15	
		60 m＜幕墙高度≤90 m	20	
		幕墙高度＞90 m	25	

续表

项次	项目		允许偏差/mm	检验方法
2	幕墙水平度	幕墙幅宽≤35 m	5	用水平尺检查
		幕墙幅宽 >35 m	7	
3	构件直线度		2	用 2 m 靠尺和塞尺检查
4	构件水平度	构件长度≤2 m		用水平仪检查
		构件长度 >2 m		
5	相邻构件错位		1	用钢直尺检查
6	分格框对角线长度差	对角线长度≤2 m	3	用钢尺检查
		对角线长度 >2 m	4	

表 7－3　隐框、半隐框玻璃幕墙安装的允许偏差和检验方法

项次	项目		允许偏差/mm	检验方法
1	幕墙垂直度	幕墙高度≤30 m	10	用经纬仪检查
		30 m <幕墙高度≤60 m	15	
		60 m <幕墙高度≤90 m	20	
		幕墙高度 >90 m	25	
2	幕墙水平度	幕墙幅宽≤35 m	5	用水平尺检查
		幕墙幅宽 >35 m	7	
3	幕墙表面平整度		2	用 2 m 靠尺和塞尺检查
4	板材立面垂直度		2	用垂直检测尺检查
5	板材上沿水平度		2	用 2 m 水平尺和钢直尺检查
6	相邻板材板角错位		1	用钢直尺检查
7	阳角方正		2	用直角检测尺检查
88	接缝直线度		3	拉 5 m 线，不足 5 m 拉通线，用钢尺检查
9	接缝高低差		1	用钢直尺和塞尺检查
10	接缝宽度		1	用钢直尺检查

（六）裱糊工程施工

裱糊施工是目前国内外使用较为广泛的施工方法，可用在墙面、顶棚、梁柱等上作贴面装饰。墙纸的种类较多，工程中常用的有普通墙纸、塑料墙纸和玻璃纤维墙纸。从表面效果看，有仿锦缎、静电植绒、印花、压花、仿木、仿石等墙纸。

按照装饰施工的规范要求，在不同基层上的复合墙纸、塑料墙纸、墙布及带胶墙纸裱糊的主要工序见表 7－4。

表7-4　裱糊的主要工序

项次	工作名称	抹灰面混凝土				石膏板面				木料面			
		复合壁纸	VPC壁纸	墙布	带背胶壁纸	复合壁纸	VPC壁纸	墙布	带背胶壁纸	复合壁纸	VPC壁纸	墙布	带背胶壁纸
1	清扫基层、填补缝隙、用砂纸磨平	+	+	+	+	+	+	+	+	+	+	+	+
2	接缝处糊条					+	+	+	+	+	+	+	+
3	找补腻子、磨砂纸					+	+	+	+	+	+	+	+
4	满刮腻子、磨平	+	+	+	+								
5	涂刷涂料一遍									+	+	+	+
6	涂刷底胶一遍	+	+	+	+	+	+	+	+				
7	墙面画准线	+	+	+	+	+	+	+	+	+	+	+	+
8	壁纸浸水润湿		+		+		+		+		+		+
9	壁纸涂刷胶粘剂	+			+								
10	基层涂刷胶粘剂	+	+	+		+	+	+		+	+	+	
11	纸上墙、裱糊	+	+	+	+	+	+	+	+	+	+	+	+
12	拼缝、搭接、对花	+	+	+	+	+	+	+	+	+	+	+	+
13	赶压胶粘剂、气泡	+	+	+	+	+	+	+	+	+	+	+	+
14	裁边		+			+					+		
15	擦净挤出的胶液	+	+	+	+	+	+	+	+	+	+	+	+
16	清理修整	+	+	+	+	+	+	+	+	+	+	+	+

注：1. 表中“+”号表示应进行的工序。

2. 不同材料的基层相接处应糊条。

3. 混凝土表面和抹灰表面必要时可增加满刮腻子遍数。

4.“裁边”工序，在使用宽为920 mm、1 000 mm、1 100 mm等需重叠对花的PVC压延壁纸时进行。

1. 基层处理

要求基层平整、洁净，有足够的强度并适宜与墙纸牢固粘贴。基层应基本干燥，混凝土和抹灰层含水率不高于8%，木制品不高于12%。对局部麻点、凹坑须先用腻子找平，再满刮腻子，砂纸磨平。然后在表面满刷一遍底胶或底油，作为对基体表面的封闭，其作用是以免基层吸水太快，引起胶粘剂脱水，影响墙纸黏结。底胶或底油所用材料应视装饰部位及等级和环境情况而定，一般是涂刷1∶0.5～1∶1的108胶水溶液。南方地区做室内高级装饰时用酚醛清漆或光油效果更好。

2. 弹分格线

底胶干燥后，在墙面基层上弹水平、垂直线，作为操作时的标准。取线位置从墙的阴角起，用粉线在墙面上弹出垂直线，宽度以小于墙纸幅10～20 mm为宜。为使墙纸花纹对称，应在窗口弹好中心线，由中心线往两边分线，如窗口不在中间，应弹窗间墙中心线，再向其两侧分格弹线，在墙纸粘贴前，应先预拼试贴，观察其接缝效果，以决定裁纸边沿尺寸及对好花纹图案。

3. 裁纸

根据墙纸规格及墙面尺寸统筹规划裁纸，纸幅应编号，按顺序粘贴。墙面上下要预留裁制尺寸，一般两端应多留 30 ~ 40 mm。当墙纸有花纹、图案时，要预先考虑完工后的花纹、图案、光泽，且应对接无误，不要随便裁割。同时还应根据墙纸花纹、纸边情况采用对口或搭口裁割接缝。

4. 焖水

纸基塑料墙纸遇到水或胶液，开始自由膨胀，约在 5 ~ 10 min 时胀足，干后自行收缩，干纸刷胶立即上墙裱贴必定会出现大量气泡、皱折而不能成活。因此，必须先将墙纸在水槽中浸泡几分钟，或在墙纸背后刷清水一道，或墙纸刷胶后叠起静置 10 min，使墙纸湿润，然后再裱糊，水分蒸发后墙纸便会收缩、绷紧。

5. 刷胶

墙面和墙纸各刷黏结剂一道，阴阳角处应增刷 1 ~ 2 遍，刷胶应满而匀，不得漏刷。墙面涂刷黏结剂的宽度应比墙纸宽 20 ~ 30 mm。墙纸背面刷胶后，应将胶面与胶面反复对叠，以免胶干得太快，也便于上墙，并使裱糊的墙面整洁平整。

6. 裱贴

1）裱贴墙纸时，首先要垂直，后对花纹拼缝，再用刮板用力抹压平整。先贴长墙面，后贴短墙面。每个墙面从显眼的墙角以整幅纸开始，将窄条纸的裁边留在不明显的阴角处。墙面裱糊原则是先垂直面后水平面，先细部后大面。贴垂直面时先上后下，贴水平面时先高后低。

2）裱糊墙纸时，阳角处不得拼缝。墙纸应绕过墙角，宽度不超过 12 mm。包角要压实，阴角墙纸搭接时，应先裱糊压在里面的转角墙纸，再粘贴非转角的墙纸，搭接宽度一般不小于 2 ~ 3 mm，且保持垂直无毛边。

采用搭口拼缝时，要待胶粘剂干到一定程度后，才用刀具裁割墙纸，小心地撕去割出部分，再刮压密实。

3）粘贴的墙纸应与挂镜线、门窗贴脸板和中踢脚板等紧接，不得有缝隙。

4）在吊顶面上裱贴壁纸，第一段通常要贴靠近主窗、与墙壁平行的部位。长度小于 2 m 时，可与窗户成直角粘贴。在裱贴第一段前，须先弹出一条直线。其方法为，在距吊顶面两端的主窗墙角 10 mm 处用铅笔等做两个记号。在其中的一个记录处敲一枚钉子，在吊顶上弹出一道与主窗墙面平行的粉线。裁纸、浸水、刷胶后，将整条壁纸反复摺叠。然后用一卷未开封的壁纸卷或长刷撑起折叠好的一段壁纸，展开顶折的端头部分，并将边缘靠齐弹线，用排笔敷平一段，再展开下折，沿着弹线敷平，直到贴好为止。

5）墙纸粘贴后，若发现空鼓、气泡时，可用针刺放气，再注射挤进黏结剂，也可用墙纸刀切开泡面，加涂黏结剂后，用刮板压平密实。

7. 成品保护

1）为避免损坏和污染，裱贴墙纸应尽量放在施工作业的最后一道工序，特别应放在塑料踢脚板铺贴之后。

2）裱贴墙纸时空气相对湿度不应过高，一般应低于 85%，湿度不应剧烈变化。

3）在潮湿季节裱贴好的墙纸工程竣工后，应在白天打开门窗，加强通风，夜晚关闭门窗，防止潮湿气体侵蚀。

4）基层抹灰层宜具有一定吸水性。混合砂浆和纸筋灰罩面的基层，较适宜于裱贴墙纸。若用石膏罩面，则效果更佳。水泥沙浆抹光基层的裱贴效果较差。

8. 裱糊工程的质量要求

裱糊工程材料品种、颜色、图案应符合设计要求。裱糊工程的质量应符合下列规定。

1）壁纸和墙必须粘贴牢固，表面色泽一致，不得有气泡、空鼓、裂缝、翘边、皱折和斑污，斜视时无胶痕。

2）表面平整，无波纹起伏。壁纸、墙布与挂镜线、贴脸板和踢脚板紧接，不得有缝隙。

3）各幅拼接应横平竖直，拼接处花纹、图案吻合，不离缝，不搭接，距墙面1.5 m处正视，不显拼缝。

4）阴阳转角垂直、棱角分明，阴角处搭接顺光，阳角处无接缝。

5）壁纸、墙布边缘平直整齐，不得有纸毛，阳角处无接缝。

6）不得有漏贴、补贴和脱层等缺陷。

四、饰面工程的质量要求

饰面所用材料的品种、规格、颜色、图案以及镶贴方法应符合设计要求；饰面工程的表面不得有变色、起碱、污点、砂浆流痕和显著的光泽受损处；突出的管线、支撑物等部位镶贴的饰面砖，应套割吻合；饰面板和饰面砖不得有歪斜、翘曲、空鼓、缺棱、掉角、裂缝等缺陷；镶贴墙裙、门窗贴脸的饰面板、饰面砖，其突出墙面的厚度应一致。

1. 墙面饰面砖镶贴工程质量验收标准及检验方法（见表7－5）

表7－5　饰面板（砖）工程质量验收标准及检验方法

<table>
<tr><th>项次</th><th>主控项目</th><th>检验方法</th><th>一般项目</th><th>检验方法</th></tr>
<tr><td rowspan="5">饰面板安装工程</td><td>饰面板的品种、规格、颜色和性能应符合设计要求，木龙骨、木饰面板和塑料饰面板的燃烧性能等级应符合设计要求</td><td>观察；检查产品合格证书、进场验收记录和性能检测报告</td><td>饰面板表面质量应平整、洁净、色泽一致，无裂痕和缺损；石材表面应无泛碱等污染</td><td>观察</td></tr>
<tr><td>饰面板孔、槽的数量、位置和尺寸应符合设计要求</td><td>检查进场验收记录和施工记录</td><td>饰面板嵌缝应密实、平直、宽度和深度应符合设计要求，嵌填材料色泽应一致</td><td>观察；尺量检查</td></tr>
<tr><td rowspan="3">饰面板安装工程的预埋件（或后置埋件）、连接件的数量、规格、位置、连接方法和防腐处理必须符合设计要求；饰面板安装必须牢固</td><td rowspan="3">手扳检查；检查进场验收记录、现场拉拔检测报告、隐蔽工程验收记录和施工记录</td><td>采用湿作业法施工的饰面板工程，石材应进行防碱背涂处理；饰面板与基体之间的灌注材料应饱满、密实</td><td>用小锤轻击检查；检查施工记录</td></tr>
<tr><td>饰面板上的孔洞应套割吻合，边缘应整齐</td><td>观察</td></tr>
<tr><td colspan="2">饰面板安装的允许偏差和检验方法应符合规范规定</td></tr>
</table>

续表

项次	主控项目	检验方法	一般项目	检验方法
饰面砖黏结工程	饰面砖的品种、规格、图案颜色和性能应符合设计要求	观察；检查产品合格证书、进场验收记录、性能检测报告和复验报告	饰面砖表面应平整、洁净、色泽一致，无裂痕和缺损	观察
			阴阳角处搭接方式、非整砖使用部位应符合设计要求	观察
	饰面砖黏结工程的找平、防水、黏结和勾缝等材料及施工方法应符合设计要求及国家现行产品标准和工程技术标准的规定	检查产品合格证书、复验报告和隐蔽工程验收记录	墙面突出物周围的饰面砖应整砖套割吻合，边缘应整齐；墙裙、贴脸突出墙面的厚度应一致	观察；尺量检查
	饰面砖黏结必须牢固	检查样板件黏结强度检测报告和施工记录	有排水要求的部位应做滴水线（槽）；滴水线（槽）应顺直，流水坡向应正确，坡度应符合设计要求	观察；用水平尺检查
	满粘法施工的饰面砖工程应无空鼓、裂缝	观察；用小锤轻击检查	饰面砖粘贴的允许偏差和检验方法应符合规范规定	

2. 饰面工程质量的允许偏差（见表7－6）

表7－6　饰面工程质量允许偏差

项次	项　目	允许偏差/mm									检查方法
		饰面板安装						饰面砖粘贴			
		天然石			瓷板	木材	塑料	金属	外墙面砖	内墙面砖	
		光面	斧石	蘑菇石							
1	立面垂直度	2	3	3	2	1.5	2	2	3	2	用2 m垂直检测尺检查
2	表面平整度	2	3	—	1.5	1	3	3	4	3	用2 m靠尺和塞尺检查
3	阴阳角方正	2	4	4	2	1.5	3	3	3	3	用直角检测尺检查
4	接缝直线度	2	4	4	2	1	1	1	3	2	拉5 m线，用钢尺检查
5	墙裙、勒脚上口直线度	2	3	3	2	2	2	2	—	—	拉5 m线，不足5 m拉通线，用钢尺检查
6	接缝高低差	0.5	3	—	0.5	0.5	1	1	1	0.5	用钢直尺和塞尺检查
7	接缝宽度	1	2	2	1	1	1	1	1	1	用钢直尺检查

项目三　涂料及刷浆工程施工

一、涂料工程

涂料敷于建筑物表面并与基体材料很好地黏结，干结成膜后，既能对建筑物表面起到一定的保护作用，又能起到建筑装饰的效果。

涂料主要由胶粘剂、颜料、溶剂和辅助材料等组成。涂料的品种繁多，按装饰部位不同，可分为内墙涂料、外墙涂料、顶棚涂料、地面涂料；按成膜物质不同，可分为油性涂料（也称油漆）、有机高分子涂料、无机高分子涂料、有机无机复合涂料；按涂料分散介质不同，可分为溶剂型涂料、水性涂料、乳液涂料（乳胶漆）。

1. 基层处理

混凝土和抹灰表面：基层表面必须坚实，无酥板、脱层、起砂、粉化等现象，否则应铲除。基层表面要求平整，如有孔洞、裂缝，须用同种涂料配制的腻子批嵌，除去表面的油污、灰尘、泥土等，清洗干净。对于施涂溶剂型涂料的基层，其含水率应控制在8%以内，对于施涂乳液型涂料的基层，其含水率应控制在10%以内。

木材基层表面：应先将木材表面上的灰尘、污垢清除，并把木材表面的缝隙、毛刺等用腻子填补磨光，木材基层的含水率不得大于12%。

金属基层表面：将灰尘、油渍、锈斑、焊渣、毛刺等清除干净。

2. 涂料施工

涂料施工主要操作方法有：刷涂、滚涂、喷涂、刮涂、弹涂、抹涂等。

（1）刷涂

人工用刷子蘸上涂料直接涂刷于被饰涂面。要求：不流、不挂、不皱、不漏、不露刷痕。刷涂一般不少于两道，应在前一道涂料表面干燥后再涂刷下一道。两道施涂的间隔时间由涂料品种和涂刷厚度确定，一般为2～4 h。

（2）滚涂

利用涂料锟子蘸上少量涂料，在基层表面上下垂直来回滚动施涂。阴角及上下口一般需先用排笔、鬃刷刷涂。

（3）喷涂

这是一种利用压缩空气将涂料制成雾状（或粒状）喷出，涂于被饰涂面的机械施工方法。其操作过程如下。

1）将涂料调至施工所需黏度，将其装入贮料罐或压力供料筒中。

2）打开空压机，调节空气压力，使其达到施工压力，一般为0.4～0.8 MPa。

3）喷涂时，手握喷枪要稳，涂料出口应与被涂面保持垂直，喷枪移动时应与喷涂面保持平行。喷距500 mm左右为宜，喷枪运行速度应保持一致。

4）喷枪移动的范围不宜过大，一般直接喷涂700～800 mm后折回，再喷涂下一行，也可选择横向或竖向往返喷涂。

5）涂层一般两遍成活，横向喷涂一遍，竖向再涂一遍。两遍之间的间隔时间由涂料品种及喷涂厚度而定，要求涂膜应厚薄均匀、颜色一致、平整光滑，不出现露底、皱纹、流挂、钉孔、气泡和失光现象。

（4）刮涂

利用刮板，将涂料厚浆均匀地批刮于涂面上，形成厚度为1～2 mm的厚涂层。这种施工方法多用于地面等较厚层涂料施涂。

刮涂施工的方法如下。

1）腻子一次刮涂厚度一般不应超过0.5 mm，孔眼较大的物面应将腻子填嵌实，并高出物面，待干透后再进行打磨。待批刮腻子或者厚浆涂料全部干燥后，再涂刷面层涂料。

2）刮涂时应用力按刀，使刮刀与饰面成50°～60°角刮涂。刮涂时只能来回刮1～2次，不能往返多次刮涂。

3）遇有圆、菱形物面可用橡皮刮刀进行刮涂。刮涂地面施工时，为了增加涂料的装饰效果，可用划刀或记号笔刻出席纹、仿木纹等各种图案。

（5）弹涂

先在基层刷涂1～2道底涂层，待其干燥后通过机械的方法将色浆均匀地溅在墙面上，形成1～3 mm左右的圆状色点。弹涂时，弹涂器的喷出口应垂直正对被饰面，距离300～500 mm，按一定速度自上而下，由左至右弹涂。选用压花型弹涂时，应适时将彩点压平。

（6）抹涂

先在基层刷涂或滚涂1～2道底涂料，待其干燥后，使用不锈钢抹灰工具将饰面涂料抹到底层涂料上。一般抹1～2遍，间隔1小时后再用不锈钢抹子压平。涂抹厚度内墙为1.5～2 mm，外墙2～3 mm。在工厂制作组装的钢木制品和金属构件，其涂料宜在生产制作阶段施工，最后一遍安装后在现场施涂。现场制作的构件，组装前应先施涂一遍底子油（干油性且防锈的涂料），安装后再施涂。

3. 喷塑涂料施工

（1）喷塑涂料的涂层结构

按喷塑涂料层次的作用不同，其涂层构造分为封底涂料、主层涂料和罩面涂料。按使用材料分为底油、骨架和面油。喷塑涂料质感丰富、立体感强，具有乳雕饰面的效果。

1）底油：底油是涂布在基层上的涂层。它的作用是渗透到基层内部，增强基层的强度，同时又对基层表面进行封闭，并消除基层表面有损于涂层附着的因素，增加骨架涂料与基层之间的结合力。作为封底涂料，可以防止硬化后的水泥沙浆抹灰层可溶性盐渗出而破坏面层。

2）骨架：骨架是喷塑涂料特有的一层成型层，是喷塑涂料的主要构成部分。使用特制大口径喷枪或喷斗，喷涂在底油之上，再经过滚压，即形成质感丰富、新颖美观的立体花纹图案。

3）面油：面油是喷塑涂料的表面层。面油内加入各种耐晒彩色颜料，使喷塑涂层具有理想的色彩和光感。面油分为水性和油性两种，水性面油无光泽，油性面油有光泽，但目前大都采用水性面油。

（2）喷塑涂料施工

喷涂程序：刷底油→喷点料（骨架材料）→滚压点料→喷涂或刷涂面层。

底油的涂刷用漆刷进行，要求涂刷均匀、不漏刷。

喷点施工的主要工具是喷枪，喷嘴有大、中、小三种，分别可喷出大点、中点和小点。施工时可按饰面要求选择不同的喷嘴。喷点操作的移动速度要均匀；其行走路线可根据施工需要由上向下或左右移动。喷枪在正常情况下其喷嘴距墙 50 ~ 60 cm 为宜。喷头与墙面成 60° ~ 90°夹角，空压机压力为 0.5 MPa。如果喷涂顶棚，可采用顶棚喷涂专用喷嘴。如果需要将喷点压平，则喷点后 5 ~ 10 min 便可用胶辊蘸松节水，在喷涂的圆点上均匀地轻轻滚，将圆点压扁，使之成为具有立体感的压花图案。喷涂面油应在喷点施工 12 min 后进行，第一道滚涂水性面油，第二道可用油性面油，也可用水性面油。如果基层有分格条，可在面油涂饰后即行揭去，对分格缝可按设计要求的色彩重新描绘。

4. 多彩喷涂施工

多彩喷涂具有色彩丰富、技术性能好、施工方便、维修简单、防火性能好、使用寿命长等特点，因此运用广泛。

多彩喷涂的工艺可按底涂、中涂、面涂或底涂、面涂的顺序进行。

底涂：底层涂料的主要作用是封闭基层，提高涂膜的耐久性和装饰效果。底层涂料为溶剂性涂料，可用刷涂、滚涂或喷涂的方法进行操作。

中涂：中层为水性涂料，涂刷 1 ~ 2 遍，可用刷涂、滚涂及喷涂施工。

面涂（多彩）喷涂：中层涂料干燥 4 ~ 8 h 后开始施工。操作时可采用专用的内压式喷枪，喷涂压力 0.15 ~ 0.25 MPa，喷嘴距 300 ~ 400 mm，一般一遍成活，如涂层不均匀，应在 4 h 内进行局部补喷。

5. 聚氨酯仿瓷涂料层施工

这种涂料是以聚氨酯一丙烯酸树脂溶液为基料，加入优质大白粉、助剂等配制而成的双组分固化型涂料。涂膜外观是瓷质状，其耐沾污性、耐水性及耐候性等性能均较优异，可以涂刷在木质、水泥沙浆及混凝土饰面上，具有优良的装饰效果。

聚氨酯仿瓷复层涂料一般分为底涂、中涂和面涂三层，其操作要点如下。

1）基层表面应平整、坚实、干燥、洁净，表面的蜂窝、麻面和裂缝等缺陷应采用相应的腻子嵌平。金属材料表面应除锈，有油渍斑污者，可用汽油、二甲苯等溶剂清理。

2）底涂施工。底涂施工可采用刷涂、滚涂、喷涂等方法进行。

3）中涂施工。中涂一般均要求采用喷涂，喷涂压力依照材料使用说明，喷嘴口径一般为∅4。根据不同品种，将其甲乙组分进行混合调制或直接采用配套中层涂料均匀喷涂，如果涂料太稠，可加入配套溶液或醋酸丁酯进行稀释。

4）面涂施工。面涂可用喷涂、滚涂或刷涂方法施工，涂层施工的间隔时间一般在2 ~ 4 h 之间。

仿瓷涂料施工要求环境温度不低于 5 ℃，相对湿度不大于 85%，面涂完成后保养 3 ~ 5 天。

6. 涂料工程质量要求和检验方法

涂料工程应待涂层完全干燥后，方可进行验收。验收时，应检查所用的材料品种、型号和性能应符合设计要求；施工后的颜色、图案应符合设计要求；涂料在基层上涂饰应均匀、黏结牢固，不得漏涂、透底、起皮和反锈。

施涂薄涂料的涂饰质量和检验方法应符合表 7－7 的规定；施涂厚涂料、复层涂料的涂饰质量和检验方法应符合表 7－8 的规定。

表 7－7　薄涂料的涂饰质量和检验方法

项次	项　目	普通涂饰	高级涂饰	检验方法
1	颜色	均匀一致	均匀一致	观察
2	泛碱、咬色	允许少量轻微	不允许	
3	流坠、疙瘩	允许少量轻微	不允许	
4	砂眼、刷纹	允许少量轻微砂眼，刷纹通顺	无砂眼、无刷纹	
5	装饰线、分色线平直线度	2	1	拉 5 m 线，不足 5 m 拉通线，用钢直尺检查

表 7－8　厚涂料、复层涂料的涂饰质量和检验方法

项次	项目	普通厚涂料	厚涂料	复层涂料	检验方法
1	颜色	均匀一致	均匀一致	均匀一致	观察
2	泛碱、咬色	允许少量轻微	不允许	不允许	
3	点状分布	—	疏密均匀	—	
4	喷点疏密程度	—	—	均匀，不允许连片	

施涂色漆的涂饰质量和检验方法应符合表 7－9 的规定；施涂清漆的涂饰质量和检验方法应符合表 7－10 的规定。

表 7－9　色漆的涂饰质量和检验方法

项次	项目	普通涂饰	高级涂饰	检验方法
1	颜色	均匀一致	均匀一致	观察
2	光泽、光滑	光泽基本均匀，光滑、无挡手感	光泽均匀一致，光滑	观察，手摸检查
3	刷纹	刷纹通顺	无刷纹	观察
4	裹棱、流坠、皱皮	明显处不允许	不允许	观察
5	装饰线、分色线平直度允许偏差（mm）	2	1	拉 5 m 线，不足 5 m 拉通线，用钢直尺检查

表 7－10　施涂清漆的涂饰质量和检验方法

项次	项　目	普通涂饰	高级涂饰	检验方法
1	颜色	基本一致	均匀一致	观察
2	木纹	棕眼刮平、木纹清楚	棕眼刮平、木纹清楚	观察

续表

项次	项　目	普通涂饰	高级涂饰	检验方法
3	光泽、光滑	光泽基本均匀，光滑，无挡手感	光泽均匀一致，光滑	观察，手摸检查
4	刷纹	无刷纹	无刷纹	观察
5	裹棱、流坠、皱皮	明显处不允许	不允许	观察

7. 涂料工程的安全施工

涂料材料和所用设备，必须要由接受过安全教育的专人保管，设置专用库房，各类储油原料的桶必须封盖。涂料库房与建筑物必须保持一定的安全距离，一般在 2 m 以上。库房内严禁烟火，且有足够的消防器材。

施工现场必须具有良好的通风条件，通风不良时须安置通风设备，喷涂现场的照明灯应加保护罩。使用喷灯，加油不得过满，打气不能过足，使用时间不宜过长，点火时火嘴不准对人。使用溶剂时，应做好眼睛、皮肤等的防护，并防止中毒。

二、刷浆工程

1. 刷浆材料

刷浆所用的材料主要是指石灰浆、水泥色浆、大白浆和可赛银浆等，石灰浆和水泥浆可用于室内外墙面，大白浆和可赛银浆只用于室内墙面。

（1）石灰浆

石灰浆用生石灰块或淋好的石灰膏加水调制而成，可在石灰浆内加 0.3% ~0.5% 的食盐或明矾，或 20% ~30% 的 108 胶，目的在于提高其附着力。如需配色浆，应先将颜料用水化开，再加入石灰浆内拌匀。

（2）水泥色浆

由于素水泥浆易粉化、脱落，因此一般用聚合物水泥浆，其组成材料有：白水泥、高分子材料、颜料、分散剂和憎水剂。高分子材料采用 108 胶时，一般为水泥用量的 20%。分散剂一般采用六偏磷酸钠，掺量约为水泥用量的 1%，或木质素磺酸钙，掺量约为水泥用量的 0.3%，憎水剂常用甲基硅醇钠。

（3）大白浆

大白浆由大白粉加水及适量胶结材料制成，加入颜料，可制成各种色浆。胶结材料常用 108 胶（掺入量为大白粉的 15% ~20%）或聚醋酸乙烯液（掺入量为大白粉的 8% ~10%），大白浆适于喷涂和刷涂。

（4）可赛银浆

可赛银浆是由可赛银粉加水调制而成。可赛银粉由碳酸钙、滑石粉和颜料研磨，再加入干酪素胶粉等混合配制而成。

2. 施工工艺

（1）基层处理和刮腻子

刷浆前应清理基层表面的灰尘、污垢、油渍和砂浆流痕等。在基层表面的孔眼、缝隙、凹凸不平处应用腻子找补并打磨齐平。

对室内中高级刷浆工程，在局部找补腻子后，应满刮1～2道腻子，待干燥后用砂纸打磨表面。大白浆和可赛银粉要求墙面干燥，为增强大白浆的附着力，在抹灰面未干前应先刷一道石灰浆。

（2）刷浆

刷浆一般用刷涂法、滚涂法和喷涂法施工。

其施工要点同涂料工程的涂饰施工。

聚合物水泥浆刷浆前，应先用乳胶水溶液或聚乙烯醇缩甲醛胶水溶液湿润基层。

室外刷浆在分段进行时，应以分格缝、墙角或水落管等处为分界线。同一墙面应用相同的材料和配合比，浆料必须搅拌均匀。

刷浆工程的质量要求和检验方法应符合薄涂料的涂饰质量和检验方法（见表7－7）的规定。

项目四　吊顶和隔墙工程施工

一、吊顶工程

吊顶采用悬吊方式将装饰顶棚支撑于屋顶或楼板下面。

1. 吊顶的构造组成

吊顶主要由支撑、基层和面层三个部分组成。

（1）支撑

吊顶支撑由吊杆（吊筋）和主龙骨组成。

1）木龙骨吊顶的支撑。木龙骨吊顶的主龙骨又称为大龙骨或主梁，传统木质吊顶的主龙骨，多采用50 mm×70 mm和60 mm×100 mm方木或薄壁槽钢、L60×6 mm和L70×7 mm角钢制作。龙骨间距按设计要求，如设计无要求，一般按1 mm设置。主龙骨一般用≯8～10 mm的吊顶螺栓或8号镀锌铁丝与屋顶或楼板连接。木吊杆和木龙骨必须作防腐和防火处理。

2）金属龙骨吊顶的支撑部分。轻钢龙骨与铝合金龙骨吊顶的主龙骨截面尺寸取决于荷载大小，其间距尺寸应考虑次龙骨的跨度及施工条件，一般采用1～1.5 m。其截面形状较多，主要有“U”形、“T”形、“C”形、“L”形等。主龙骨与屋顶结构楼板结构多通过吊杆连接，吊杆与主龙骨用特制的吊杆件或套件连接。金属吊杆和龙骨应作防锈处理。

（2）基层

基层用木材、型钢或其他轻金属材料制成的次龙骨组成。吊顶面层所用材料不同，其基层部分的布置方式和次龙骨的间距大小也不一样，但一般不应超过600 mm。

吊顶的基层要结合灯具位置、风扇或空调透风口位置等进行布置，留好预留洞穴及吊挂设施等，同时应配合管道、线路等安装工程施工。

（3）面层

木龙骨吊顶，其面层多用人造板（如胶合板、纤维板、木丝板、刨花板）面层或板条（金属网）抹灰面层。轻钢龙骨、铝合金龙骨吊顶，其面板多用装饰吸声板（如纸面石膏板、钙塑泡沫板、纤维板、矿啸板、玻璃丝棉板等）制作。

2. 吊顶施工工艺

(1) 木质吊顶施工

1) 弹水平线。首先将楼地面基准线弹在墙上，并以此为起点，弹出吊顶高度水平线。

2) 主龙骨的安装。主龙骨与屋顶结构或楼板结构连接主要有三种方式：用屋面结构或楼板内预埋铁件固定吊杆；用射钉将角铁等固定于楼底面固定吊杆；用金属膨胀螺栓固定铁件再与吊杆连接。

主龙骨安装后，沿吊顶标高线固定沿墙木龙骨，木龙骨的底边与吊顶标高线齐平。一般是用冲击电钻在标高线以上 10 mm 处墙面打孔，孔内塞入木楔，将沿墙龙骨钉固于墙内木楔上。然后将拼接组合好的木龙骨架托到吊顶标高位置，整片调正调平后，将其与沿墙龙骨和吊杆连接。

3) 罩面板的铺钉。罩面板多采用人造板，应按设计要求切成方形、长方形等。板材安装前，按分块尺寸弹线，安装时由中间向四周呈对称排列，顶棚的接缝与墙面交圈应保持一致。面板应安装牢固且不得出现折裂、翘曲、缺棱掉角和脱层等缺陷。

(2) 轻金属龙骨吊顶施工

轻金属龙骨按材料分为轻钢龙骨和铝合金龙骨。

1) 轻钢龙骨装配式吊顶施工。利用薄壁镀锌钢板带经机械冲压而成的轻钢龙骨即为吊顶的骨架型材。U 型上人轻钢龙骨安装方法如图 7－10 所示。

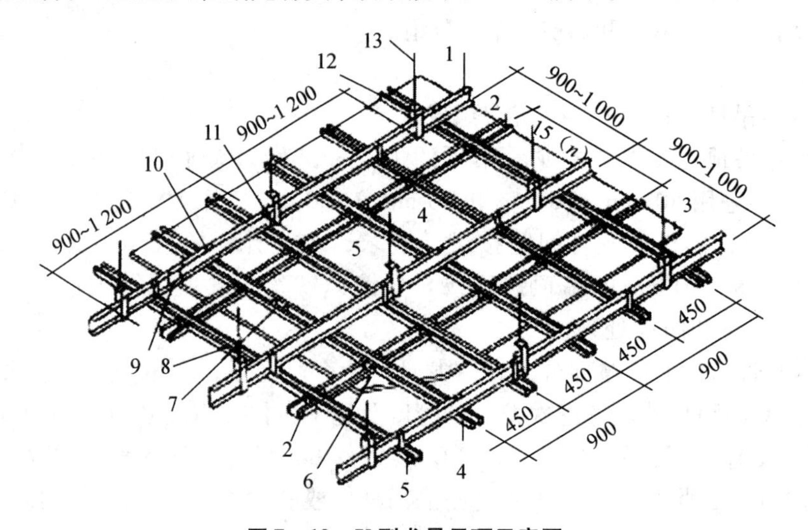

图 7－10　U 型龙骨吊顶示意图

1—大龙骨；2—横撑龙骨；3—吊顶板；4—龙骨；5—龙骨；
6—支托连接；7—连接件；8—连接件；9—连接件；10—吊挂；
11—吊件；12—吊件；13—吊杆（∅8～∅10）

施工前，先按龙骨的标高在房间四周的墙上弹出水平线，再根据龙骨的要求按一定间距弹出龙骨的中心线，找出吊点中心，将吊杆固定在埋件上。吊顶结构未设埋件时，要按确定的节点中心用射钉固定螺钉或吊杆，吊杆长度计算好后，在一端套丝，丝口的长度要考虑紧固的余量，并分别配好紧固用的螺母。

主龙骨的吊顶挂件连在吊杆上校平调正后，拧紧固定螺母，然后根据设计和饰面板尺寸要求确定的间距，用吊挂件将次龙骨固定在主龙骨上，调平调正后安装饰面板。

饰面板的安装方法如下。

搁置法：将饰面板直接放在 T 型龙骨组成的格框内。有些轻质饰面板，考虑刮风时会被掀起（包括空调口，通风口附近），可用木条、卡子固定。

嵌入法：将饰面板事先加工成企口暗缝，安装时将 T 型龙骨两肢插入企口缝内。

粘贴法：将饰面板用胶粘剂直接粘贴在龙骨上。

钉固法：将饰面板用钉、螺丝，自攻螺丝等固定在龙骨上。

卡固法：多用于铝合金吊顶，板材与龙骨直接卡接固定。

2）铝合金龙骨装配式吊顶施工。铝合金龙骨吊顶按罩面板的要求不同分龙骨底面不外露和龙骨底面外露两种形式；按龙骨结构型式不同分 T 型和 TL 型。TL 型龙骨属于安装饰面板后龙骨底面外露的一种（见图 7－11和图 7－12）。

铝合金吊顶龙骨的安装方法与轻钢龙骨吊顶基本相同。

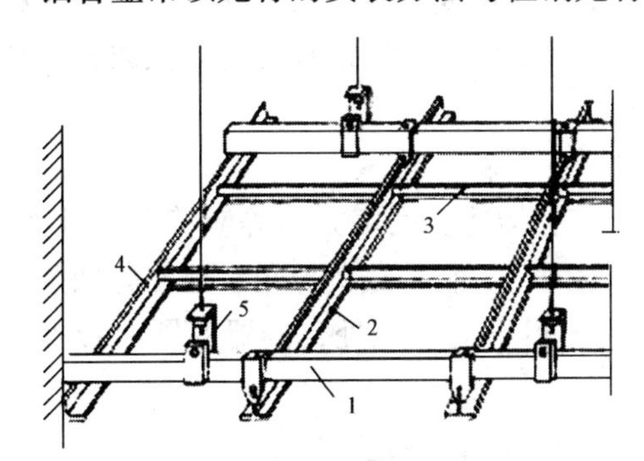

图 7－11　TL 型铝合金吊顶图

1—大龙骨；2—大 T；3—小 T；
4—角条；5—大吊挂件

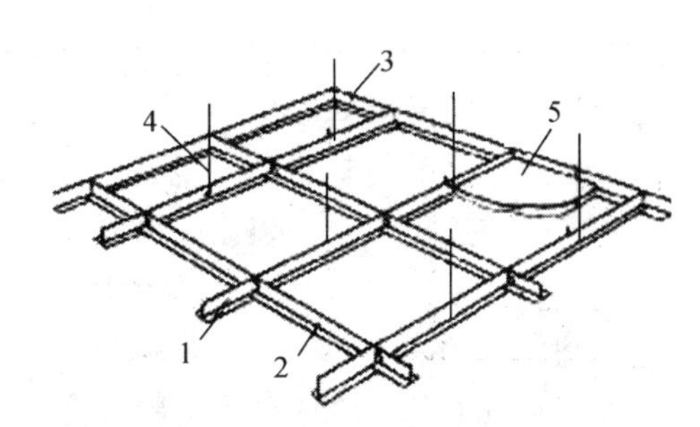

图 7－12　TL 型铝合金不上人吊

1—大 T；2—小 T；3—吊件；
4—角条；5—饰面板

3）常见饰面板的安装。铝合金龙骨吊顶与轻钢龙骨吊顶饰面板安装方法基本相同。石膏饰面板的安装可采用钉固法、粘贴法和暗式企口胶接法。

U 型轻钢龙骨采用钉固法安装石膏板时，使用镀锌自攻螺钉与龙骨固定。钉头要求嵌入石膏板内 0.5 ~ 1 mm，钉眼用腻子刮平，并用石膏板与同色的色浆腻子涂刷一遍。螺钉规格为 M5 ×25 或 M5 ×35。螺钉与板边距离应不大于 15 mm，螺钉间距以 150 ~ 170 mm 为宜，均匀布置，并与板面垂直。石膏板之间应留出 8 ~ 10 mm 的安装缝。待石膏板全部固定好后，用塑料压缝条或铝压缝条压缝。

钙塑泡沫板的主要安装方法有钉固和粘贴两种。钉固法即用圆钉或木螺丝，将面板钉在顶棚的龙骨上，要求钉距不大于 150 mm，钉帽应与板面齐平，排列整齐，并用与板面颜色相同的涂料装饰。钙塑板的交角处，用木螺丝将塑料小花固定，并在小花之间沿板边按等距离加钉固定。用压条固定时，压条应平直，接口严密，不得翘曲。钙塑泡沫板用粘贴法安装时，胶粘剂可用 401 胶或氧丁胶浆—聚异氧酸脂胶（10∶1）涂胶后，应待稍干，方可把板材粘贴压紧。

胶合板、纤维板安装应用钉固法：要求胶合板钉距 80 ~ 150 mm，钉长 25 ~ 35 mm，钉帽应打扁，并进入板面 0.5 ~ 1 mm，钉眼用油性腻子抹平，纤维板钉距 80 ~ 120 mm，钉 20 ~ 30 mm，钉帽进入板面 0.5 mm，钉眼用油性腻子抹平；硬质纤维板应用水浸透，自然阴干后安装。

矿棉板安装的方法主要有搁置法、钉固法和粘贴法。

顶棚为轻金属T型龙骨吊顶时，在顶棚龙骨安装放平后，将矿棉板直接平放在龙骨上，矿棉板每边应留有板材安装缝，缝宽不宜大于1 mm。顶棚为木龙骨吊顶时，可在矿棉板每四块的交角处和板的中心用专门的塑料花托脚，用木螺丝固定在木龙骨上；混凝土顶面可按装饰尺寸做出平顶木条，然后再选用适宜的粘胶剂将矿棉板粘贴在平顶木条上。

金属饰面板主要有金属条板、金属方板和金属格栅。

板材安装方法有卡固法和钉固法。

卡固法要求龙骨形式与条板配套；钉固法采用螺钉固定时，后安装的板块压住前安装的板块，将螺钉遮盖，拼缝严密。方形板可用搁置法和钉固法，也可用铜丝绑扎固定。

格栅安装方法有两种，一种是将单体构件先用卡具连成整体，然后通过钢管与吊杆相连接；另一种是用带卡口的吊管将单体物体卡住，然后将吊管用吊杆悬吊。金属板吊顶与四周墙面空隙，应用同材质的金属压缝条找齐。

3. 吊顶工程质量要求

吊顶工程所用的材料品种、规格、颜色以及基层构造、固定方法等应符合设计要求。罩面板与龙骨应连接紧密，表面应平整，不得有污染、折裂、缺棱掉角、锤伤等缺陷，接缝应均匀一致，粘贴的罩面不得有脱层，胶合板不得有刨透之处，搁置的罩面板不得有漏、透、翘角现象。

吊顶工程安装的允许偏差和检验方法应符合表7－11的规定。

表7－11　吊顶工程安装的允许偏差和检验方法

项次	项目	允许偏差/mm								检验方法
		暗龙骨吊顶				明龙骨吊顶				
		纸面石膏板	金属板	矿棉板	木板、塑料板格栅	石膏板	金属板	矿棉板	塑料板玻璃板	
1	表面平整度	3	2	2	2	3	2	3	2	用2 m靠尺和塞尺检查
2	接缝直线度	3	1.5	3	3	3	2	3	3	拉5 m通线，用钢直尺检查
3	接缝高低差	1	1	1.5	1	1	1	2	1	用钢直尺和塞尺检查

二、隔墙工程

1. 隔墙的构造类型

隔墙依其构造方式，可分为砌块式、骨架式和板材式。

砌块式隔墙构造方式与黏土砖墙相似，装饰工程中主要为骨架式和板材式隔墙。

骨架式隔墙骨架多为木材或型钢（轻钢龙骨、铝合金骨架），其饰面板多用纸面石膏板、人造板（如胶合板、纤维板、木丝板、刨花板、水泥纤维板）。

板材式隔墙采用高度等于室内净高的条形板材进行拼装，常用的板材有：复合轻质墙板、石膏空心条板、预制或现制钢丝网水泥板等。

2. 轻钢龙骨纸面石膏板隔墙施工

轻钢龙骨纸面石膏板墙体具有施工速度快、成本低、劳动强度小、装饰美观及防火、隔声性能好等特点。因此其应用广泛，具有代表性。

用于隔墙的轻钢龙骨有C50、C75、C100三种系列，各系列轻钢龙骨由沿顶龙骨、沿地龙骨、竖向龙骨、加强龙骨和横撑龙骨以及配件组成（见图7－13）。

轻钢龙骨墙体的施工操作工序有：弹线→固定沿地→沿顶和沿墙龙骨→龙骨架装配及校正→石膏板固定→饰面处理。

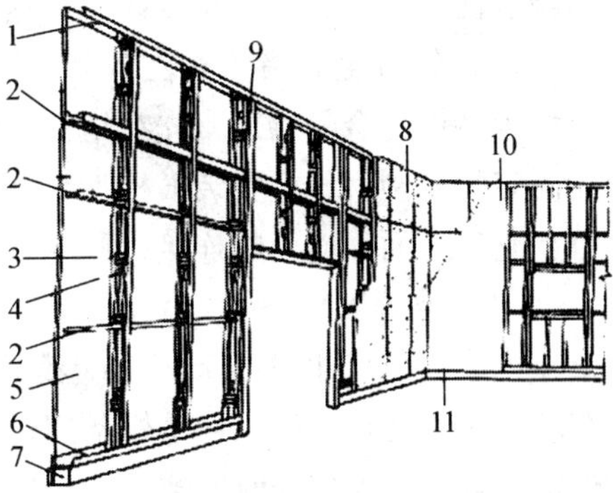

（1）弹线

根据设计要求确定隔墙的位置、隔墙门窗的位置，包括地面位置、墙面位置、高度位置以及隔墙的宽度。并在地面和墙面上弹出隔墙的宽度线和中心线，按所需龙骨的长度尺寸，对龙骨进行画线配料。按先配长料、后配短料的原则进行。量好尺寸后，用粉饼或记号笔在龙骨上画出切截位置线。

图7－13　轻钢龙骨纸面石膏板隔墙

1—沿顶龙骨；2—横撑龙骨；3—支撑卡；4—贯通孔；5—石膏板；6—沿地龙骨；7—混凝土踢脚座；8—石膏板；9—加强龙骨；10—塑料壁纸；11—踢脚板

（2）固定沿地沿顶龙骨

沿地沿顶龙骨固定前，将固定点与竖向龙骨位置错开，用膨胀螺栓和打木楔钉、铁钉与结构固定，或直接与结构预埋件连接。

（3）龙骨架装配及校正

骨架连接按设计要求和石膏板尺寸，进行骨架分格设置，然后将预选切裁好的竖向龙骨装入沿地、沿顶龙骨内，校正其垂直度后，将竖向龙骨与沿地、沿顶龙骨固定起来，固定方法用点焊将两者焊牢，或者用连接件与自攻螺钉固定。

（4）石膏板固定

固定石膏板用平头自攻螺钉，其规格通常为M4×25或M5×25两种，螺钉间距200 mm左右。安装时，将石膏板竖向放置，贴在龙骨上用电钻同时把板材与龙骨一起打孔，再拧上自攻螺丝。螺钉要沉入板材平面2～3 mm。

石膏板之间的接缝分为明缝和暗缝两种做法。明缝是用专门工具和砂浆胶合剂勾成立缝。明缝如果加嵌压条，装饰效果较好。暗缝的做法首先要求石膏板有斜角，在两块石膏板拼缝处用嵌缝石膏腻子嵌平，然后贴上50 mm的穿孔纸带，再用腻子补一道，与墙面刮平。

（5）饰面

待嵌缝腻子完全干燥后，即可在石膏板隔墙表面裱糊墙纸、织物或进行涂料施工。

3. 铝合金隔墙施工技术

铝合金隔墙是用铝合金型材组成框架，再配以玻璃等其他材料装配而成。

其主要施工工序为：弹线→下料，画线→组装框架→安装玻璃。

（1）弹线

根据设计要求确定隔墙在室内的具体位置、墙高、竖向型材的间隔位置等。

（2）画线

在平整干净的平台上，用钢尺和钢划针对型材画线，要求长度误差 ±0.5 mm，同时不要碰伤型材表面。下料时先长后短，并将竖向型材与横向型材分开。沿顶、沿地型材要画出与竖向型材的各连接位置线。画连接位置线时，必须画出连接部位的宽度。

（3）铝合金隔墙的安装固定

半高铝合金隔墙通常先在地面组装好框架后再竖立起来固定，全封铝合金隔墙通常是先固定竖向型材，再安装横档型材来组装框架。铝合金型材相互连接主要用铝角和自攻螺钉，它与地面、墙面的连接，则主要用铁脚固定法。

（4）玻璃安装

先按框洞尺寸缩小 3 ~ 5 mm 裁好玻璃，将玻璃就位后，用与型材同色的铝合金槽条，在玻璃两侧夹定，校正后将槽条用自攻螺钉与型材固定。安装活动窗口上的玻璃，应与制作铝合金活动窗口同时安装。

4. 隔墙的质量要求

1）隔墙所用材料的品种、规格、性能、颜色应符合设计要求。有隔声、隔热、阻燃、防潮等特殊要求的工程，板材应有相应性能等级的检测报告。

2）板材隔墙安装所需预埋件、连接件的位置、数量及连接方法应符合设计要求，与周边墙体连接应牢固。隔墙骨架与基体结构连接牢固，并应平整、垂直、位置正确。

3）隔墙板材安装应垂直、平整、位置正确，板材不应有裂缝或缺损；表面应平整光滑、色泽一致、洁净，接缝应均匀，墙体表面应平整、接缝密实、光滑、无凸凹现象、无裂缝。

4）隔墙上的孔洞、槽、盒应位置正确、套割方正、边缘整齐。

5）隔墙安装的允许偏差和检验方法应符合表 7－12 的规定。

表 7－12　隔墙安装的允许偏差和检验方法

<table>
<tr><th rowspan="3">项次</th><th rowspan="3">项　目</th><th colspan="6">允许偏差/mm</th><th rowspan="3">检验方法</th></tr>
<tr><th colspan="4">板材隔墙</th><th colspan="2">骨架隔墙</th></tr>
<tr><th>金属夹芯板</th><th>其他复合板</th><th>石膏空心板</th><th>钢丝网水泥板</th><th>纸面石膏板</th><th>人造木板、纤维板</th></tr>
<tr><td>1</td><td>立面垂直度</td><td>2</td><td>3</td><td>3</td><td>3</td><td>3</td><td>4</td><td>用 2m 垂直检测尺检查</td></tr>
<tr><td>2</td><td>表面平整度</td><td>2</td><td>3</td><td>3</td><td>3</td><td>3</td><td>3</td><td>用 2m 直尺和塞尺检查</td></tr>
<tr><td>3</td><td>阴阳角方正</td><td>3</td><td>3</td><td>3</td><td>4</td><td>3</td><td>3</td><td>用直角检测尺检查</td></tr>
<tr><td>4</td><td>接缝直线度</td><td></td><td></td><td></td><td></td><td></td><td>3</td><td rowspan="2">拉 5m 线，不足 5m 拉通线，用钢直尺检查</td></tr>
<tr><td>5</td><td>压条直线度</td><td></td><td></td><td></td><td></td><td></td><td>3</td></tr>
<tr><td>6</td><td>接缝高低差</td><td>1</td><td>2</td><td>2</td><td>3</td><td>1</td><td>1</td><td>用钢直尺和塞尺检查</td></tr>
</table>

项目五　门窗工程施工

门窗按材料分为木门窗、钢门窗、铝合金门窗和塑料门窗四大类。木门窗应用最早且最普通，但越来越多地被钢门窗、铝合金门窗和塑料门窗所代替。

一、木门窗

木门窗大多在木材加工厂内制作。

施工现场一般以安装木门窗框及内扇为主要施工内容。安装前应按设计图纸检查核对好型号，按图纸对号分发到位。安门框前，要用对角线相等的方法复核其兜方程度。

1. 木门窗的安装

一般有立框安装和塞框安装两种方法。

（1）立框安装

立框安装是先立好门窗框，再砌筑两边的墙。在墙砌到地面时立门樘，砌到窗台时立窗樘。立框时应先在地面（或墙面）画出门（窗）框的中线及边线，而后按线将门窗框立上，用临时支撑撑牢，并校正门窗框的垂直度及上下槛水平。

立门窗框时要注意门窗的开启方向和墙面装饰层的厚度，各门框进出一致，上下层窗框对齐。在砌两旁墙时，墙内应砌经防腐处理的木砖。垂直间隔 0.5 ~ 0.7 m 一块，木砖大小为 115 mm × 115 mm × 53 mm。

（2）塞框安装

塞框安装是在砌墙时先留出门窗洞 1∶1，然后塞入门窗框，其尺寸要比门窗框尺寸每边大 20 mm。门窗框塞入后，先用木楔临时塞住，要求横平竖直。校正无误后，将门窗框钉牢在砌于墙内的木砖上。

2. 门窗扇的安装

安装前要先测量一下门窗樘洞口净尺寸，根据测得的准确尺寸来修刨门窗扇。扇的两边要同时修刨。门窗冒头的修刨是，先刨平下冒头，以此为准再修刨上冒头。修刨时要注意留出风缝，一般门窗扇的对口处及扇与樘之间的风缝需留出 20 mm 左右。门窗扇安装时，应保持冒头、窗芯水平，双扇门窗的冒头要对齐，开关灵活，但不准出现自开或自关的现象。

3. 玻璃安装

清理门窗裁口，在玻璃底面与门窗裁口之间，沿裁口的全长均匀涂抹 1 ~ 3 mm 的底灰，用手将玻璃摊铺平正，轻压玻璃使部分底灰挤出槽口，待油灰初凝后，顺裁口刮平底灰，然后用 1/2 ~ 1/3 寸的小圆钉沿玻璃四周固定玻璃，钉距 200 mm，最后抹表面油灰即可。油灰与玻璃、裁口接触的边缘平齐，四角成规则的八字形。

木门窗安装的留缝限值、允许偏差和检验方法应符合表 7 - 13 的规定。

表 7 - 13　木门窗安装的留缝限值、允许偏差和检验方法

项次	项目	留缝宽度/mm		允许偏差/mm		检验方法
		普通	高级	普通	高级	
1	门窗槽口对角线长度差	—	—	3	2	用钢尺检查

续表

<table>
<tr><th rowspan="2">项次</th><th rowspan="2" colspan="2">项目</th><th colspan="2">留缝宽度/mm</th><th colspan="2">允许偏差/mm</th><th rowspan="2">检验方法</th></tr>
<tr><th>普通</th><th>高级</th><th>普通</th><th>高级</th></tr>
<tr><td>2</td><td colspan="2">门窗框的正、侧面垂直度</td><td>—</td><td>—</td><td>2</td><td>1</td><td>用垂直检测尺检查</td></tr>
<tr><td>3</td><td colspan="2">框与扇、扇与扇接缝高低差</td><td>—</td><td>—</td><td>2</td><td>1</td><td>用钢直尺和塞尺检查</td></tr>
<tr><td>4</td><td colspan="2">门窗扇对口缝</td><td>1 ~ 2.5</td><td>1.5 ~ 2</td><td>—</td><td>—</td><td rowspan="6">用塞尺检查</td></tr>
<tr><td>5</td><td colspan="2">工业厂房双扇大门对口缝</td><td>2 ~ 5</td><td>—</td><td>—</td><td>—</td></tr>
<tr><td>6</td><td colspan="2">门窗扇与上框间留缝</td><td>1 ~ 2</td><td>1 ~ 1.5</td><td>—</td><td>—</td></tr>
<tr><td>7</td><td colspan="2">门窗扇与侧框间留缝</td><td>1 ~ 2.5</td><td>1 ~ 1.5</td><td>—</td><td>—</td></tr>
<tr><td>8</td><td colspan="2">窗扇与下框间留缝</td><td>2 ~ 3</td><td>2 ~ 2.5</td><td>—</td><td>—</td></tr>
<tr><td>9</td><td colspan="2">门扇与下框间留缝</td><td>3 ~ 5</td><td>3 ~ 4</td><td>—</td><td>—</td></tr>
<tr><td>10</td><td colspan="2">双层门窗内外框间距</td><td>—</td><td>—</td><td>4</td><td>3</td><td>用钢尺检查</td></tr>
<tr><td rowspan="4">11</td><td rowspan="4">无下框时门扇与地面间留缝</td><td>外门</td><td>4 ~ 7</td><td>5 ~ 6</td><td>—</td><td>—</td><td rowspan="4">用塞尺检查</td></tr>
<tr><td>内门</td><td>5 ~ 8</td><td>6 ~ 7</td><td>—</td><td>—</td></tr>
<tr><td>卫生间门</td><td>8 ~ 12</td><td>8 ~ 10</td><td>—</td><td>—</td></tr>
<tr><td>厂房大门</td><td>10 ~ 20</td><td>—</td><td>—</td><td>—</td></tr>
</table>

二、钢门窗

建筑中应用较多的钢门窗有：薄壁空腹钢门窗和实腹钢门窗。

钢门窗在工厂加工制作后整体运到现场进行安装。钢门窗现场安装前应按照设计要求，核对型号、规格、数量、开启方向及所带五金零件是否齐全，凡有翘曲、变形者，应调直修复后方可安装。

钢门窗采用后塞口方法安装，可在洞口四周墙体预留孔埋设铁脚连接件固定，或在结构内预埋铁件，安装时将铁脚焊在预埋件上。钢门窗制作时将框与扇连成一体，安装时用木楔临时固定。然后用线锤和水准尺校正垂直与水平，做到横平竖直，成排门窗应上下高低一致，进出一致。门窗位置确定后，将铁脚与预埋件焊接或埋入预留墙洞内，采用1∶2水泥沙浆或细石混凝土将洞口缝隙填实。铁脚尺寸及间隙按设计要求留设，但每边不得少于2个，铁脚离端角距离约180 mm。大面组合钢窗可在地面上先拼装好，为防止吊运过程中变形，可在钢窗外侧用木方或钢管加固。

砌墙时门窗洞口应比钢门窗框每边大15 ~ 30 mm，作为嵌填砂浆的留量。其中，清水砖墙不小于15 mm，水泥沙浆抹面混水墙不小于20 mm，水刷石墙不小于25 mm，贴面砖或板材墙不小于30 mm。

玻璃安装：清理槽口，先在槽口内涂小于4 mm厚的底灰，用双手将玻璃揉平放正，挤出油灰，然后将油灰与槽口、玻璃接触的边缘刮平、刮齐。安卡子间距不小于300 mm，且每边不少于2个，卡脚长短适当，用油灰填实抹光，卡脚以不露出油灰表面为准。

钢门窗安装的留缝限值、允许偏差和检验方法应符合表 7－14 的规定。

表 7－14　钢门窗安装的留缝限值、允许偏差和检验方法

项次	项目		留缝宽度 /mm	允许偏差 /mm	检验方法
1	门窗槽口宽度、高度	≤1 500 mm	—	2.5	用钢尺检查
		>1 500 mm	—	3.5	
2	门窗槽口对角线长度差	≤2 000 mm	—	5	用钢尺检查
		>2 000 mm	—	6	
3	门窗框的正、侧面垂直度		—	3	用 1 mm 垂直检测尺检查
4	门窗横框的水平度		—	3	用 1 mm 水平尺和塞尺检查
5	门窗横框标高		—	5	用钢尺检查
6	门窗竖向偏离中心		—	4	用钢尺检查
7	双层门窗内外框间距		—	5	用钢尺检查
8	门窗框、扇配合间隙		≤2	—	用塞尺检查
9	无下框时门扇与地面间留缝		4～8	—	用塞尺检查

三、铝合金门窗

铝合金门窗是用经过表面处理的型材，通过下料、打孔、铣槽、攻丝和制窗等加工过程而制成的门窗框料构件，再与连接件、密封件和五金配件一起组装而成。

其安装要点：

1. 弹线

铝合金门、窗框一般是用后塞口方法安装。在结构施工期间，应根据设计将洞口尺寸留出。门窗框加工的尺寸应比洞口尺寸略小，门窗框与结构之间的间隙，应视不同的饰面材料而定。抹灰面一般为 20 mm；大理石、花岗石等板材，厚度一般为 50 mm。以饰面层与门窗框边缘正好吻合为准，不可让饰面层盖住门窗框。

弹线时应注意以下几方面。

1）同一立面的门窗在水平与垂直方向应做到整齐一致。安装前，应先检查预留洞口的偏差。对于尺寸偏差较大的部位，应剔凿或作填补处理。

2）在洞口弹出门、窗位置线。安装前一般是将门窗立于墙体中心线部位，也可将门窗立在内侧。

3）门的安装，须注意室内地面的标高，应与室内地面饰面的标高一致。

2. 门窗框就位和固定

按弹线确定的位置将门窗框就位，先用木楔临时固定，待检查立面垂直、左右间隙、上下位置等符合要求后，用射钉将铝合金门窗框上的铁脚与结构固定。

3. 填缝

铝合金门窗安装固定后，应按设计要求及时处理窗框与墙体缝隙。若设计未规定具体堵塞材料时，应采用矿棉或玻璃棉毡分层填塞缝隙，外表面留 5～8 mm 深槽口，槽内填嵌缝油膏或在门窗两侧作防腐处理后填1:2水泥沙浆。

4. 门、窗扇安装

门窗扇的安装，需在土建施工基本完成后进行，框装上扇后应保证框扇的立面在同一平面内，窗扇就位准确、启闭灵活。平开窗的窗扇安装前应先固定窗，然后将窗扇与窗铰固定在一起；推拉式门窗扇，应先装室内侧门窗扇，后装室外侧门窗扇；固定扇应装在室外侧，并固定牢固，确保使用安全。

5. 安装玻璃

平开窗的小块玻璃用双手操作就位。若单块玻璃尺寸较大，可使用玻璃吸盘就位。玻璃就位后，即以橡胶条固定。型材凹槽内装饰玻璃，可用橡胶条挤紧，然后在橡胶条上注入密封胶；也可以直接用橡胶衬条封缝、挤紧，表面不再注胶。

为防止因玻璃的胀缩而造成型材的变形，型材下凹槽内可先放置橡胶垫块，以免因玻璃自重而直接落在金属表面上，并且也要使玻璃的侧边及上部不得与框、扇及连接件相接触。

6. 清理

铝合金门窗交工前，将型材表面的保护胶纸撕掉，如有胶迹，可用香蕉水清理干净；然后擦净玻璃。

铝合金门窗安装的允许偏差和检验方法应符合表7－15的规定。

表7－15　铝合金门窗安装的允许偏差和检验方法

项次	项目		允许偏差/mm	检验方法
1	门窗槽口宽度、高度	≤1 500 mm	1.5	用钢尺检查
		>1 500 mm	2	
2	门窗槽口对角线长度差	≤2 000 mm	3	用钢尺检查
		>2 000 mm	4	
3	门窗框的正、侧面垂直度		2.5	用垂直检测尺检查
4	门窗横框的水平度		2	用1 mm水平尺和塞尺检查
5	门窗横框标高		5	用钢尺检查
6	门窗竖向偏离中心		5	用钢尺检查
7	双层门窗内外框间距		4	用钢尺检查
8	推拉门窗扇与框搭接量		1.5	用直钢尺检查

四、塑料门窗

塑料门窗及其附件应符合国家标准，按设计要求选用。塑料门窗不得有开焊、断裂等损坏现象，如有损坏，应予以修复或更换。塑料门窗进场后应存放在有靠架的室内并与热源隔开，以免受热变形。

塑料门窗在安装前，先安装五金配件及固定件。由于塑料型材是中空多腔的，材质较脆，因此，不能用螺丝直接锤击拧入，应先用手电钻钻孔，后用自攻螺丝拧入。钻头直径应比所选用自攻螺丝直径小 0.5 ~ 1.0 mm，这样可以防止塑料门窗出现局部凹隐、断裂和螺丝松动等质量问题，保证零附件及固定件的安装质量。

与墙体连接的固定件应用自攻螺钉等紧固于门窗框上。将五金配件及固定件安装完工并检查合格的塑料门窗框，放入洞口内，调整至横平竖直后，用木楔将塑料框料四角塞牢作临时固定，但不宜塞得过紧，以免外框变形。然后用尼龙胀管螺栓将固定件与墙体连接牢固。

塑料门窗框与洞口墙体的缝隙，用软质保温材料填充饱满，如泡沫塑料条、泡沫聚氨酯条、油毡卷条等。但不得填塞过紧，否则会使框架受压发生变形；但也不能填塞过松，否则会使缝隙密封不严，在门窗周围形成冷热交换区，发生结露现象，影响门窗防寒、防风的正常功能和墙体寿命。最后将门窗框四周内外接缝用密封材料嵌缝严密。

塑料门窗安装的允许偏差和检验方法应符合表 7 - 16 的规定。

表 7 - 16　塑料门窗安装的允许偏差和检验方法

项次	项目		允许偏差/mm	检验方法
1	门窗槽口宽度、高度	≤1 500 mm	2	用钢尺检查
		>1 500 mm	3	
2	门窗槽口对角线长度差	≤2 000 mm	3	用钢尺检查
		>2 000 mm	5	
3	门窗框的正、侧面垂直度		3	用垂直检测尺检查
4	门窗横框的水平度		3	用 1m 水平尺和塞尺检查
5	门窗横框标高		5	用钢尺检查
6	门窗竖向偏离中心		5	用钢直尺检查
7	双层门窗内外框间距		4	用钢尺检查
8	同樘平开窗相邻扇高度差		2	用钢直尺检查
9	平开门窗铰链部位配合间隙		+2；-1	用塞尺检查
10	推拉门窗扇与框搭接量		+1.5；-2.5	用钢直尺检查
11	推拉门窗扇与竖框平行度		2	用 2m 水平尺和塞尺检查

项目六　装饰工程的冬期施工

装饰工程应尽量在冬期施工前完成，或推迟在初春化冻后进行。必须在冬期施工的工程，应按冬期施工的有关规定组织施工。

一、一般抹灰冬期施工

凡昼夜平均气温低于 +5 ℃和最低气温低于 -3 ℃时，抹灰工程应按冬期施工的要求进行。

一般抹灰冬期的常用施工方法有热作法和冷作法两种。

（一）热作法施工

热作法施工是利用房屋的永久热源或临时热源来提高和保持操作环境的温度，人为创造一个正温环境，使抹灰砂浆硬化和固结。热作法一般用于室内抹灰。常用的热源有：火炉、蒸汽、远红外加热器等。

室内抹灰应在屋面已做好的情况下进行。抹灰前应将门、窗封闭，脚手眼堵好，对抹灰砌体提前进行加热，使墙面温度保持在 +5 ℃以上，以便湿润墙面不致结冰，使砂浆与墙面黏接牢固。冻结砌体应提前进行人工解冻，待解冻下沉完毕，砌体强度达设计强度的20%后方可抹灰。抹灰砂浆应在正温的室内或暖棚内制作，用热水搅拌，抹灰时砂浆的上墙温度不低于 10 ℃。抹灰结束后至少 7 天内保持 +5 ℃的室温进行养护。在此期间，应随时检查抹灰层的湿度，当干燥过快时，应洒水湿润，以防产生裂纹，影响与基层的黏结，防止脱落。

（二）冷作法施工

冷作法施工是低温条件下在砂浆中掺入一定量的防冻剂（氯化钠、氯化钙、亚硝酸钠等），在不采取采暖保温措施的情况下进行抹灰作业。冷作法适用于房屋装饰要求不高、小面积的外饰面工程。

冷作法抹灰前应对抹灰墙面进行清扫，墙面应保持干净，不得有浮土和冰霜，表面不洒水湿润；抗冻剂宜优先选用单掺氯化钠的方法，其次可用同时掺氯化钠和氯化钙的复盐方法或掺亚硝酸钠。其掺入量与室外气温有关，砂浆内单氯化钠掺入量可按表 7－17 选用，也可由试验确定。

表 7－17　砂浆内氯化钠掺量（占用水量的百分比）　（单位:%）

项目	掺量（%）	
	－5℃～0℃（室外气温）	－10℃～－5℃（室外气温）
挑檐、阳台、雨罩、墙面等抹水泥沙浆	4	4～8
墙面为水刷石、干粘石水泥沙浆	5	5～10

当采用亚硝酸钠外加剂时，砂浆内亚硝酸钠掺量应符合表 7－18 的规定。

表 7－18　砂浆内亚硝酸钠掺量（占用水量的百分比）

室外气温（℃）	－3～0	－9～－4	－15～－10	－20～－16
掺量（%）	1	3	5	8

防冻剂应由专人配制和使用，配制时可先配制 20% 浓度的标准溶液，然后根据气温再配制成使用溶液。

掺氯盐的抹灰严禁用于高压电源的部位，做涂料墙面的抹灰砂浆中，不得掺入氯盐防冻剂。氯盐砂浆应在正温下拌制使用，拌制时，先将水泥和砂干拌均匀，然后加入氯盐水溶液拌和，水泥可用硅酸盐水泥或矿渣硅酸盐水泥，严禁使用高铝水泥。砂浆应随拌随用，不允许停放。

当气温低于 -25 ℃时，不得用冷作法进行抹灰施工。

装饰抹灰冬期施工除按一般抹灰施工要求掺盐外，可另加占水泥重量 20% 的 801 胶水。要注意搅拌砂浆应先加一种材料搅拌均匀后再加另一种材料，避免直接混搅。釉面砖及外墙面砖施工时宜在 2% 的盐水中浸泡 2 h，晾干后方可使用。

二、其他装饰工程的冬期施工

冬期进行油漆、刷浆、裱糊、饰面工程，应采用热作法施工，尽量利用永久性的采暖设施。室内温度应在 5 ℃以上，并保持均衡，不得突然变化，否则不能保证工程质量。

冬期气温低，油漆会发黏，不易涂刷，涂刷后漆膜不易干燥。为了便于施工，可在油中加一定量的催干剂，保证在 24 h 内干燥。

室外刷浆应保持施工均衡，粉浆类料宜采用热水配制，随用随配，料浆使用温度宜保持在 15 ℃左右。裱糊工程施工时，混凝土或抹灰基层的含水率不应大于 8%。施工中当室内温度高于 20 ℃且相对湿度大于 80% 时，应开窗换气，防止壁纸皱折起泡。玻璃工程冬期施工时，应将玻璃、镶嵌用合成橡胶等材料运到有采暖设备的室内，操作地点环境温度不应低于 5 ℃。

外墙铝合金、塑料框、大扇玻璃不宜在冬期安装。

除室内外装饰工程的施工环境温度要满足上述要求外，对新材料也应按所用材料的产品说明要求的温度进行施工。

注意：环境温度是指施工现场的最低温度，在北面房间距地面以上 50 cm 处测的。

复习思考题

1. 简述装饰工程的作用及施工特点。
2. 简述装饰工程的合理施工顺序。
3. 一般抹灰分几级？具体有哪些要求？
4. 一般抹灰各抹灰层厚度是如何确定的？为什么不宜过厚？
5. 简述水刷石的施工要点。
6. 简述水磨石的施工要点。
7. 简述斩假石的施工要点。
8. 简述喷涂、滚涂、弹涂的施工要点。
9. 简述釉面砖镶贴的施工要点。
10. 简述大理石、花岗石饰面的施工方法和要点。
11. 简述彩色压型钢板复合墙板的施工要点。
12. 简述铝合金板墙的施工要点。
13. 试述不锈钢饰面板的施工要点。

单元八　建筑节能施工

建筑节能在发达国家最初是为减少建筑中能量的散失，现在则普遍称为“提高建筑中的能源利用率”：即在保证提高建筑舒适性的条件下，合理使用能源，不断提高能源利用效率。建筑节能包括范围的能耗一般占一国总能耗的30%左右。

建筑节能具体指在建筑物的规划、设计、新建（改建、扩建）、改造和使用过程中，执行节能标准，采用节能型的技术、工艺、设备、材料和产品，提高保温隔热性能和采暖供热、空调制冷制热系统效率，加强建筑物用能系统的运行管理，利用可再生能源，在保证室内热环境质量的前提下，减少供热、空调制冷制热、照明、热水供应的能耗。

建筑节能主要使用范围有以下两方面。

1）建造过程中的能耗，包括建筑材料、建筑构配件、建筑设备的生产和运输以及建筑施工和安装中的能耗。

2）使用过程中的能耗，包括房屋建筑和构筑物使用期内采暖、通风、空调、照明、家用电器、电梯和冷热水供应等的能耗。

我国抓建筑节能是以1986年颁布《北方地区居住建筑节能设计标准》为标志启动的。当时标准要求在20世纪80年代初期基础上降耗30%，1995年又根据节能规划目标修订和颁布了节能50%的《民用建筑节能设计标准（采暖居住建筑部分）》（JGJ 26—95）。经过近20年的努力，建筑节能工作得到了逐步推进，取得了较大成绩，已初步建立起以节能50%为目标的建筑节能设计标准体系、以《民用建筑节能管理规定》为主体的法规体系和建筑节能的技术支撑体系；同时，通过建筑节能试点示范工程，有效带动了建筑节能工作的发展；通过国际合作项目，引入了国外先进的技术和管理经验。

1996年，建设部制定了《建筑节能“九五”目标和2010年规划》，在当时的情况下，与建筑保温状况和气候条件都相近的发达国家相比，我国多层住宅单位能耗，外墙为它们的4~5倍，屋顶为2.5~5.5倍，外窗为1.5~2.2倍，门窗空气渗透为3~6倍。

规划中明确了节能的分阶段基本目标：新建采暖居住建筑1996年以前在1980~1981年当地通用设计能耗水平基础上普遍降低30%，为第一阶段；1996年起，在达到第一阶段要求的基础上节能30%，为第二阶段；2005年，在达到第二阶段要求的基础上再节能30%，为第三阶段。对新建采暖公共建筑，2000年前做到节能50%，为第一阶段；2010年在第一阶段基础上再节能30%，为第二阶段。对采暖区热环境差或能耗大的既有建筑的节能改造工作，2000年起重点城市成片开始，2005年起各城市普遍开始，2010年重点城市普遍推行。夏热冬冷区民用建筑2000年开始执行建筑热环境及节能标准，2005年的重点城镇开始成片进行建筑热环境及节能改造，2010年起，各城镇开始成片进行建筑热环境及节能改造。

《建筑节能工程施工质量验收规范》的颁布和实施为建筑节能工程的施工提供了具体的施工质量控制依据，其内容为：① 总则；② 术语；③ 基本规定；④ 墙体节能工程；⑤ 幕墙节能工程；⑥ 门窗节能工程；⑦ 屋面节能工程；⑧ 地面节能工程；⑨ 采暖节能工程；⑩ 通风与空调节能工程；⑪ 空调与采暖系统冷热源及管网节能工程；⑫ 配电与照明节能工程；⑬ 监测与控制节能工程；⑭ 建筑节能工程现场检验；⑮ 建筑节能分部工程质量验收。共15章，其中有20条为强制性标准；该规范从2007年10月1日起实施。

该规范适用于新建、改建和扩建的民用建筑节能工程施工质量验收（包括既有建筑节能改造），其目的如下。

1）加强建筑节能工程的施工质量管理。

2）统一建筑节能工程施工质量验收。

3）提高建筑工程节能效果。

一、建筑节能的意义

我国是一个发展中大国，又是一个建筑大国，每年新建房屋面积高达17亿～18亿m^2，超过所有发达国家每年建成建筑面积的总和。随着全面建设小康社会的逐步推进，建设事业迅猛发展，建筑能耗迅速增长。所谓建筑能耗，是指建筑使用能耗，包括采暖、空调、热水供应、照明、炊事、家用电器、电梯等方面的能耗。其中采暖、空调能耗占60%～70%。我国既有的近400亿平方米建筑，仅有1%为节能建筑，其余无论从建筑围护结构还是采暖空调系统来衡量，均属于高能耗建筑。单位面积采暖所耗能源相当于纬度相近的发达国家的2～3倍。这是由于我国的建筑围护结构保温隔热性能差，采暖用能的2/3被白白浪费掉。而每年的新建建筑中真正称得上“节能建筑”的还不足1亿m^2，建筑耗能总量在我国能源消费总量中的份额已超过27%。

由于我国是一个发展中国家，人口众多，人均能源资源相对匮乏。人均耕地只有世界人均耕地的1/3，水资源只有世界人均占有量的1/4，已探明的煤炭储量只占世界储量的11%，原油占2.4%。每年新建建筑使用的实心黏土砖，毁掉良田12万亩（8000 hm^2）。物耗水平相较发达国家，钢材高出10%～25%，每立方米混凝土多用水泥80 kg，污水回用率仅为25%。国民经济要实现可持续发展，推行建筑节能势在必行。

目前，我国建筑用能浪费极其严重，而且建筑能耗增长的速度远远超过我国能源生产可能增长的速度，如果听任这种高耗能建筑持续发展下去，国家的能源生产势必难以长期支撑此种浪费型需求，从而不得不被迫组织大规模的旧房节能改造，这将要耗费更多的人力物力。在建筑中积极提高能源使用效率，就能够大大缓解国家能源紧缺状况，促进我国国民经济建设的发展。因此，建筑节能是贯彻可持续发展战略、实现国家节能规划目标、减排温室气体的重要措施，符合全球发展趋势。

二、建筑节能技术途径

1. 减少能源总需求量

据统计，在发达国家，空调采暖能耗占建筑能耗的65%。目前，我国的采暖空调和照明用能量近期增长速度已明显高于能量生产的增长速度，因此，减少建筑的冷、热及照明能耗是降低建筑能耗总量的重要内容，一般可从以下几方面实现。

（1）建筑规划与设计

面对全球能源环境问题，不少全新的设计理念应运而生，如低能耗建筑、零能耗建筑和绿色建筑等，它们本质上都要求建筑师从整体综合设计概念出发，坚持与能源分析专家、环境专家、设备师和结构师紧密配合。在建筑规划和设计时，根据大范围的气候条件影响，针对建筑自身所处的具体环境气候特征，重视利用自然环境（如外界气流、雨水、湖泊、绿化、地形等）创造良好的建筑室内微气候，以尽量减少对建筑设备的依赖。具体措施可归纳为以下三个方面。

1）合理选择建筑的地址、采取合理的外部环境设计（主要方法为：在建筑周围布置树木、植被、水面、假山、围墙）。

2）合理设计建筑形体（包括建筑整体体量和建筑朝向的确定），以改善既有的微气候。

3）合理的建筑形体设计是充分利用建筑室外微环境来改善建筑室内微环境的关键部分，主要通过建筑各部件的结构构造设计和建筑内部空间的合理分隔设计得以实现。

同时，可借助相关软件进行优化设计，如运用天正建筑（Ⅱ）中建筑阴影模拟，辅助设计建筑朝向和居住小区的道路、绿化、室外消闲空间及利用 CFD 软件，如 Phoenics、Fluent 等，分析室内外空气流动是否通畅。

（2）围护结构

建筑围护结构组成部件（屋顶、墙、地基、隔热材料、密封材料、门和窗、遮阳设施）的设计对建筑能耗、环境性能、室内空气质量与用户所处的视觉和热舒适环境有根本的影响。一般增大围护结构的费用仅为总投资的 3% ~6%，而节能却可达 20% ~40%。通过改善建筑物围护结构的热工性能，在夏季可减少室外热量传入室内，在冬季可减少室内热量的流失，使建筑热环境得以改善，从而减少建筑的冷热消耗。首先，提高围护结构各组成部件的热工性能，一般通过改变其组成材料的热工性能实行，如欧盟新研制的热二极管墙体（低费用的薄片热二极管只允许单方向的传热，可以产生隔热效果）和热工性能随季节动态变化的玻璃。然后，根据当地的气候、建筑的地理位置和朝向，以建筑能耗软件 DOE 2.0 的计算结果为指导，选择围护结构组合优化设计方法。最后，评估围护结构的各部件与组合，以确定技术可行、经济合理的围护结构。

（3）提高终端用户用能效率

高能效的采暖、空调系统与上述削减室内冷热负荷的措施并行，才能真正地减少采暖、空调能耗。首先，根据建筑的特点和功能，设计高能效的暖通空调设备系统，例如，热泵系统、蓄能系统和区域供热、供冷系统等。然后，在使用中采用能源管理和监控系统监督和调控室内的舒适度、室内空气品质和能耗情况。如欧洲国家通过传感器测量周边环境的温（湿）度和日照强度，然后基于建筑动态模型预测采暖和空调负荷，控制暖通空调系统的运行。在其他家电产品和办公设备方面，应尽量使用节能认证的产品。如美国一般鼓励采用“能源之星”的产品，而澳大利亚对耗能大的家电产品实施最低能效标准（MEPS）。

（4）提高总的能源利用效率

从一次能源转换到建筑设备系统使用的终端能源的过程中，能源损失很大。因此，应从全过程（包括开采、处理、输送、储存、分配和终端利用）进行评价，才能全面反映能源利用效率和能源对环境的影响。建筑中的能耗设备，如空调、热水器、洗衣机等应选用能源效率高的能源供应。例如，作为燃料，天然气比电能的总能源效率更高。采用第二代能源系统，可充分利用不同品位热能，最大限度地提高能源利用效率，如热电联产（CHP）、冷热电联产（CCHP）。

2. 利用新能源

在节约能源、保护环境方面，新能源的利用起至关重要的作用。新能源通常指非常规的可再生能源，包括太阳能、地热能、风能、生物质能等。人们对各种太阳能利用方式进行了广泛的探索，逐步明确了发展方向，使太阳能初步得到一些利用，如：① 作为太阳能利用中的重要项目，太阳能热发电技术较为成熟，美国、以色列、澳大利亚等国投资兴建了一批试验性太阳能热发电站，以后可望实现太阳能热发电商业化；② 随着太阳能光伏发电的发展，国外已建成不少光伏电站和“太阳屋顶”示范工程，将促进并网发电系统快速发展；③ 目前，全世界已有数万台光伏水泵在各地运行；④ 太阳能热水器技术比较成熟，已具备相应的技术标准和规范，但仍需进一步地完善太阳能热水器的功能，并加强太阳能建筑一体化建设；⑤ 被动式太阳能建筑因构造简单、造价低，已经得到广泛应用，其设计技术已相对较成熟，已有可供参考的设计手册；⑥ 太阳能吸收式制冷技术出现较早，目前已应用在大型空调领域，太阳能吸附式制冷目前处于样机研制和实验研究阶段；⑦ 太阳能干燥和太阳灶已得到一定的推广应用。但总体而言，目前太阳能利用的规模还不大，技术尚不完善，商品化程度也较低，仍需要继续深入广泛地研究。在利用地热能时，一方面可利用高温地热能发电或直接用于采暖供热和热水供应；另一方面可借助地源热泵和地道风系统利用低温地热能。风能发电较适用于多风海岸线山区和易引起强风的高层建筑，在英国和中国香港已有成功的工程实例，但在建筑领域，较为常见的风能利用形式是自然通风。

三、建筑节能新技术

理想的节能建筑应在最少的能量消耗下满足三点：① 能够在不同季节、不同区域控制接收或阻止太阳辐射；② 能够在不同季节保持室内的舒适性；③ 能够使室内实现必要的通风换气。目前，建筑节能的途径主要包括：尽量减少不可再生能源的消耗，提高能源的使用效率；减少建筑围护结构的能量损失；降低建筑设施运行的能耗。在这三个方面，高新技术起着决定性的作用。当然建筑节能也采用一些传统技术，但这些传统技术是在先进的试验论证和科学的理论分析的基础上才能用于现代化的建筑中。

1. 减少能源消耗，提高能源的使用效率

为了维持居住空间的环境质量，在寒冷的季节需要取暖以提高室内的温度，在炎热的季节需要制冷以降低室内的温度，干燥时需要加湿，潮湿时需要抽湿，而这些往往都需要消耗能源才能实现。从节能的角度讲，应提高供暖（制冷）系统的效率，它包括设备本身的效率、管网传送的效率、用户端的计量以及室内环境控制装置的效率等。这些都要求相应的行业在设计、安装、运行质量、节能系统调节、设备材料以及经营管理模式等方面采用高新技术。如目前在供暖系统节能方面就有三种新技术：① 利用计算机、平衡阀及其专用智能仪表对管网流量进行合理分配，既改善了供暖质量，又节约了能源；② 在用户散热器上安设热量分配表和温度调节阀，用户可根据需要消耗和控制热能，以达到舒适和节能的双重效果；③ 采用新型的保温材料包敷送暖管道，以减少管道的热损失。近年来低温地板辐射技术已被证明节能效果比较好，它是采用交联聚乙烯（PEX）管作为通水管，用特殊方式双向循环盘于地面层内，冬天向管内供低温热水（地热、太阳能或各种低温余热提供）；夏天输入冷水可降低地表温度（目前国内只用于供暖）；该技术与对流散热为主的散热器相比，具有室内温度分布均匀，舒适、节能、易计量、维护方便等优点。

2. 减少建筑围护结构的能量损失

建筑物围护结构的能量损失主要来自三部分：① 外墙；② 门窗；③ 屋顶。这三部分的节能技术是各国建筑界都非常关注的。主要发展方向是：开发高效、经济的保温、隔热材料和切实可行的构造技术，以提高围护结构的保温、隔热性能和密闭性能。

（1）外墙节能技术

就墙体节能而言，传统的用重质单一材料增加墙体厚度来达到保温的做法已不能适应节能和环保的要求，而复合墙体越来越成为墙体的主流。复合墙体一般用块体材料或钢筋混凝土作为承重结构，与保温隔热材料复合，或在框架结构中用薄壁材料加以保温、隔热材料作为墙体。目前建筑用保温、隔热材料主要有岩棉、矿渣棉、玻璃棉、聚苯乙烯泡沫、膨胀珍珠岩、膨胀蛭石、加气混凝土及胶粉聚苯颗粒浆料等。这些材料的生产和制作都需要采用特殊的工艺、特殊的设备，而不是传统技术所能及的。值得一提的是，胶粉聚苯颗粒浆料是将胶粉料和聚苯颗粒轻骨料加水搅拌成浆料，抹于墙体外表面，形成无空腔保温层。聚苯颗粒骨料是采用回收的废聚苯板经粉碎制成，而胶粉料掺有大量的粉煤灰，这是一种废物利用、节能环保的材料。墙体的复合技术有内附保温层、外附保温层和夹心保温层三种。我国采用夹心保温做法的较多；在欧洲各国，大多采用外附发泡聚苯板的做法，在德国，外保温建筑占建筑总量的80%，而其中70%均采用泡沫聚苯板外墙保温系统。

（2）门窗节能技术

门窗既具有采光、通风和围护的作用，还在建筑艺术处理上起着很重要的作用。然而门窗又是最容易造成能量损失的部位。为了增大采光通风面积或表现现代建筑的性格特征，建筑物的门窗面积越来越大，更有全玻璃的幕墙建筑。这就对外维护结构的节能提出了更高的要求。目前，对门窗的节能处理主要是改善材料的保温隔热性能和提高门窗的密闭性能。从门窗材料来看，近些年出现了铝合金断热型材、铝木复合型材、钢塑整体挤出型材、塑木复合型材以及UPVC塑料型材等一些技术含量较高的节能产品。其中使用较广的是UPVC塑料型材，它所使用的原料是高分子材料——硬质聚氯乙烯。它不仅在生产过程中能耗少、无污染，而且材料导热系数小，多腔体结构密封性好，因而保温隔热性能好。UPVC塑料门窗在欧洲各国已经采用多年，在德国，塑料门窗已经占了50%。我国在20世纪90年代以后，塑料门窗用量不断增大，正逐渐取代钢、铝合金等能耗大的材料。为了解决大面积玻璃造成能量损失过大的问题，人们运用了高新技术，将普通玻璃加工成中空玻璃、镀膜玻璃（包括反射玻璃、吸热玻璃）、高强度LOW2E防火玻璃（高强度低辐射镀膜防火玻璃）、采用磁控真空溅射方法镀制含金属银层的玻璃以及最特别的智能玻璃。智能玻璃能感知外界光的变化并作出反应，主要分为两类。一类是光致变色玻璃，在光照射时，玻璃会感光变暗，光线不易透过；停止光照射时，玻璃复明，光线可以透过。在太阳光强烈时，可以阻隔太阳辐射热；天阴时，玻璃变亮，太阳光又能进入室内。另一类是电致变色玻璃，在两片玻璃上镀有导电膜及变色物质，通过调节电压，促使变色物质变色，调整射入的太阳光（但因其生产成本高，现在还不能实际使用），这些玻璃都有很好的节能效果。

（3）屋顶节能技术

屋顶的保温、隔热是围护结构节能的重点之一。在寒冷的地区屋顶设保温层，以阻止室内热量散失；在炎热的地区屋顶设置隔热降温层以阻止太阳的辐射热传至室内；而在冬冷夏热地区（黄河至长江流域），建筑节能则要冬夏兼顾。保温常用的技术措施是在屋顶防水层下设置导热系数小的轻质材料用作保温，如膨胀珍珠岩、玻璃棉等（此为正铺法）；也可在屋面防水层以上设置聚苯乙烯泡沫（此为倒铺法）。在英国有另外一种保温层做法：采用回收废纸制成纸纤维，这种纸纤维生产能耗极小，保温性能优良，纸纤维经过硼砂阻燃处理，也能防火。施工时，先将屋顶钉层夹层，再将纸纤维喷吹入内，形成保温层。屋顶隔热降温的方法有：架空通风、屋顶蓄水或定时喷水、屋顶绿化等。以上做法都能不同程度地满足屋顶节能的要求，但目前最受推崇的是利用智能技术、生态技术来实现建筑节能的愿望，如太阳能集热屋顶和可控制的通风屋顶等。

（4）降低建筑设施运行的能耗

采暖、制冷和照明是建筑能耗的主要部分，降低这部分能耗将对节能起着重要的作用，在这方面，一些成功的技术措施很有借鉴价值，如英国建筑研究院（英文缩写：BRE）的节能办公楼便是一例。办公楼在建筑围护方面采用了先进的节能控制系统，建筑内部采用通透式夹层，以便于自然通风；通过建筑物背面的格子窗进风，建筑物正面顶部墙上的格子窗排风，形成贯穿建筑物的自然通风。办公楼使用的是高效能冷热锅炉和常规锅炉，两种锅炉由计算机系统控制交替使用，通过埋置于地板内的采暖和制冷管道系统调节室温。该建筑还采用了地板下输入冷水通过散热器制冷的技术，通过在车库下面的深井用水泵从地下抽取冷水进入散热器，再由建筑物旁的另一回水井回灌。为了减少人工照明，办公楼采用了全方位组合型采光、照明系统，由建筑管理系统控制；每一单元都有日光，使用者和管理者通过检测器对系统遥控；在有100个座位的演讲大厅，设置有两种形式的照明系统，允许有0～100%的亮度，采用节能型管型荧光灯和白炽灯，使每个观众都能享有同样良好的视觉效果和适宜的温度。

四、新能源的开发利用

在节约不可再生能源的同时，人类还在寻求开发利用新能源以适应人口增加和能源枯竭的现实，这是历史赋予现代人的使命，而新能源有效地开发利用必定要以高科技为依托。如开发利用太阳能、风能、潮汐能、水力、地热及其他可再生的自然界能源，必须借助于先进的技术手段，并且要不断地完善和提高，以达到更有效地利用这些能源。如人们在建筑上不仅能利用太阳能采暖，太阳能热水器还能将太阳能转化为电能，并且将光电产品与建筑构件合为一体，如光电屋面板、光电外墙板、光电遮阳板、光电窗间墙、光电天窗以及光电玻璃幕墙等，使耗能变成产能。

项目一　建筑外墙节能施工

在建筑中，外围护结构的热损耗较大，外围护结构中墙体又占了很大比重，所以，建筑墙体改革与墙体节能技术的发展是建筑节能技术的一个最重要环节，发展外墙保温技术及节能材料则是建筑节能的主要实现方式。

一、外墙外保温技术的主要优点

外保温是目前大力推广的一种建筑保温节能技术，适用范围广，技术含量高。外保温与内保温相比，技术合理，有其明显的优越性。

1）由于保温层置于建筑物围护结构外侧，外保温材料对主体结构有保护作用，室外气候条件引起墙体内部较大的温度变化，发生在外保温层内，缓冲了因温度变动导致结构变型产生的应力，避免内部的主体结构产生大的温度变化，有效提高了主体结构的耐久性，延长了建筑物的寿命。

2）采用外保温有利于消除或减弱内外墙交接处、外墙圈梁、构造柱、框架梁及顶层女儿墙与屋面板交接处周边所产生热桥的影响。

3）主体结构在室内一侧，由于蓄热能力较强，对房间热稳定性有利，可避免室温出现较大温差，使墙体潮湿情况得到改善。

4）建筑采取外保温进行改造施工时，可减少对住户的干扰。在装修中，内保温层容易遭到破坏，外保温可以避免装修对保温层的破坏。

5）由于外保温材料贴在墙体的外侧，其保温、隔热效果优于内保温，外保温可以降低建筑造价，增加房屋使用面积，取得较高的经济效益。

二、外墙保温的种类及特点

1. 现场浇筑聚氨酯保温

在建筑物墙体干燥之后，即可直接在其表面上喷涂聚氨酯，一般喷涂厚度在 4 cm 左右，要求采用高压喷涂机以使得表面尽量平整。在完成喷涂后的泡沫上刮涂聚合物水泥，然后进行外装饰。

2. 预制保温夹芯板

一般采用在连续生产线上加工完成的聚氨酯夹芯板材，外表面往往采用彩色钢板或铝板，背面则多用铝箔。安装时，首先在外墙上做龙骨，然后将板材固定在龙骨上，也可采取双面彩钢板作为墙体材料使用，既美观又具良好保温效果。

3. 空心砖的充填保温

这些空心砖的空腔部分大约占砖的全部体积的40%，砖体大都是硅酸盐材料，在其空腔中灌入聚氨酯，使得整体结构增强且大大增加了绝热效果。

4. 外墙贴板

在干燥的外墙面上涂刷专用的耐水解稳定性良好的聚氨酯黏合剂，把预先裁好的聚氨酯板贴在外墙上，在聚氨酯的外面上涂刷黏合剂，粘贴上网格布，待其固化后再抹聚合物水泥，最后在其外表面上进行装饰。

5. 聚苯颗粒保温砂浆

将废弃的聚苯乙烯塑料加工破碎成为0.5～4 mm 毫米的颗粒，作为轻集料来配制保温砂浆。该做法包含保温层、抗裂防护层和抗渗保护面层，施工技术简便，可减少劳动强度，提高工作效率，不受结构质量差异的影响，对有缺陷的墙体施工时墙面不需修补找平。

6. 聚苯板与墙体一次浇注成型

在混凝土框架体系中将聚苯板内置于建筑模板内，在即将浇注的墙体外侧，浇注混凝土，混凝土与聚苯板一次浇注成型为复合墙体。

7. 外墙保温涂料

外墙保温涂料主要有陶瓷隔热保温涂料、憎水性硅酸绝热保温涂料、胶粉聚苯颗粒外墙保温涂料等。

三、外墙外保温施工

下面以某住宅小区外墙外保温施工工艺为主线介绍建筑外墙节能施工。

1. 施工准备

（1）主要施工工具

电热丝切割器、壁纸刀、十字螺丝刀、剪刀、钢锯条、墨斗、棕刷、粗砂纸、电动搅拌器、塑料搅拌桶、冲击钻、抹子、压子、阴阳角抿子、托灰板、2 m 靠尺、腻子刀等。

（2）施工前的基层处理与环境条件要求

1）施工前必须彻底清除基层表面浮灰、油污、脱模剂、空鼓等影响黏结强度的材料。

2）对墙体结构用 2 m 靠尺检查其平整度，最大偏差应小于 4 mm，超差部分应剔凿或用 1∶2.5 水泥沙浆修补平整。

3）基层表面应干燥，并已通过验收，外挂物等已安装到位。

4）施工现场环境温度和基层表面温度在施工时及施工后 24 h 内均不得低于 5 ℃，风力不得大于5级。

5）为保证施工质量，施工作业面应避免阳光直射。必要时，应用防晒布遮挡作业面。

本工程由某某有限公司专业设计节点，同时负责施工。

2. 施工工艺

（1）施工顺序

清扫及验收基层→滚涂界面剂，用欧文斯内层专用聚合物砂浆粘板→安装固定件→打磨找平→在挤塑板上滚涂界面剂→调制面层聚合物砂浆→抹底层聚合物砂浆及埋贴网格布→抹欧文斯面层专用聚合物砂浆→变形缝及修补处理→现场卫生清理。

（2）节点施工大样（见图8－1）

1）外墙面大样如图8－2所示。

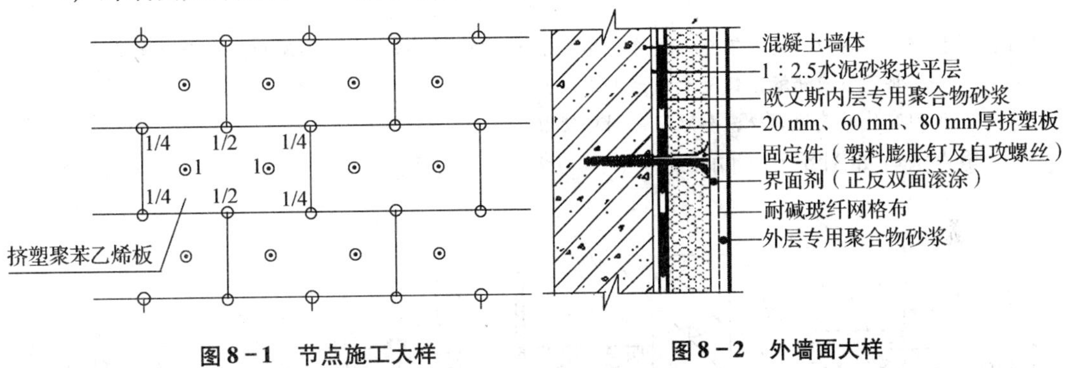

图8－1　节点施工大样

图8－2　外墙面大样

2）女儿墙及外飘窗大样如图8－3和图8－4所示。

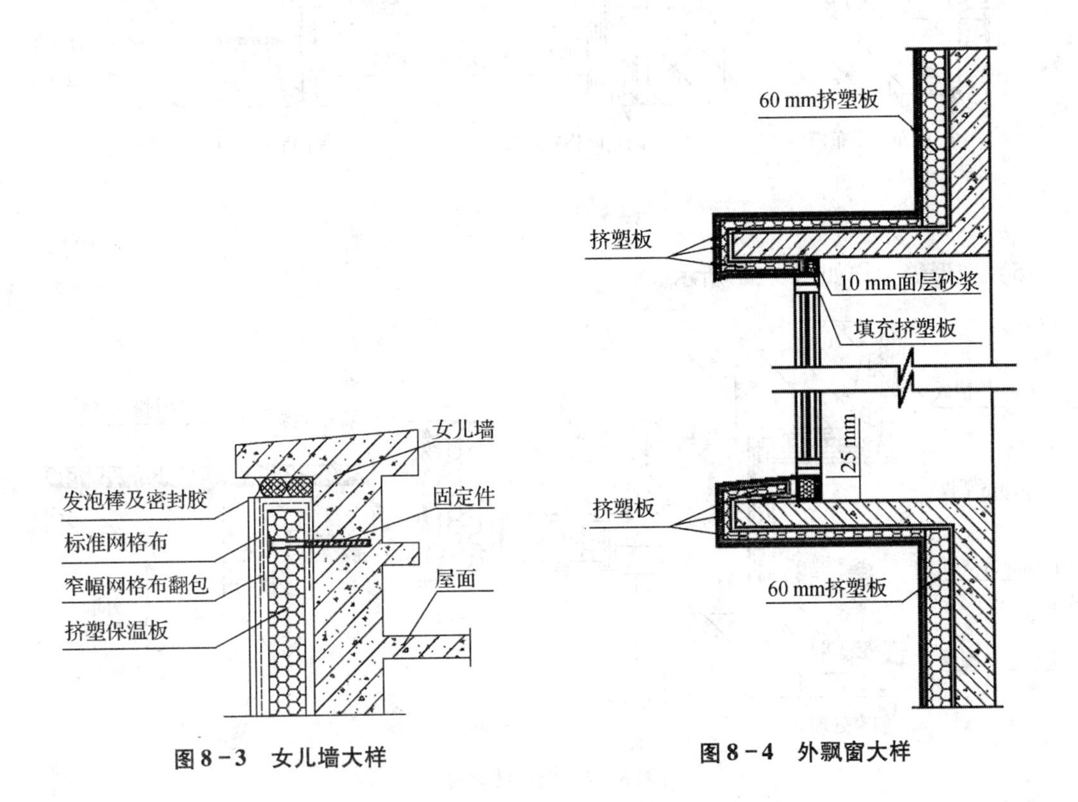

图8－3　女儿墙大样

图8－4　外飘窗大样

3）门窗洞口大样如图 8－5 所示。

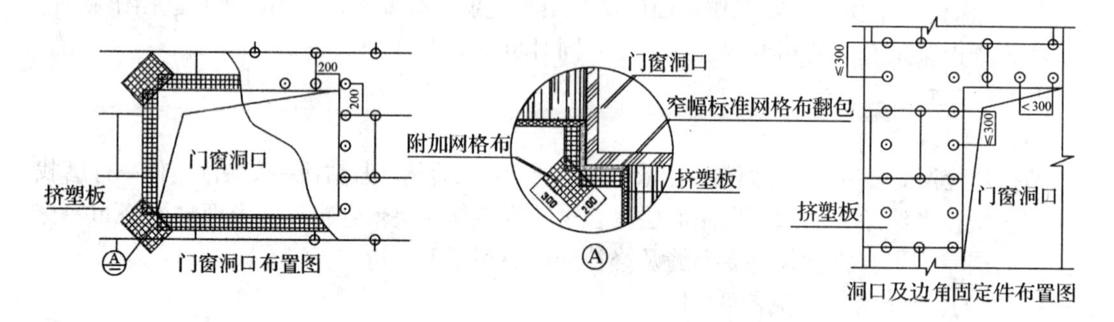

图 8－5　门窗洞口大样

注：1. 挤塑板在洞口四角处不允许接缝，接缝距四角≥200 mm，以免在洞口处饰面出现裂缝。
2. 每排挤塑板应错缝，错缝长度为 1/2 板长。
3. 除门窗外的其他洞口，参照门窗洞口处理。

4）角点大样如图 8－6 所示。

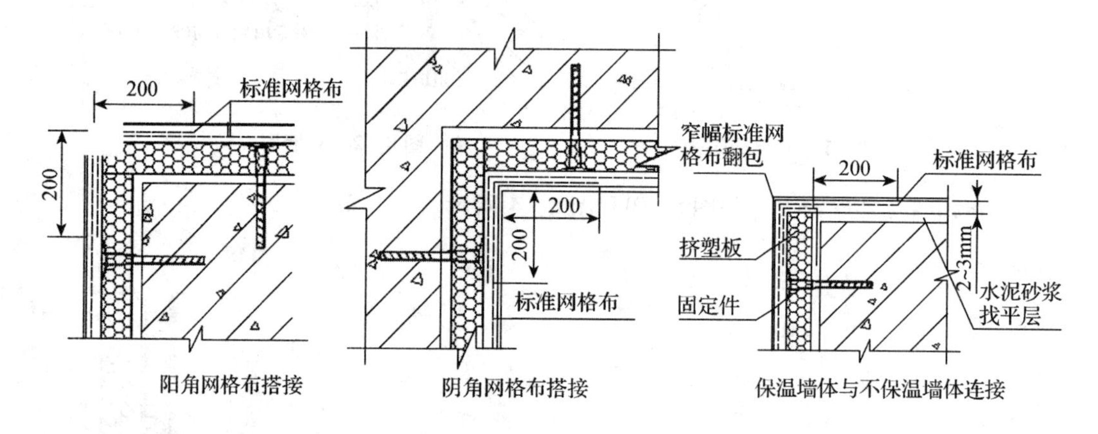

图 8－6　角点大样

5）变形缝大样如图 8－7 所示。

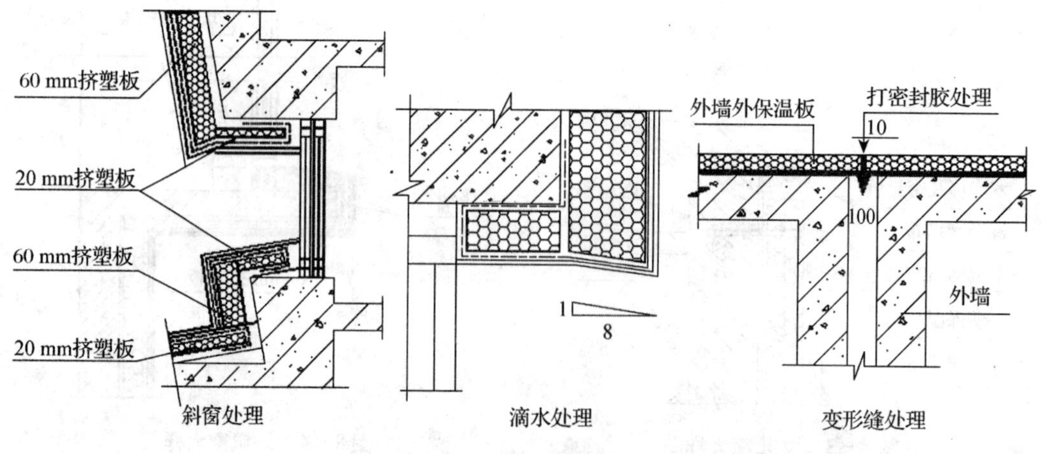

图 8－7　变形缝大样

（3）施工要点

1）清扫及验收基层。用腻子刀和扫帚将要施工的基层表面处理干净，并用2 m靠尺检验基层表面。

2）滚涂界面剂。用内层专用聚合物砂浆粘板：

① 本工程所使用的标准板尺寸为：1 200 mm×600 mm×（20、60、80）mm，所用挤塑板型号为FM150型。非标准板按实际需要的尺寸加工，挤塑板切割用电热丝切割器或工具刀切割。尺寸允许偏差为+2 mm，大小面垂直。

② 在事先切好的挤塑板面上滚涂界面剂，晾干后方可使用。

③ 网格布翻包：在膨胀缝两侧、窗口边及孔洞口边的挤塑板上预贴窄幅网格布，其宽度约为200 mm，翻包部分宽度约为80 mm。

④ 用抹子在挤塑板周边涂抹宽30 mm、厚10 mm的欧文斯内层专用聚合物砂浆，然后在挤塑板中间区域内涂抹直径为100 mm、厚10 mm的点6～8个，涂好后立即将挤塑板粘贴在基层表面上。

⑤ 挤塑板粘贴在基层上时，应用2 m靠尺压平操作，保证其平整度和粘贴牢固。板与板之间要挤紧，碰头缝处不抹欧文斯内层专用聚合物砂浆。每贴完一块板，应及时清除挤出的聚合物砂浆，板间不留间隙。若因挤塑板不够方正或裁切不直而形成缝隙，应用挤塑板条塞入并打磨平整。

⑥ 挤塑板应水平粘贴，保证连续结合，且上下两排挤塑板应竖向错缝板长的1/2。

⑦ 在墙拐角处，应先排好尺寸，裁切好挤塑板，使其粘贴时垂直交错连接，保证拐角处顺直且垂直。

⑧ 在粘贴窗框四周的阳角和外墙阳角时，应先弹出基准线，作为控制阳角上下竖直的依据。

3）安装固定件。

① 挤塑板粘贴牢固后，应及时安装固定件，按设计要求的位置用冲击钻钻孔，锚固深度应为基层内50 mm，基层钻孔深度不低于60 mm。

② 固定件个数：每一单块保温板上不宜少于2个；在窗口边缘处，固定件应加密，距基层边缘不小于60 mm。

③ 自攻螺丝应拧紧，并将塑料膨胀钉的帽子与挤塑板表面齐平或略拧入一些，以确保膨胀钉尾部回拧，使之与基层充分锚固。

④ 固定件个数为每平方米6套。

4）打磨找平。

① 挤塑板接缝不平处，应用衬有平整处理的粗砂纸板打磨，打磨动作应为轻柔的圆周运动，不要沿着与挤塑板接缝平行的方向打磨。

② 打磨后，应用刷子或压缩空气将打磨操作产生的碎屑及其他浮灰清理干净。

5）在挤塑板上滚涂界面剂。为增加挤塑板与聚合物砂浆的结合力，应在挤塑板表面滚涂界面剂，待晾干后涂抹面浆。

6）调制面层聚合物砂浆。

① 使用一只干净的塑料搅拌桶倒入5份干混砂浆，加入约一份净水，注意应边加水边搅拌，然后用手持式电动搅拌器搅拌约5 min，直到搅拌均匀且稠度适中为止，保证聚合物砂浆有一定的黏度。

② 以上工作完成后，应将配好的砂浆静置5 min，再搅拌即可使用。调好的砂浆应在1 h内用完。

③ 聚合物砂浆只需加入净水，不能加入其他添加剂，如水泥、砂、防冻剂及其他聚合物等。

7）抹底层聚合物砂浆及埋贴网格布。

① 将欧文斯专用面层聚合物砂浆均匀地抹在挤塑板上，厚度约为2 mm。

② 将大面积网格布沿垂直方向绷直绷平，并将弯曲面朝向左右两侧，用抹子自上而下地由中间向左右两边将网格布抹平，使其紧贴底层聚合物砂浆。网格布之间左右搭接宽度不小于100 mm。局部搭接处可用聚合物砂浆补充原聚合物砂浆的不足之处，不得使网格布褶皱、空鼓、翘边。

③ 对装饰凹缝，也应沿凹槽将网格布埋入聚合物砂浆内。若网格布在此处断开，则必须搭接，搭接宽度不小于65 mm。

④ 对于外架与墙体连接处，应留出100 mm不抹黏结砂浆，待以后对局部进行修整。

⑤ 窗口四周、洞口处及门口处做法如图8－5所示。

8）抹欧文斯面层专用聚合物砂浆。

抹完底层的面层聚合物砂浆后，压入网格布，待砂浆干至不黏手时，抹欧文斯面层专用聚合物砂浆，抹灰厚度以盖住网格布为准，约为1 mm左右，使面层砂浆保护层总厚度控制在3 mm左右。

9）变形缝及修补处理。

① 在变形缝处填塞发泡聚乙烯圆棒，其直径应为变形缝宽的1.3倍，分两次勾填嵌缝胶。

② 对墙面因使用外架等所预留的孔洞及损坏处，应进行修补，具体方法为：预切一块与孔洞尺寸相当的挤塑板，将其背面涂上厚5 mm的黏接砂浆，塞入孔洞中；再切一块网格布（四周与原有的网格布至少重叠65 mm），将挤塑板表面涂上聚合物面层砂浆，埋入加强网格布中，将表面处理平整。

10）现场卫生。施工完毕后，将材料放回仓库，做到人走场清，保持干净卫生的施工环境。

（4）水电专业配合要点

1）水电专业必须与外保温施工密切配合，各种管线和设备的埋件必须固定于结构墙内，不得直接固定保温墙上，锚固深度不小于120 mm，并在粘贴保温板前埋设完毕。

2）固定埋件时，挤塑板的孔洞用小块挤塑板加黏结剂填实补平。

3）电气接线盒埋设深度应与保温墙厚度相适应，凹进面层内不大于2 mm。

3. 质量通病防治措施（见表8－1）

表8－1　质量通病防治措施

序号	需防治的质量通病	产生原因	防治措施
1	墙面开裂	1）挤塑板与墙面黏结不牢 2）网格布粘贴方向不正确，且面层聚合物砂浆嵌入的深度不合适 3）养护不到位	1）严格按照施工工艺要求布置欧文斯内层专用聚合物砂浆的点位，保证黏结点不少于7个 2）网格布必须沿垂直方向绷直绷平，并将弯曲面朝左右两侧，用抹子抹平；待底层聚合物砂浆干至不黏手时抹面层砂浆 3）在迎风面房间进行保温层施工时，要采取必要的挡风措施，以避免面层聚合物砂浆失水过快
2	门窗洞口四角出现斜向裂纹	门窗开启频繁，造成门窗四角墙面应力集中	在门窗洞口四角部位斜向附加网格布
3	保温墙面平整度及垂直度差	施工前墙面套方控制不严，施工过程中没有按要求随时检查、调整保温板粘贴的平整度及垂直度	加强施工前墙面基层平整度及垂直度的验收工作及施工过程中的抽检密度，要求施工班组施工时必须携带靠尺等必备的质量检测工具

4. 质量标准

（1）保证项目

1）挤塑板、网格布的规格和各项技术指标、聚合物砂浆的配制及原料的质量必须符合规程及有关标准的要求。

① 检查数量：按楼层每20 m长抽查一处（每处3延长米），每层不少于3处。

② 检验方法：检查出厂合格证或进行复验；观察和用手推拉检查。

2）聚合物砂浆与挤塑板必须黏结紧密，无脱层、空鼓；面层无爆灰和裂缝。

① 检查数量：按楼层每20 m长抽查一处（每处3延长米），每层不少于3处。

② 检验方法：用小锤轻击和观察检查。

（2）基本项目

1）每块挤塑板与基层面的总黏结面积不得小于30%。

① 检查数量：按楼层每20 m长抽查一处，但不少于3处，每处抽查不少于2块。

② 检验方法：尺量检查取其平均值（检验应在黏结剂凝结前进行）。

2）工程塑料固定件膨胀塞部分进入结构墙体应不小于45 mm。

① 检查数量：按楼层每20 m长抽查一处，但不少于3处，每处抽查不少于2块。

② 检验方法：退出自攻螺丝，观察检查。

3）挤塑板碰头缝不抹黏结剂。

① 检查数量：按楼层每20 m长抽查一处，但不少于3处，每处抽查不少于2块。

② 检验方法：观察检查。

4）网格布应横向铺设，压贴密实，不能有空鼓、褶皱、翘曲、外露等现象，搭接宽度左右不得小于 100 mm，上下不得小于 80 mm。

① 检查数量：按楼层每 20 m 长抽查一处，但不少于 3 处，每处抽查不少于 2 块。

② 检验方法：观察及尺量检查。

5）聚合物砂浆保护层总厚度不宜大于 4 mm，首层不宜大于 5 mm。

① 检查数量：按楼层每 20 m 长抽查一处，但不少于 3 处，每处抽查不少于 2 块。

② 检验方法：尺量检查（检验应在砂浆凝结前进行）。

（3）允许偏差项目

1）挤塑板安装的允许偏差应符合表 8－2 的规定。

表 8－2　挤塑板安装允许偏差及检查方法

项次	项目		允许偏差/mm	检查方法
1	表面平整度		2	用 2 m 靠尺和楔形塞尺检查
2	垂直度	每层	5	用 2 m 托线板检查
		全高	H/1 000 且不大于 20	用经纬仪或吊线和尺量检查
3	阴、阳角垂直度		2	用 2 m 托线板检查
4	阴、阳角方正度		2	用 200 mm 方尺和楔形塞尺检查
5	接缝高差		1.5	用直尺和楔形塞尺检查

注：H 为墙全高，检查数量：按楼层每 20 m 长抽查一处，但不少于 3 处，每处抽查不少于 2 块。

2）保温墙面层执行国家标准《建筑装饰装修工程质量验收规范》（GB 50210—2001）第 4 章第 2 节“一般抹灰工程”的规定。

（4）成品保护措施

1）施工中，各专业工种应紧密配合，合理安排施工工序，严禁颠倒工序作业。

2）对抹完聚合物砂浆的保温墙体，不得随意开凿孔洞。如确实需要开凿，应在聚合物砂浆达到设计强度后方可进行，安装物件后其周围应恢复原状。

3）防止重物撞击墙面。

（5）其他注意事项

1）各种材料应分类存放并挂牌标明材料名称，不得错用。

2）暑天施工时，应适当安排不同的作业时间，尽量避开日光暴晒时段。

3）不得在挤塑板上部放置易燃及溶剂型化学物品，不得在上面加工作业电气焊活。

4）网格布裁剪应尽量顺经纬线进行。

5）调制黏结剂和聚合物砂浆宜用电动搅拌器，用完后清理干净。

6）应严格遵守有关安全操作的规程，实现安全生产和文明施工。

5. 成品保护措施

1）施工中各专业工种应紧密配合，合理安排工序，严禁颠倒工序作业。

2）安装固定件时，宜用冲击钻钻孔。对抹完面层专用聚合物砂浆的保温墙，不得进行任何剔凿。

3）应防止明水浸湿保温墙面。

4）在保温墙附近不得进行电焊、气焊操作；不准用重物撞击墙面。

四、我国建筑外墙节能保温存在的问题

（1）保温隔热层保温性能不良

主要是保温材料容重太大，含过多较大颗粒或过多粉末，松散材料含水分过多；或由于保温层防潮层破坏，雨水或潮气浸入，保温结构薄厚不均，甚至小于规定厚度，保温材料填充不实，存在空洞；拼接型板状或块状材料接口不严，防潮层损坏或接口不严密。

（2）保温层结构不牢、薄厚不均，保温结构松动

黏结层脱落已成为目前保温工程中常见的质量通病，黏结面积过小，墙体界面处理不当，黏结中发生流挂造成局部空黏或虚黏；找平砂浆与主体墙空鼓，保温板表面荷载过大，直接剥离保温层造成脱落；基层墙面的平整度及清洁度达不到要求；所用的胶粘剂不符合保温层产品的质量、性能要求。

（3）墙体饰面层产生龟裂

采用刚性腻子，腻子柔韧性不够；采用不耐水的腻子，当受到水的浸渍后起泡开裂；采用漆膜坚硬的涂料，涂料断裂伸长率很小；在材料柔性不足的情况下未设保温系统的变形缝。

（4）保温系统与非保温系统接口部位处理

在外墙连续式的保温系统上，常出现保温系统部分与外墙构件的接口以及保温系统部分收口处开裂而导致渗水，接缝处需要弹性材料密封，护面层要延伸搭接，加强防水处理。

（5）墙体保温层开裂

窗口周边及墙体转折处等易产生应力集中的部位，未设增强网格布以分散其应力而出现裂缝；面层中网格布的埋设位置不当；因网格布无搭接或搭接尺寸不满足规范要求引起的无约束开裂；抹底层胶浆时直接把网格布铺设于墙面上，胶浆与网格布不能很好地复合为一体。

（6）防火问题引发安全事故

保温材料为高分子有机化合物，尽管进行了阻燃处理，但当发生火灾时仍然引起燃烧，造成灾害。外墙外保温建筑所有门窗洞口周边保温层的外表面，都必须有非常严密而且厚度足够的保护层覆盖，以免有机保温材料被点燃，高层建筑采用有机保温材料做外墙外保温时，一般每隔两个楼层应该设置由岩棉板条构成的隔火条带，以免火势蔓延。

（7）高层建筑保温层存在抗风压引起贴面材料脱落

建筑物越高，风力越大，特别是在背风面上产生的吸力，有可能造成保温板脱落。因此，保温层应有十分可靠的固定措施，以确保在最大风荷载时保温层不致脱落。

项目二　建筑门窗节能施工

一、建筑门窗节能设计要求

门窗是建筑围护结构的重要组成部分，是建筑物外围开口部位，也是房屋室内与室外能量阻隔最薄弱的环节。有关资料表明，通过门窗传热损失能源消耗约占建筑能耗的28%，通过门窗空气渗透能源消耗约占建筑能耗的27%，两者总计占建筑能耗的50%以

上。可见，建筑节能的关键是门窗节能。

门窗节能的本质就是尽可能地减少室内空气与室外空气通过门窗这个介质进行热量传递。热传递的方式有传导、对流和辐射。要减少热量通过热传导传递，就要求门窗材料选用低导热系数的材料；要减少对流热量传递，就要求门窗的密封性能良好；要减少热辐射传递，就要求门窗具有较好的遮阳功能。在建筑节能设计标准中，门窗的这些性能分别通过传热系数、气密性能和遮阳系数来实现。

不同地区、不同建筑，有不同的热工节能设计要求。对于夏热冬冷地区的热工节能设计，《夏热冬冷地区居住建筑节能设计标准》对不同朝向、不同窗墙面积比的外窗，规定了其传热系数。对南、北区居住建筑外窗的传热系数和综合遮阳系数进行了规定。

《公共建筑节能设计标准》也对外窗传热系数和遮阳系数进行了规定。关于建筑外窗气密性能，《夏热冬暖地区居住筑节能设计标准》有如下规定："居住建筑 1 层 ~9 层外窗的气密性，在 10 帕压差下，每小时每米缝隙的空气渗透量不应大于 2. 5 立方米，且每小时每平方米面积的空气渗透量不应大于 7. 5 立方米；10 层及 10 层以上外窗的气密性，在 10 帕压差下，每小时每米缝隙的空气渗透量不应大于 1. 5 米，且每小时每平方米面积的空气渗透量不应大于 4. 5 立方米。"

《夏热冬冷地区居住建筑节能设计标准》有如下规定：建筑物 1 层—6 层的外窗及阳台门的气密性等级，不应低于《建筑外窗空气渗透性能分级及其检测方法》（GB 7107）规定的Ⅲ级；7 层及 7 层以上的外窗及阳台门的气密性等级，不应低于该标准规定的 B 级。

二、建筑门窗保温隔热节能措施

门窗是围护结构保温的薄弱环节，从对建筑能耗组成的分析中，人们发现通过房屋外窗所损失的能量是十分严重的，是影响建筑热环境和造成能耗过高的主要原因。传统建筑中，通过窗的传热量占建筑总能耗 20% 以上；节能建筑中，墙体采用保温材料热阻增大以后，窗的热损失占建筑总能耗的比例更大。导致门窗能量损失的原因是门窗与周围环境进行的热交换，其过程包括：通过玻璃进入建筑的太阳辐射的热量；通过玻璃的传热损失；通过窗格与窗框的热损失；窗洞口热桥造成的热损失；缝隙冷风渗透造成的热损失。

1. 影响门窗热量损耗的因素

影响门窗热量损耗大小的因素主要有以下几方面。

（1）门窗的传热系数

门窗的传热系数是指在单位时间内通过单位面积的传热量。传热系数越大，则在冬季通过门窗的热量损失就越大。门窗的传热系数又与门窗的材料、类型有关。

（2）门窗的气密性

门窗的气密性是指门窗在关闭状态下，阻止空气渗透的能力。门窗气密性等级的高低，对热量的损失影响极大，室外风力变化会对室温产生不利的影响，气密性等级越高，则热量损失就越少，对室温的影响也越小。

（3）窗墙比系数与朝向

窗墙比例是指外窗的面积与外墙面积之比。通常门窗的传热热阻比墙体的传热热阻要小得多，因此，建筑的冷热耗量随窗墙面积比的增加而增加。作为建筑节能的一项措施，要求在满足采光通风的条件下确定适宜的窗墙比。一般而言，不同朝向的太阳辐射强度和日照率不同，窗户所获得的太阳辐射热也不相同。门窗节能途径主要是保温隔热，其措施包括：提高门窗的保温性能；提高门窗的隔热性能；提高门窗的气密性。

2. 建筑节能门窗主要材料及选用

（1）选择窗型

窗型是影响节能性能的第一要素。推拉窗的节能效果差，而平开窗和固定窗的节能效果优越。推拉窗在窗框下滑轨来回滑动，上部有较大的空间，下部有滑轮间的空隙，窗扇上下形成明显的对流交换，热冷空气的对流形成较大的热损失，此时，不论采用何种隔热型材作窗框都达不到节能效果。平开窗的窗扇和窗框间一般有橡胶密封压条，在窗扇关闭后，密封橡胶压条压得很紧，几乎没有空隙，很难形成对流，热量流失主要是玻璃、窗扇和窗框型材本身的热传导、辐射散热和窗扇与窗框接触位置的空气渗漏以及窗框与墙体之间的空气渗漏等。固定窗由于窗框嵌在墙体内，玻璃直接安装在窗框上，玻璃和窗框已采用胶条或者密封胶密封，空气很难通过密封胶形成对流，很难造成热损失。在固定窗上，玻璃和窗框热传导为主要热损失的来源，如果在玻璃上采取有效措施，就可以大大提高节能效果。因此，从结构上讲，固定窗是最节能的窗型。

（2）设计合理的窗扇比和朝向

一般来说，窗户的传热系数大于同朝向、同面积的外墙传热系数，因此，采暖耗能热量随着窗墙比例的增加而增加。在采光和通风允许的条件下，控制窗墙比例比设置保温窗帘和窗板更加有效，即窗墙面积比设计越小，热量损耗就越小，节能效果越佳。热量损耗还与外窗的朝向有关，南、北朝向的太阳辐射强度和日照率高，窗户所获得的太阳辐射热多。在《民用建筑节能设计标准（采暖居住建筑部分）》中，虽对窗墙面积比和朝向作了有选择性的规定，但还应结合各地的具体情况进行适当调整。有专家提出：考虑到起居室在北向时的采光需要，南北向的窗墙面积比可取 0.3；考虑到目前一些塔式住宅的情况，东西向的窗墙面积比可取 0.35；考虑到南向出现落地窗、凸窗的机会较多，南向的窗墙面积比可取 0.45。这样虽然增大了南向外窗的面积，但可充分利用太阳能的辐射热降低采暖能耗，实现既有宽敞明亮的视野又不浪费能源的目的。

（3）使用节能材料

由于新型材料的发展，组成窗的主材（框料、玻璃、密封件、五金附件以及遮阳设施等）技术进步很快，使用节能材料是门窗节能的有效途径。

框料：窗用型材占外窗洞口面积的 15% ~30%，是建筑外窗中能量流失的另一个薄弱环节，因此，窗用型材的选用也是至关重要的。目前节能窗的框架类型很多，如断热铝材、断热钢材、塑料型材、玻璃钢材及复合材料（铝塑、铝木等）。其中，断热铝材节能效果比较好，使用比较广，它不仅保留了铝型材的优点，同时也大大降低了铝型材传热系数。断热铝材是在铝合金型材断面中使用热桥（冷桥）技术，使型材分为内、外两部分。目前有两种工艺：一种是注胶式断热技术（浇注切桥技术），这种技术既可以生产对称型断热型材，也可以生产非对称型材。由于利用浇注式处理流体填补成型空间原理，其成品精度非常高。另一种是断热条嵌入技术，即采用由聚酰胺 66 和 25%% 玻璃纤维（PA66GF25）合成断热条，与铝合金型材在外力挤压下嵌合组成断热铝型材。这种型材不仅强度高（接近铝合金），而且它的机械性能好、隔热效果佳。由于隔热条的加入使型材形成多种断面形式，有良好的强度。另外，隔热条中的玻璃纤维排列有序，能够长时间承受高拉应力和高剪切应力，隔热条的线形膨胀系数接近铝，有非常好的加工性能；同时内外型材可以由不同颜色和不同表面处理方式的型材组成，增强了装饰效果；并且可抗多种酸、碱化学物质的腐蚀。

玻璃：在窗户中，玻璃面积占窗户面积的65% ~75%。普通玻璃的热阻值很小，而且对远红外热辐射几乎完全吸收，单层普通玻璃是无法达到保温节能效果的。门窗玻璃种类较多，不同种类的玻璃，其透光率、遮阳系数、传热系数是大不相同的。导热性和遮阳性，有着双重性。对于冬天，我们希望太阳辐射得到热量，使室内温度升高，但夏天又希望减少太阳辐射，避免进入室内。因此，对于不同地区，应选择相应传热系数和遮阳系数的玻璃。

寒冷和严寒地区门窗根据不同要求按表 8－2 进行选择使用。

表 8－2　玻璃纤维增强塑料（玻璃钢）门窗五项性能指标

门窗型号项目	玻璃配置	抗风压性能/kPa	水密性能[ΔP(Pa)]	气密性能[m^3/(m^2·h)]	保温性能[W/(m^2·K)]	隔声性能/dB	备注
50 系列平开窗	5+9 A+5 无色透明中空玻璃	3.5	350	1.5	2.2	35	适用于室内门窗和中低层外门窗
	5+12 A+5 无色透明中空玻璃	4.0	450	1.5	2.1	35	
	5+12 A+5 Low—E 无色透明 Low—E 中空玻璃	4.0	450	1.5	1.6	35	
58 系列平开窗	5+12 A+5 无色透明中空玻璃	5.3	350	1.5	2.2	36	适用于高层外门窗
	5+16 A+5 无色透明中空玻璃	5.3	500	1.5	1.9	36	
	5+12 A+5 Low—E 无色透明 Low—E 中空玻璃	5.3	500	1.5	1.5	36	
	5+9 A+4+6 A+5 无色透明双层中空玻璃	5.3	500	1.5	1.8	38	
	5+12 A+4+9 A+5 Low—E 无色透明双层 Low—E 中空玻璃	5.3	500	1.5	1.3	38	
	N5+V+L5+12 A+T5 无色透明真空中空玻璃	5.3	500	1.5	1.0	39	

续表

门窗型号项目	玻璃配置	抗风压性能/kPa	水密性能[ΔP(Pa)]	气密性能[m^3/(m^2·h)]	保温性能[W/(m^2·K)]	隔声性能/dB	备注
60系列平开窗	5+12 A+5无色透明中空玻璃	5.0	600	1.0	2.1	40	适用于高层或超高层外门窗
	5+16 A+5无色透明中空玻璃	5.0	600	1.0	1.8	40	
	5+12 A+5 Low—E无色透明Low—E中空玻璃	5.0	600	1.0	1.4	40	
	5+9 A+4+9 A+5无色透明双层中空玻璃	5.0	600	1.0	1.6	41	
	5+12 A+5+12 A+5无色透明双层中空玻璃	5.0	600	1.0	1.7	41	
	5+9 A+4+9 A+5 Low—E无色透明双层Low—E中空玻璃	5.0	600	1.0	1.2	41	
	5+12 A+5+12 A+5 Low—E无色透明双层Low—E中空玻璃	5.0	600	1.0	1.1	41	
	N5+V+L5+12 A+T5无色透明真空中空玻璃	5.0	600	1.0	0.9	40	
	5+27 A+5无色透明内置遮阳百叶中空玻璃	5.0	600	1.0	1.9	40	
	5+27 A+5 Low—E无色透明内置遮阳百叶Low—E中空玻璃	5.0	600	1.0	1.0	40	
66系列推拉窗	5+9 A+5无色透明中空玻璃	3.8	450	1.5	2.5	32	适用于推拉门或高层外窗
	5+12 A+5无色透明中空玻璃	4.0	450	1.5	2.4	32	
	5+12 A+5无色透明Low—E中空玻璃	4.0	450	1.5	1.7	32	
75系列推拉窗	5+9 A+5无色透明中空玻璃	3.5	400	1.5	2.6	30	适用于中低层外门窗
	5+9 A+5无色透明Low—E中空玻璃	3.5	400	1.5	1.8	30	

3. 保温节能门窗安装工艺及要求

（1）门窗开启扇的密封

门窗开启扇重要功能是通风换气，这就要求既要保证其开关灵活，关闭后又要密闭无渗漏，而在寒冷和严寒地区影响门窗保温性能主要决定传热系数 K 值和气密性能等级，开启扇气密性能则是整窗气密性能的关键部位，一要保证开启扇与开启框配合结构的合理性，二要保证其密封的有效性。

室外密封胶条、中间等压胶条和室内侧密封胶条形成了三道密封和二腔结构；新型开启扇与框搭接的台阶式结构，增加了气流进入腔体的阻力，可以更加有效地阻隔气体流动，实现腔体结构的更加合理性，从而保证了开启部位的气密性和保温性能。

三元乙丙密封胶条和等压胶条的使用，保证了其具有较好的弹性能密封性能和耐候持久性，保证其长期密封有效，也提高了对气密性能的保证。

（2）门窗与建筑墙体的连接与密封

门窗在建筑墙体上安装，由于门窗材料与建筑材料和安装材料的材质不同，施工工艺不同，又不是一个施工单位进行施工，这就有接口处理问题，它是保证门窗保温性能的最后而又最关键的环节，特别是在寒冷和严寒地区因昼夜和季节温差很大，导致重复热胀冷缩而导致接缝处的疲劳变形而开裂或开缝，形成了冷热空气的交换通道，或由于接缝处所用材料的保温性能差，形成了冷热桥，最终接缝处结霜或发霉，为此必须保证安装方式、安装密封构造、所用材料的统一有效性。

门窗在建筑墙体安装方式采用建筑预留洞口，先用金属膨胀螺栓将副框与墙体进行固定，安装副框；再用水泥砂浆进行刚性收口和外墙保温；待土建湿作业完成后用自攻钉将门窗框与副框进行固定后再安装玻璃及附件；窗框与副框之间用聚氨酯发泡胶填实、两侧用建筑密封胶进行密封的干法安装，可以有效地保证门窗的内在和外观质量。

安装密封构造的最关键点是保温与防水，窗框与墙体之间采用了低 K 值、高密闭、黏结性强、具有弹性变形能力的聚氨酯发泡胶保温结构，保证了窗框与墙体间的保温性能；内外侧密封胶和有效的排水，形成堵排结合的防水结构；经计算的接缝宽度和较高位移能力的密封胶使用，保证窗与墙体之间有良好的接缝处理和弹性连接。

安装所用材料尽量选用线膨胀系数相近的材料，玻璃钢门窗和副框所用的玻璃钢型材与其结合的建筑玻璃、墙体材料砖、混凝土和水泥，密封保温材料胶和聚氨酯发泡胶的线膨胀系数相近，配合良好，不会因热胀冷缩使不同材料产生不相同的位移，而使墙体与窗框之间出现裂缝，导致冷空气浸入室内，形成水气和墙体霉变，能够使门窗整体结构更加稳定。

（3）门窗的自然通风

GB/T 18883《室内空气质量标准》规定室内新风量应不小于 30 m^3/时，这样通过通风来满足新风量的要求，而自然通风主要是通过开启门窗的开启扇来实现，势必造成建筑能源的浪费，室外的噪声和灰尘无阻挡地进入室内。随着建筑节能标准和门窗密封性能的提高，在春秋季通过自然通风来维持室内舒适的条件，降低空调能耗，在冬季解决因寒冷而导致开启扇通风后结冰而关闭不上等问题，这样，窗用自然通风器应运而生，为门窗增加了新的通风系统，使之成为会“呼吸”的门窗。

项目三　建筑节能地面工程施工

地面保温工程和采暖用能系统是建筑节能地面工程的主要内容。从事建筑节能相关项目（包括围护结构保温、门窗、采暖用能系统等工程）的施工单位，必须取得相应的工程施工资质。施工现场质量管理应执行国家现行有关强制性标准和地方工程建设建筑节能系列标准。

施工方案应事先策划编制，经过施工企业有批准权限的相应技术负责人批准，并经项目监理机构专业监理工程师和总监理工程师审查、审批后方可实施。施工方案一般应包含以下内容：施工工序及间隔时间、施工机具的要求、基层处理的要求、环境温度和养护条件要求、施工方法、材料用量、各工序施工质量要求、成品保护措施等。

施工前应做好示范样板，经建设单位或监理单位项目负责人确认后方可施工；施工人员在上岗前应经过培训，熟悉操作要领及工艺标准。建筑材料应具有有效的质量合格证明文件，并且有建筑节能产品备案证明。

一、采暖用能系统一般规定

在施工中必须严格执行按图施工及相应的施工技术标准，工程变更必须经过原设计单位签字确认。采暖分户热计量的工程项目，应对采暖系统热计量和温控装置所用仪表和配件、采暖系统所用管材和保温材料等产品质量控制作出规定，生产企业必须具有相应产品生产制造资质，产品的强制性性能应经过国家认可的检测机构检测，具有检测报告和有关质量证明文件，检测频次和日期能够证实其有效性，且该产品已在市建筑节能中心备案。

阀门安装前应按有关规定做好强度和严密性的抽检试验。除此之外，建筑热水采暖施工尚应符合《建筑给水排水及采暖工程施工质量验收规范》GB 50242—2002、《地面辐射供暖技术规程》JGJ 142—2004 等相关标准规定。所有采用的建筑节能材料都必须符合国家有关标准，并在当地建筑节能中心备案。

二、地面保温工程一般规定

无地下室的建筑首层地面为直接接触土壤的楼地板，其非周边地面一般不需作保温处理；直接接触土壤的周边地面，即从外墙内侧算起 2.0 m 范围内的地面，应采取保温措施。

对于采用地面热辐射采暖系统的地面，应按《地面辐射供暖技术规程》JGJ 142—2004 中有关规定做法做好相应的处理。

工程中使用的所有节能材料和产品应符合国家有关标准，并在市建筑节能管理中心取得备案证明。

三、建筑节能地面工程施工

（一）地暖工程技术准备

施工前的技术准备工作是施工过程中一个重要阶段和环节，具体如下。

1）熟悉施工图，熟悉全部的施工技术资料，理解设计意图和具体要求。

2）勘察、熟悉施工现场。

3）合理选择施工机具，除准备安装钳工用的一般工具外，还应根据设备的特点，选择安全可靠的吊装、运输机具和符合精度等级的量具，以及配套使用的焊接机具结合其他机具（如便携电源、电动工具等）。

4）开箱检查应根据设计图纸按设备的完全称呼，核对名称、型号等，并及时填写设备开箱检查记录。

（二）地暖工程系统一般规定

1）地板辐射供暖的安装工程，施工前具备下列条件。

① 设计图纸及其他技术文件齐全。

② 经批准的施工方案或施工组织设计，已进行技术交底。

③ 施工力量和机具等能保证正常施工。

④ 施工现场、施工用水和用电、材料储放场地等临时设施，能满足施工需要。

2）地板辐射供暖的安装工程，环境温度宜不低于 5 ℃。

3）地板辐射供暖施工前，应了解建筑物的结构，熟悉设计图纸、施工方案及其他工种的配合措施。安装人员应熟悉管材的一般性能，掌握基本操作要点，严禁盲目施工。

4）加热管安装前，应对材料的外观和接头的配合公差进行仔细检查，管道和管件中不允许有污垢和杂物。

5）安装过程中，应防止油漆、沥青或其他化学溶剂污染塑料类管道。

6）管道系统安装间断或完毕的敞口处，应随时封堵。

（三）地暖工程绝热层的铺设

1）绝热层铺设在平整的地面上。

2）绝热层铺设平整、搭接严密。当敷有真空镀铝聚酯薄膜贴面层时，不得有破损。

3）保温层采用 XPS 挤塑聚苯乙烯保温苯板，厚度为 20 mm，密度为 5 kg/m^3，反射膜采用加筋铝箔。

（四）地暖工程加热管的配管和敷设

1）按设计图纸的要求配管敷设，同一通路的加热管保持水平。

2）地板采暖加热管布置采用回折型铺设。

3）加热盘管每支路由一根完整的管段铺设而成，地板以下无连接件。在与内外墙、柱及过门等垂直部件交接处敷设不间断的伸缩缝，伸缩缝宽度不小于 20 mm，伸缩缝采用聚苯乙烯泡沫板。

4）加热管的弯曲半径，不小于 5 倍外径。

5）填充层内的加热管不应有接头。

6）采用专用工具断管，断口应平整，断口面应垂直于管轴线。

7）加热管采用以下固定方法：用扎带将加热管绑扎在铺设于绝热层表面的钢丝网上，或用塑料卡钉把管固定到绝热层上。

8）加热管固定点间距为 0. 4 ~ 0. 6 mm，弯曲间距为 0. 2 ~ 0. 3 mm。

（五）地暖工程热媒集配装置的安装

1）加热管始末端出地面至连接配件的管段，设置在硬质套管内。套管外皮不超出集配装置外皮的抽影面。加热管与集配装置分路阀门的连接采用专用卡套式连接件。

2）加热管始末端的适当距离内或其他管道密度较大处，当管间距≤100 mm 时，设置柔性套管等保温措施。

3）加热管与分/集水器装置及管件的连接采用卡套式连接，连接件为铜质。

4）分/集水器为黄铜材质，分层设置，其分支环路不超过 8 路，每环路长度不超过 120 m。分水器与集水器的中心间距为 200 mm，集水器中心距地面 500 mm。分/集水器最大断面流速不大于 0. 8 m/s。

5）分水器之前进水连接管道上，顺水流方向安装球阀、过滤器和泄水管。集水器后的回水管上安装球阀。分水器总进水管与集水器的总出水管间设置旁通管，旁通管上设置球阀。

6）分集水器上设置自动排气阀及手动泄水阀。

7）室内温度控制采用电动式恒温控制阀，通过房间内温控器控制相应回路上的调解阀，控制室内温度。

（六）地暖工程控制器的安装

1）控制器距地面高度一般和灯具开关下表面平齐。

2）安装控制器底版时应端正、严密，并与墙面平。

3）控制器位置应与灯具开关平行时，水平间距至少 10 mm。

（七）地暖工程混凝土填充层的浇捣和养护

1）混凝土填充层设置以下热膨胀补偿构造措施。

① 辐射供暖地板面积超过 30 m^2 或长边超过 6 m 时，填充层应设置间距≤6 m、宽度≥5 mm 的伸缩缝，缝中填充弹性膨胀材料。

② 与墙、柱的交接处，填充厚度≥5 mm 的软质闭孔泡沫塑料。

③ 加热管穿起伸缩缝处，设长度不小于 100 mm 的柔性套管。

2）在试压合格后，进行豆石混凝土填充层的浇捣，标号应不小于 C15，豆石粒不大于 12 mm，并掺入适量防止龟裂的添加剂。

3）混凝土填充层浇捣和养护周期应不小于 48 h。

4）混凝土填充层浇捣和养护过程中，系统应保持不小于 0. 4 MPa 的压力。

（八）地暖工程地面层的施工

1）在填充层养护期满之后，进行地面层的施工。

2）地面层及其找平层施工时，不得凿击填充层或向填充层楔入任何物件。

（九）地暖工程安全生产和成品保护

1）管材和绝热材料，不得直接接触明火。

2）加热管严禁踩踏、用作支撑或借作他用。

3）地板辐射供暖的安装工种，不宜与其他施工作业同时交叉进行。混凝土填充层的浇捣和养护过程中，严禁进入踩踏。

4）在混凝土填充层养护期满之后，敷设加热管的地面，应设置明显标志，加以妥善保护，严禁在地面上运行重荷载或放置高温物体。

（十）地暖工程电气安装施工

1. 电气安装

电气安装应当是在锅炉、分/集水器等主要设备就位后进行，首先根据电气平面图，并经现场丈量，准确定位各台设备的配电引出点，并画出安装平面具体方案图。

2. 标注尺寸

根据测量所得的尺寸，绘制出地暖系统控制柜的确切方位，电缆桥架的具体走向图，各个配件均应标注尺寸，详细到各个部位尺寸。

3. 设备进场及安装

设备运到现场后，组织业主、监理、厂家、施工单位四方开箱，进行外观检查，检查外形尺寸有无变形、掉漆等现象，仪表、部件是否完好，技术资料、说明书、合格证是否齐全，并做好开箱记录。

4. 设备接线

1）所有设备的接线必须严格按照规范要求进行操作，并要用电缆扎带固定。所有电缆、设备接线前必须进行绝缘检测，试运行前再进行检测，必须达到规范要求。

2）控制柜的二次线路在接线前应进行模拟控制试验及耐压试验，符合设计及使用要求方可安装。

3）所有合股导线应压接线端子，低压点相导线应标明相色。

4）控制电缆终端头采用塑料控制电缆头套制作。

5）用校线仪将导线按接线校好，如有差错立即纠正，校好的线应套好异型管线号。

6）将导线直后将其用电缆扎带绑成束，固定在端子板的两侧，然后由线束引出导线接至端子板。

7）接至端板的导线应有余量。

8）绑扎的线束应美观，看不到交叉的导线。

9）电缆芯线一律用剥线钳剥线，导线一定要接牢不得有松动现象。

5. 接地设备

设备应有安全的接地措施。接地带可以采用镀锌扁钢，与设备连接处采用镀锌螺丝及弹簧介子压接，而与接地预留点的连接则采用焊接的方式，同时做好防腐处理。将外露部分扁钢用黄色、绿色油漆刷成黄绿双色色环。对于冷冻管道的接地，应当在管道保温前做好，以免影响管道保温效果。

复习思考题

1. 外墙外保温技术的主要优点有哪些？
2. 外墙外保温工程的主要施工工艺流程是什么？

3. 外墙外保温的质量标准是怎样规定的？
4. 影响门窗热量损耗大小的因素有哪些？
5. 导致门窗能量损失的原因什么？其过程是什么？
6. 简述建筑节能地面工程的施工过程。
7. 简述外墙外保温工程的施工过程。
8. 试讨论门窗与建筑墙体的连接与密封的要点和实质。

参考文献

[1] 姚谨英. 建筑施工技术［M］. 3 版. 北京：中国建筑工业出版社，2007.

[2] 宁仁岐. 建筑施工技术［M］. 北京：高等教育出版社，2000.

[3] 中国建筑工业出版社. 高级建筑装饰工程规范选编［M］. 北京：中国建筑工业出版社，1998.

[4] 姜华. 施工项目安全控制［M］. 北京：中国建筑工业出版社，2005.

[5] 项玉璞，王公山，姚吉元，等. 冬期施工禁忌手册［M］. 北京：中国建筑工业出版社，2002.

[6] 姚谨英. 混凝土结构工程施工［M］. 北京：中国建筑工业出版社，2005.

[7] 曾跃飞. 建筑工程质量检验与安全管理［M］. 北京：高等教育出版社，2007.

[8] 中华人民共和国建设部. 建筑节能工程施工质量验收规范［M］. 北京：中国建筑工业出版社，2007.